高职高专教改系列教材

水处理工程技术

主　编　张思梅　葛　军　蒯圣龙
副主编　赵慧敏　胡淑恒　李　杨

中国水利水电出版社
www.waterpub.com.cn

内 容 提 要

本书是以具体工作项目为载体、以工作过程为导向进行编写的。全书内容共分为6个学习项目，主要内容包括：地表水水源净水处理、地下水水源净水处理、城镇污水处理、工业废水处理、污泥的处理与处置、水处理综合实训等内容。本书以实际的工作项目为载体、水处理的方法及应用为主线，注意理论与实际相结合，突出实用性。既考虑了给水与污水处理技术的系统性，又使二者有机地融为一体。本书突出高等职业技术教育基于工作过程开发的主要特色，体现“校企合作、工学结合”的主要精髓，加大了实践运用力度，其基础内容具有系统性、全面性；具体内容具有针对性、实用性，满足专业特点要求。内容实用、项目新颖、案例典型。

本书可作为高职高专学校给水排水工程技术专业的教学用书，亦可作为环境工程专业及其他相关专业的教学用书，还可供从事给水排水、环境保护方面的技术人员与相关人员参考。

图书在版编目（CIP）数据

水处理工程技术 / 张思梅，葛军，蒯圣龙主编. -- 北京 : 中国水利水电出版社，2015.6(2022.2重印)
高职高专教改系列教材
ISBN 978-7-5170-3279-3

Ⅰ. ①水… Ⅱ. ①张… ②葛… ③蒯… Ⅲ. ①水处理－高等职业教育－教材 Ⅳ. ①TU991.2

中国版本图书馆CIP数据核字(2015)第138717号

书　　名	高职高专教改系列教材 **水处理工程技术**
作　　者	主编　张思梅　葛军　蒯圣龙　　副主编　赵慧敏　胡淑恒　李杨
出版发行	中国水利水电出版社 （北京市海淀区玉渊潭南路1号D座　100038） 网址：www.waterpub.com.cn E-mail：sales@waterpub.com.cn 电话：（010）68367658（营销中心）
经　　售	北京科水图书销售中心（零售） 电话：（010）88383994、63202643、68545874 全国各地新华书店和相关出版物销售网点
排　　版	中国水利水电出版社微机排版中心
印　　刷	清淞永业（天津）印刷有限公司
规　　格	184mm×260mm　16开本　19.75印张　493千字
版　　次	2015年6月第1版　2022年2月第4次印刷
印　　数	3501—5500册
定　　价	**59.50**元

前言

本书是根据教育部有关指导性的精神和意见，遵循给排水工程技术专业的"工学结合-项目导向"人才培养模式，"以工作项目为载体、以工作过程为导向"进行编写的，也是在校企共同制订的课程标准与教学组织设计、教材编写大纲的基础上编写的。培养学生具备对原水、污废水、污泥进行处理的职业能力，为学生从事水处理及给排水相关的运行与管理的工作服务。

我国是一个水资源匮乏的国家，主要表现在水资源总量不足且时空分布不均。近20年来，随着我国经济连续高速增长，水污染问题日益严重。尽管最近几年我国政府已加大了水处理的投资力度，研究出了许多水处理的新工艺、新技术，提高了我国水处理的总体水平，缓解了一些水资源紧缺和水污染状况，但不可否认的是，水资源紧缺和水环境污染造成的水危机已严重制约了国民经济的发展，影响了人民生活水平的提高。

解决水资源短缺和水污染的一个重要途径在于水处理。水处理工程技术的发展已有100多年的历史。由于原水及污（废）水各自水质特征、使用目的与处理方法的差异，该领域过去几十年均以各自的特点建立了单独的学术体系，即给水处理与污水处理两个分支，并在不断发展与完善之中。

本书考虑水处理技术领域内的给水处理和污水处理在理论、方法等方面有许多共性，以处理水质为目标，以处理方法为主线，将长期使用的给水处理和污（废）水处理两个体系的主要内容进行了有机的整合，理论上以够用为度，加强了实践应用，体现了高职高专的教育特色。在保证基本概念和基本理论要求的同时，充分注意吸收国内外水处理工程的新理论、新技术、新设备和新经验，反映了现代水处理工程技术的发展趋势。

本书是安徽省高等教育振兴计划人才项目——高职高专专业带头人资助项目的成果之一，是项目负责人张思梅带领整个团队联合企业共同编写的，坚持将"教产融合、校企合作、工学结合"落到实处，一方面服务于学生技能的培养，一方面服务于合作企业的技术开发。

本书由张思梅、葛军、蒯圣龙任主编，赵慧敏、胡淑恒、李杨任副主编。全书由张思梅负责统稿。安徽水利水电职业技术学院赵慧敏、合肥工业大学资源与环境工程学院胡淑恒编写学习项目1；安徽水利水电职业技术学院王丽娟编写学习项目2；安徽水利水电职业技术学院蒯圣龙、高慧慧、蒋红、黄远明编写学习项目3；安徽水利水电职业技术学院张思梅、王涛编写学习项目4；合肥滨湖投资控股公司葛军、安徽水利水电职业技术学院李杨编写学习项目5；安徽水利水电勘测设计院龚宾、安徽水利水电职业技术学院常小会、胡昊编写学习项目6。

限于编者水平，不足之处在所难免，敬请读者对本书的缺点予以批评指正。

编者

2015年1月

目　录

学习项目1　地表水水源净水处理

学习目标： 学生通过本学习项目的学习，能够掌握地表水水源净水处理流程的选择与各个处理构筑物的选择与设计，理解给水水质标准和给水卫生细菌学标准（国标对各种水质指标的规定），理解给水处理厂的位置选择与工艺流程的布置。

项目描述： 以某水厂地表水水源净水处理为项目载体，主要介绍地表水处理的基本方法和工作流程、生活饮用水水质标准和卫生细菌标准，并利用给排水专业的实验实训条件进行模拟仿真实训。

自然界中的水主要受太阳照射和地心引力两种作用而不停地运动，通过降水、蒸发、径流、渗流等方式循环不止，构成水的自然循环（图1.1），形成各种不同的水源。

在自然循环中几乎在每个环节都有杂质混入，使水质发生变化。降水（包括雨、雪、霰等）到达地面之后，除自然蒸发外，一部分流入江、河、湖、海、水库、池塘等处，成为地面水水源；另一部分渗入地层成为地下水水源。我国地面水水源，在南方较普遍，在北方则以地下水作为水源的居多。水是丰富的自然资源，也是人类环境的重要组成部分，地球上水的总量约有136000万km^3，其中有97%以上分布在海洋中。淡水湖和河流的水量仅约126000km^3，这些水除大量蒸发外，只有37500km^3左右可供生活及工、农业生产使用。至于土壤和岩层中的地下水，估计约有840万km^3。

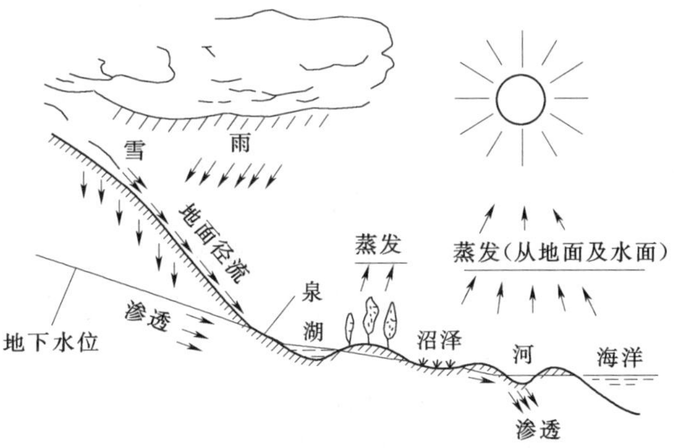

图1.1　自然界中水的循环

人类社会为了满足生活、生产等需要，要从各种天然水体中取用大量的水，经过净水处理后使用。而这些生活用水和工业用水被使用后，就成为生活污水和工业废水，它们被排出后，最终又流入天然水体。这样，水在人类社会中，也构成了一个循环体系，这个局部循环体系称为社会循环。社会循环中所形成的生活污水和各种工业废水是天然水体最大的污染来源。

虽然自然循环的水量只占地球上总水量的0.031%左右，而其中经过径流与渗流的只有约0.003%，社会循环从中取用的水量又不过是径流和渗流水量的2%～3%，也即为地球总水量的数百万分之一。然而，就是取用这在比例上似乎微不足道的水，却在社会循环中表现出人与自然在水量和水质方面都存在着巨大的矛盾。水体环境保护和水治理工程技术的任务就是调查研究和控制解决这些矛盾，保证用水和废水的社会循环能够顺利地进行。

学习情境1.1　给水水质标准和卫生细菌标准

1.1.1　天然水的杂质

水在自然循环中，无时不与外界接触，水中都不同程度的含有各种各样的杂质。这些杂质一般有两种来源：一是自然过程，即地层矿物质在水中的溶解、水中微生物的繁殖及死亡残骸、水流对地表及河床冲刷所带入的泥沙等；二是人为因素，即生活污水与工业废水的污染。这些杂质按其尺寸大小可分为悬浮物、胶体和溶解物三类，见表1.1。

表1.1　水中杂质分类

杂质	溶解物（低分子、离子）	胶体	悬浮物	
颗粒尺寸	0.1nm　1nm	10nm　100nm	1μm　10μm	100μm　1mm
分辨工具	电子显微镜可见	超显微镜可见	显微镜可见	肉眼可见
水的外观	透明	浑浊	浑浊	

1. 悬浮物和胶体杂质

悬浮物尺寸较大，易于在水中上浮或下沉，水中所存在的悬浮物通常有泥沙、草木、浮游生物、藻类等。胶体颗粒尺寸很小，在水中经长期静置也不会下沉，水中所存在的胶体通常有黏土、细菌、蛋白质等。

悬浮物和胶体是使水产生浑浊的根源。其中有机物，如腐殖质和藻类等，往往会造成水的色、臭、味变化。随着生活污水、工业废水排入水体，多种病菌、病毒及原生动物病原体会通过水体传播疾病。

悬浮物和胶体是饮用水处理的主要去除对象。粒径大于0.1mm的泥沙较易去除，通常在水中可自行下沉。而粒径较小的悬浮物和胶体杂质，需投加一定的混凝剂才能去除。

2. 溶解杂质

溶解杂质是指水中的低分子和离子。它们与水构成均相体系，外观透明。但有的溶解杂质可使水产生色、臭、味。溶解杂质主要是某些工业用水的主要去除对象。

一般说来，地表水较浑浊、细菌较多，但硬度较低；而地下水较清、细菌较少，特别是深层井水，细菌更少，但硬度较高。

1.1.2　给水水质标准

水质标准是用水对象（包括饮用和工业用水对象等）所要求的各项水质参数应达到的指标与极限。不同用水对象，要求的水质标准也不同。

饮用水水质与人类健康和生活使用直接相关，故世界各国对饮用水水质标准极为关注。随着科学技术的进步和水源污染的日益严重，同时随着水质检测技术及医药科学的不断发展，饮用水水质标准总在不断修改、补充之中。我国自1956年颁发《生活饮用水卫生标准（试行）》直至1986年实施《生活饮用水卫生标准》（GB 5749—85）的期间内，饮用水水质标准进行了多次修订，水质指标项目不断增加。但目前《生活饮用水卫生标准》（GB

5749—85）已不能满足保障人民群众健康的需要。为此，卫生部和国家标准化管理委员会对原有标准进行了修订，联合发布新的强制性国家标准——《生活饮用水卫生标准》（GB 5749—2006）（部分指标见表 1.2，其他指标详见具体标准）。新标准已于 2007 年 7 月 1 日起正式实施。

表 1.2　　《生活饮用水卫生标准》（GB 5749—2006）

项　目		标　准
感官性状指标	色度	色度不超过 15 度，并不得呈其他异色
	浑浊度	不超过 1 度，特殊情况下不超过 3 度
	臭和味	不得有异臭、异味
	肉眼可见物	不得含有
化学指标	pH 值	6.5～8.5
	总硬度（以 $CaCO_3$ 计）/(mg/L)	450
	铁/(mg/L)	0.3
	锰/(mg/L)	0.1
	铜/(mg/L)	1.0
	锌/(mg/L)	1.0
	挥发酚类（以苯酚计）/(mg/L)	0.002
	阴离子合成洗涤剂/(mg/L)	0.3
	硫酸锰/(mg/L)	250
	氯化物/(mg/L)	250
	溶解性总固体/(mg/L)	1000
毒理学指标	氟化物/(mg/L)	1.0
	氰化物/(mg/L)	0.05
	砷/(mg/L)	0.01
	硒/(mg/L)	0.01
	汞/(mg/L)	0.001
	镉/(mg/L)	0.005
	铬（六价）/(mg/L)	0.05
	铅/(mg/L)	0.01
	银/(mg/L)	0.05
	硝酸盐（以氮计）/(mg/L)	10，水源限制时 20
	氯仿/(mg/L)	60
细菌学指标	细菌总数/(CFU/mL)	100
	总大肠菌数/(MPN/100mL) 或 (CFU/100mL)	不得检出
	游离余氯/(mg/L)	在与水接触 30min 后应不低于 0.3mg/L。集中式给水除出厂水应符合上述要求外，管网末梢水不应低于 0.05mg/L

注　生活饮用水水质，不应超过表中所规定的限量。

修订的《生活饮用水卫生标准》(GB 5749—2006)是保证饮用水安全的重要措施之一。在国家标准化管理委员会协调下，由卫生部牵头，会同建设部、国土资源部、水利部、国家环境保护总局，组织卫生、供水、环保、水利、水资源等各方面专家共同参与完成了该项标准的修订工作。新标准具有以下三个特点：一是加强了对水质有机物、微生物和水质消毒等方面的要求。新标准中的饮用水水质指标由原标准的35项增至106项，增加了71项。其中，微生物指标由2项增至6项；饮用水消毒剂指标由1项增至4项；毒理指标中无机化合物由10项增至21项；毒理指标中有机化合物由5项增至53项；感官性状和一般理化指标由15项增至20项；放射性指标仍为2项。二是统一了城镇和农村饮用水卫生标准。三是实现饮用水标准与国际接轨。新标准水质项目和指标值的选择，充分考虑了我国实际情况，并参考了世界卫生组织的《饮用水水质准则》，参考了欧盟、美国、俄罗斯和日本等国饮用水标准。

下面对《生活饮用水卫生标准》(GB 5749—2006)中的感官性状、化学、毒理学和细菌学等四类指标的意义分别作简要叙述。

1. 感官性状指标

感官性状有时又称物理性状，是指水中某些物质对人的视觉、味觉和嗅觉的刺激。清洁的水应无色、无异臭和异味。但当水中含有悬浮物、浮游生物和某些化学物质时，往往会使水产生各种颜色、异臭和异味。色、臭、味等指标虽不是危害人体健康的直接指标或未达到危害人体健康的程度，但它们令使用者产生厌恶感。另外，色、臭、味严重的，很可能是水中含有有毒物质的标志。浊度超过10度时便令人感到不快，而且病原菌、病毒及其他有害物质，往往依附于形成浊度的悬浮物中。因此，降低水的浊度，不仅为了满足感官性状的要求，对限制水中病原菌、病毒及其他有害物质的含量，也具有积极的意义。

2. 化学指标

水中所存在的某些化学物质，一般情况下虽然对人体健康并不直接构成危害，但往往为生活使用带来种种不良影响，其中也包括感官性状方面的不良影响。例如，硬度过高的水，洗涤衣服时浪费肥皂，开水壶、热水管道容易结垢；含铁浓度超过一定限度会使水产生红褐色以致出现沉淀物，用水器具和洗涤的衣物也会染上颜色，并具有铁锈味，含铁过多的水还容易使铁细菌繁殖；锌含量超过1mg/L时，便有涩味；铜含量超过1mg/L时，可使用水器具和洗涤的衣物染上绿色，并具有涩味；氯化物过高时，水有咸味；阴离子合成洗涤剂超过0.31mg/L，即有异味，并使水产生泡沫；pH值过低将对管道产生腐蚀作用，过高会使水中析出溶解盐类，并降低氯消毒效果。此外，有的物质虽具有毒性，但当它们的含量尚未达到致毒浓度时，已对人体感官产生强烈刺激的，通常不是根据毒理学要求而是根据感官性状要求来制定它们的指标，这对保证人体健康是偏于安全的。例如，水中酚含量达到9～15mg/L时，具有明显毒性，鱼类不能生存；但饮用水中挥发酚含量超过0.002mg/L时，加氯消毒时所形成的氯酚便开始出现异臭，故挥发酚含量应按感官性状要求制定。因此，一般化学指标与感官性状指标是有联系的。

3. 毒理学指标

水中所存在的有些化学物质达到一定浓度时，就会对人体造成危害，这些就属于有毒化学物质。在不受污染的水体中，有毒物质含量极少(个别除外，如高氟水源)，一般来说对人体健康并无影响。威胁人体健康的主要是由废水带入的有毒物质。有些有毒物质含量过高时能引起急性中毒，但大多数有毒物质往往在人体内积蓄，引起慢性中毒。

各种有毒物质的毒性表现各不相同。例如，人体摄入过量氟能引起牙斑釉和氟骨病，但人体含氟量过少又会引起龋齿；砷化物过量会引起毛细血管、新陈代谢和神经系统病变；氰化物有剧毒，一次摄入50～60mg可致死，低剂量摄入会慢性中毒，引起甲状腺激素生成量减少；汞在人体内积蓄，主要对神经系统有毒害作用，对心脏、肾脏和肠胃亦有毒害；硒在人体内积蓄过量，对人的肝、肾、骨髓和中枢神经有破坏作用，且有致癌可能等。

4. 细菌学指标

关于细菌学指标，最重要的是大肠菌群数和余氯量的规定。大肠菌群数是指1L水中所含大肠菌群的数目。大肠菌群包括大肠菌等几种大量存在于大肠中的细菌，所以也大量存在于粪便中，但在一般情况下是无害的，而水致传染病主要是由肠道细菌，如伤寒、痢疾、霍乱等病菌引起的。因此，如在水中检验出大肠菌群，即表明水被粪便所污染，也说明有被病原菌污染的可能。大肠菌群本身虽非致病菌，但数量大，生存条件与肠道病原菌比较接近。因此，当饮用水中大肠菌已不存在或为数极少时，其他病原菌也基本消灭。

至于病毒，目前尚无完善的技术可供例行检测。水中大肠菌群符合标准，尚不能作为病毒已经去除的依据。但是，水厂中的混凝、沉淀、过滤及消毒的一整套完善的处理措施，对去除和抑制病毒的活动肯定是有一定效果的。

余氯量是指用氯消毒时，加氯后经过一定接触时间，水中尚含的剩余游离性氯量。它保证了在供水过程中，可以继续维持消毒效果，抑制水中残存的病原微生物在管网中再度繁殖，并可作为水质受到再度污染的指示信号。不过，如美国、欧共体国家等并无此项规定，理由是氯对细菌有害，对人体也一定有害，不经煮沸而直接饮用自来水的，余氯量确需严格限制。

1.1.3 卫生细菌学标准及检验

在供给人们生活饮用水时，必须保证水中没有病原微生物。为此，需要知道水中有哪些常见的病原微生物，并学习检验和消除它们的方法。

1.1.3.1 水中的细菌及病原微生物

1. 水中的细菌及病原微生物的分布

水中所含微生物来源于空气、土壤、污水、垃圾、死亡动植物等，所以水中微生物的种类是多种多样的。进入水体中的病原微生物大多来自人或动物的排泄物，特别是传染病人或动物，如伤寒杆菌、霍乱弧菌、痢疾杆菌、钩端螺旋体、甲型肝炎病毒、骨髓灰质炎病毒等。病原微生物进入水环境的途径主要有医院废水、家庭废水及城市街道排水等。它们进入水体后，则以水为其生存和传播的媒介。

水体中生存的细菌大多为腐生细菌，当水被废水、垃圾、粪便污染时，水中细菌的种类和数量都会大大增加。一般来说，在远离工厂和居民区的清洁河、湖中，细菌的种类主要是通常生活在清洁水中和土壤中的细菌。在工业区和城市附近，河水受到污染，不但含有大量腐生细菌，还可能含有病原细菌。河水下游离城镇越远，受清洁支流冲淡和生化自净作用越大，细菌数目也就逐渐下降。地下水经过土壤过滤，逐渐渗入地下，由于渗滤作用和缺少有机物质，地下水中所含细菌量远远少于地面水，深层的地下水甚至会没有细菌。

2. 水中的病原微生物

水中的细菌虽然很多，但大部分都不是病原微生物。经水传播的疾病主要是肠道传染病，如伤寒、痢疾、霍乱以及马鼻疽、钩端螺旋体病、肠炎等。此外，还有一些由病毒引起的疾病也可经水传播。

(1) 伤寒杆菌。伤寒杆菌有三种：伤寒沙门氏菌（Salmonella typhi）、甲型副伤寒沙门菌（S. paraty－phiA）和乙型副伤寒沙门菌（S. paraty－phiB）。它们的大小约为(0.6～0.7)μm×(2.0～4.0)μm，不生芽孢和荚膜，借周生鞭毛运动，革兰氏阴性反应。加热到60℃，30min可以杀死，在5%的石炭酸中可存活5min。伤寒杆菌如图1.2所示。

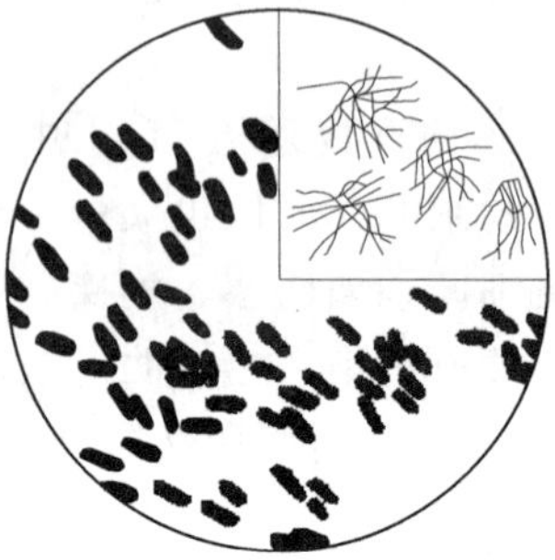
图1.2　伤寒杆菌

伤寒和副伤寒是一种急性的传染病，特征是持续发烧，牵涉到淋巴样组织，脾脏肿大，躯干上出现红斑，使胃肠壁形成溃疡以及产生腹泻。感染来源为被感染者或带菌者的尿及粪便，一般是由于与病人直接接触或与病人排泄物所污染的物品、食物、水等接触而被传染的。

(2) 痢疾杆菌。痢疾杆菌是指志贺菌属（Shigella）中的两种菌，可引起细菌性痢疾（与阿米巴痢疾不同）。

1) 痢疾杆菌（痢疾志贺菌 S. dysenteriae）。痢疾杆菌的大小为(0.4～0.6)μm×(1.0～3.0)μm。所引起的痢疾在夏季最为流行，特征是急性发作，伴以腹泻。有时在某些病例中有发烧，通常大便中有血及黏液。

2) 副痢疾杆菌（副痢疾志贺菌 S. paro dysenteriae）。这种杆菌的大小约为0.5μm×(1～1.5)μm，所引起疾病的症状与痢疾杆菌引起的急性发作类似，但症状一般较轻。

痢疾杆菌不生芽孢和荚膜，一般无鞭毛，革兰氏染色阴性。加热到60℃能存活10min，在1%的石炭酸中可存活0.5h。它们的传播方式主要是食用受污染的食物和饮用受污染的水，以及由蝇类传播。痢疾杆菌如图1.3所示。

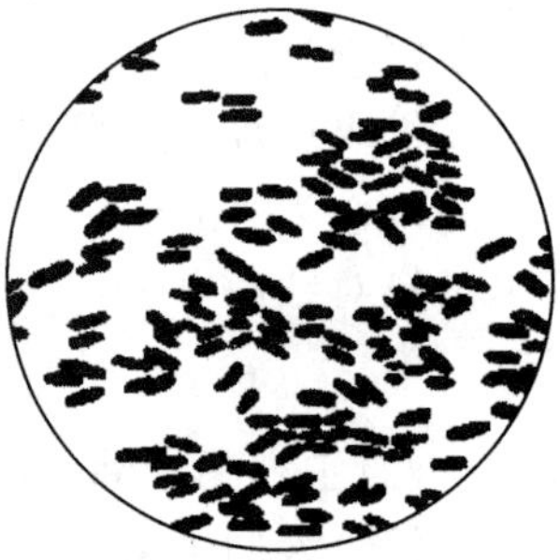
图1.3　痢疾杆菌

(3) 霍乱弧菌。霍乱弧菌（Vibrio cholerae）的细胞呈微弯曲的杆状，大小约(0.3～0.6)μm×(1～5)μm。细胞可以变得细长而纤弱，或短而粗，具有一根较粗的鞭毛，能运动，革兰氏阴性反应，不生荚膜与芽孢。在60℃能存活10min，在1%的石炭酸中能存活5min，能耐受较高的碱度。

在霍乱的轻型病例中，只出现腹泻。在较严重或较典型的病例中，除腹泻外，症状还包括呕吐、腹疼和昏迷等。此病病程发展短，严重的常常在症状出现后12h内死亡。霍乱弧菌可借水及食物传播，与病人或带菌者接触也可能被传染，也可由蝇类传播。霍乱弧菌如图1.4所示。

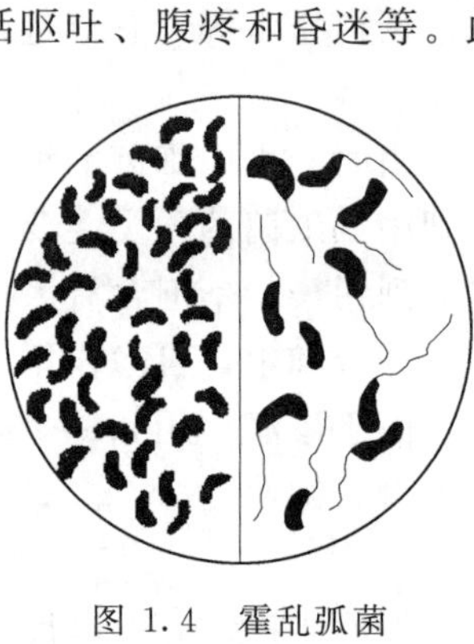
图1.4　霍乱弧菌

以上3种肠道传染病菌对于氯的抵抗力都不大，用一般的加氯消毒法都可除去。但有些病原菌，采用通常的消毒剂量难以杀死，如赤痢阿米巴对氯的抵抗力较强，需游离性余氯3～10mg/L左右，接触30min才能杀灭。但因其虫体较大，可在过滤时除去。杀死炭疽菌则需更多的氯量。目前，一般水厂的加氯量只能杀死肠道传染病菌。

除传染病菌外，还有一些借水传播的寄生虫。例如，蛔虫、血吸虫等。防止其传播的重要措施是改善粪便管理工作，在用人粪施肥前，应经过曝晒或堆肥。在用城市生活污水灌溉前，应经过沉淀等处理，将多数虫卵除去。在水厂中经过砂滤和消毒，可将水中的寄生虫卵完全消除。对于分散的给水，应加强水源保护，以防止寄生虫卵的污染。

1.1.3.2　大肠菌群和生活饮用水的细菌标准

1. 大肠菌群作为卫生指标的意义

从卫生角度看，天然水的细菌性污染主要是由于粪便污水的排入而引起的，也就是说，水中的病原菌很可能是肠道传染病菌。所以对生活饮用水进行卫生细菌学检验的目的，是为了保证水中不存在肠道传染病的病原菌。水中存在病原菌的可能性很小，而水中各种细菌的种类却很多，要排除一切细菌而单独检出某种病原菌来，在培养分离技术上较为复杂，需较多的人力和较长的时间。因此，一般不直接检验水中的病原菌，而是测定水中是否有肠道正常细菌的存在。若检出有肠道细菌，则表明水被粪便所污染，也说明有被病原菌污染的可能性。只有在特殊情况下，才直接检验水中的病原菌。

肠道正常细菌有 3 类：大肠菌群、肠球菌和产气荚膜杆菌。选作卫生指标的必须符合下列要求：

（1）该细菌生理习性与肠道病原菌类似，因而它们在外界的生存时间基本一致。

（2）该种细菌在粪便中的数量较多。

（3）检验技术较简单。

根据上述要求，长期以来选定了大肠菌群作为检验水的卫生指标，因为大肠菌群（如大肠杆菌，见表 1.3）的生理习性与伤寒杆菌、副伤寒杆菌和痢疾杆菌等病原菌的生理特性较为相似，在外界生存时间也与上述病原菌基本一致。而肠球菌的抵抗力弱，生存时间比病原菌短，水中若未检出肠球菌，也不能说明未受粪便污染。产气荚膜杆菌因为有芽孢，能在自然环境中长期生存，它的存在不足以说明水是最近被粪便污染的。大肠菌群在人的粪便中数量很大。健康人每克粪便中平均含 5000 万个以上；每毫升生活污水中含有大肠菌群 3 万个以上。检验大肠菌群的技术并不复杂。根据上述理由将大肠菌群作为水的卫生细菌学检验指标确是比较合理的。

表 1.3　**大肠菌群及某些病原菌在各种水体中生存时间**　单位：d

水　体	大肠杆菌	伤寒杆菌	甲型副伤寒杆菌	乙型副伤寒杆菌	痢疾杆菌	霍乱弧菌
灭菌水	8～365	6～365	22～55	39～167	2～72	3～392
污染水		2～42		2～12	2～4	0.2～213
自来水	22～262	2～93		27～37	15～27	0.5～213
河水	21～183	4～183			12～92	0.5～92
井水		1.5～107				1～92

2. 大肠菌群的形态和生理特性

大肠菌群一般包括大肠埃希氏杆菌（Escherichia coli，简写 E. coli）、产气杆菌（Aerobacter aerogenes）、枸橼酸盐杆菌（Coli citrovorum）和副大肠杆菌（Paracoli）。

大肠埃希氏杆菌有时也称为普通大肠杆菌或大肠杆菌。它是人和温血动物肠道中正常的寄生细菌。一般情况下大肠杆菌不会使人致病，在个别情况下，发现此菌能战胜人体的防卫机制而产生毒血症、腹膜炎、膀胱炎及其他感染。从土壤或冷血动物肠道中分离出来的大肠菌群大多是枸橼酸盐杆菌和产气杆菌，也往往发现副大肠杆菌。副大肠杆菌也常在痢疾或伤寒病人粪便中出现。因此，如水中含有副大肠杆菌，可认为受到病人粪便的污染。

大肠埃希氏杆菌是好氧及兼性的，革兰氏染色阴性，无芽孢。大小约(0.5～0.8)μm×(2.0～3.0)μm，两端钝圆的杆菌，生长温度10～46℃，适宜温度37℃，生长pH范围为4.5～9.0，适宜的pH值为中性，能分解葡萄糖、甘露醇、乳糖等多种碳水化合物，并产酸产气，所产生的CO_2∶H_2为1∶1，而产气杆菌的CO_2∶H_2为2∶1。大肠菌群中各类细菌的生理习性都相似，只是副大肠杆菌分解乳糖缓慢，甚至不能分解乳糖，并且它们在品红亚硫酸钠固体培养基（远藤培养基）上所形成的菌落不同；大肠埃希杆菌菌落呈紫红色带金属光泽，直径约2～3mm；枸橼酸盐杆菌菌落呈紫红或深红色；产气杆菌菌落是淡红色，中心较深，直径较大，一般约4～6mm；副大肠杆菌的菌落则无色透明。

目前国际上检验水中大肠菌群的方法不完全相同。有的国家用葡萄糖或甘露醇作发酵试验，在43～45℃的温度下培养。在此温度下，冷血动物和水、土壤中的枸橼酸盐杆菌和产气杆菌多不能生长，培养分离出来的是寄生在人和温血动物体内的大肠菌群。因为副大肠杆菌分解乳糖缓慢或不能分解乳糖，采用葡萄糖或甘露醇而不用乳糖则可检出副大肠杆菌。而且在43～45℃下培养出来的副大肠杆菌，常可代表肠道传染病细菌的污染。还有的国家检验水中大肠菌群时，不考虑副大肠杆菌。因为人类粪便中存在着大量大肠埃希氏杆菌，在水中检出大肠埃希氏杆菌，他们认为就足以说明此水已受到粪便的污染，因此采用乳糖作培养基。由于大肠埃希氏杆菌的适宜温度是37℃，所以培养温度也不采用43℃而采用37℃这样可顺利地检验出寄生于人体内的大肠埃希氏杆菌和产气杆菌。生产实践表明，这种检验方法一般可保证饮用水水质的安全可靠。

3. 生活饮用水细菌卫生标准

我国2001年颁布的《生活饮用水卫生规范》(GBT 5750—2001)，对生活饮用水的细菌学标准的具体规定如下：

(1) 细菌总数1mL水中不超过100CFU (colony - forming unit)。

(2) 总大肠菌群每100mL水样中不得检出。

(3) 粪大肠菌群每100mL水样中不得检出。

(4) 若只经过加氯消毒即供作生活饮用水的水源水，每100mL水样中总大肠菌群*MPN*（最可能数）值不应超过200；经过净化处理及加氯消毒后供作生活饮用的水源水，每100mL水样中总大肠菌群*MPN*值不应超过2000。

1.1.3.3 水的卫生细菌学检验

1. 细菌总数的测定

将定量水样接种于营养琼脂培养基中，在37℃温度下培养24h后，数出生长的细菌菌落数，然后根据接种的水样数量即可算出每毫升水中所含的菌数。

在37℃营养琼脂培养基中能生长的细菌代表在人体温度下能繁殖的腐生细菌，细菌总数越大，说明水被污染得也愈严重。因此这项测定有一定的卫生意义，但其重要性不如大肠菌群。对于检查水厂中各个处理设备的处理效率，细菌总数的测定则有一定的实用意义，因为如果设备的运转稍有失误，立刻就会影响到水中细菌的数量。

2. 大肠菌群的测定

常用的检验大肠菌群的方法有两种：

（1）发酵法。发酵法是测定大肠菌群的基本方法，此法分三个步骤进行：

1）初步发酵试验。本试验是将水样置于糖类液体培养基中，在一定温度下，经一定时间培养后，观察有无酸和气体产生，即有无发酵现象，从而初步确定有无大肠菌群存在。如采用含有葡萄糖或甘露醇的培养基，则包括副大肠杆菌；如不考虑副大肠杆菌，则用乳糖培养基。由于水中除大肠菌群外，还可能存在其他发酵糖类物质的细菌，所以培养后如发现产生气体和酸并不一定能肯定水中含有大肠菌群，还需根据这类细菌的其他特性进行进一步检验。水中能使糖类发酵的细菌除大肠菌群外，最常见的有各种厌氧和兼性的芽孢杆菌。在被粪便严重污染的水中这类细菌的数量比大肠菌群的数量要少得多。在此情形下，本阶段的发酵一般即可被认为确有大肠菌群存在。在比较清洁的或加氯的水中，由于芽孢的抵抗力较大，其数量可能相对地比较多，所以本试验即使产酸产气，还不能肯定是由于大肠菌群引起的，必须继续进行试验。

2）平板分离。这一阶段的检验主要是根据大肠菌群在特殊固体培养基上可以在空气中形成典型菌落、革兰氏染色阴性和不生芽孢的特性来进行的。在此阶段，可先将上一试验产酸产气的菌种移植于品红亚硫酸钠培养基（远藤氏培养基）或伊红美蓝培养基表面。这一步可以阻止厌氧芽孢杆菌的生长，上述培养基所含染料物质也有抑制许多其他细菌生长繁殖的作用。经过培养，如果出现典型的大肠菌群菌落，则可认为有此类细菌存在。但为了作进一步的肯定，应进行革兰氏染色检验。由于芽孢杆菌经革兰氏染色后一般呈阳性，所以根据染色结果，又可将大肠菌群与好氧芽孢杆菌区别开来。如果革兰氏染色检验发现有阴性无芽孢杆菌存在，则为了更进一步的验证，可作复发酵试验。

3）复发酵试验。本试验是将可疑的菌落再移植于糖类培养基中，观察其是否产酸产气，以便最后确认有无大肠菌群存在。

采用发酵法进行大肠菌群定量计数，常采取多管发酵法，如用 10 个小发酵管（10mL）和 2 个大发酵管（或发酵瓶，100mL）。根据肯定有大肠菌群存在的发酵试验中发酵管或发酵瓶数目及试验所用的水样量，即可利用数理统计原理，算出每升水样中大肠菌群的最可能数目（MPN），下面是计算的近似公式：

$$MPN=\frac{1000\times \text{得阳性结果的发酵管(瓶)的数目}}{\sqrt{(\text{得阴性结果的水样体积,mL})\times(\text{全部水样体积,mL})}} \tag{1.1}$$

【例】 今用 300mL 水样进行初步发酵试验，其 100mL 的水样两份，10mL 的水样十份。试验结果肯定在这一阶段试验中，100mL 的两份水样中都没有大肠菌群存在，在 10mL 的水样中有三份存在大肠菌群。计算大肠菌群的最可能数。

【解】

$$MPN=\frac{100\times 3}{\sqrt{270\times 300}}=10.6\text{ 个/L}\approx 11\text{ 个/L}$$

（2）滤膜法。用发酵法完成全部检验需 72h。为了缩短检验时间，可以采用滤膜法。用这种方法检验大肠菌群，有可能在 24h 左右完成。

滤膜法中用的滤膜通常是一种多孔性硝化纤维薄膜。圆形滤膜直径一般为 35mm，厚 0.1mm，滤膜中小孔的直径平均为 0.2μm。

滤膜法的主要步骤如下：

1）将滤膜装在滤器（图 1.5）上，用抽滤法过滤定量水样，将细菌截留在滤膜表面。

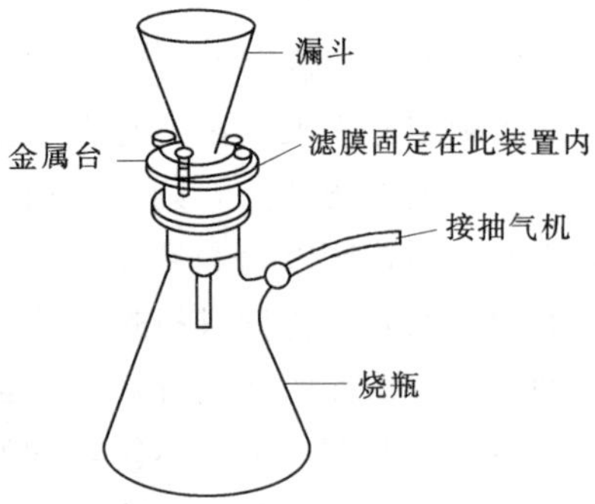

图 1.5　滤器

2）将此滤膜没有细菌的一面贴在品红亚硫酸钠培养基或伊红美蓝固体培养基上，以培育和获得单个菌落。根据典型菌落特性即可测得大肠菌群数。

3）为进一步确证，可将滤膜上符合大肠菌群菌落特征的菌落进行革兰氏染色、镜检。

4）将革兰氏染色阴性无芽孢杆菌的菌落，接种到含糖培养基中，根据产气与否来判断有无大肠菌群存在。

5）根据滤膜上生长的大肠菌群菌落数和过滤的水样体积，即可算出每升水样中的大肠菌群数。

滤膜上生长的总大肠菌群菌落数的计算公式如下：

$$\text{总大肠菌群菌落数(CFU/100mL)}=\frac{\text{数出的总大肠菌群菌落数}\times 100}{\text{过滤的水样体积(mL)}} \tag{1.2}$$

滤膜法比发酵法的检验时间短，但仍不能及时指导生产。当发现水质有问题时，这种不符合标准的水已进入管网一段时间了。此外，当水样中悬浮物较多时，悬浮物会沉积在滤膜上，影响细菌的发育，使测定结果不准确。

为了保证给水水质符合卫生标准，有必要研究快速而准确的检验大肠菌群的方法，国外曾研究用示踪原子法，例如用同位素^{14}C的乳糖做培养基。可在1h内初步确定水中有无大肠杆菌。国外大型水厂还有使用电子显微镜直接观察大肠杆菌的。

目前以大肠菌群作为检验指标，只间接反映出生活饮用水被肠道病原菌污染的情况，而不能反映出水中是否有传染性病毒以及除肠道病原菌外的其他病原菌（如炭疽杆菌）。因此为了保证人民的健康，必须加强检验水中病原微生物的研究工作。

1.1.3.4　水中的病毒及检验

1. 水中的病毒

由饮水传染的病毒性疾病现在已知的主要有脊髓灰质炎（小儿麻痹症）和病毒性肝炎。此外，柯萨奇病毒（Coxsackie virus）和埃可病毒（ECHO）也是肠道病毒。

（1）脊髓灰质炎病毒（Polionelitis virus）。这种病毒是一种圆形的微小病毒，直径为8～30nm，属肠道病毒。脊髓灰质炎是一种急性传染病。染病后常发热和肢体疼痛，主要病变在神经系统，尤以脊髓灰质损害显著，部分病人可发生麻痹，严重者可留有瘫痪后遗症。此病多见于小儿，故又名小儿麻痹症。

感染者的鼻咽分泌物及粪便内均可排出此病毒。食物和水有可能被粪便污染，所以经口摄入是主要的传播途径。如水源被污染了，可促成较大的流行。此病毒在人体外生活力很强，可在水中及粪便中存活数月，低温下可长期保存，但对高温及干燥较敏感，加热至60℃，经紫外线照射均可在0.5～1h内灭活。各种氧化剂、2%碘酒、甲醛、升汞等都有一定的消毒作用。用0.3～0.5mg/L的余氯进行消毒，接触1h，可灭活此病毒。

（2）肝炎病毒（Hepatitis virus）。病毒性肝炎一般可分为甲型肝炎（传染性肝炎或短潜伏期肝炎）和乙型肝炎（血清性肝炎或长潜伏期肝炎），两者病理变化和临床表现基本相同。主要临床症状有食欲减退、恶心、上腹（肝区）部不适、乏力等，部分病人有黄疸和发热，多数肝脏肿大，伴有肝功能损害。甲型肝炎病毒主要从粪便中排出体外，经口传染。水源或食物被污染后，可能引起爆发性流行。

肝炎病毒对一般化学消毒剂的抵抗力强，在干燥或冰冻环境下能生存数月至数年。用紫外线照射 1h 或煮沸 30min 以上可灭活。加氯消毒有一定的灭活作用。

（3）其他肠道病毒。除脊髓灰质炎病毒和肝炎病毒外，肠道病毒还有柯萨奇病毒和埃可病毒。后两种病毒在世界上传播也极广，主要侵犯小儿。一般夏秋季易流行。两者都具有暂时寄居人类肠道的特点。病毒都较小，一般直径小于 30nm，抵抗力较强，能抗乙醚、70%乙醇和 5%煤酚皂液，但对氧化剂很敏感。

这两种病毒引起的临床表现复杂多变，同型病毒可引起不同的症候，而不同型的病毒又可引起相似的临床表现。一般症状有以下几种：无菌性脑膜炎、脑炎；急性心肌炎和心包炎；流行性胸痛；疱疹性咽峡炎；出疹性疾病；呼吸道感染；小儿腹泻等。

2. 水中病毒的检验

使人致病的病毒都是动物性病毒，具有很强专性寄生性。检验这类病毒可采用组织培养法。所选择的组织细胞必须适宜于这类病毒的分离、生长和检验。目前在水质检验中使用的方法是"蚀斑检验法"。

蚀斑法大致的步骤如下：将猴子肾脏表皮剁碎，用 pH 值为 7.4～8.0 的胰蛋白酶溶液处理。胰蛋白酶能使肾表皮组织的胞间质发生解聚作用，进而使细胞彼此分离。用营养培养基洗这些分散悬浮的细胞。将细胞沉积在 40mm×110mm 的平边瓶（鲁氏瓶）的平面上，并形成一层连续的膜。将水样接种到这层膜上，再用营养琼脂覆盖。

水样中若有肠道病毒，病毒就会破坏组织细胞，增殖的病毒紧接着破坏邻接的细胞。在24～48h 内，这种效果就可以用肉眼看清。病毒群体形成的斑点称为蚀斑。实验表明，蚀斑数和水样中病毒浓度间具有线性关系。根据接种的水样数，可求出病毒的浓度。

每升水中病毒蚀斑形成单位（Plaque-forming unit，简称 PFU）小于 1，饮用才安全。

1.1.3.5　水中微生物的去除

水中微生物的种类很多。影响人体健康的主要是病原微生物。影响天然水物理、化学性质的主要是藻类。下面将谈谈病原微生物和藻类的去除。

1. 病原微生物的去除

通常把水中病原微生物的去除称为水的消毒。饮用水的消毒方法很多。把水煮沸就是家庭中常用的消毒方法。集中供水不能使用这种方法。自来水厂常用的方法有加氯消毒、臭氧消毒、紫外线消毒、超声波消毒等。具体消毒原理及方法见学习情境 1.5 中水的消毒处理。

2. 藻类的去除

除病原微生物之外，其他微生物对于水质的影响主要表现在物理性质方面。当它们大量繁殖时会使水发生浑浊、呈现颜色或发出不良气味，因而影响工业和生活上的应用。这类微生物包括藻类、原生动物等，其中以藻类更为重要，这是因为一般天然水所含有机物较少，往往不适于异养微生物的繁殖，但却含有足量的无机养料，可供自养型的藻类很好地利用。一般来说，当藻类或较高等的植物生长较好，能提供足够的有机养料时，异养型的生物才能比较旺盛地繁殖起来。因此，对于天然水来说，病原微生物以外的各种微生物的控制主要是消除藻类。

藻类问题主要发生于水库、湖泊中，因为在这些水体中的水速小，有利于藻类的繁殖。

杀藻常用的药剂有硫酸铜和漂白粉（氯）。对水库、湖泊投加时，可把药剂放在布袋中，系在船尾上，浸泡在水里，然后在水中按一定路线航行。投药量随藻的种类和数量以及其他有关条件而定，表1.4及表1.5所列数字可以参考。一般说，硫酸铜效果好，药效长，每升水投加0.3～0.5mg，在几天之内就能杀死大多数产生气味的藻类植物，但往往不能破坏死藻放出的致臭物质。漂白粉或氯能去除这种放出的致臭物质，但投量要多些，如0.5～1mg。应当注意，加氯不应过多。否则反而又会增加水的气味。药剂的正确用量可由试验确定。硫酸铜和氯也被用来防止水管和取水构筑物内某些较大生物，如饰贝等软体动物的蘖生。

表1.4　几种致臭微生物和杀藻（虫）剂用量

微生物		臭味	杀藻（虫）剂用量/(mg/L)	
			硫酸铜	氯
蓝藻	鱼腥藻	鱼腥、霉、草、猪圈	0.12～0.5	0.5～1.0
	颤藻	草、猪圈	0.12～0.5	0.5～1.0
	腔球藻	甜草香	0.2～0.33	0.5～1.0
	囊胞藻	草、猪圈	0.1～0.25	0.5～1.0
绿藻	空球藻	鱼腥	2.0～10.0	—
	实球藻	鱼腥	2.0～10.0	—
	团藻	鱼腥	0.25	0.3～1.0
	网球藻	草、鱼腥	—	0.5～1.0
硅藻	旋腥硅藻	芳香、天竺葵、鱼腥	0.12～0.2	0.5～1.0
	隔板硅藻	芳香、天竺葵、鱼腥	0.12～0.5	0.5～1.0
	扇形硅藻	芳香	—	—
	斜杆硅藻	土香	0.36～0.5	1.0
	小环硅藻	微香	—	1.0
金藻	黄群藻	南瓜、甜瓜、鱼腥(有苦味)	0.12～0.25	0.3～1.0
	辐尾藻	鱼腥（有鱼肝油味）	0.05～0.20	0.3～1.0
原生动物	隐滴虫	紫罗兰	0.5	—
	刺滴虫	芳香、紫罗兰、鱼腥	0.5	—
	袋形虫	沼泽、鱼腥	—	—
其他	铁细菌	药香（加氯后）	—	0.5
	球衣细菌		0.33～0.5	0.5

表1.5　藻种和藻量与杀藻剂用量和效果的关系

藻类	数量/(标准面积单位/mL)	氯/(mg/L)		功效	
		用量	余量	杀藻	去臭
黄群藻	125	0.3	0.05～0.1	成功	成功
	50～100	0.5～0.7	0.2	成功	成功
	200	0.7～0.9	0.3	成功	成功
辐尾藻	2000	0.5	0.1	成功	成功
	6000	0.5	0.1	成功	失败
钟罩藻	500	0.5	0.1	成功	成功
星杆藻	1350	0.7	0.2	50%	失败
颤藻	1500	0.7～0.8	0.2～0.25	50%	失败

如水源水中存在着由于死藻而产生的致臭物质，则可在水厂的一级泵房投加一定量（如 1～2mg/L）的氯，以消除臭味。

学习情境 1.2 水的混凝处理

混凝法广泛用于自来水水质净化，也常用于各种工业废水（如造纸、钢铁、纺织、煤炭、选矿、化工、食品等工业废水）的预处理、中间处理或最终处理及城市污水的三级处理和污泥处理，除了用于去除水中悬浮物和胶体外，还用于除油脱色，它是水处理工艺中十分重要的一个环节。实践证明，混凝过程的完善程度对后续处理如沉淀、过滤影响很大，应予以充分重视。

1.2.1 水中胶体稳定性与水的混凝机理

混凝是指水中胶体粒子以及微小悬浮物的聚集过程，它是凝聚和絮凝的总称。所谓凝聚是指水中胶体失去稳定性的过程，它是瞬时的；而絮凝是指脱稳胶体相互聚结成大颗粒絮体的过程，它则需要一定的时间才能完成。在实际生产中，这两个过程很难截然分开。因此，把能起凝聚与絮凝作用的药剂统称为混凝剂。

1. 水中胶体稳定性

分散体系是指由两种以上的物质混合在一起而组成的体系，其中被分散的物质称分散相，在分散相周围连续的物质称分散介质。水处理工程所研究的分散体系中，颗粒尺寸为 1nm 至 0.1μm 的称为胶体溶液，颗粒大于 0.1μm 的称悬浮液。分散相是指那些微小悬浮物和胶体颗粒，它们可以使光散射造成水的浑浊，分散介质就是水。胶体稳定性，是指胶体颗粒在水中长期保持分散悬浮状态的特性。

如图 1.6 所示为一个想象中天然水的黏土胶团。天然水的浑浊大都由黏土颗粒造成。黏土的主要成分是 SiO_2，颗粒带有负电，其外围吸引了水中常见的许多带正电荷的离子。吸附层的厚度很薄。大约只有 2～3 埃。扩散层比吸附层厚得多，有时可能是吸附层的几百倍。在扩散层中，不仅有正离子及其周围的水分子，而且还可能有比胶核小的带正电的胶粒，也夹杂着一些水中常见的 HCO_3^-、OH^-、Cl^- 等负电荷和带负电荷的胶粒。

2. 混凝机理

水处理中的混凝现象比较复杂，不同种类混凝剂以及不同的水质条件，混凝剂作用机理也有所不同。混凝的目的，是为了使胶体颗粒能够通过碰撞而彼此聚集。因此，就需要消除或降低胶体颗粒的稳定因素，使其失去稳定性。

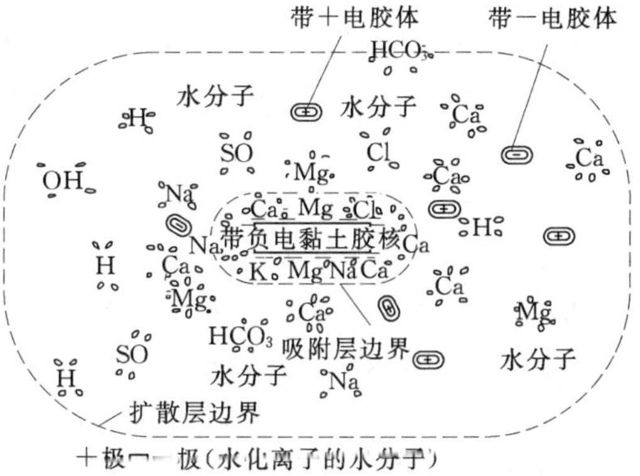

图 1.6 天然水中黏土胶粒示意图

胶体颗粒的脱稳可分为两种情况：一种是通过混凝剂的作用，使胶体颗粒本身的双电层结构发生变化，致使 ζ 电位降低或消失，达到胶体稳定性破坏的目的；再一种就是胶体颗粒的双电层结构未有多大变化，而主要是通过混凝剂的媒介作用，使颗粒彼此聚集。

对于混凝机理，水处理行业对目前的研究结果尚存在一定的争议，但认识比较一致的是，混凝剂对水中胶体粒子的混凝作用有 4 种，即压缩双电层作用机理、吸附-电性中和作用机理、吸附架桥作用机理和沉淀物网捕或卷扫作用机理。在水处理工程中，这 4 种作用有时可能会同时发挥作用，只是在特定情况下，以某种机理为主，究竟以哪一种为主，取决于混凝剂种类和投加量、水中胶体粒子性质和含量以及水的 pH 值等。目前，这 4 种作用机理尚限于定性描述，但定量描述的研究近年来已开始进行。

（1）压缩双电层作用机理。对于憎水胶体，要使胶粒通过布朗运动相互碰撞而结成大颗粒，必须降低或消除排斥能峰才能实现。降低排斥能峰的办法是降低或消除胶粒的 ζ 电位。在胶体系统中，加入电解质可降低 ζ 电位。

从胶体双电层结构可知，胶粒所吸附的反离子浓度与距颗粒表面的距离成反比，胶粒表面处反离子浓度最大，随着距颗粒表面的距离增大，反离子浓度逐渐降低，直至与溶液中离子浓度相等。

当向溶液中投加电解质时，溶液中反离子浓度增高，根据浓度扩散和异号电荷相吸的作用，这些离子可与胶粒吸附的反离子发生交换，挤入扩散层，使扩散层厚度缩小，如图 1.7 所示，进而更多地挤入滑动面与吸附层，使胶粒带电荷数减少，ζ 电位降低，这种作用称为压缩双电层作用。此时两个胶粒相互间的排斥力减小，同时由于它们相撞时的距离减小，相互间的吸引力增大，胶粒得以迅速聚集。这个机理是借单纯静电现象来说明电解质对胶粒脱稳的作用。

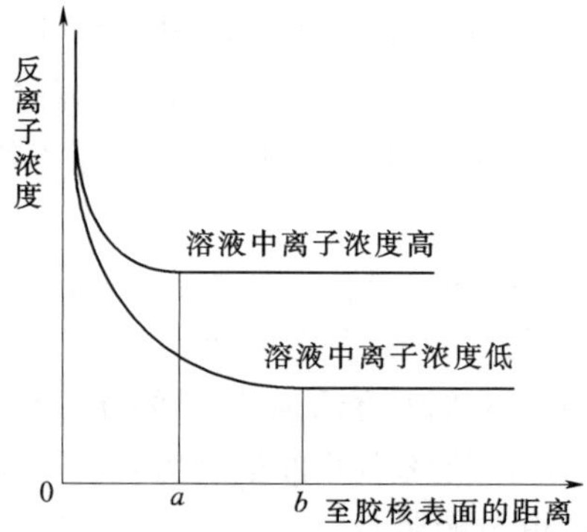

图 1.7　溶液中离子浓度与扩散层厚度的关系

压缩双电层作用机理不能解释其他一些复杂的胶体脱稳现象。如混凝剂投量过多时，凝聚效果反而下降，甚至重新稳定；与胶粒带同号电荷的聚合物或高分子有机物可能有好的凝聚效果；等电状态应有最好的凝聚效果，但在生产实践中，往往 ζ 电位大于零时，混凝效果最好。

（2）吸附-电性中和作用机理。吸附-电性中和作用指胶粒表面对异号离子、异号胶粒或链状分子带异号电荷的部位有强烈的吸附作用而中和了它的部分电荷，减少了静电斥力，因而容易与其他颗粒接近而相互吸附。这种吸附力，除静电引力外，一般认为还存在范德华力、氢键及共价键等。

当采用铝盐或铁盐作为混凝剂时，随着溶液 pH 值的不同可以产生各种不同的水解产物。当 pH 值较低时，水解产物带有正电荷。给水处理时原水中胶体颗粒一般带有负电荷，因此带正电荷的铝盐或铁盐水解产物可以对原水中的胶体颗粒起中和作用。二者所带电荷相反，在接近时，将导致相互吸引和聚集。

（3）吸附架桥作用机理。吸附架桥作用是指高分子物质与胶体颗粒的吸附与桥连。当高分子链的一端吸附了某一胶粒后，另一端又吸附另一胶粒，形成“胶粒-高分子-胶粒”的絮凝体，如图 1.8 所示。高分子物质在这里起了胶粒与胶粒之间相互结合的桥梁作用。

当高分子物质投量过多时，胶粒的吸附面均被高分子覆盖，两胶粒接近时，就受到高分子之间的相互排斥而不能聚集。这种排斥力可能源于“胶粒-胶粒”之间高分子受到压缩变形而具有排斥势能，也可能由于高分子之间的电性斥力或水化膜。因此，高分子物质投量过少，不足以将胶粒架桥连接起来；投量过多，又会产生“胶体保护”作用，如图 1.9 所示，使凝聚效果下降，甚至重新稳定，即所谓的再稳。

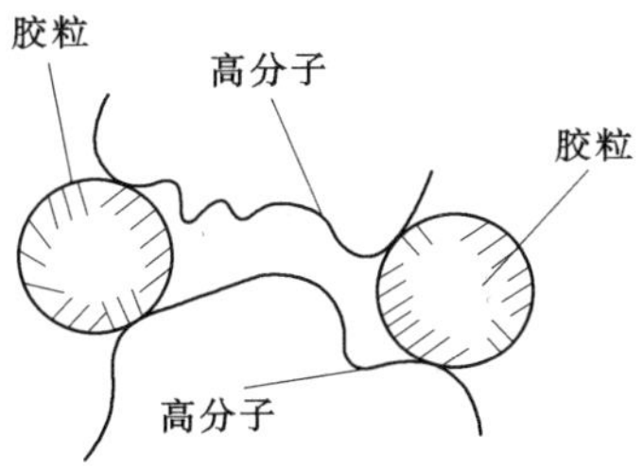

图 1.8 架桥模型示意

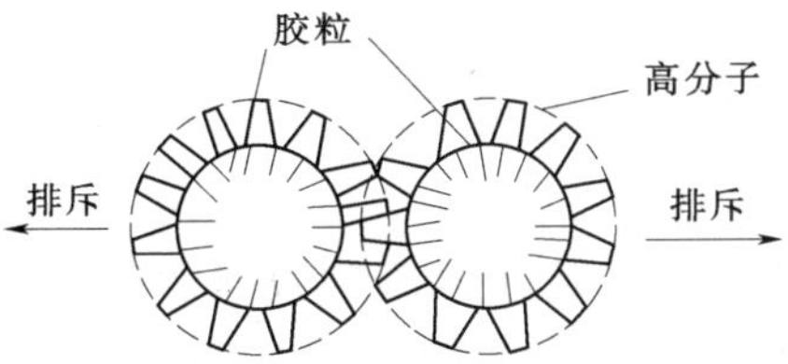

图 1.9 胶体保护示意

(4) 沉淀物网捕或卷扫作用机理。沉淀物网捕或卷扫作用是指当铝盐或铁盐混凝剂投量很大而形成大量氢氧化物沉淀时，可以网捕、卷扫水中胶粒，以致产生沉淀分离。这种作用，基本上是一种机械作用，混凝剂需量与原水杂质含量成反比。

网捕卷扫所需混凝剂的量较大，不经济，在生产中较少应用，但对低温低浊水，网捕卷扫不失为一种有效的方法。

1.2.2 混凝的影响因素

影响混凝效果的主要因素有水温、pH 值、碱度、悬浮物浓度和水力条件等。

1. 水温

水温对混凝效果有明显影响。低温水絮凝体形成缓慢，絮凝颗粒细小、松散，沉淀效果差。其原因主要有以下 3 点：

(1) 水温低会影响无机盐类水解。无机盐混凝剂水解是吸热反应，低温时水解困难，造成水解反应慢。

(2) 低温水的黏度大，使水中杂质颗粒的布朗运动强度减弱，碰撞机会减少，不利于胶粒凝聚，混凝效果下降，同时，水流剪力增大，影响絮凝体的成长。

(3) 低温水中胶体颗粒水化作用增强，妨碍胶体凝聚，而且水化膜内的水由于黏度和重度增大，影响了颗粒之间的黏附强度。

虽然水温高，有利于混凝，但在实际的水处理过程中，提高水温比较困难，要提高低温水混凝效果，常用的办法是增加混凝剂投加量和投加高分子助凝剂。

2. pH 值

混凝过程中要求有一个最佳 pH 值，使混凝反应速度达到最快，絮凝体的溶解度最小。这个 pH 值可以通过试验测定。混凝剂种类不同，水的 pH 值对混凝效果的影响程度也不同。

对于铝盐与铁盐混凝剂，不同的 pH 值，其水解产物的形态不同，混凝效果也各不相同。

对硫酸铝来说，用于去除浊度时，最佳的 pH 值在 6.5～7.5 之间；用于去除色度时，pH 值一般在 4.5～5.5 之间。对于三氯化铝来说，适用的 pH 值范围较硫酸铝要宽，用于去除浊度时，最佳 pH 值在 6.0～8.4 之间；用于去除色度时，pH 值一般在 3.5～5.0 之间。

高分子混凝剂的混凝效果受水的 pH 值影响较小，故对水的 pH 值变化适应性较强。

3．碱度

水中碱度对混凝的影响很大，有时会超过原水 pH 值的影响程度。由于水解过程中不断产生 H^+，导致水的 pH 值下降。要使 pH 值保持在最佳范围以内，常需要加入碱使中和反应充分进行。

天然水中均含有一定碱度（通常是 HCO_3^-），对 pH 值有缓冲作用：

$$HCO_3^- + H^+ \longrightarrow CO_2 + H_2O$$

当原水碱度不足或混凝剂投量很高时，天然水中的碱度不足以中和水解反应产生的 H^+，水的 pH 值将大幅度下降，不仅超出了混凝剂的最佳范围，甚至会影响到混凝剂的继续水解，此时应投加碱剂（如石灰）以中和混凝剂水解过程中产生的 H^+。

4．悬浮物浓度

浊度高低直接影响混凝效果，过高或过低都不利于混凝。浊度不同，混凝剂用量也不同。对于去除以浑浊度为主的地表水，主要的影响因素是水中的悬浮物浓度。

水中悬浮物浓度过高时，所需铝盐或铁盐混凝剂投加量将相应增加。为了减少混凝剂用量，通常投加高分子助凝剂，如聚丙烯酰胺及活化硅酸等。对于高浊度原水处理，采用聚合氯化铝具有较好的混凝效果。

水中悬浮物浓度很小时，颗粒碰撞几率大大减小，混凝效果差。为提高混凝效果，可以投加高分子助凝剂，如活化硅酸或聚丙烯酰胺等，通过吸附架桥作用，使絮凝体的尺寸和密度增大；可以投加黏土类矿物颗粒，增加混凝剂水解产物的凝结中心，提高颗粒碰撞几率并增加絮凝体密度；也可以在原水投加混凝剂后，经过混合直接进入滤池过滤。

5．水力条件

要使杂质颗粒之间或杂质与混凝剂之间发生絮凝，一个必要条件是使颗粒相互碰撞。推动水中颗粒相互碰撞的动力来自两个方面，一是颗粒在水中的布朗运动，一是在水力或机械搅拌作用下所造成的流体运动。由布朗运动造成的颗粒碰撞聚集体称“异向絮凝”，由流体运动造成的颗粒碰撞聚集称“同向絮凝”。

颗粒在水分子热运动的撞击下所做的布朗运动是无规则的，当颗粒完全脱稳后，一经碰撞就发生絮凝，从而使小颗粒聚集成大颗粒。由布朗运动造成的颗粒碰撞几率与水温及颗粒的数量浓度平方成正比，而与颗粒尺寸无关。实际上，只有小颗粒才具有布朗运动。随着颗粒粒径增大，布朗运动将逐渐减弱。当颗粒粒径大于 1μm 时，布朗运动基本消失。因此，要使较大的颗粒进一步碰撞聚集，还要靠流体运动的推动来促使颗粒相互碰撞，即进行同向絮凝。

同向絮凝要求有良好的水力条件。适当的紊流程度，可为细小颗粒创造相互碰撞接触机会和吸附条件，并防止较大的颗粒下沉。紊流程度太强烈，虽然相碰接触机会更多，但相碰太猛，也不能互相吸附，并容易使逐渐长大的絮凝体破碎。因此，在絮凝体逐渐成长的过程中，应逐渐降低水的紊流程度。

控制混凝效果的水力条件，往往以速度梯度 G 值和 GT 值作为重要的控制参数。

速度梯度是指相邻两水层中两个颗粒的速度差与垂直于水流方向的两流层之间距离的比值，用来表示搅拌强度。流速增量越大，间距越小，颗粒越容易相互碰撞。可以认为速度梯度 G 值实质上反映了颗粒碰撞的机会或次数。

GT 值是速度梯度 G 值与水流在混凝设备中的停留时间 t 之乘积，可间接地表示在整个停留时间内颗粒碰撞的总次数。

在混合阶段，异向絮凝占主导地位。药剂水解、聚合及颗粒脱稳进程很快，故要求混合快速剧烈，通常搅拌时间在10～30s，一般G值在500～1000s^{-1}之内。在絮凝阶段，同向絮凝占主导地位。絮凝效果不仅与G值有关，还与絮凝时间t有关。在此阶段，既要创造足够的碰撞机会和良好的吸附条件，让絮体有足够的成长机会，又要防止生成的小絮体被打碎，因此搅拌强度要逐渐减小，反应时间相对加长，一般在15～30min，平均G值为20～30s^{-1}，平均GT值为1×10^4～1×10^5。

1.2.3 混凝剂

为了达到混凝作用所投加的各种药剂统称为混凝剂，混凝剂具有破坏胶体稳定性和促进胶体絮凝的功能。习惯上把低分子电解质称为凝聚剂，把主要通过吸附架桥机理起作用的高分子药剂称为絮凝剂。在混凝过程中如果单独采用混凝剂不能取得较好的效果时，可以投加某类辅助药剂用来提高混凝效果，这类辅助药剂统称为助凝剂。

混凝剂的基本要求是：混凝效果好，对人体健康无害，适应性强，使用方便，货源可靠，价格低廉。

1. 凝聚剂

凝聚剂通常指在混凝过程中主要起脱稳作用而投加的药剂，这类药剂主要通过压缩双电层和电性中和机理起作用。水处理中常用的凝聚剂有硫酸铝、硫酸亚铁、三氯化铁和碱式氯化铝等。

（1）硫酸铝。硫酸铝使用方便，混凝效果较好，是使用历史最久、目前应用仍较广泛的一种无机盐类混凝剂。净水用的明矾就是硫酸铝和硫酸钾的复盐$Al_2(SO_4)_3\cdot K_2SO_4\cdot 24H_2O$，其作用与硫酸铝相同。硫酸铝的分子式为$Al_2(SO_4)_3\cdot 18H_2O$，其产品有精制和粗制两种。精制硫酸铝是白色结晶体。粗制硫酸铝质量不稳定，价格较低，其中Al_2O_3含量为10.5%～16.5%，不溶杂质含量约20%～30%，腐蚀性较小，但增加了药液配制和排除废渣等方面的困难。硫酸铝易溶于水，pH值在5.5～6.5范围，水溶液呈酸性反应，室温时溶解度约50%。

硫酸铝的混凝作用与投药后水的pH值和凝聚剂加注量有关。当pH值较低时，形成的络合物以带正电荷居多，可通过吸附和电中和使胶体脱稳；当pH值较高时，则形成物带负电荷较多，主要起架桥联结的作用；当药剂投加量充分、pH值适中时，则可通过网捕达到凝聚。

硫酸铝在一般情况下都可使用，投加量大时，原水须有一定碱度。它在处理低温低浊水时，絮体松散效果差，投加量大时，有剩余Al^{3+}或离子SO_4^{2-}，影响水质。其适宜水温为20～40℃，当pH＝4～7时，主要去除水中有机物；当pH＝5.7～7.8时，主要去除水中悬浮物；当pH＝6.4～7.8时，处理浊度高、色度低（小于30度）的水。

除了固体硫酸铝外，还有液体硫酸铝。液体硫酸铝制造工艺简单，含Al_2O_3量约为6%，一般用坛装或灌装，通过车、船运输。液体硫酸铝使用范围与固体硫酸铝相同，但配制和使用均比固体硫酸铝方便得多，近年来在南方地区使用较为广泛，其缺点是易受温度及晶核存在影响形成结晶析出。

（2）硫酸亚铁。硫酸亚铁又称绿矾，分子式为$FeSO_4\cdot 7H_2O$，半透明绿色晶体，易溶于水，水温20℃时的溶解度为21%。

硫酸亚铁在水中溶解时，将分解成 Fe^{2+} 和 SO_4^{2-} 。Fe^{2+} 与水中碱度反应生成氢氧化亚铁 $Fe(OH)_2$，而二价铁化合物是一种可溶性物质，凝絮速度很慢，且受 pH 值的严格限制，因此一般需使其氧化成氢氧化铁 $Fe(OH)_3$。理论上当 pH>7 时，二价铁可氧化为三价铁，但实际上却很难被完全氧化，只有当 pH>8.5 时，且原水具有足够碱度和氧存在时应用硫酸亚铁絮凝才有较好效果。当水中溶解氧不足时，硫酸亚铁水解形成氢氧化铁胶体的过程很缓慢，此时可投加强氧化剂氯，直接将亚铁变为高铁。

硫酸亚铁的腐蚀性较高，絮体形成较快，比较稳定，沉淀时间短。它适用于碱度高、浊度高，pH=8.1～9.6 的水，不论在冬季或夏季使用都很稳定，混凝作用良好，但原水的色度较高时不宜采用。当 pH 值较低时，常使用氯来氧化，使二价铁氧化成三价铁。

处理饮用水时，硫酸亚铁的重金属含量应极低，要考虑在最高投药量处理后，水中的重金属含量控制在国家饮用水水质标准的限度内。

(3) 三氯化铁。三氯化铁的分子式为 $FeCl_3 \cdot 6H_2O$，黑褐色晶体，有强烈吸水性，极易溶于水，其溶解度随着温度的上升而增加，形成的矾花沉淀性能好，絮体结得大，沉淀速度快，效果较好。

三氯化铁的混凝效果受温度影响小，絮粒较密实，适用原水的 pH 值约在 6.0～8.4 之间，当原水碱度不足时，应加一定量的石灰。在处理高浊度水时，三氯化铁用量一般要比硫酸铝少；在处理低浊度水时，效果不显著。三氯化铁的腐蚀性强，不仅对金属有腐蚀，对混凝土也有较强腐蚀，使用中要有防腐措施。

(4) 碱式氯化铝。碱式氯化铝也称聚合氯化铝（PAC），化学通式为 $Al_n(OH)_mCl_{3n-m}$。产品有液体和固体两种，固体中 Al_2O_3 含量为 43%～46%，液体中为 8%～10%，腐蚀性小，是目前生产和应用技术成熟、市场销售量最大的无机高分子混凝剂。

碱式氯化铝的混凝机理与硫酸铝相同，但 Al_2O_3 含量比硫酸铝高，絮凝体较硫酸铝致密且大，形成快，易于沉降，混凝效果好。碱式氯化铝在混凝过程中消耗碱度少，耗药量少，净化效率高，适应的 pH 值范围较硫酸铝宽（可在 pH=5～9 的范围内）且稳定，因而可不投加碱剂。其出水浊度低，色度小，过滤性能好，原水高浊度时尤为显著。

碱式氯化铝的温度适应性高，水温低时，仍可保持稳定的混凝效果，因此，在我国北方地区更为适用。它在使用时，设备简单，操作方便，劳动条件好，成本较三氯化铁低，处理水的碱度降低少，对低温低浊、高浊和污染原水的处理效果好。

碱式氯化铝产品本身是无毒的，净化后的生活用水一般均符合国家饮用水水质卫生标准。但目前许多自来水厂自行生产碱式氯化铝，由于原料复杂，生产工艺各异，有些常带有有害重金属元素。因此，在采用碱式氯化铝时，应严格符合生活饮用水净化的混凝剂卫生要求。

2. 絮凝剂

絮凝剂主要指通过架桥作用把颗粒连接起来所投加的药剂。絮凝剂分无机絮凝剂与有机絮凝剂。某些无机絮凝剂常被归入凝聚剂，如聚合氯化铝、聚合硫酸铁等。有时也有将有机絮凝剂归入助凝剂的，如活化硅酸等。在水处理中常用的絮凝剂有聚丙烯酰胺（PAM）、活化硅酸、丙烯酰胺与二甲基二烯丙基季铵盐共聚絮凝剂（HCB）、骨胶和海藻酸钠（SA）等。下面分别介绍广泛使用的聚丙烯酰胺和活化硅酸。

(1) 聚丙烯酰胺。聚丙烯酰胺俗称三号絮凝剂，是由丙烯酰胺聚合而成的有机高分子聚合物，无色、无味、无臭，能溶于水，无腐蚀性。聚丙烯酰胺在常温下比较稳定，高温、冰冻时易降解，并降低絮凝效果，故在贮存和配制投加时，注意温度控制在2～55℃。

聚丙烯酰胺絮凝剂有很长的分子链，对水中的泥沙颗粒有高效的吸附与架桥作用。它是处理高浊度水最有效的高分子絮凝剂之一，可单独使用，也可与其他混凝剂同时使用。当含砂量为10～150kg/m^3时，效果显著，即可保证水质，又可减少混凝剂用量和一级沉淀池的容积。它在与其他混凝剂混合使用时，应先加聚丙烯酰胺，经充分混合后，再投加其他混凝剂。

聚丙烯酰胺本体是无害的，而聚丙烯酰胺产品有极微弱的毒性，主要由于产品中含未聚合的丙烯酰胺单体和游离丙烯腈所致。经十余年毒理试验表明，如采用丙烯酰胺单体含量以干重计小于1%（相当于以商品重量计，小于0.08%）的产品，并控制投加量，对人体是无害的。降低聚丙烯酰胺产品中丙烯酰胺单体含量，有可能提高投加量。聚丙烯酰胺絮凝剂在处理不同浊度时的投加量，一般以原水混凝试验或相似水厂的生产运行经验确定。投加浓度越稀越好，但浓度太稀会造成庞大的投加设备，一般投加浓度以0.5%～2%为宜。

（2）活化硅酸。活化硅酸又称活化水玻璃，其分子式为$Na_2O \cdot xSiO_2 \cdot yH_2O$，为粒状高分子物质，在天然水的pH值下带负电。其作用机理是靠分子链上的阴离子活性基团与胶体微粒表面间的范德华力、氢键作用而引起的吸附架桥作用。

活化硅酸一般在水处理现场制备，无商品出售。因为活化硅酸在储存时易析出硅胶而失去絮凝功能。实质上活化硅酸是硅酸钠在加酸条件下的水解聚合反应进行到一定程度的中间产物，其电荷、大小、结构等组分特征，主要取决于水解反应起始的硅浓度、反应时间和反应时的pH值。活化硅酸适用于硫酸亚铁与铝盐混凝剂，可缩短混凝沉淀时间，节省混凝剂用量，在使用时宜先投入活化硅酸。在原水浑浊度低、悬浮物含量少及水温较低（14℃以下）时使用，效果更为显著。在使用时要注意加注点，要有适宜的酸化度和活化时间。

3. 助凝剂

助凝剂是指为了改善混凝效果而投加的各种辅助药剂。助凝剂按所起作用又可分为三类：用于调整水的pH值和碱度的酸碱类；为了破坏水中有机物，改善混凝效果的氧化剂；为改善某些特殊水质的絮凝性能而投加的助凝剂。常用助凝剂见表1.6。

表1.6　常用助凝剂

种类	名称分子式或代号	一般介绍
氯	Cl_2	1. 当处理高色度水及用作破坏水中有机物或去除臭味时，可在投凝聚剂前先投氯，以减少凝聚剂用量； 2. 用硫酸亚铁作凝聚剂时，为使二价铁氧化成三价铁可在水中投氯
生石灰	CaO	1. 用于原水碱度不足时； 2. 用于去除水中的CO_2，调整pH值
氢氧化钠	NaOH	1. 用于调整水的pH值； 2. 投加在滤池出水后可用作水质稳定处理； 3. 一般采用浓度不小于30%商品液体，在投加点稀释后投加； 4. 气温低时会结晶，浓度越高越易结晶； 5. 使用上要注意安全

1.2.4　水的混凝处理

1.2.4.1　混凝剂的配制与投加

混凝剂投加分干法投加和湿法投加两种方式。干法投加是把药剂直接投放到被处理的水中。干法投加劳动强度大，投配量较难掌握和控制，对搅拌设备要求高，目前国内已很少使用。湿法投加是目前普遍采用的投加方式，是将混凝剂配成一定浓度的溶液，直接定量投加到原水中。用以投加混凝剂溶液的投药系统，包括溶解池、溶液池、计量设备、提升设备和投加设备等，药剂的溶解和投加过程如图 1.10 所示。

图 1.10　药剂的溶解和投加过程

1. 混凝剂溶解和溶液配制

溶解池是把块状或粒状的混凝剂溶解成浓溶液，对难溶的药剂或在冬天水温较低时，可用蒸汽或热水加热，一般情况下只要适当搅拌即可溶解。药剂溶解后流入溶液池，配成一定浓度，在溶液池中配制时同样要进行适当搅拌，搅拌时可采用水力、机械或压缩空气等方式，一般药量小时采用水力搅拌，药量大时采用机械搅拌。凡和混凝剂溶液接触的池壁、设备和管道等，应根据药剂的腐蚀性采取相应的防腐措施。

大中型水厂通常建造混凝土溶解池，一般设计两格，交替使用。溶解池通常设在加药间的底层，为地下式。溶解池池顶高出地面 0.2m，底坡应大于 2%，池底设排渣管，超高为 0.2～0.3m。

溶解池容积可按溶液池容积的 20%～30%计算。根据经验，小型水厂溶解池容积为 0.5～0.9$m^3/(10^4m^3 \cdot d)$，中型水厂为 1$m^3/(10^4m^3 \cdot d)$。

溶液池是配制一定浓度溶液的设施。溶解池内的浓药液送入溶液池后，用自来水稀释到所需浓度以备投加。溶液池容积按式（1.3）计算：

$$W=\frac{24\times100aQ}{1000\times1000bn}=\frac{aQ}{417bn} \tag{1.3}$$

式中：W 为处理的水量，m^3；Q 为处理水量，m^3/h；a 为混凝剂最大投加量，mg/L；b 为溶液浓度，一般取 5%～20%（按商品固体重量计）；n 为每日配制次数，一般不超过 3 次。

2. 混凝剂投加

（1）计量设备。药液投入原水中时必须有计量或定量设备，并能够随时调节。计量设备种类较多，应根据具体情况选用。一般中小型水厂可采用孔口计量，常用的有苗嘴和孔板，如图 1.11 所示。在一定液位下，一定孔径的苗嘴出流量为定值。当需要调整投药量时，只要更换苗嘴即可。标准图中苗嘴的孔径为 0.6～6.5mm 不等，共有 18 种规格。为保持孔口上的水头恒定，还需设置恒位水箱，如图 1.12 所示。为实现自动控制，可采用计量泵、转子流量计或电磁流量仪等。

（2）投加方式。根据水厂高程布置和溶液池位置的高低，投加方式可采用重力投加或压力投加。

重力投加是利用重力将药剂投加在水泵吸水管内（图 1.13）或吸水井中的吸水喇叭口处

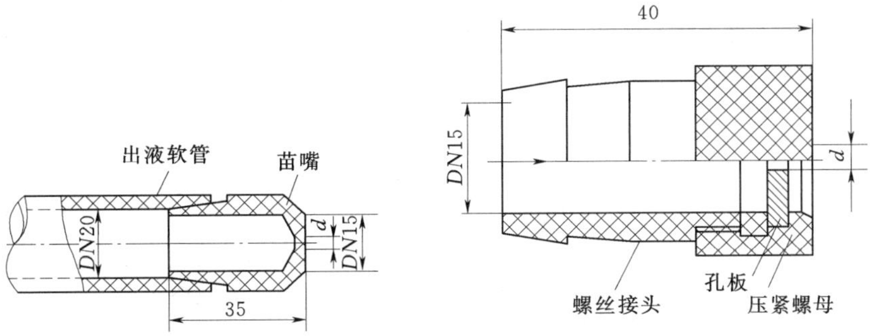

(a) 投药苗嘴　　(b) 投药孔板

图1.11 投药苗嘴和孔板

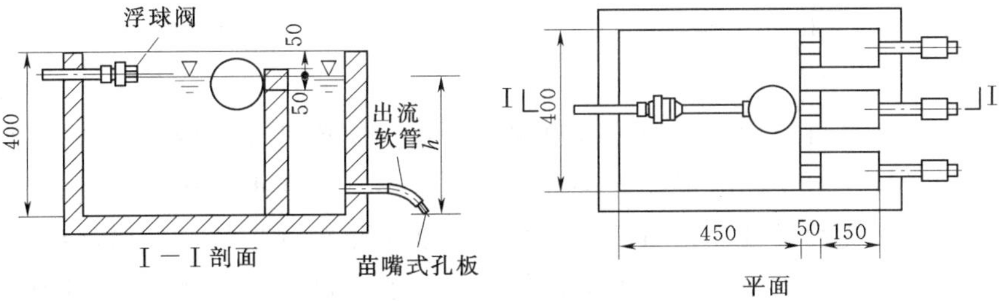

图1.12 恒位水箱

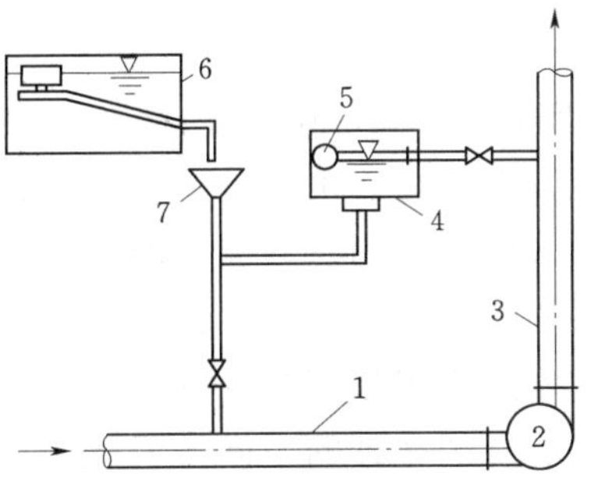

图1.13 吸水管内重力投加

1—吸水管；2—水泵；3—压水管；4—水封箱；5—浮球阀；6—溶液池；7—漏斗

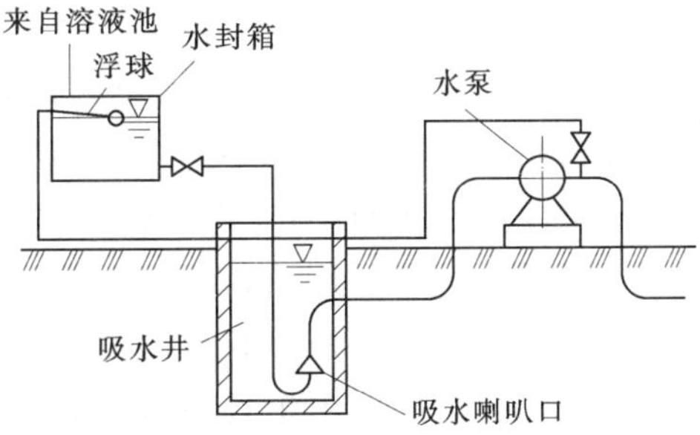

图1.14 吸水喇叭口处重力投加

(图1.14)，利用水泵叶轮混合。这种办法一般用在取水泵房离水厂加药间较近的中小型水厂。图中水封箱是为防止空气进入吸水管而设的。如果取水泵房离水厂较远，可建造高位溶液池，利用重力将药剂投入水泵压水管上，如图1.15所示。

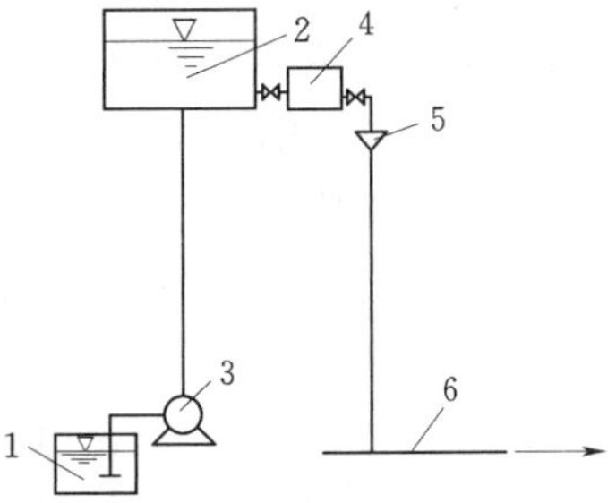

图1.15 高位溶液池重力投加

1—溶解池；2—溶液池；3—提升泵；4—投药箱；5—漏斗；6—高压水管

压力投加是利用水射器或水泵将药剂投加到原水管中，适用于将药剂投加到压力水管中，或标高较高、距离较远的净水构筑物内。水射器投加是利用高压水（压力大于0.25MPa）通过喷嘴和喉管时的负压抽吸作用，吸入药液到压力水管中，如图 1.16 所示，水射器投加应设有计量设备，一般水厂内的给水管都有较高压力，故使用方便，但水射器效率较低，且易磨损。水泵投加是从溶液池抽提药液送到压力水管中，有直接采用计量泵（图 1.17）和采用耐酸泵配以转子流量计两种方式。

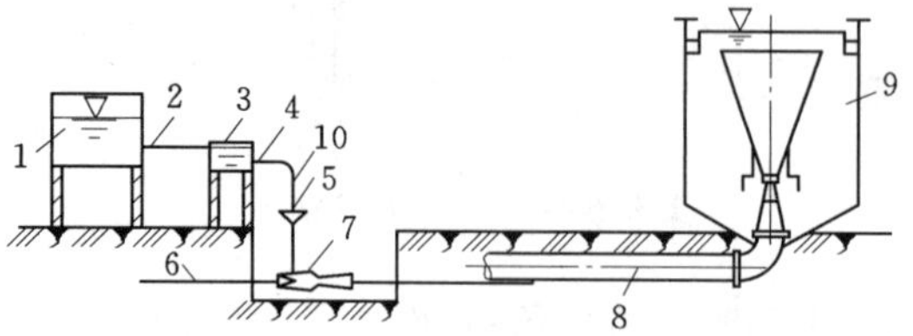

图 1.16　水射器压力投加

1—溶液池；2、4—阀门；3—投药箱；5—漏斗；6—高压水管；7—水射器；8—原水进水管；9—澄清池；10—孔、嘴等计量装置

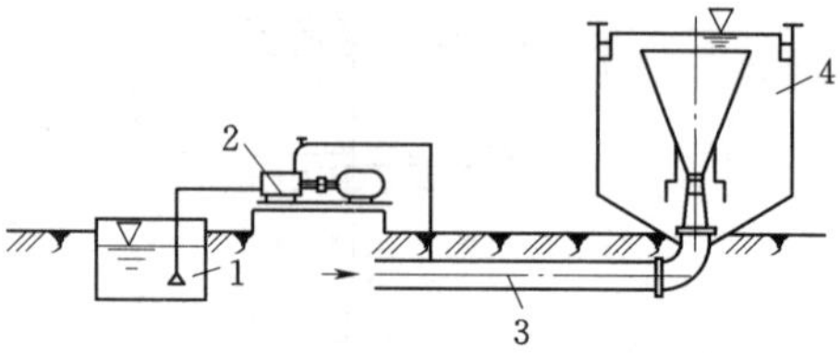

图 1.17　应用计量泵压力投加

1—溶液池；2—计量泵；3—原水进水管；4—澄清池

（3）混凝剂投加量自动控制。混凝剂最优投加量（简称最优剂量）是指达到既定水质目标的最小混凝剂投量。由于影响混凝效果的因素较复杂，且在水厂运行过程中水质、水量不断变化，故要达到最优剂量且能即时调节、准确投加是比较困难的。目前，我国大多数水厂还是根据实验室混凝搅拌试验确定混凝剂最优剂量，然后进行人工调节。混凝试验的目的是根据原水水质、水量变化和既定的出水水质目标，确定出混凝剂的最优投加量。为了提高混凝效果，节省耗药量，混凝工艺的自动控制和优化控制技术正逐步推广应用，主要方法如下：

1）数学模拟法：将原水有关的水质参数，例如浊度、水温、pH 值、碱度、溶解氧、氨氮和原水流量等影响混凝效果的主要参数作为前馈值，以沉淀后出水的浊度等参数作为后馈值，建立数学模型来自动调节加药量的多少。早期仅采用原水的参数建立的数学模型称为前馈模型。目前，一般采用前、后馈参数共同参与控制的数学模型，又称为闭环控制法。采用数学模型的关键，是必须要有大量可靠的生产数据，才能运用数理统计方法建立符合实际生产的数学模型。同时，由于各地水源的条件及所采用混凝剂品种的不同，因此建立的数学模型也各不相同。

2）现场小型装置模拟法：是在生产现场建造一套小型装置，模拟水厂净水构筑物的生产条件，找出模拟装置出水与生产构筑物出水之间的水质和加药量关系，从而得出最优混凝剂投加量的方法。此种方法有模拟沉淀法和模拟滤池法两种。

3）流动电流检测法（SCD 法）：流动电流系指胶体扩散层中反离子在外力作用下随液体流动（胶体固定不动）而产生的电流。SCD 法由在线 SCD 检测仪连续检测加药后水的流动电流，通过控制器将测得值与基准值比较，给出调节信号，从而控制加注设备自动调节混凝剂投加量。

4）显示式絮凝控制法（FCD 法）：显示式絮凝控制系统主要由絮体图像采集传感器和微机两部分组成。图像采集传感器安装在絮凝池出口水流较稳定处，水样经取样窗（可定时自动清洗）由高分辨率 CCD 摄像头摄像，由 LED 发光管照明以提高絮体图像清晰度，经视频电缆传输进计算机，对数据进行图像预处理，以排除噪声的干扰，改善图像的成像质量，絮体图像放大6倍可在显示器上显示，将图像经过计算机处理后得出图像中每一个絮体的大小和其他参数。FCD控制的原理是将实测的非球状絮体换算成“等效直径”的絮体，以代表其沉淀性能，然后与沉淀池出水浊度进行比较，来确定“等效直径”的目标值，通过设定的目标值来自动控制加注量。FCD是国内自行研制、开发的自动加药控制系统，已在一些水厂得到应用，取得较好效果。

1.2.4.2 混凝设施及混凝处理

1. 混合设施

为了创造良好的混凝条件，要求混合设施能够将投入的药剂快速均匀地扩散于被处理的水中。

(1) 混合的基本要求。混合是取得良好混凝效果的重要前提。药剂的品种、浓度、原水的温度、水中颗粒的性质、大小等，都会影响到混凝效果，而混合方式的选择是最主要的影响因素。

混合设施应使药剂投加后水流产生剧烈紊动，在很短时间内使药剂均匀地扩散到整个水体，也即采用快速混合方式，混合时间一般为10～60s。混合设施与后续处理构筑物的距离越近越好，尽可能采用直接连接方式，最长距离不宜超过120m，它与后续处理构筑物连接管道内的流速可采用0.8～1.0m/s。当采用高分子絮凝剂时，因其作用机理主要是絮凝，所以只要求药剂能够均匀地分散到水体，混合不宜过分急剧。

(2) 混合方式。混合方式基本分两大类：水力混合和机械混合。前者简单，但不能适应流量的变化；后者（图1.18）可进行调节，能适应各种流量的变化，但需有一定的机械维修量。具体采用何种形式应根据净水工艺布置、水质、水量、投加药剂品种及数量以及维修条件等因素确定。

水力混合还可采用多种形式，目前较常采用的水力混合有：水泵混合、管式静态混合器（图1.19）混合、扩散混合器（图1.20）混合、跌水混合和水跃混合等。

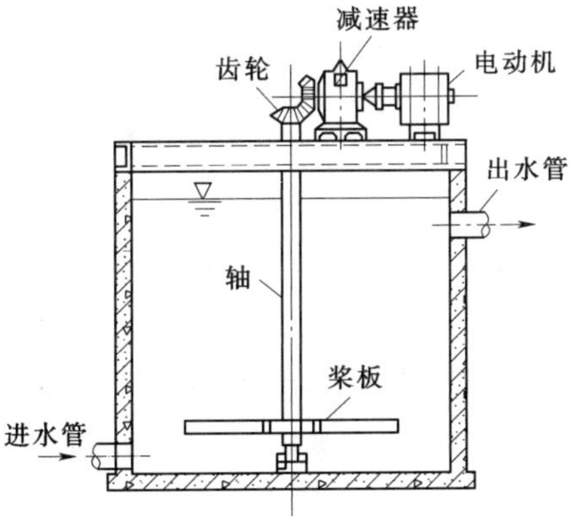

图1.18 机械混合器

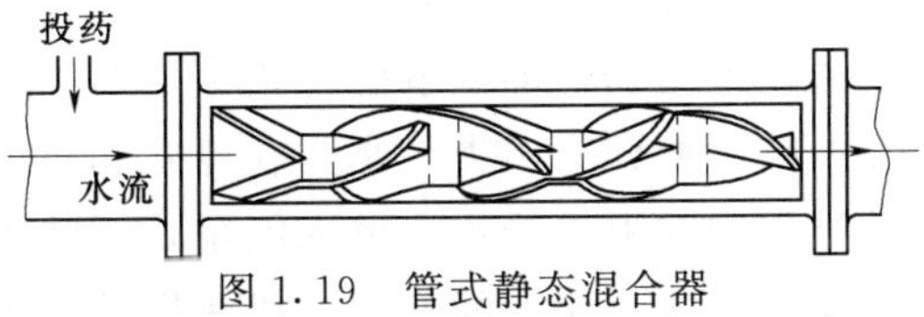

图1.19 管式静态混合器

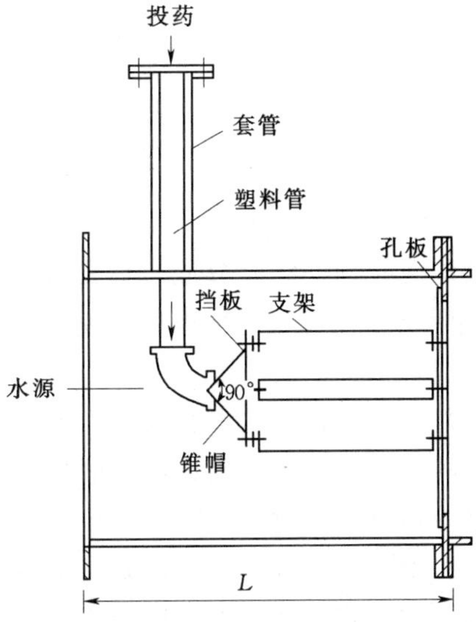

图1.20 扩散混合器

几种不同混合方式的主要优缺点和适用条件见表1.7。

表1.7　　　几种混合方式比较

方　式	优　缺　点	适　用　条　件
水泵混合	优点：1. 设备简单； 2. 混合充分，效果较好； 3. 不另消耗动能。 缺点：1. 吸水管较多时，投药设备要增加，安装、管理较麻烦； 2. 配合加药自动控制较困难； 3. G 值相对较低	适用于一级泵房离处理构筑物120m以内的水厂
管式静态混合器	优点：1. 设备简单，维护管理方便； 2. 不需土建构筑物； 3. 在设计流量范围，混合效果较好； 4. 不需外加动力设备。 缺点：1. 运行水量变化影响效果； 2. 水头损失较大； 3. 混合器构造较复杂	适用于水量变化不大的各种规模的水厂
扩散混合器	优点：1. 不需外加动力设备； 2. 不需土建构筑物； 3. 不占地。 缺点：混合效果受水量变化有一定影响	适用于中等规模水厂
跌水（水跃）混合	优点：1. 利用水头的跌落扩散药剂； 2. 受水量变化影响较小； 3. 不需外加动力设备。 缺点：1. 药剂的扩散不易完全均匀； 2. 需建混合池； 3. 容易夹带气泡	适用于各种规模水厂，特别当重力流进水水头有富余时
机械混合	优点：1. 混合效果较好； 2. 水头损失较小； 3. 混合效果基本不受水量变化影响。 缺点：1. 需耗动能； 2. 管理维护较复杂； 3. 需建混合池	适用于各种规模的水厂

2. 絮凝设施及处理

投加混凝剂并经充分混合后的原水，在水流作用下使微絮粒（俗称矾花）相互接触碰撞，以形成更大絮粒的过程称为絮凝。在原水处理构筑物中完成絮凝过程的设施称为絮凝池，习惯上也称为反应池。

（1）絮凝过程的基本要求。为了达到较为满意的絮凝效果，絮凝过程要求：一是颗粒具有充分的絮凝能力；二是具备保证颗粒获得适当的碰撞接触又不致破碎的水力条件；三是具备足够的絮凝反应时间；四是颗粒浓度增加，接触效果增加，即接触碰撞机会增多。

（2）絮凝形式及选用。絮凝设备与混合设备一样，可分为两类：水力搅拌式和机械搅拌式。水力搅拌式是利用水流自身能量，通过流动过程中的阻力给水流输入能量，反映为在絮凝过程中产生一定的水头损失，这种方式简单，但不能适应流量的变化；机械搅拌式是利用电机或其他动力带动叶片进行搅动，使水流产生一定的速度梯度，这种形式的絮凝不消耗水流自身的能量，絮凝所需要的能量由外部提供，还能进行调节，适应流量的变化，但机械维修工作量较大。

絮凝形式的选择，应根据水质、水量、沉淀池形式、水厂高程布置以及维修要求等因素确定。

（3）几种常用的絮凝池。

1）隔板絮凝池：水流以一定流速在隔板之间通过从而完成絮凝过程的絮凝设施，称为隔板絮凝池。水流方向是水平运动的称为水平隔板絮凝池，水流方向为上下竖向运动的称为垂直隔板絮凝池。水平隔板絮凝池应用较早，隔板布置采用来回往复的形式，如图 1.21 所示。水流沿隔板间通道往复流动，流动速度逐渐减小，这种形式称为往复式隔板絮凝池。往复式隔板絮凝池可以提供较多的颗粒碰撞机会，但在转折处消耗能量较大，容易引起已形成的矾花破碎。为了减小能量的损失，出现了回转式隔板絮凝池，如图 1.22 所示。这种絮凝池将往复式隔板 180°的急剧转折改为 90°，水流由池中间进入，逐渐回转至外侧，其最高水位出现在池的中间，出口处的水位基本与沉淀池水位持平。回转式隔板絮凝池避免了絮凝体的破碎，同时也减少了颗粒碰撞机会，影响了絮凝速度。为保证絮凝初期颗粒的有效碰撞和后期的矾花顺利形成免遭破碎，出现了往复-回转组合式隔板絮凝池。

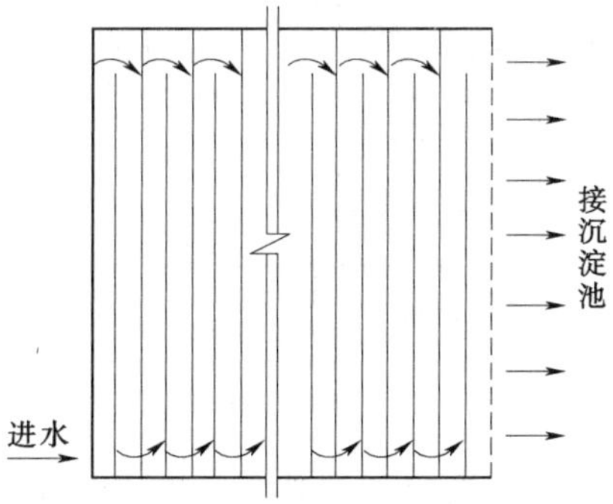

图 1.21　往复式隔板絮凝池

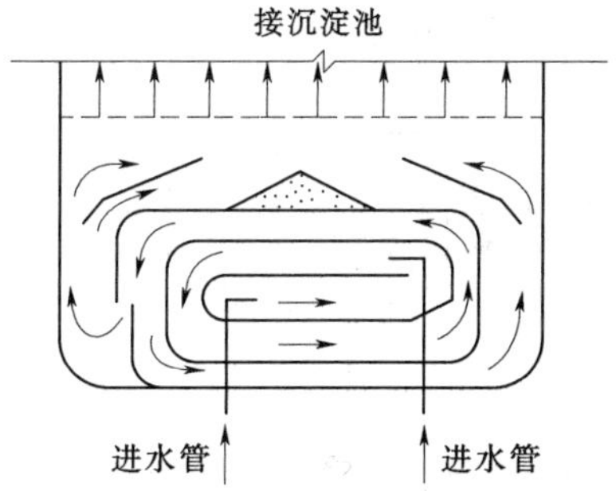

图 1.22　回转式隔板絮凝池

2）折板絮凝池：折板絮凝池是 1976 年在我国镇江市首次试验研究并取得成功。它是在隔板絮凝池基础上发展起来的，是目前应用较为普遍的形式之一。折板絮凝池是利用在池中加设一些扰流单元（平折板或波纹板）以达到絮凝所要求的紊流状态，使能量损失得到充分利用，停留时间缩短，折板絮凝池的布置方式按水流方向可分为平流式和竖流式，以竖流式应用较为普遍；按折板安装相对位置不同，可分为同波折板和异波折板，如图 1.23 所示，同波折板是将折板的波峰与波谷对应平行布置，使水流不变，水在流过转角处产生紊动，异波折板将折板波峰相对、波谷相对，形成交错布置，使水的流速时而收缩成最小，时而扩张成最大，从而产生絮凝所需要的紊动；按水流通过折板间隙数，又可分为单通道和多通道，如图 1.23 和图 1.24 所示，单通道是指水流沿二折板间不断循序流动，多通道则是将絮凝池分隔成若干

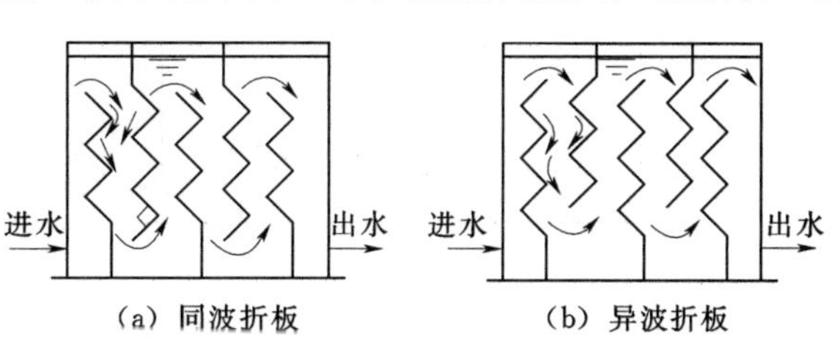

图 1.23　单通道折板絮凝池

格，各格内设一定数量的折板，水流按各格逐格通过。无论哪一种方式都可以组合使用，有时絮凝池末端还可采用平板，同波和异波折板絮凝效果差别不大，但平板效果较差，只能放置在池末起补充作用。

3）网格（栅条）絮凝池：网格（栅条）絮凝池是应用紊流理论的絮凝池，由于池高适当，故可与平流沉淀池或斜管沉淀池合建。网格（栅条）絮凝池是在沿流程一定距离的过水断面上设置网格或栅条，距离一般控制在0.6～0.7m，通过网格或栅条的能量消耗完成絮凝过程。这种形式的絮凝池形成的能量消耗均匀，水体各部分的絮体可获得较为一致的碰撞机会，所以絮凝时间相对较少。其平面布置由多格竖井串联而成，絮凝池分成许多面积相等的方格，进水水流顺序从一格流向下一格，上下交错流动，直至出口，在全池2/3的分格内，水平放置网格或栅条（图1.25），通过网格或栅条的孔隙时，水流收缩，过网孔后水流扩大，形成良好的絮凝条件。

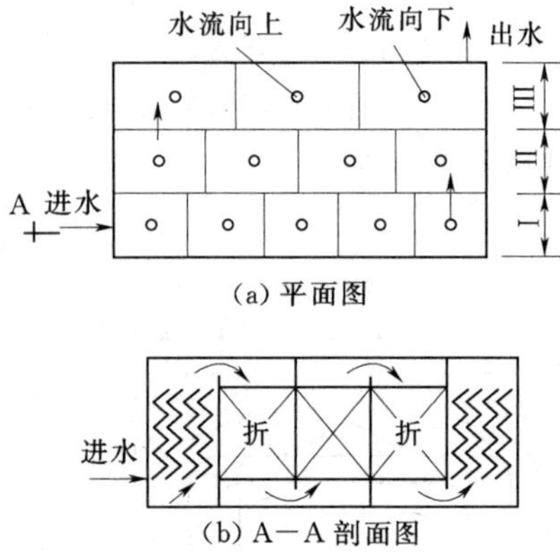

图1.24 多通道折板絮凝池

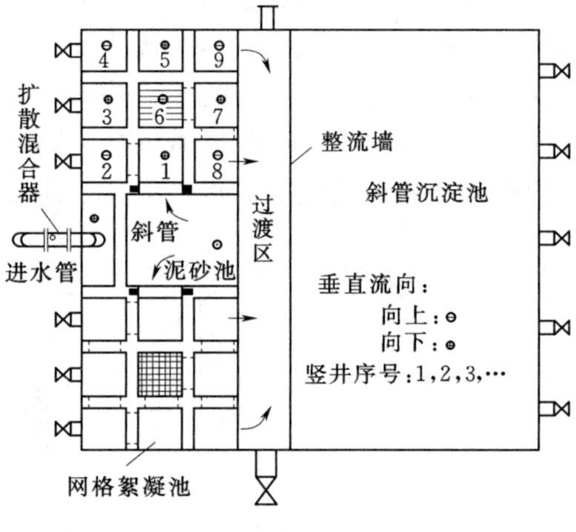

图1.25 网格（栅条）絮凝池

4）机械絮凝池：机械絮凝池通过电动机经减速装置驱动搅拌器对水进行搅拌，使水中颗粒相互碰撞，发生絮凝。搅拌器可以旋转运动，也可以上下往复运动，国内目前都是采用旋转式，常见的搅拌器有桨板式和叶轮式，桨板式较为常用。根据搅拌轴的安装位置，又分为水平轴式和垂直轴式（图1.26），前者通常用于大型水厂，后者一般用于中小型水厂，机械絮凝池宜分格串联使用，以提高絮凝效果。机械絮凝的主要优点是可以适应水量变化以及水头损失小，如配上无级变速传动装置，则更易使絮凝达到最佳状态，国外应用较为普遍，但由于机械絮凝池需要机械装置，加工较困难，维修量大，故国内目前采用尚少。

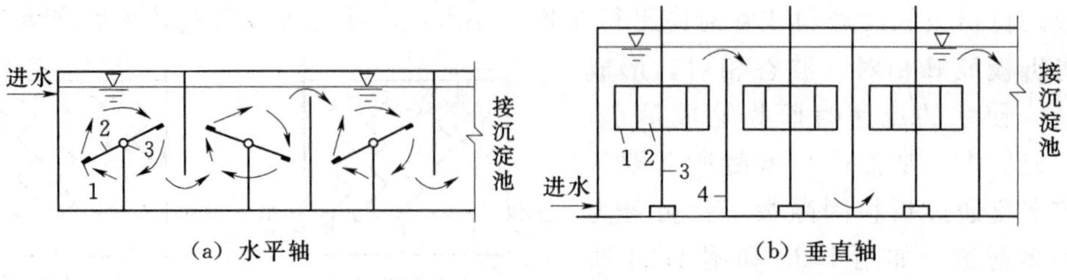

图1.26 机械絮凝池

1—桨板；2—叶轮；3—旋转轴；4—隔墙

几种不同形式絮凝池的主要优缺点和适用条件见表 1.8。

表 1.8　　不同形式絮凝池比较

形式		优缺点	适用条件
隔板絮凝池	往复式	优点：(1) 絮凝效果较好； (2) 构造简单，施工方便。 缺点：(1) 絮凝时间较长； (2) 水头损失较大； (3) 转折处絮粒易破碎； (4) 出水流量不易分配均匀	(1) 水量大于 30000m^3/d 的水厂； (2) 水量变动小
	回转式	优点：(1) 絮凝效果较好； (2) 水头损失较小； (3) 构造简单，管理方便。 缺点：出水流量不易分配均匀	(1) 水量大于 30000m^3/d 的水厂； (2) 水量变动小； (3) 适用于旧池改建和扩建
折板絮凝池		优点：(1) 絮凝时间较短； (2) 絮凝效果好。 缺点：(1) 构造较复杂； (2) 水量变化影响絮凝效果	水量变化不大的水厂
网格（栅条）絮凝池		优点：(1) 絮凝时间短； (2) 絮凝效果较好； (3) 构造简单。 缺点：水量变化影响絮凝效果	(1) 水量变化不大的水厂； (2) 单池能力以 1.0～2.5 万 m^3/d 为宜
机械絮凝池		优点：(1) 絮凝效果好； (2) 水头损失小； (3) 可适应水质、水量的变化。 缺点：需机械设备和经常维修	大小水量均适用，并适应水量变动较大的水厂

3. 絮凝池设计

絮凝池设计的目的在于创造一个最佳的水力条件，以较短的絮凝时间，达到最好的絮凝效果。理想的水力条件，不仅与原水的性质有关，而且絮凝池的形式不同也有所不同。由于水质影响较为复杂，还不能作为工程设计的依据。

(1) 设计要点：

1) 絮凝池型式的选择和设计参数的采用，应根据原水水质情况和相似条件下的运行经验或通过试验确定。

2) 絮凝池设计应使颗粒有充分接触碰撞的几率，又不致使已形成的较大絮粒破碎，因此在絮凝过程中速度梯度 G 值或絮凝流速应逐渐由大到小。

3) 絮凝池要有足够的絮凝时间。根据絮凝形式的不同，絮凝时间也有区别，一般宜在 10～30min 之间，低浊、低温水宜采用较大值。

4) 絮凝池的平均速度梯度 G 值一般在 30～60s^{-1}之间，GT 值达 10^4～10^5，以保证絮凝过程的充分与完善。

5) 絮凝池应尽量与沉淀池合并建造，避免用管渠连接。如确需用管渠连接时，管渠中的流速应小于 0.15m/s，并避免流速突然升高或水头跌落。

6）为避免已形成絮粒的破碎，絮凝池出水穿孔墙的过孔流速宜小于0.10m/s。

7）应避免絮粒在絮凝池中沉淀。如难以避免时，应采取相应的排泥措施。

（2）隔板絮凝池的设计计算：

1）隔板絮凝池主要设计参数：

a. 池数一般不少于2个，絮凝时间20～30min，平均G值30～60s^{-1}，GT值10^4～10^5，色度高、难于沉淀的细颗粒较多时宜采用高值。

b. 廊道流速，应沿程递减，从起端0.5～0.6m/s，逐步递减到末端0.2～0.3m/s，一般宜分成4～6段。

c. 隔板净间距不小于0.5m，转角处过水断面积应为相邻廊道过水断面积的1.2～1.5倍。尽量做成圆弧形，以减少水流在转弯处的水头损失。

d. 为便于排泥，底坡2%～3%，排泥管直径大于150mm。

e. 总水头损失，往复式0.3～0.5m，回转式0.2～0.35m左右。

2）计算公式：

a. 絮凝池容积

$$V=\frac{QT}{60} \tag{1.4}$$

式中：V为絮凝池容积，m^3；Q为设计流量，m^3/h；T为絮凝时间，min。

b. 池长

$$L=\frac{V}{BH} \tag{1.5}$$

式中：L为池长，m；B为池宽，应和沉淀池等宽，m；H为有效水深，m。

c. 隔板间距

$$b=\frac{Q}{3600vH} \tag{1.6}$$

式中：b为隔板间距，m；v为隔板间流速，m/s。

d. 水头损失

$$h=\sum h_i \tag{1.7}$$

$$h_i=\xi m_i\frac{v_{it}^2}{2g}+\frac{v_i^2}{C_i^2R_i}l_i \tag{1.8}$$

式中：h_i为第i段廊道水头损失，m；m_i为第i段廊道内水流转弯次数；v_i、v_{it}分别为第i段廊道内水流速度和转弯处水流速度，m/s；ξ为隔板转弯处局部阻力系数，往复式$\xi=3$，回转式$\xi=1$；C_i为流速系数，通常按曼宁公式$G_i=(1/n)R_i^{1/6}$计算或直接查水力计算表；l_i为第i段廊道总长度，m；R_i为第i段廊道过水断面水力半径，m。

e. 平均速度梯度

$$G=\sqrt{\frac{\gamma h}{60\mu T}} \tag{1.9}$$

式中：G为平均速度梯度，s^{-1}；γ为水的容重，$9.81\times10^3N/m^3$；μ为水的动力黏度，Pa·s。

（3）折板絮凝池主要设计参数：

1）絮凝时间6～15min，平均G值30～50s^{-1}，GT值大于2×10^4。

2）分段数不宜小于3，前段流速0.25～0.35m/s，中段0.15～0.25m/s，末段0.10～

0.15m/s。

3）平折板夹角有 90°和 120°两种。折板长 0.8～2.0m，宽 0.5～0.6m，峰高 0.3～0.4m，板间距（或峰距）0.3～0.6m 左右。折板上下转弯和过水孔洞流速，前段 0.3m/s，中段 0.2m/s，末段 0.1m/s。

折板絮凝池设计计算公式参见有关设计手册。

（4）机械絮凝池主要设计参数：

1）絮凝时间 15～20min，平均 G 值 20～70s^{-1}，GT 值介于 10^4～10^5 之间。

2）池内一般设 3～4 挡搅拌机，每挡可用隔墙或穿孔墙分隔，以免短流。

3）搅拌机桨板中心处线速度从第一挡的 0.5m/s 逐渐减小到末挡的 0.2m/s。

4）每台搅拌器上桨板总面积宜为水流截面积的 10%～20%，不宜超过 25%。

5）桨板长度不大于叶轮直径 75%，宽度宜取 100～300mm。

机械絮凝池设计计算公式参见有关设计手册。

学习情境 1.3 水 的 沉 淀 处 理

原水投加混凝剂后，经过混合反应，水中胶体杂质凝聚成较大的矾花颗粒，进一步在沉淀池中去除。水中悬浮颗粒依靠重力作用从水中分离出来的过程称为沉淀。作为依靠重力作用进行固液分离的装置，可以分为两类：一类是沉淀有机固体为主的装置，通称为沉淀池；另一类则是以沉淀无机固体为主的装置，通称为沉砂池。

1.3.1 水的沉淀机理

悬浮颗粒在水中的沉淀，根据其浓度及特性，可分为自由沉降、絮凝沉降、界面沉降和压缩沉降。

1. 自由沉降

含沙量较低（在 6kg/m^3 以下），泥砂颗粒组成较粗时，一般具有自由沉降的性质。悬浮颗粒在这个沉降过程中呈离散状态，其形状、尺寸、质量等物理性状均不改变，只受颗粒自身在水中的重力和水流阻力的作用，下沉速度不受干扰，单独沉降，互不聚合。这种类型多表现在沉沙池、初沉池初期。

（1）三种假设：

1）水中沉降颗粒为球形，其大小、形状、质量在沉降过程中均不发生变化。

2）颗粒之间距离无穷大，沉降过程互不干扰。

3）水处于静止状态，且为稀悬浮液。

（2）基本理论。基于以上假设，静水中的悬浮颗粒仅受到重力和水的浮力这两种力的作用。由于悬浮颗粒的密度大于水的密度，重力大于浮力，因此开始时颗粒沿重力方向以某一加速度下沉，同时受到水对运动颗粒所产生的摩擦力作用，随着颗粒沉降速度的增加，水流阻力不断增大。颗粒在水中的净重为定值，当颗粒的沉降速度增加到一定值后，颗粒所受重力、浮力和水的阻力三者达到平衡，颗粒的加速度为零，此时的颗粒开始以匀速下沉，并自此开始作匀速下沉运动。

2. 絮凝沉降

当含沙量较高（在 6～20kg/m^3 以内）或泥沙颗粒较细时，由于细小泥沙的自然絮凝作用而形成絮凝沉降。絮凝性悬浮物在沉降过程中，颗粒之间互相碰撞凝聚，形成絮状体，使絮状体尺寸不断增大，沉降速度也随深度增加，因此悬浮物的去除率不仅取决于沉降速度，还与深度有关。水处理中经常遇到的悬浮颗粒的沉淀过程多属于絮凝性沉淀过程，其沉淀效果可根据沉淀试验预测。

3. 界面沉降与压缩沉降

如果沉降的颗粒是凝聚以后的絮凝体，或是生物处理出流的污泥，或是高浊度水中的泥沙时，水中悬浮物浓度较高，在沉降过程中，会出现界面沉降甚至压缩沉降。当含沙量在15～20kg/m³ 以上时，细颗粒泥沙因强烈的絮凝作用而互相约束，形成均浓浑水层，均浓浑水层以同一平均速度整体下沉，并产生明显的清-浑水界面，称浑液面，此类沉降称界面沉降，组成均浓浑水层的细颗粒泥沙称稳定泥沙，其粒径范围随含沙量的升高而增大；当原水含沙量继续增大时，泥沙颗粒便进一步絮结为空间网状结构，黏性也急剧增高，此时颗粒在沉降中不再因粒径不同而分选，而是粗、细颗粒共同组成一个均匀的体系而压缩脱水，称压缩沉降。

1.3.2　理想沉淀池的沉淀原理

1. 理想沉淀池的三个假定

（1）颗粒处于自由沉淀状态。

（2）水流沿着水平方向作等速流动，在过水断面上各点流速相等，颗粒的水平分速等于水流流速。

（3）颗粒沉到池底即认为已被除去。

2. 理想沉淀池的沉淀过程分析

图1.27为理想沉淀池的示意图。理想沉淀池分流入区、流出区、沉淀区和污泥区。从池中的 A 点进入的颗粒运动轨迹是水平流速 v 和颗粒沉速 u 的矢量和。这些颗粒中，必存在着某一种颗粒，沉速为 u_0，其从池顶 A 点开始下沉而刚好能沉到池底最远处 D 点，见轨迹Ⅲ所代表的颗粒。

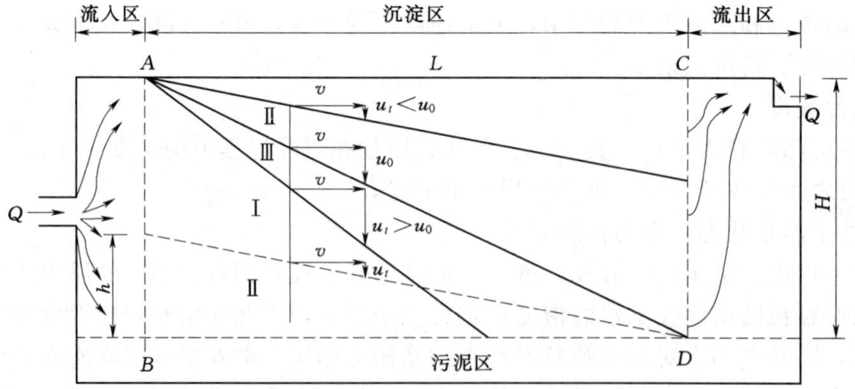

图1.27　理想沉淀池的工作情况

故可得关系式：

$$\frac{u_0}{v}=\frac{H}{L} \tag{1.10}$$

式中：u_0 为颗粒沉速；v 为水流速度，即颗粒的水平分速；H 为沉淀区水深；L 为沉淀区长度。

显然，沉速 $u_t \geqslant u_0$ 的颗粒，都可在 D 点前沉淀掉，见轨迹Ⅰ所代表的颗粒。沉速 $u_t < u_0$ 的颗粒，视其在流入区所处的位置而定。若靠近水面则不能被去除，见轨迹Ⅱ实线所代表的颗粒；若靠近池底就能被去除，见轨迹Ⅱ虚线所代表的颗粒。

轨迹Ⅲ所代表的颗粒沉速 u_0 具有特殊意义，一般称为截留沉速。实际上，它反映了沉淀池所能全部去除的颗粒中最小颗粒的沉速。

水平流速 v 和沉速 u_0 都与沉淀时间 t 有关：

$$t=\frac{V}{Q}=\frac{L}{v}=\frac{H}{u_0} \tag{1.11}$$

$$v=\frac{Q}{HB} \tag{1.12}$$

式中：Q 为沉淀池设计流量；B 为沉淀池宽度；V 为沉淀池容积。

由此可以导出：

$$\frac{Q}{A}=u_0=q \tag{1.13}$$

式中：A 为沉淀池表面积；q 为表面负荷或溢流率。

表面负荷表示在单位时间内通过沉淀池单位表面积的流量，单位为 $m^3/(m^2 \cdot s)$ 或 $m^3/(m^2 \cdot h)$，其数值等于截留沉速，但含义却不同。

理想沉淀池总的沉淀效率，在设定了截留沉速 u_0 以后，由两部分组成。一部分是 $u \geqslant u_0$ 的颗粒去除率，这类颗粒将全部沉掉。若所有沉速小于截留沉速 u_0 的颗粒重量占原水中全部颗粒重量的百分率为 P_0，则本部分去除率为 $(1-P_0)$。另一部分是 $u<u_0$ 的颗粒去除率，这类颗粒部分沉到池底被去除。设这类颗粒中某一沉速 u_i 的颗粒浓度为 C_i，沿着进水区高度 H 的截面进入的总量则为 $QC_i=HBvC_i$，只有位于池底以上 h_i 高度内的部分才能全部沉到池底，其重量为 h_iBvC_i，则沉速为 u_i 的颗粒去除率为

$$E_i=\frac{h_iBvC_i}{HBvC_i}\frac{HBvC_i}{HBvC_0}=\frac{h_i}{H}\mathrm{d}P_i=\frac{u_i}{u_0}\mathrm{d}P_i=\frac{u_i}{Q/A}\mathrm{d}P_i \tag{1.14}$$

式中：C_0 为原水中悬浮物浓度；$\mathrm{d}P_i$ 为具有沉速为 u_i 的颗粒重量占原水中全部颗粒重量的百分率。

因此，所有 $u<u_0$ 的颗粒去除率为

$$E=\int_0^{P_0}\frac{u_i}{Q/A}\mathrm{d}P_i=\frac{1}{Q/A}\int_0^{P_0}u_i\mathrm{d}P_i \tag{1.15}$$

于是，理想沉淀池总的沉淀效率为

$$P=(1-P_0)+\frac{1}{Q/A}\int_0^{P_0}u_i\mathrm{d}P_i \tag{1.16}$$

由式（1.16）可知：

（1）悬浮物在沉淀池中的去除率取决于沉淀池的表面负荷 q 和颗粒沉速 u_t，而与其他因素如水深、池长、水平流速和沉淀时间无关。这一理论早在 1904 年已由哈真提出。

（2）当去除率一定时，颗粒沉速 u_t 越大，则表面负荷越高，产水量越大；当产水量和表面积不变时，u_t 越大，则去除率越高。颗粒沉速 u_t 的大小与凝聚效果有关，所以生产上

一般重视混凝工艺，污水处理中预曝气的作用也是为了促进絮凝。

(3) 颗粒沉速 u_t 一定时，增加沉淀池表面积可以提高去除率。当沉淀池容积一定时，池身浅则表面积大，去除率可以提高，这就是“浅池理论”，斜板（管）沉淀池的发展即基于此理论。

实际沉淀池由于受实际水流状况和凝聚作用等的影响，偏离了理想沉淀池的假设条件。

1.3.3　水的沉淀处理

沉淀池的功能是去除悬浮物质，一般设于絮凝池后。

按沉淀池的水流方向可分为竖流式、平流式和辐流式。竖流式沉淀池水流向上，颗粒沉降向下，池型多为圆柱形或圆锥形。由于竖流式沉淀池表面负荷小，处理效果差，基本上已不采用。辐流式沉淀池多采用圆形，池底做成倾斜，水流从中心流向周边，流速逐渐减小。辐流式沉淀池主要被用作高浊度水的预沉。

按截除颗粒沉降距离不同，沉淀池可分为一般沉淀和浅层沉淀。斜管沉淀池和斜板沉淀池为典型的浅层沉淀，其沉降距离仅 30～200mm 左右。斜板沉淀池中的水流方向可以布置成侧向流（水流与沉泥方向垂直）、上向流（水流与沉泥方向相反）和同向流（水流与沉泥方向相同），上向流又称异向流。

因此，沉淀池布置的基本形式主要有竖流式沉淀池、辐流式沉淀池、平流式沉淀池和斜板（管）式沉淀池 4 种。

1.3.3.1　平流式沉淀池

1. 基本构造

平流式沉淀池构造简单，为一长方形水池，由流入装置、流出装置、沉淀区、缓冲层、污泥区及排泥装置等组成，如图 1.28 所示。

(1) 流入装置。其作用是使水流均匀地分布在整个进水断面上，并尽量减少扰动。原水处理时一般与絮凝池合建，设置穿孔墙，水流通过穿孔墙，如图 1.29 所示，直接从絮凝池流入沉淀池，均布于整个断面上，保护形成的矾花。沉淀池的水流一般采用直流式，避免产生水流的转折。一般孔口流速不宜大于 0.15～0.2m/s，孔洞断面沿水流方向渐次扩大，以减小进水口射流，防止絮凝体破碎。

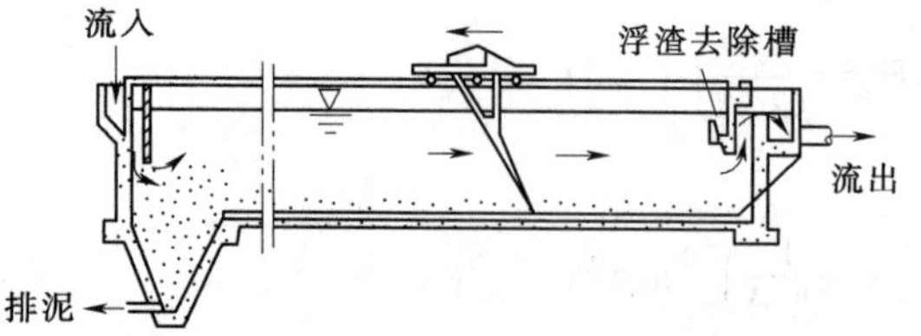

图 1.28　平流式沉淀池

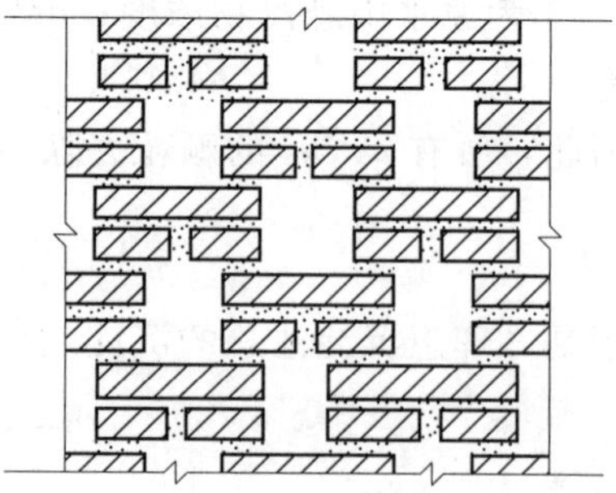

图 1.29　穿孔墙

污水处理中，沉淀池入口一般设置配水槽和挡流板，目的是消能，使污水能均匀地分布到整个池子的宽度上，如图 1.30 所示。挡流板入水深小于 0.25m，高出水面 0.15～0.2m，距流入槽 0.5～1.0m。

(2) 流出装置。流出装置一般由流出槽与挡板组成，如图1.31所示。流出槽设自由溢流堰、锯齿形堰或孔口出流等，溢流堰要求严格水平，既可保证水流均匀，又可控制沉淀池水位。出流装置常采用自由堰形式，堰前设挡板，挡板入水深0.3～0.4m，距溢流堰0.25～0.5m。也可采用潜孔出流以阻止浮渣，或设浮渣收集排除装置。孔口出流流速为0.6～0.7m/s，孔径20～30mm，孔口在水面下12～15cm，堰口最大负荷：初次沉淀池不宜大于10m³/(m²·h)、二次沉淀池不宜大于7m³/(m²·h)、混凝沉淀池不宜大于20m³/(m²·h)。

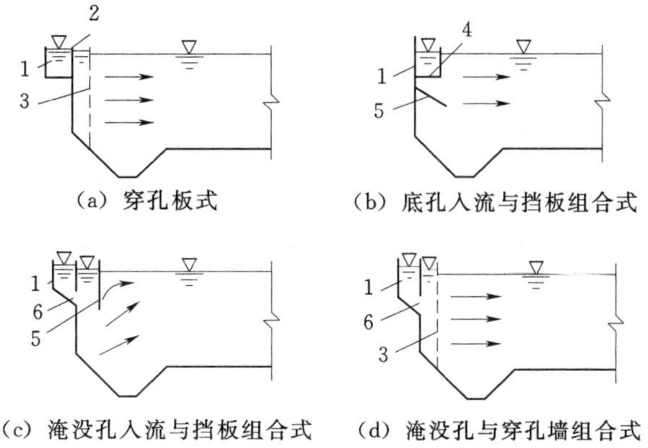

图1.30　平流沉淀池入口的整流措施

1—进水槽；2—溢流堰；3—有孔整流墙壁；4—底孔；5—挡流板；6—潜孔

为了减少负荷，改善出水水质，可以增加出水堰长。目前采用较多的方法是指形槽出水，即在池宽方向均匀设置若干条出水槽，以增加出水堰长度和减小单位堰宽的出水负荷。常用增加堰长的办法如图1.32所示。

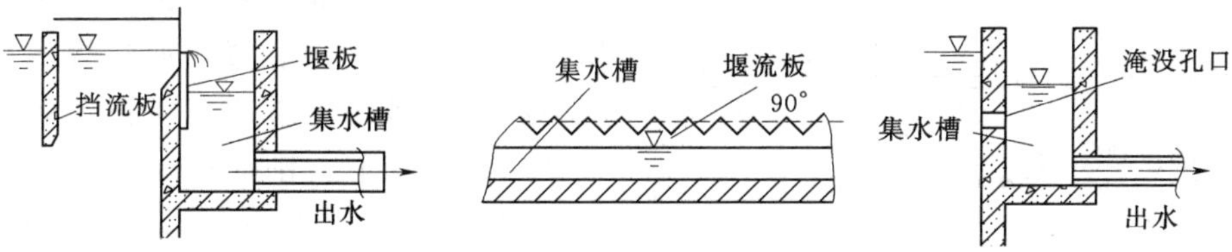

图1.31　平流式沉淀池的出水堰形式

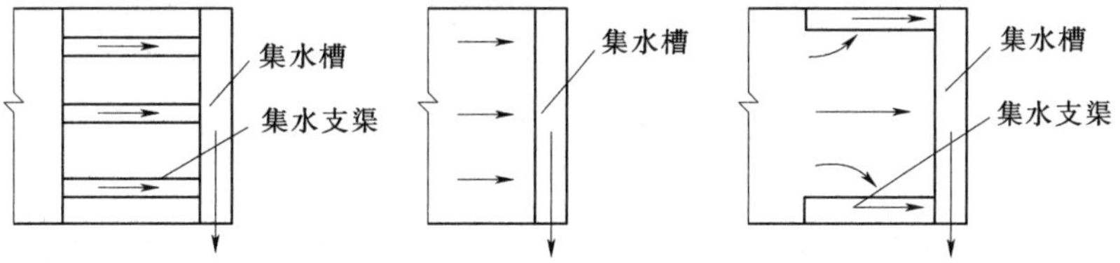

图1.32　增加出水堰长度的措施

(3) 沉淀区。平流式沉淀池的沉淀区在进水挡板和出水挡板之间，长度一般为30～50m。深度从水面到缓冲层上缘，一般不大于3m。沉淀区宽度一般为3～5m。

(4) 缓冲层。为避免已沉污泥被水流搅起以及缓冲冲击负荷，在沉淀区下面设有0.5m左右的缓冲层。平流式沉淀池的缓冲层高度与排泥形式有关。重力排泥时缓冲层的高度为0.5m，机械排泥时缓冲层的上缘高出刮泥板0.3m。

(5) 污泥区。污泥区的作用是储存、浓缩和排除污泥。排泥方法一般有静水压力排泥和机械排泥。

沉淀池内的可沉固体多沉于池的前部，故污泥斗一般设在池的前部。池底的坡度必须保证污泥顺底坡流入污泥斗中，坡度的大小与排泥形式有关。污泥斗的上底可为正方形，边长同池宽；也可以设计成长条形，其一边同池宽。下底通常为400mm×400mm的正方形，泥斗斜面与底面夹角不小于60°，污泥斗中的污泥可采用静力排泥方法。

静力排泥是依靠池内静水压力（初沉池为1.5～2.0m，二沉池为0.9～1.2m），将污泥通过污泥管排出池外。排泥装置由排泥管和泥斗组成（图1.33）。排泥管管径为200mm，池底坡度为0.01～0.02。为减少池深，可采用多斗排泥，每个斗都有独立的排泥管，如图1.34所示，也可采用穿孔管排泥。

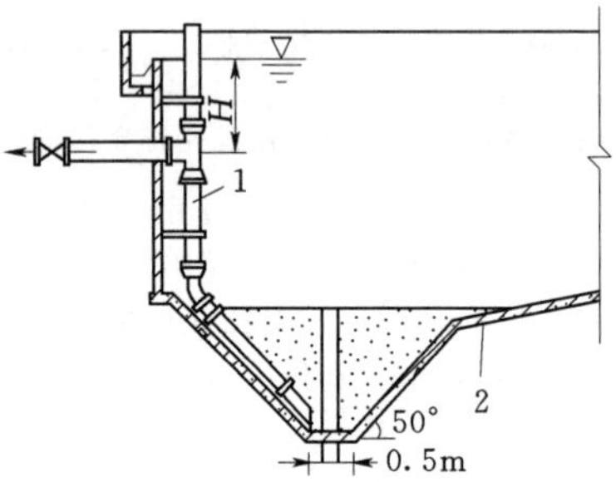

图1.33　沉淀池静水压力排泥

1—排泥管；2—污斗

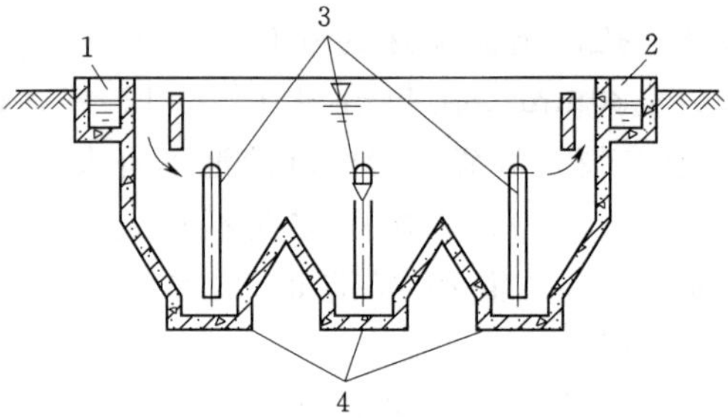

图1.34　多斗式平流沉淀池

1—进水槽；2—出水槽；3—排泥管；4—污泥斗

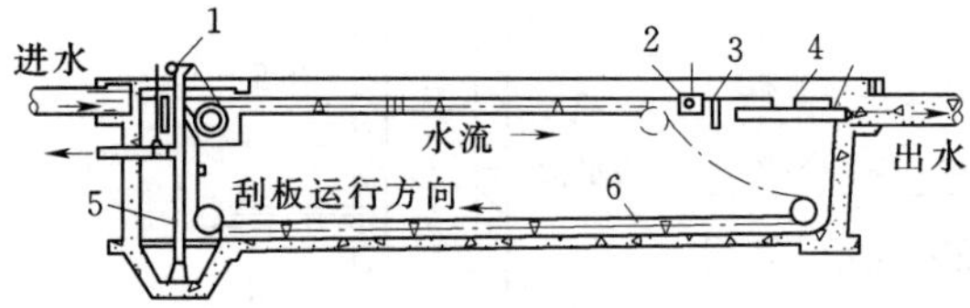

图1.35　设有链带式刮泥机的平流式沉淀池

1—集渣器驱动；2—浮渣槽；3—挡板；4—可调节的出水堰；5—排泥管；6—刮板

目前平流沉淀池一般采用机械排泥。机械排泥是利用机械装置，通过排泥泵或虹吸将池底积泥排至池外。机械排泥装置有链带式刮泥机、行车式刮泥机、泵吸式排泥和虹吸式排泥装置等。图1.28为设有行车式刮泥机的平流式沉淀池，工作时，桥式行车刮泥机沿池壁的轨道移动，刮泥机将污泥推入贮泥斗中；不用时，将刮泥设备提出水外，以免腐蚀。图1.35为设有链带式刮泥机的平流式沉淀池，工作时，链带缓缓地沿与水流方向相反的方向滑动，刮泥板嵌于链带上，滑动时将污泥推入贮泥斗中，当刮泥板滑动到水面时，又将浮渣推到出口，在那里集中清除。链带式刮泥机的各种机件都在水下，容易腐蚀，养护较为困难。

当不设存泥区时，可采用吸泥机，使集泥与排泥同时完成。常用的吸泥机有多口式和单口扫描式，且又分为虹吸和泵吸两种。图1.36为多口虹吸式吸泥装置，刮泥板1、吸口2、吸泥管3、排泥管4成排地安装在桁架5上，整个桁架利用电机和传动机构通过滚轮架设在沉淀池壁的轨道上行走，在行进过程中，利用沉淀池水位所能形成的虹吸水头，将池底积泥吸出并排入排泥沟。

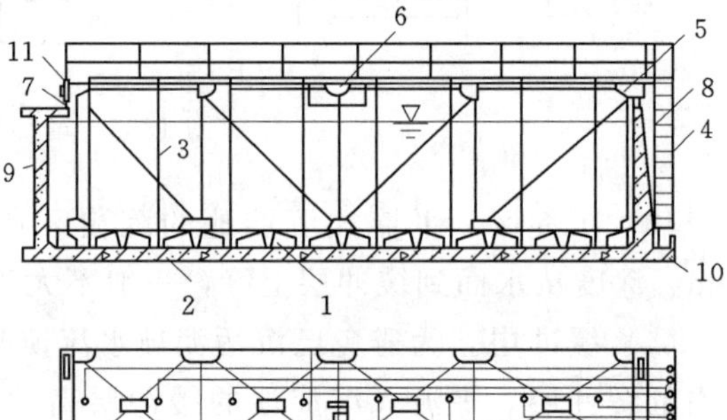

图1.36　多口虹吸式吸泥机

1—刮泥板；2—吸口；3—吸泥机；4—排泥管；5—桁架；6—电机和传动机构；7—轨道；8—梯子；9—沉淀池壁；10—排泥沟；11—滚轮

2. 设计计算

平流式沉淀池的设计内容包括流入装置、流出装置、沉淀区、污泥区、排泥和排浮渣设备选择等。

沉淀区设计。沉淀区尺寸常按表面负荷或停留时间和水平流速计算。

（1）沉淀区有效水深

$$h_1 = qt \tag{1.17}$$

式中：q 为表面负荷，即要求去除的颗粒沉速，一般通过试验取得。如果没有资料时，初次沉淀池要采用 1.5～3.0$m^3/(m^2 \cdot h)$，二次沉淀池可采用 1～2$m^3/(m^2 \cdot h)$；t 为停留时间，一般取 1～3h；沉淀池有效水深一般为 2.0～4.0m。

（2）沉淀区有效容积

$$V_1 = Ah_1 \tag{1.18}$$

或

$$V_1 = Q_{max}t \tag{1.19}$$

式中：A 为沉淀区总面积，m^2，$A = Q_{max}/q$；Q_{max} 为最大设计流量，m^3/h。

（3）沉淀区长度

$$L = 3.6vt \tag{1.20}$$

式中：v 为最大设计流量时的水平流速，混凝沉淀可采用 10～25mm/s；污水处理中，一般不大于 5mm/s。

（4）沉淀区总宽

$$B = \frac{A}{L} \tag{1.21}$$

（5）沉淀池座数或分格数

$$n = \frac{B}{b} \tag{1.22}$$

式中：b 为每座或每格宽度，m，当采用机械刮泥时，与刮泥机标准跨度有关。L 为沉淀区长度，一般采用 30～50m，长宽比不小于 4∶1，长深比为（8～12）∶1。

1.3.3.2 斜板（管）式沉淀池

1. 基本构造

根据哈真浅池理论，为增加沉淀面积，提高去除率，在沉淀池中设置斜板或斜管，成为斜板（管）沉淀池。

斜板（管）沉淀池由进水穿孔花墙、斜板（管）装置、出水渠、沉淀区和污泥区组成。按照斜板（管）中泥水流动方向，可分成异向流、同向流和侧向流三种形式，其中以异向流应用最广。异向流斜板（管）沉淀池，因水流向上流动，污泥下滑，方向各异而得名。图 1.37 为异向流斜管沉淀池。由于沉淀区设有斜板或斜管组件，斜板（管）沉淀池的排泥只能依靠静水压力排出。

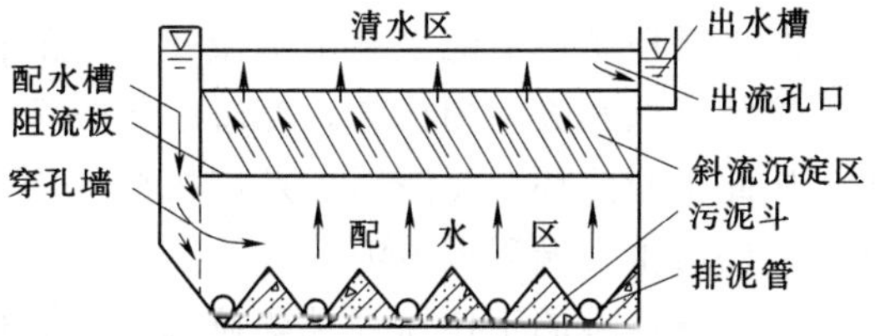

图 1.37 异向流斜管沉淀池

斜板（管）倾角一般为 60°，长度 1～1.2m，板间垂直间距 80～120mm，斜管内切圆直径为 25～35mm。板（管）材要求轻质、坚固、无毒、价廉。目前较多采用聚丙烯塑料或聚氯乙烯塑料。图 1.38 所示为塑料片正六

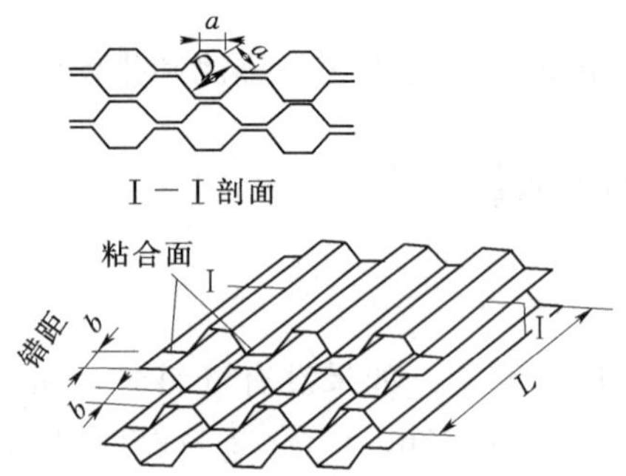

图1.38　塑料片正六角形斜管粘合示意图

角形斜管粘合示意图，塑料薄板厚0.4～0.5mm，块体平面尺寸通常不大于1m×1m，热轧成半六角形，然后粘合。

2. 设计计算

斜板（管）沉淀池的设计仍可采用表面负荷来计算。根据水中的悬浮物沉降性能资料，由确定的沉淀效率找到相应的最小沉速和沉淀时间，从而计算出沉淀区的面积。沉淀区的面积不是平面面积，而是所有的澄清单元的投影面积之和，要比沉淀池实际平面面积大得多。

下面主要介绍异向流斜管沉淀池的设计计算。

（1）清水区面积

$$A=\frac{Q}{q} \tag{1.23}$$

式中：Q为设计流量，m^3/h；q为表面负荷，规范规定斜管沉淀池的表面负荷为9～11$m^3/(m^2\cdot h)$。

（2）斜管的净出口面积

$$A'=\frac{Q}{v\sin\theta} \tag{1.24}$$

式中：v为斜管内水流上升流速，一般采用3.0～4.0mm/s；θ为斜管水平倾角，一般为60°。

（3）沉淀池高度

$$H=h_1+h_2+h_3+h_4 \tag{1.25}$$

式中：h_1为积泥高度，m；h_2为配水区高度，不小于1.0～1.5m，机械排泥时，应大于1.6m；h_3为清水区高度，为1.0～1.5m；h_4为超高，一般取0.3m。

1.3.4　水的澄清处理

如前所述，水中脱稳杂质通过碰撞结成大的絮凝体后沉淀去除，是分别在絮凝池和沉淀池中完成的，澄清池则将两个过程综合于一体。它是利用池中积聚的泥渣与原水中的杂质颗粒相互接触、吸附，以达到清水较快分离的净水构筑物，可较充分发挥混凝剂的作用和提高澄清效率。

在澄清池原水中加入较多的混凝剂，并适当降低负荷，经过一定时间运转后，逐步形成泥渣层。为保持泥渣层稳定，必须控制池内活性泥渣量，不断排除多余的陈旧泥渣，使泥渣层始终处于新陈代谢状态，保持接触絮凝的活性。澄清池按泥渣的情况，一般分为泥渣循环（回流）和泥渣悬浮（泥渣过滤）等形式。

泥渣循环型澄清池是利用机械或水力的作用使部分沉淀泥渣循环回流，增加同原水中的杂质接触碰撞和吸附的机会。泥渣一部分沉积到泥渣浓缩室，大部分又被送到絮凝室重新工作，如此不断循环。泥渣循环是借机械抽力造成的为机械搅拌澄清池；泥渣循环是借水力抽升造成的为水力循环澄清池。

泥渣悬浮型的工作原理是絮粒既不沉淀也不上升，处于悬浮状态，当絮粒集结到一定厚度时，形成泥渣悬浮层。加药后的原水由下向上通过时，水中的杂质充分与泥渣层的絮粒接触碰撞，并且被吸附、过滤而被截留下来。此种类型的澄清池常用的有脉冲澄清池和悬浮澄清池。

1.3.4.1 澄清池形式选择

澄清池是综合混凝和泥水分离过程的净水构筑物。水流基本为上向流。澄清池具有生产能力高、处理效果较好等优点；但有些澄清池对原水的水量、水质、水温及混凝剂等因素的变化影响比较明显。

澄清池一般采用钢筋混凝土结构，小型水池还可用钢板制成。

澄清池形式的选择，主要应根据原水水质、出水要求、生产规模以及水厂布置、地形、地质、排水等条件，进行技术经济比较后决定。其一般优缺点及适用条件见表1.9。

表1.9　常用澄清池优缺点及适用条件

形　式	优　缺　点	适　用　条　件
机械搅拌澄清池	优点： 1. 处理效率高，单位面积产水量较大； 2. 适应性较强，处理效果较稳定； 3. 采用机械刮泥设备后，对较高浊度水（进水悬浮物含量3000mg/L以上）处理也具有一定适应性。 缺点： 1. 需要机械搅拌设备； 2. 维修较麻烦	1. 进水悬浮物含量一般小于1000mg/L，短时间内允许达3000～5000mg/L； 2. 一般为圆形池子； 3. 适用于大、中型水厂
脉冲澄清池	优点： 1. 虹吸式机械设备较为简单； 2. 混合充分，布水较均匀； 3. 池深较浅便于布置，也适用于平流式沉淀池改建。 缺点： 1. 真空式需要一套真空设备，较为复杂； 2. 虹吸式水头损失较大，脉冲周期较难控制； 3. 操作管理要求较高，排泥不好影响处理效果； 4. 对原水水质和水量变化适应性较差	1. 进水悬浮物含量一般小于1000mg/L，短时间内允许达3000mg/L； 2. 可建成圆形、矩形或方形池子； 3. 适用于大、中、小型水厂
悬浮澄清池（无穿孔底板）	优点： 1. 构造较简单； 2. 形式较多。 缺点： 1. 需设气水分离器； 2. 对进水量、水温等因素较敏感，处理效果不如机械搅拌澄清池稳定	1. 进水悬浮物含量一般小于1000mg/L； 2. 可建成圆形或方形池子； 3. 一般流量变化每小时不大于10%，水温变化每小时不大于1℃

1.3.4.2 常见澄清池

1. 机械搅拌澄清池

机械搅拌澄清池由第一絮凝室、第二絮凝室、导流室及分离室组成。池体上部是圆筒形，下部是截头圆锥形（图1.39）。它利用安装在同一根轴上的机械搅拌装置和提升叶轮使加药后的原水通过环形三角配水槽的缝隙均匀进入第一絮凝室，通过搅拌叶片缓慢回转，水中的杂质和数倍于原水的回流活性泥渣凝聚吸附，处于悬浮状态，再通过提升叶轮将泥渣从第一絮凝室提升到第二絮凝室，继续混凝反应，凝结成良好的絮粒。然后从第二絮凝室出来，经过导流室进入分离区。在分离区内，由于过水断面突然扩大，流速急剧降低，絮状颗粒靠重力下沉，与水分离。沉下的泥渣大部分回流到第一絮凝室，循环流动，形成回流泥渣。回流流量为进水流量的3～5倍。小部分泥渣进入泥渣浓缩斗，定时经排泥管排至室外。其设计计算参见有关设计手册。

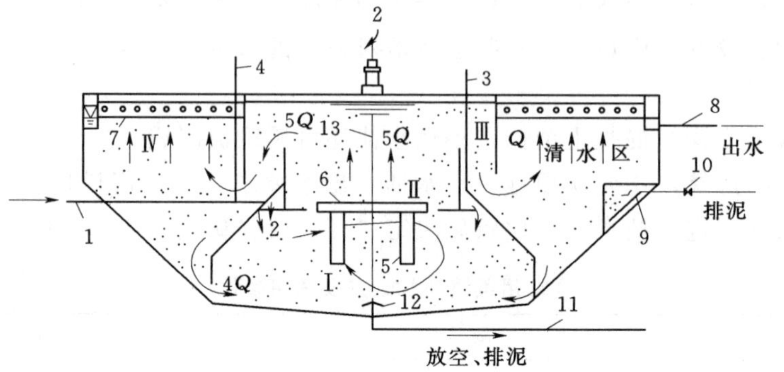

图1.39 机械搅拌澄清池剖面图

1—进水管；2—三角配水槽；3—透气管；4—投药管；5—搅拌桨；6—提升叶轮；7—集水槽；8—出水管；9—泥渣浓缩室；10—排泥阀；11—放空管；12—排泥罩；13—搅拌轴；Ⅰ—第一絮凝室；Ⅱ—第二絮凝室；Ⅲ—导流室；Ⅳ—分离室

2. 悬浮泥渣澄清池

悬浮澄清池属泥渣接触分离型澄清池，是我国应用较早的一种澄清池。投加混凝剂的原水，先经过空气分离器分离出水中空气，再通过底部穿孔配水管进入悬浮泥渣层。水中脱稳杂质和池内原有的泥渣进行接触絮凝，使细小的絮粒相互聚合，或被泥渣层所吸附，清水向上分离，原水得到净化，悬浮泥渣在吸附了水中悬浮颗粒后将不断增加，多余的泥渣便自动地经排泥孔进入浓缩室，浓缩到一定浓度后，由底部穿孔管排走。悬浮澄清池流程如图1.40所示。

3. 脉冲澄清池

脉冲澄清池是一种悬浮泥渣型澄清池，也是利用水流上升的能量来完成絮体的悬浮和搅拌作用。图1.41为采用真空泵脉冲发生器的澄清池剖面图。其特点是通过脉冲发生器，使澄清池的上升流速发生周期性的变化。当上升流速小时，泥渣悬浮层收缩、浓度增大而使颗

图1.40 悬浮澄清池流程

1—穿孔配水管；2—泥渣悬浮层；3—穿孔集水槽；4—强制出水管；5—排泥窗口；6—气水分离器

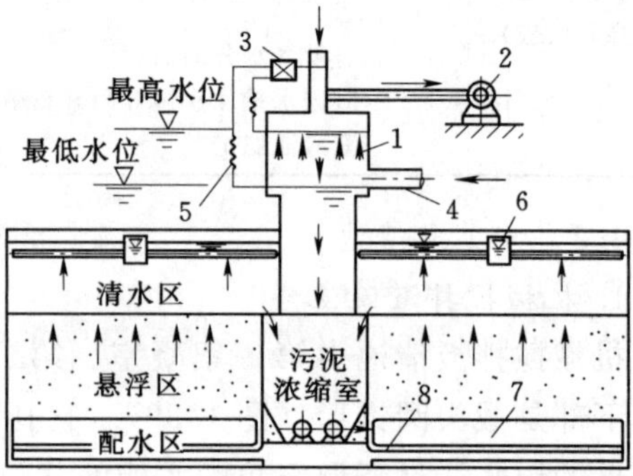

图1.41 采用真空泵脉冲发生器的澄清池剖面图

1—进水室；2—真空泵；3—进气阀；4—进水管；5—水位电极；6—集水槽；7—稳流板；8—配水管

粒排列紧密；当上升流速大时，泥渣悬浮层膨胀。悬浮层不断产生周期性的收缩和膨胀，不仅有利于微絮凝颗粒与活性泥渣进行接触絮凝，还可以使悬浮层的浓度分布在全池内趋于均匀，并防止颗粒在池底沉积。

学习情境1.4 水的过滤处理

过滤一般用在混凝、沉淀或澄清等处理之后，用于进一步去除水中的细小悬浮颗粒，降低浊度。在过滤时，水中有机物、细菌乃至病毒等更小的粒子由于吸附作用也将随着水的浊度降低而被部分去除。残存在滤后水中的剩余细菌、病毒等，由于失去悬浮物的保护或依附而呈裸露状态，也容易被消毒剂杀死。超滤、纳滤等新技术，还可以直接将细菌、病毒、大分子物质等过滤掉。

在给水处理净化工艺中，过滤处理一般是不可缺少的，它是保证生活饮用水卫生安全的重要措施，也是工业用水软化（或除盐）处理前所必需的预处理。目前，在污（废）水的处理中也得到应用。

1.4.1 水的过滤机理

用于过滤的装置称为滤池。早期使用的滤池是生产率极低的慢滤池。在这种滤池内放置很细的砂粒作为滤料，过滤的过程中，在滤料表面由于藻类、原生动物及细菌等微生物的繁殖而形成一层黏膜。当水通过此膜时，水中细小的悬浮颗粒（包括一些细菌）被截留，同时，由于微生物的作用，还可使一些有机物得到分解。尽管慢滤池出水水质好，但由于慢滤池滤速仅为0.1～0.3m/h，且在滤膜形成期过滤出水水质不能保证，生产效率太低，同时占地面积也比较大，不能满足现代生产需要，现已被淘汰。

目前常用的过滤装置多为快滤池，其滤速可达10m/h以上。下面以单层石英砂普通快滤池为例，对滤池的过滤机理进行分析。

1.4.1.1 过滤过程

石英砂滤料粒径通常为0.5～1.2mm，滤层厚度一般为70cm左右，经过反冲洗水的水力筛分作用后，按自上而下的方向，滤料粒径大致由细到粗依次排列，滤层中孔隙尺寸也因此由上而下逐渐增大。水流自上而下通过滤料层，其过程可分为三个阶段：①颗粒迁移，被水流挟带的颗粒由于拦截、沉淀、惯性、扩散、水动力等物理-力学作用，脱离水流流线向滤料颗粒表面靠近；②颗粒黏附，由于物理-化学作用，水中悬浮颗粒被黏附在滤料颗粒表面上，或黏附在滤粒表面原来黏附的颗粒上；③颗粒剥落，在黏附的同时，已黏附在滤料上的悬浮颗粒在水流剪切力的作用下，重新进入水中，被下层滤料截留，避免污泥局部聚积，使整个滤料的截污能力得以发挥。因此，过滤主要是悬浮颗粒与滤料颗粒之间黏附作用的结果，过滤机理可以归纳为以下三种主要作用。

1. 阻力截留

当污水自上而下流过颗粒滤料层时，粒径较大的悬浮颗粒首先被截留在表层滤料的空隙中，随着此层滤料间的空隙越来越小，截污能力也变得越来越大，逐渐形成一层主要由被截留的固体颗粒构成的滤膜，并由它起重要的过滤作用。这种作用属阻力截留或筛滤作用。悬浮物粒径越大，表层滤料和滤速越小，就越容易形成表层筛滤膜，滤膜的截污能力也越高。

2. 重力沉降

污水通过滤料层时，众多的滤料表面提供了巨大的沉降面积。重力沉降强度主要与滤料直径及过滤速度有关。滤料越小，沉降面积越大；滤速越小，则水流越平稳，这些都有利于悬浮物的沉降。

3. 接触絮凝

由于滤料具有巨大的比表面积，它与悬浮物之间有明显的物理吸附作用。此外，砂粒在水中常带表面负电荷，能吸附带电胶体，从而在滤料表面形成带正电荷的薄膜，并进而吸附带负电荷的黏土和多种有机物等胶体，在砂粒上发生接触絮凝。

在实际过滤过程中，上述三种机理往往同时起作用，只是随条件不同而有主次之分。对粒径较大的悬浮颗粒，以阻力截留为主；对于细微悬浮物，以发生在滤料深层的重力沉降和接触絮凝为主。

根据过滤效果主要取决于水中悬浮颗粒与滤料颗粒之间黏附作用这一理论，人们发展了“接触过滤”滤池（原水经加药后直接进入滤池过滤，滤前不设任何絮凝设备）和“微絮凝过滤”滤池（原水加药混合后先经过一简易微絮凝池，形成粒径约 40～60μm 的微粒后进入滤池过滤）等直接过滤的方法。对于低浊度（40～50 度）、色度不大、较稳定的原水，省去沉淀、絮凝，进行直接过滤的，实现杂质经过滤池一次分离的目的。

1.4.1.2　滤料层含污能力

根据过滤过程颗粒迁移、颗粒黏附、颗粒剥落三个阶段的分析可知：在过滤开始阶段，水中颗粒首先被表层滤料截留；随着过滤时间延长，越来越多的颗粒被黏附在滤料上，并陆续脱落向下层移动被下层滤料截留。

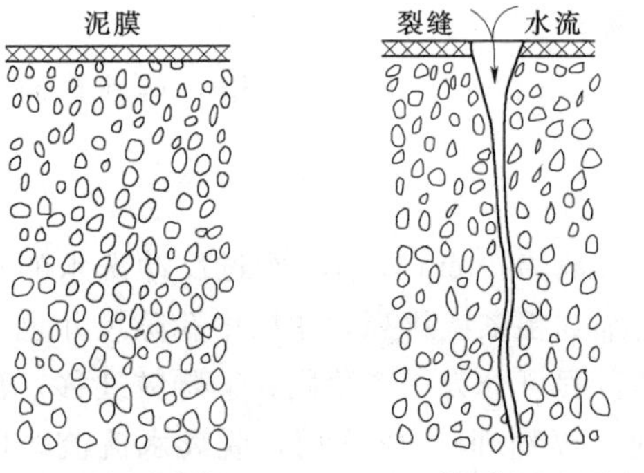

(a) 形成“泥膜”　(b)“泥膜”产生裂缝

图 1.42　滤池“泥膜”示意图

由于水力筛分的作用，导致表层滤料粒径最小，其黏附比表面积也最大，截留杂质量最多，而滤料间孔隙尺寸却又最小。因此，过滤到一定程度后，表层滤料间的孔隙将会逐渐被堵塞，甚至在滤料层表面形成一层“泥膜”[图 1.42 (a)]，致使过滤阻力剧增。此时，如果继续过滤，将会导致以下几种结果：①在一定过滤水头下，滤速急剧减小，产水效率下降；②在一定滤速下水头损失达到极限值，无法满足过滤水头要求；③由于滤层表面受力不均匀而使“泥膜”产生裂缝[图 1.42 (b)]，大量的水流自裂缝中流出，造成水中杂质颗粒穿透滤层使出水水质恶化。无论哪种情况，尽管下层滤料的截留能力尚未完全发挥作用，都必须停止过滤，反洗滤料，恢复滤料的过滤能力。

滤料层能容纳杂质的多少及其分布规律受进水水质、水温、滤速、滤料粒径级配、滤料形状，以及水中颗粒的凝聚程度等许多因素影响。

单位体积滤层中所截留的杂质量，称为滤层截污量。在一个过滤周期内，整个滤层单位体积滤料中的平均含污量，称为“滤层含污能力”，单位以 g/cm^3 或 kg/m^3 计。图 1.43 中曲线与坐标轴包围面积除以滤层总厚度即为滤层含污能力。在滤层厚度一定的条件下，此面积愈大，滤层含污能力也愈大。在水质不变、滤速不变的情况下，提高滤层含污能力可相应延长过滤周期。

为提高整个滤层含污能力，最好采用“反粒度”过滤方法，即顺水流方向，滤料粒径由大到小。实现“反粒度”过滤有两种途径：一是改变水流方向，如“上向流”过滤（下部进水，上部出水）、“双向流”过滤（上下进水，中间出水），这种滤池结构复杂，操作不方便，应用上有一定的局限性；二是改变滤料层的组成，比较有代表性的为双层滤料滤池、三层滤料滤池及均匀级配滤料滤池，它们的滤料组成如图 1.44 所示。

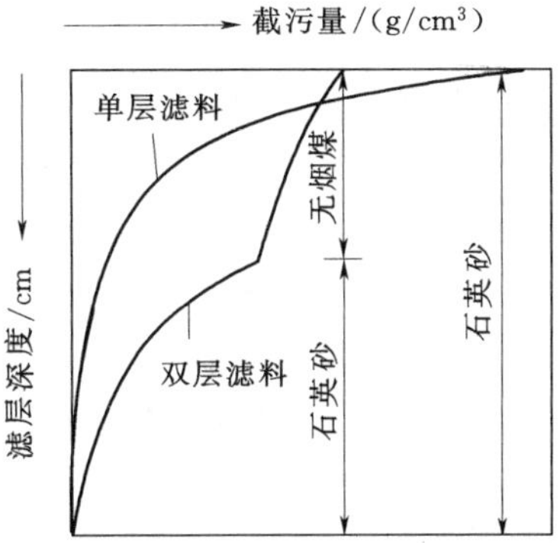

图 1.43 滤料层杂质分布

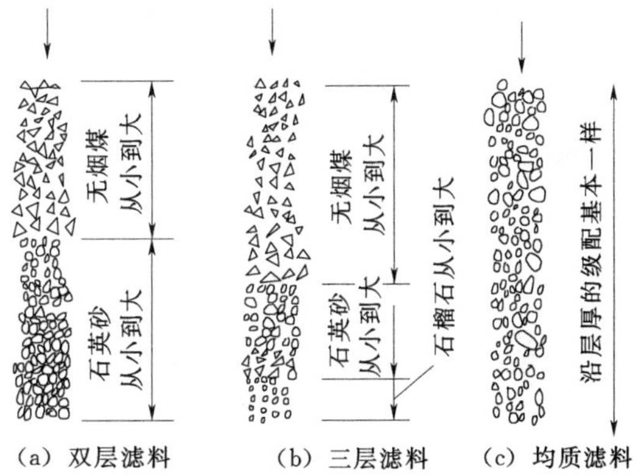

图 1.44 滤料层构造示意图

双层滤料的组成为：上层采用密度小、粒径较大的轻质滤料（如无烟煤，密度约 1.50g/cm^3，粒径约为 0.8～1.8mm），下层采用密度大、粒径较小的重质滤料（如石英砂，密度 2.60g/cm^3，粒径为 0.5～1.2mm）。水力筛分后，仍然是轻质滤料在上，重质滤料在下。尽管每层滤料粒径顺水流方向由小至大，但对整个滤池来说，上层滤料的平均粒径大于下层滤料的平均粒径。当水流由上而下通过双层滤料时，上部粗滤料去除水中较大尺寸的杂质，起粗滤作用，下部细滤料进一步去除细小的剩余杂质，起精滤作用，每层滤料都能充分发挥其截污能力。在相同滤速下，过滤周期增长；在相同工作周期下，滤速可相应提高。因此，双层滤料可提高产水量。

三层滤料与双层滤料相似，组成分为三层：上层为大粒径、重度小的轻质滤料（如无烟煤），中层为中等粒径、中等重度的滤料（如石英砂），下层为小粒径、重度大的重质滤料（如石榴石、磁铁矿），各层滤料平均粒径由上而下递减。下层重质滤料粒径很小，对保证滤后水质有很大的作用。

均匀级配滤料，并非指滤料粒径完全相同，而是说粒径相对比较均匀，其不均匀系数 K_{80}（K_{80}的含义参见下节滤料内容）一般为 1.3～1.4。在铺设滤料层时，整个滤层深度方向的任一横断面上，滤料组成和平均粒径均匀一致。反冲洗时，一般采用气-水反冲洗。避免产生水力筛分。

1.4.2 水的过滤处理

1.4.2.1 普通快滤池组成与工作过程

快滤池发展到今天已有很多种，尽管各种滤池尽管型式不同，但其基本组成都是一样的，都包括池体、滤料、配水系统与承托层、反冲洗装置等几部分。工作过程也都是过滤、

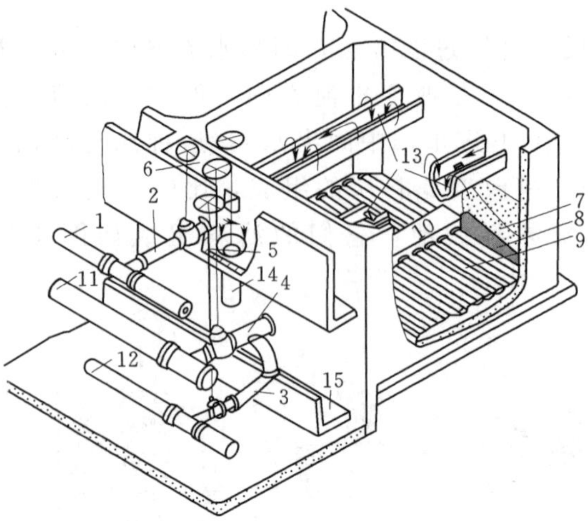

图 1.45　普通快滤池构造剖视图

1—进水总管；2—进水支管；3—清水支管；4—冲洗水支管；5—排水阀；6—浑水渠；7—滤料层；8—承托层；9—配水支管；10—配水干管；11—冲洗水总渠；12—清水总管；13—冲洗排水槽；14—排水管；15—废水渠

冲洗两个阶段交替进行。最具代表性的普通快滤池组成如图 1.45 所示，其工作过程为：

1. 过滤

过滤时，开启进水支管与清水支管的阀门；关闭冲洗支管阀门与排水阀。浑水依次经过进水总管、支管、浑水渠进入滤池，进入的滤池水经过滤料层、承托层过滤后，由配水支管汇集起来，再经配水干管、清水支管、清水总管流往清水池。

浑水流经滤料层时，水中杂质即被截留在滤料层中。随滤料层中截留杂质量越来越多，滤料颗粒间孔隙越来越小，滤层中的水头损失越来越大。当水头损失增至一定程度（普通快滤池一般为 2.0～2.5m），以至于滤池出水流量下降，甚至滤出水的浊度有上升，不符合出水水质要求时，滤池就要停止过滤，进行反冲洗。

2. 反冲洗

反冲洗时，关闭进水支管与清水支管阀门；开启排水阀与冲洗水支管阀门。冲洗水依次经过冲洗总管、支管、配水干管进入配水支管，冲洗水通过支管及其上面的许多孔眼流出，由下而上穿过承托层及滤料层，均匀地分布在滤池平面上。滤料在由下而上的水流中处于悬浮状态，由于水流剪力及颗粒间相互碰撞作用，滤料颗粒表面杂质被剥离下来，从而得到清洗。冲洗废水经冲洗排水槽，经浑水渠、排水管、废水渠进入下水道。冲洗一直进行到滤料基本洗干净为止。

冲洗结束后，即可关闭冲洗支管阀门与排水阀，开启进水支管与清水支管的阀门，重新开始过滤。

1.4.2.2　滤料

滤料的主要作用是作为载体提供黏附水中细小悬浮物所需的面积。在水处理中，对滤料的要求如下：

（1）具有足够的机械强度，以防冲洗时滤料产生磨损和破碎现象。

（2）具有足够的化学稳定性，以免滤料与水产生化学反应而恶化水质，尤其不能含有对人类健康和生产有害的物质。

（3）具有一定的颗粒级配和适当空隙率。

（4）外形接近球形，表面比较粗糙而有棱角。

（5）最好能就地取材，货源充足，价格低廉。

迄今为止，石英砂仍是使用最广泛的滤料。常用于双层和多层滤料的还有无烟煤、磁铁矿、石榴石、金刚砂、铁矿粉等。在轻质滤料中，可采用聚苯乙烯及陶粒等。

1. 滤料粒径级配

滤料大都是由天然矿物经粉碎而制得的，其颗粒大小不等，形状不规则。通常用粒径

（正好可通过某一筛孔的孔径）表示滤料颗粒的大小，用不均匀系数表示滤料粒径级配（即不同粒径颗粒所占的重量比例）。《室外给水设计规范》（GB 50013—2006）中，用滤料有效粒径（d_{10}）和滤料不均匀系数（K_{80}）来规定滤料粒径级配。

有效粒径（d_{10}）是指滤料经筛分后，小于总重量 10%的滤料颗粒粒径。

不均匀系数（K_{80}）是指滤料经筛分后，小于总重量 80%的滤料颗粒粒径与有效粒径之比。其具体计算公式为

$$K_{80}=\frac{d_{80}}{d_{10}} \tag{1.26}$$

式中：d_{10}为有效粒径，它反映滤料中细颗粒尺寸，mm；d_{80}为小于总重量 80%的滤料颗粒粒径，反映滤料中粗颗粒尺寸，mm。

K_{80}越大，则说明粗、细滤料颗粒的尺寸相差越大，颗粒越不均匀；K_{80}越接近于 1，滤料越均匀。

生产中也常有用最大粒径 d_{max}、最小粒径 d_{min}和不均匀系数 K_{80}表示滤料粒径级配。

在通常过滤工况下，要求滤料粒径适中、不均匀系数尽量小。因为粒径过大，滤料间的空隙也大，水中的细小杂质颗粒容易穿透滤料层，影响出水水质，反洗时较难充分松动滤料，反洗效果不好；粒径过小，滤料间的空隙也小，这不仅影响杂质颗粒在滤层中输送，而且也增加水流阻力，造成过滤时水头损失增长过快，反洗时还容易被冲出滤池。K_{80}越大，颗粒越不均匀，滤层的孔隙率小、含污能力低；反冲洗时，粗、细颗粒对冲洗强度的要求不同，二者不好兼顾。因此，K_{80}越接近于 1，滤料越均匀，过滤和反冲洗效果愈好，但滤料价格会比较高。表 1.10 是《室外给水设计规范》（GB 50013—2006）中所推荐的滤池滤速及滤料组成。

表 1.10　滤池滤速及滤料组成

滤料种类	滤料组成				正常滤速/(m/h)	强制滤速/(m/h)
	粒径/mm		不均匀系数 K_{80}	厚度/mm		
单层细砂滤料	石英砂	$d_{10}=0.55$	<2.0	700	7～9	9～12
双层滤料	无烟煤	$d_{10}=0.85$	<2.0	300～400	9～12	12～16
	石英砂	$d_{10}=0.55$	<2.0	400		
三层滤料	无烟煤	$d_{10}=0.85$	<1.7	450	16～18	20～24
	石英砂	$d_{10}=0.50$	<1.5	250		
	重质矿石	$d_{10}=0.25$	<1.7	70		
均匀级配粗砂滤料	石英砂	$d_{10}=0.9\sim1.2$	<1.4	1200～1500	8～10	10～13

注　滤料相对密度为：石英砂 2.50～2.70g/cm³；无烟煤 1.40～1.60g/cm³；重质矿石 4.4～5.20g/cm³。

双层滤料或三层滤料经反冲洗以后，有可能会在两种滤料的交界面处出现部分混杂，这主要取决于煤、砂、重质矿石等滤料的密度差、粒径差、粒径级配、滤料形状、水温及反冲洗强度等因素。只要按照 GB 50013—2006 给定的数据配置滤料，一般都能保证滤料的合理分层。生产经验表明，即使煤-砂交界面混杂厚度在 5cm 左右，对过滤也有益无害。

2. 滤料筛分

为满足过滤对滤料粒径级配的要求，应对采购的原始滤料进行筛选。以石英砂滤料为

例，取某砂样300g，洗净后于105℃恒温箱中烘干，待冷却后称取100g，放于一组筛子过筛，筛后称出留在各个筛子上的砂量，填入表1.11，并计算出通过相应筛子的砂量，然后以筛孔孔径为横坐标、通过筛孔砂量为纵坐标，绘出筛分曲线，如图1.46所示。

表1.11　　筛分试验记录

筛孔	留在筛上的砂量		通过该号筛的砂量	
	质量/g	%	质量/g	%
2.362	0.1	0.1	99.9	99.9
1.651	9.3	9.3	90.6	90.6
0.991	21.7	21.7	68.9	68.9
0.589	46.6	46.6	22.3	22.3
0.246	20.6	20.6	1.7	17
0.208	1.5	1.5	0.2	0.2
筛底盘	0.2	0.2		
合计	100	100		

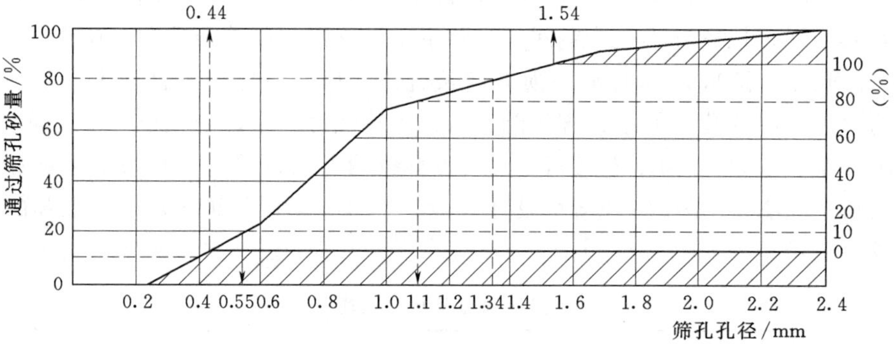

图1.46　滤料筛分曲线

根据图1.46的筛分曲线，可求得该砂样的$d_{10}=0.4$mm，$d_{80}=1.34$mm，并进一步算出$K_{80}=1.34/0.4=3.37$。由于$K_{80}>2.0$，故该滤料不符合过滤级配要求，必须进行筛选。

按规范要求：$d_{10}=0.55$mm，$K_{80}=2.0$。则可算出$d_{80}=2.0\times0.55=1.10$mm。按此要求筛选滤料，步骤如下：

首先，自横坐标0.55mm和1.10mm两点分别作垂线与筛分曲线相交，自两交点作平行线与右边纵坐标轴相交。然后，以两交点分别作为10%和80%，并在10%和80%之间分成7等份，以此向上下两端延伸，即得0和100%之点重新建立新坐标，如图1.46右侧纵坐标所示。再自新坐标原点0和100%作平行线与筛分曲线相交，此两点以内即为所选滤料，其余部分应全部筛除（图中阴影部分）。由图可知，粗颗粒($d>1.54$mm)约筛除13%，细颗粒($d<0.44$mm)约筛除13%，共计26%左右。

3. 滤料孔隙率的测定

滤料层孔隙率是指滤料层中的孔隙所占的体积与滤料层总体积之比，用m表示。滤料层孔隙率测定方法为：取一定量的滤料，在105℃下烘干、称重，并用比重瓶测出其密度，然后放入过滤筒中，用清水过滤一段时间后，量出滤层体积，按式（1.27）求出滤料孔隙率m：

$$m=1-\frac{G}{\rho V} \tag{1.27}$$

式中：G 为滤料质量，kg；ρ 为滤料颗粒密度，kg/m^3；V 为滤料层体积，m^3。

滤料层孔隙率的大小与快滤池的过滤效率有密切关系，一般来讲，孔隙率越大，滤层的含污能力越高，滤池的工作周期就越长。但孔隙率过大，悬浮杂质容易穿透，影响出水水质。

滤料层孔隙率与滤料颗粒的形状、粒径、均匀程度以及滤料层的压实程度等因素有关。形状不规则和粒径均匀的滤料，孔隙率较大。一般石英砂滤料层的孔隙率在 0.42 左右。

在过滤和反冲洗过程中，滤料由于碰撞、摩擦会出现破碎和磨蚀而变细，从而造成滤料层孔隙率减小，在生产中应根据滤料的磨损情况及时更换补充滤料。

1.4.2.3 配水系统与承托层

配水系统位于滤池底部，其作用有二：一是反冲洗时，使反冲洗水在整个滤池平面上均匀分布；二是过滤时，能均匀地收集滤后水。配水均匀性对反冲洗效果至关重要。若配水不均匀，水量小处，滤料得不到足够的清洗；水量大处，反冲洗强度过高，会造成滤料流失，甚至还会使局部承托层发生移动，造成过滤时漏砂现象。

根据反冲洗时配水系统对冲洗水的阻力大小，配水系统可分为大阻力、中阻力和小阻力三种配水系统。

1. 大阻力配水系统

常用的大阻力配水系统是“穿孔管大阻力配水系统”，如图 1.47 所示。中间是一根配水干管（或渠），在其两侧接出若干根间距相等、彼此平行的支管。在支管下部开有两排与管中心线成 45°角且交错排列的配水小孔。反冲洗时，水流从干管起端进入后，流入各支管，由各支管孔口流出，再经承托层自下而上对滤料层进行冲洗，最后流入排水槽。

在图 1.47 所示的配水系统中，a 孔和 c 孔分别是距进水口最近和最远的两孔，其孔口内压力水头相差最大。如果 a 孔和 c 孔的出流量近似相等，则其余各孔口的出流量更相近，即可认为在整个滤池平面上冲洗水是均匀分布的。

2. 中、小阻力配水系统

如果将干管起端流速和支管起端流速减小至一定程度，配水系统压力不均匀的影响就会

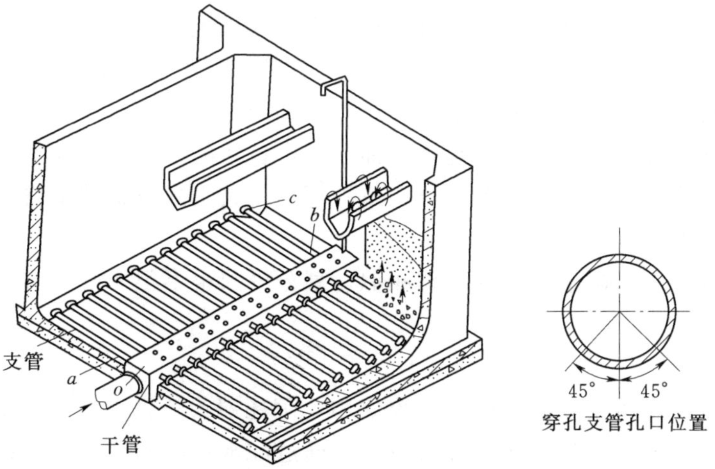

图 1.47 穿孔管大阻力配水系统

大大削弱，此时即使不增大孔口阻力系数，同样可以实现均匀配水，这就是小阻力配水系统的基本原理。

生产中，最常用的小阻力配水系统是在滤池底部留有较大的配水空间，在配水空间上铺设钢筋混凝土穿孔滤板，板上铺设一层或两层尼龙网后，直接铺放滤料（尼龙网上也可适当铺设一些卵石），如图 1.48（a）、（b）所示。另外，滤池采用气-水反冲洗时，还可以采用长柄滤头作配水系统，如图 1.48（c）所示。

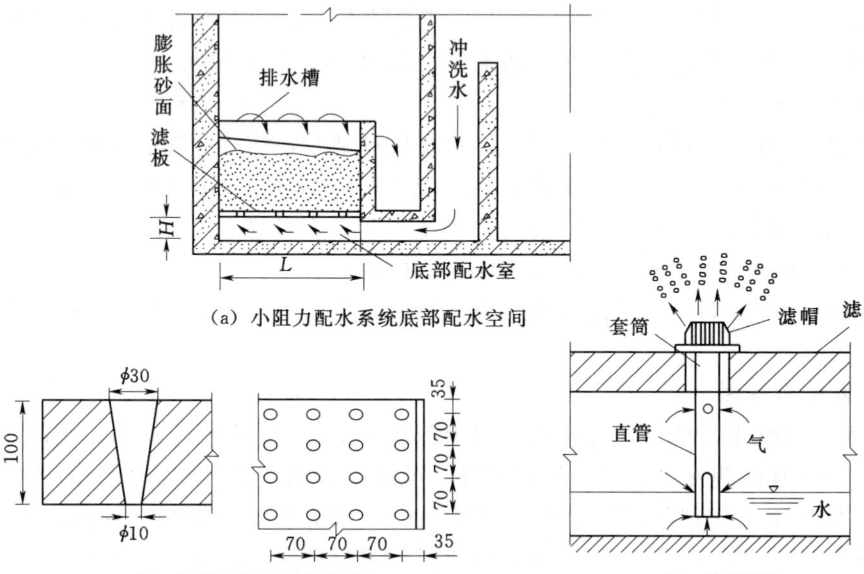

（a）小阻力配水系统底部配水空间

（b）钢筋混凝土穿孔滤板　　（c）长柄滤头

图 1.48　小阻力配水系统

小阻力配水系统的开孔比通常都大于 1.0%，水头损失一般小于 0.5m。开孔比越大，则孔口阻力越小，配水均匀性越差。由于小阻力配水系统的配水均匀性比大阻力配水系统差，一般多用于单格面积不大于 20m² 的无阀滤池、虹吸滤池等。

中阻力配水系统，是指开孔比介于大、小阻力配水系统之间的配水系统，其开孔比一般为 0.4%～1.0%，水头损失一般为 0.5～3.0m。中阻力配水系统的配水均匀性优于小阻力配水系统。最常见的中阻力配水系统是穿孔滤砖，如图 1.49 所示。

穿孔滤砖的构造分上下两层连成整体。铺设时，各砖的下层相互连通，起到配水渠的作用；上层各砖之间用导板隔开，互不相通，单独配水。其实际效果就是将滤池分成滤砖大小的许多小格，保证配水均匀。

由于中阻力和小阻力配水系统的结构相似，划分界限也不很明确，有时也将它们统称为小阻力配水系统。

3. 承托层

承托层一般是配合管式大阻力配水系统使用，承托层设于滤料层和底部配水系统之间。其作用有两个：一是支承滤料，防止过滤时滤料通过配水系统的孔眼流失；二是反冲洗水时均匀地向滤料层分配反冲洗水。

滤池的承托层一般由一定厚度的天然卵石或砾石组成，其粒径和级配应根据冲洗时所产

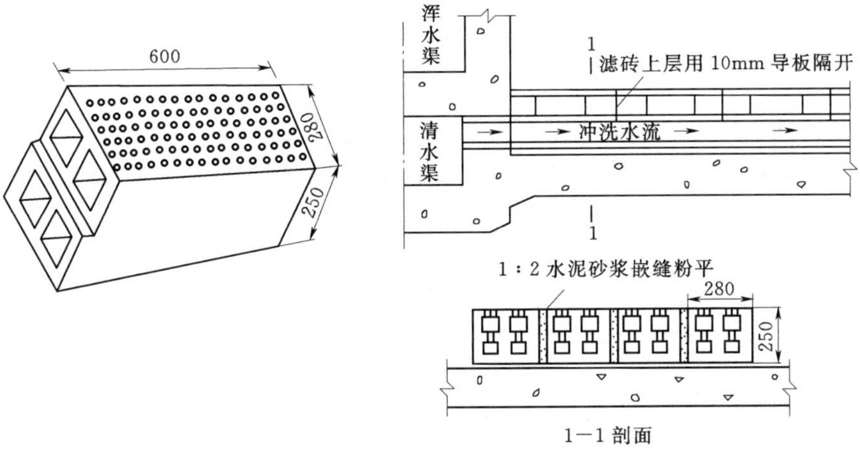

图 1.49 穿孔滤砖

生的最大冲击力而确定，保证反冲洗时承托层不能发生移动。单层或双层滤料的快滤池大阻力配水系统承托层粒径和厚度，见表 1.12。

表 1.12 快滤池大阻力配水系统承托层粒径和厚度

层次（自上而下）	粒径/mm	厚度/mm	层次（自上而下）	粒径/mm	厚度/mm
1	2～4	100	3	8～16	100
2	4～8	100	4	16～32	本层顶面高度至少应高出配水系统孔眼 100mm

三层滤料滤池下层滤料粒径小而重度大，承托层必须与之相适应地采用上层重质矿石，以免反冲洗时承托层移动，见表 1.13。

铺装承托层时应严格控制好高程，分层清楚，厚薄均匀，且在铺装前应将黏土及其他杂质清除干净。

如果采用中小阻力配水系统，且配水孔眼数量多、尺寸小，配水本身已很均匀，滤料也不会从孔眼漏掉的话，承托层可以完全省去，或者适当减小，或者适当铺设一些粗砂或细砾石，视配水系统具体情况而定。

表 1.13 三层滤料滤池承托层材料、粒径与厚度

层次（自上而下）	材料	粒径/mm	厚度/mm
1	重质矿石（如石榴石、磁铁矿等）	0.5～1.0	50
2	重质矿石（如石榴石、磁铁矿等）	1～2	50
3	重质矿石（如石榴石、磁铁矿等）	2～4	50
4	重质矿石（如石榴石、磁铁矿等）	4～8	50
5	砾石	8～16	100
6	砾石	16～32	本层顶面高度至少应高出配水系统孔眼 100mm

注 配水系统如用滤砖且孔径为 4mm 时，第 6 层可不设。

1.4.3　水的反冲洗

水的反冲洗目的是清除截留在滤料层中的杂质，使滤池在短时间内恢复过滤能力。

1. 滤池冲洗方法

快滤池的冲洗方法有三种：高速水流反冲洗、气-水反冲洗、表面辅助冲洗加高速水流反冲洗。应根据滤料层组成、配水器系统形式，或参照相似条件下已有滤池的经验选取冲洗方式。室外给水设计规范所推荐的冲洗方式和程序见表1.14。

表1.14　冲洗方式和程序

滤料组成	冲洗方式、程序
单层细砂级配滤料	1. 水冲；2. 气冲-水冲
单层粗砂均匀级配滤料	气冲-气水同时冲-水冲
双层煤、砂级配滤料	1. 水冲；2. 气冲-水冲
三层煤、砂、重质矿石级配滤料	水冲

（1）高速水流反冲洗。高速水流反冲洗是利用高速水流反向通过滤料层，使滤层膨胀呈流态化，在水流剪切力和滤料颗粒间碰撞摩擦的双重作用下，把截留在滤料层中的杂质从滤料表面剥落下来，然后被冲洗水带出滤池。这是应用最早的一种冲洗方法，其滤池结构和设备简单，操作简便。

为了保证冲洗效果，要求必须有一定的冲洗强度、适宜的滤层膨胀度和足够的冲洗时间，《室外给水设计规范》（GB 50013—2006）对这三项指标的推荐值见表1.15。

表1.15　各滤层的冲洗强度、膨胀度和冲洗时间（水温20℃）

滤层	冲洗强度 /[L/(s·m²)]	膨胀度 /%	冲洗时间 /min
单层细砂级配滤料	12～15	45	7～5
双层煤、砂级配滤料	13～16	50	8～6
三层煤、砂、重质矿石级配滤料	16～17	55	7～5

注　1. 当采用表面冲洗设备时，冲洗强度可取低值。
2. 由于全年水温、水质有变化，应考虑有适当调整冲洗强度的可能。
3. 选择冲洗强度应考虑所用混凝剂品种。
4. 膨胀度数值仅作设计计算用。

1）反冲洗强度。反冲洗强度是指单位面积滤层上所通过的冲洗流量，以L/(s·m^2)计。也可换算成反冲洗流速，以cm/s计，1cm/s=10L/(s·m^2)。

反冲洗强度过小时，滤层膨胀度不够，滤层孔隙中水流剪力小，截留在滤层中的杂质难以被剥落掉，滤层冲洗不净；反冲洗强度过大时，滤层膨胀度过大，由于滤料颗粒过于离散，滤层孔隙中水流剪力降低、滤料颗粒间相互碰撞摩擦的几率减小，滤层冲洗效果差，严重时还会造成滤料流失。故反冲洗强度过大或过小，冲洗效果均会降低。

生产中，反冲洗强度的确定还应考虑水温的影响，夏季水温较高，水的黏度较小，所需反冲洗强度较大；冬季水温低，水的黏度大，所需的反冲洗强度较小。一般来说，水温增减1℃，反冲洗强度相应增减1%。

2）滤层膨胀度。滤层膨胀度是指反冲洗时滤层膨胀后所增加的厚度与滤层膨胀前厚度之比，用 e 表示：

$$e=\frac{L-L_0}{L_0}\times 100\% \tag{1.28}$$

式中：L_0 为滤层膨胀前厚度，cm；L 为滤层膨胀后厚度，cm。

滤料膨胀度由反冲洗强度和滤料的颗粒大小、密度所决定，同时受水温的影响。理想的膨胀率应该是截留杂质较多，上层滤料恰好完全膨胀起来，而下层最大颗粒滤料刚刚开始膨胀，才能获得较好的冲洗效果。如果最粗滤料刚开始膨胀的冲洗强度导致上层细滤料膨胀度过大甚至引起滤料流失，应调整滤料级配。

3）冲洗时间。当冲洗强度和滤层膨胀度都满足要求，但反冲洗时间不足时，滤料颗粒表面的杂质因碰撞摩擦时间不够而不能得到充分清除；同时，反冲洗废水也会因为来不及排除，导致污物重返滤层，覆盖在滤层表面而形成“泥膜”或进入滤层形成“泥球”。冲洗时间可按表 1.15 选用，也可根据冲洗废水的允许浊度决定。

（2）气-水反冲洗。将压缩空气压入滤池，利用上升空气气泡产生的振动和擦洗作用，将附着于滤料表面的杂质清除下来并使之悬浮于水中，然后再用水反冲把杂质排出池外。气-水反冲洗所需的空气由鼓风机或空气压缩机和储气罐组成的供气系统供给，冲洗水由冲洗水泵或冲洗水箱供应，配气、配水系统多采用长柄滤头。

采用气-水反冲洗有以下优点：①空气气泡的擦洗能有效地使滤料表面污物破碎、脱落，冲洗效果好，节省冲洗水量；②可降低冲洗强度，冲洗时滤层不膨胀或微膨胀，杜绝或减轻滤料的水力筛分，提高滤层的含污能力。不过，气-水反冲洗需增加气冲设备，池子结构及冲洗操作也较复杂些。但总的来说，还是优势明显，近年来应用也日益增多。

《室外给水设计规范》（GB 50013—2006）所推荐的气水冲洗强度及冲洗时间见表 1.16。

表 1.16　气水冲洗强度及冲洗时间

滤料种类	先气冲洗		气水同时冲洗			后水冲洗		表面扫洗	
	强度 /[L/(m²·s)]	时间 /min	气强度 /[L/(m²·s)]	水强度 /[L/(m²·s)]	时间 /min	强度 /[L/(m²·s)]	时间 /min	强度 /[L/(m²·s)]	时间 /min
单层细砂级配滤料	15～20	3～1	—	—	—	8～10	7～5	—	—
双层煤、砂级配滤料	15～20	3～1	—	—	—	6.5～10	6～5	—	—
单层粗砂均匀级配滤料	13～17	2～1	13～17	3～4	4～3	4～8	8～5	—	—
	13～17	2～1	13～17	2.5～3	5～4	4～6	8～5	1.4～2.3	全程

（3）表面冲洗。表面冲洗是在滤料砂面以上 50～70mm 处放置穿孔管。反冲洗前先用穿孔管孔眼或喷嘴喷出的高速水流，冲洗去表层 10cm 厚度滤料中的污泥，然后再进行水反冲洗。表面冲洗可提高冲洗效果，节省冲洗水量。

根据穿孔管的安置方式，表面冲洗可分为固定式（较多的穿孔管均匀地固定布置在砂面上方）和旋转式（较少的穿孔管布置在砂面上方，冲洗臂绕固定轴旋转，使冲洗水均匀地布洒在整个滤池）的两种。其表面冲洗强度分别是 $2\sim3\mathrm{L/(m^2\cdot s)}$ 和 $0.50\sim0.75\ \mathrm{L/(m^2\cdot s)}$，冲洗时间均为 4～6min。

2. 冲洗水的供给

普通快滤池反冲洗水供给方式有冲洗水泵和冲洗水塔（箱）两种。水泵冲洗建设费用低，冲洗过程中冲洗水头变化较小，但由于冲洗水泵是间隙工作且设备功率大，容易使电网负荷极不均匀；水塔（箱）冲洗操作简单，补充冲洗水的水泵较小，并允许在较长的时间内完成，耗电较均匀，但水塔造价较高。若有地形时，采用水塔（箱）冲洗较好。

（1）冲洗水塔（箱）。为避免冲洗过程中冲洗水头相差太大，水塔（箱）内水深不宜超过3m。水塔（箱）容积按单格滤池所需冲洗水量的1.5倍计算：

$$W=\frac{1.5qFt\times 60}{1000}=0.09qFt \tag{1.29}$$

式中：W为水塔（箱）容积，m^3；F为单格滤池面积，m^2；t为冲洗历时，min；q为反冲洗强度，$L/(s\cdot m^2)$。

水塔（箱）底高出滤池冲洗排水槽顶高度H_0，可按式（1.30）～式（1.33）计算：

$$H_0=h_1+h_2+h_3+h_4+h_5 \tag{1.30}$$

$$h_2=\frac{1}{2g}\left(\frac{q}{10a\mu}\right)^2 \tag{1.31}$$

$$h_3=0.022qZ \tag{1.32}$$

$$h_4=\frac{\rho_s-\rho}{\rho}(1-m_0)L_0 \tag{1.33}$$

式中：h_1为从水塔（箱）至滤池的管道中总水头损失，m；h_2为滤池配水系统水头损失，m；h_3为承托层水头损失，m；h_4为滤料层水头损失，m；h_5为备用水头，一般取1.5～2.0m；a为配水系统开孔比；μ为孔口流量系数；q为反冲洗强度，$L/(s\cdot m^2)$；Z为承托层厚度，m；ρ_s为滤料的密度，g/cm^3；ρ为水的密度，g/cm^3；m_0为滤层膨胀前的孔隙率；L_0为滤层膨胀前的厚度，m。

（2）水泵冲洗。冲洗水泵要考虑备用，可单独设置冲洗泵房，也可设于二级泵站内。水泵流量按冲洗强度和滤池面积计算：

$$Q=qF \tag{1.34}$$

式中：q为反冲洗强度，$L/(s\cdot m^2)$；F为单格滤池面积，m^2。

水泵扬程为

$$H=H_0+h_1+h_2+h_3+h_4+h_5 \tag{1.35}$$

式中：H_0为排水槽顶与清水池最低水位高差，m；h_1为清水池至滤池的管道中总水头损失，m；其余符号同式（1.30）。

3. 冲洗废水的排除

滤池冲洗废水的排除设施包括反冲洗排水槽和废水渠。反冲洗时，冲洗废水先溢流入反冲洗排水槽，再汇集到废水渠，然后排入下水道（或回收水池），如图1.50所示。

（1）反冲洗排水槽。为了及时均匀地排除冲洗废水，反冲洗排水槽设计应符合以下要求：

1）排水槽内水面以上保持7cm左右的超高，废水渠起端水面低于排水槽底20cm。以避免形成壅水，使排水不畅而影响冲洗均匀。

2）排水槽的槽口高度应保持水平一致，施工时其误差应限制在2mm以内。

3）排水槽总平面面积一般应小于25%的滤池面积，避免影响反冲洗上升水流。

4）相邻两槽中心距一般为1.5～2.0m，间距过大会影响排水的均匀性。

生产中常用的反冲洗排水槽断面如图1.50所示，反冲洗排水槽底可以水平设置，也可以设置一定坡度。反冲洗排水槽顶距未膨胀滤料表面的高度H为

$$H=eH_2+2.5x+\delta+0.07 \tag{1.36}$$

式中：e 为冲洗时滤层膨胀度，%；H_2 为未膨胀滤料层厚度，m；x 为反冲洗排水槽断面模数，m，其值可按式（1.37）计算；δ 为反冲洗排水槽底厚度，m；0.07 为反冲洗排水槽超高，m。

$$x=0.45Q_1^{0.4} \tag{1.37}$$

式中：Q_1 为每条反冲洗排水槽出口流量，m^3/s。

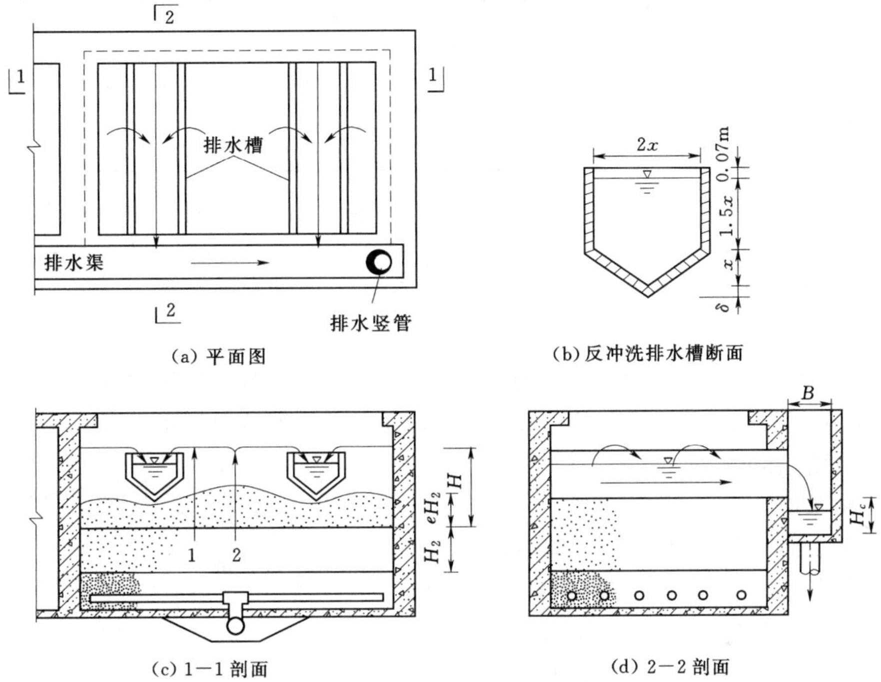

(a) 平面图　(b) 反冲洗排水槽断面

(c) 1—1 剖面　(d) 2—2 剖面

图 1.50　反冲洗水排除示意图

(2) 废水渠。如图 1.50 所示，废水渠为矩形断面，沿滤池池壁一侧布置。当滤池面积很大时，为使排水均匀，废水渠也可布置在滤池中间。废水渠底至排水槽底高度可按式（1.38）计算：

$$H_c=1.73\sqrt[3]{\frac{Q^2}{gB^2}}+0.2 \tag{1.38}$$

式中：Q 为滤池总冲洗流量，m^3/s；B 为废水渠宽度，m；g 为重力加速度，$9.81m/s^2$；0.2 为废水渠起端水面低于排水槽底高度，m。

1.4.4　水的过滤工艺设计

1. 滤池的个数及单池面积

滤速相当于滤池负荷（单位时间、单位表面积滤池的过滤水量）。因此可根据流量和滤速计算出滤池总面积 $F(m^2)$：

$$F=\frac{Q}{v} \tag{1.39}$$

式中：Q 为设计流量（水厂供水量与水厂自用水量之和），m^3/h；v 为设计滤速，从表 1.10 中查取，m/h。

单池面积 $F'(m^2)$ 可根据滤池总面积 F 与滤池个数 n 确定：

$$F'=\frac{F}{n} \tag{1.40}$$

滤池个数直接涉及滤池造价、冲洗效果和运行管理。滤池个数多时，单池面积小，冲洗效果好，运转灵活，但滤池总造价高，操作管理较麻烦；若滤池个数过少，单池面积过大，布水均匀性差，冲洗效果欠佳，尤其是当某个滤地反冲洗或停产检修时，对水厂生产影响较大。设计时，滤池个数可参考表1.17来选取，但最少不能少于2个。

表1.17　单池面积与滤池总面积　单位：m^2

滤池总面积	单池面积	滤池总面积	单池面积
60	15～20	250	40～50
120	20～30	400	50～70
180	30～40	600	60～80

表1.10中有两个滤速，在设计计算时，用正常滤速计算滤池面积和个数，用强制滤速验算调整。即按1个或2个滤池停产检修，其余滤池分担全部负荷考虑，计算其超负荷工作的滤速 v_n，滤速 v_n 应能满足表1.10中的强制滤速要求。

2. 滤池尺寸的确定

单个滤池平面可为正方形也可为矩形。滤池长宽比决定于处理构筑物总体布置，同时与造价也有关系，应通过技术经济比较确定。一般情况下，单个滤池的长宽比可参考表1.18。

滤池总深度包括：

(1) 滤池保护高度：0.20～0.30m。

(2) 滤层表面以上水深：1.5～2.0m。

(3) 滤层厚度：单层砂滤料一般为0.70m，双层及多层滤料一般为0.70～0.80m。

(4) 承托层厚度：见表1.12和表1.13。

考虑配水系统的高度，滤池总深度一般为3.0～3.5m。

表1.18　单个滤池长宽比

单个滤池面积 /m^2	长：宽
≤30	1：1
>30	1.25：1～1.5：1
选用旋转式表面冲洗时	1：1、2：1、3：1

3. 管（渠）设计流速

快滤池管（渠）断面应根据设计流速来确定，参见表1.19。

表1.19　快滤池管（渠）设计流速　单位：m/s

管　渠	设计流速	管　渠	设计流速
进水	0.8～1.2	冲洗水	2.0～2.5
清水	1.0～1.5	排水	1.0～1.5

注　考虑到处理水量有可能增大，流速不宜取上限值。

4. 管廊布置

集中布置滤池的管（渠）、配件及闸阀的场所称为管廊。管廊中的管道一般采用金属材料，也可用钢筋混凝土渠道。管廊布置应力求紧凑、简捷；要有良好的防水、排水、通风及照明设备；要留有设备及管配件安装、维修的必要空间。

当滤池个数少于5个时，宜采用单行排列，管廊设置于滤池一侧；超过5个时，宜采用双行排列，管廊设置于两排滤池中间。后者布置紧凑，但应注意通风、采光和检修条件。常见的管廊布置形式如图1.51所示。

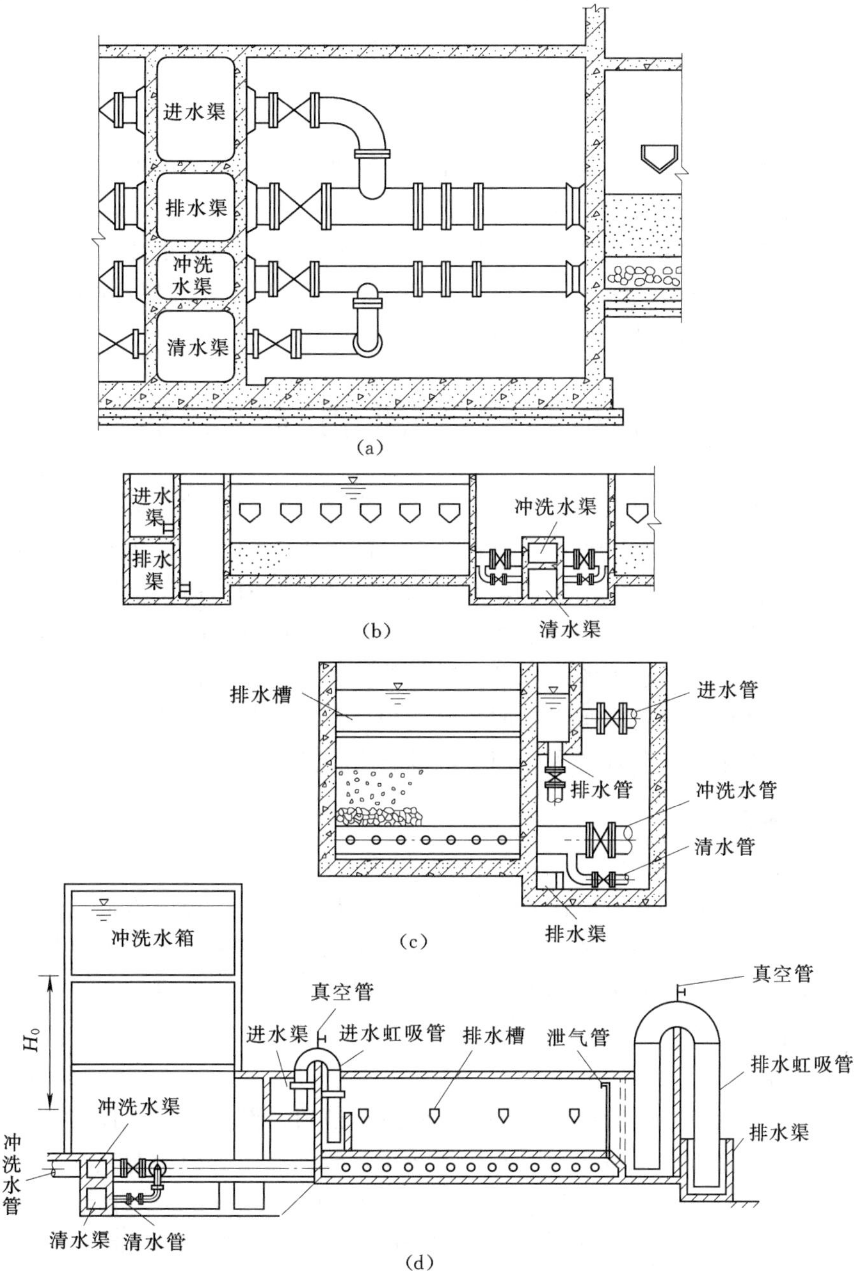

图 1.51 快滤池管廊布置图

(1) 进水、清水、反冲洗水及排水四个总渠，全部布置于管廊内，如图 1.51 (a) 所示。

(2) 反冲洗水和清水两个总渠布置于管廊内，进水渠和排水渠则布置于滤池的一侧，如图 1.51 (b) 所示。

(3) 进水、反冲洗水及清水管均采用金属管道，排水总渠单独设置，如图 1.51 (c) 所示。

(4) 用排水虹吸管和进水虹吸管分别代替排水和进水支管，反冲洗水和清水两个总渠布置于管廊内，反冲洗水支管和清水支管仍用阀门控制，称为虹吸式双阀滤池，简称双阀滤池，如图1.51 (d) 所示。

5. 设计中注意的问题

(1) 滤池底部应设排空管，其入口处设栅罩，池底应有一定的坡度，坡向排空管。

(2) 每个滤池宜装设水头损失计及取样管。

(3) 滤池壁与砂层接触处应拉毛成锯齿状，以免过滤水在该处形成“短路”。

(4) 滤池清水管上应设置短管，管径一般采用75～200mm，以便排放初滤水。

(5) 各种密封渠道上应设人孔，以便检修。

学习情境1.5　水的消毒处理

天然水本身会滋生多种微生物，为了实现健康安全用水的目的，必须去除水中这些有害的微生物。水中的微生物大都黏附在悬浮颗粒上，混凝沉淀和过滤在去除悬浮物、降低浊度的同时，能除去不少细菌和其他微生物，但不能保证把所有的病原微生物全部根绝，因此在给水处理中应进行消毒处理，这在《室外给水设计规范》(GB 50013—2006)都有体现。

消毒的目的就是要杀灭水中的病原微生物，保护公用水体。但应该指出，不应把消毒与灭菌混淆，消毒是对有害的病原微生物的杀灭过程，而灭菌是杀灭或去除一切活的细菌或其他微生物以及它们的芽孢。在日常水处理中，没有必要达到灭菌的程度。

1.5.1　物理法消毒处理

1. 加热消毒

加热消毒在很多行业都有所应用，而且已经有很长的应用历史。人们把自来水煮沸后饮用，早已成为常识，同时也是一种有效而实用的饮用水消毒方法。但是如果把此法应用于大规模的城市供水或污水消毒处理，则费用高，很不经济，因此，这种消毒方法仅适用于特殊场合很少量水的消毒处理。

2. 紫外线消毒

紫外线消毒是利用紫外灯管提供紫外线对水进行照射，紫外线的光能可破坏水中细菌的核酸结构，从而将细菌杀死，对病毒也有致死作用。紫外线消毒效果与其波长有关。当紫外线波长为200～295nm，有明显的杀菌作用，波长为260～265nm的紫外线杀菌力最强。

由于水中的悬浮物对光线有吸附或反射作用，因此，利用紫外线消毒时，要求水的色度、悬浮物含量都应比较低，且水层较浅。当浑浊度不小于5度，色度不小于15度时，要先进行预处理。否则，消毒效果会受影响。另外，水中的有机物含量比较高时，也会吸收紫外线，从而影响消毒效果。

紫外线消毒常用的消毒设备有浸入式和水平式两种。浸入式是将灯管浸入于水中，其辐射能量利用率高，消毒效果好，但结构复杂；水平式结构简单，使用方便，但消毒效果不如前者。

紫外线消毒杀菌速度快，管理操作方便，处理后的水无色无味。但要求预处理程度高，处理水的水层薄，耗电量大，成本高，没有持续的消毒作用。主要用于小水量的消毒处理。

3. 辐射消毒

辐射是利用高能射线（电子射线、γ射线、X射线、β射线等）照射待处理水，杀死其中的微生物，从而达到灭菌消毒的目的。由于射线有较强的穿透能力，可瞬时完成灭菌作用，一般情况下不受温度、压力和pH值等因素的影响，效果稳定。通过控制照射剂量，还可以有选择地杀死微生物。

辐射消毒法的一次投资大，而且还要用到辐射源，有一定的风险，必须有严格的安全防护设施和完善的操作管理制度。

除上述消毒方法外，人们还在探索研究高压静电消毒、微电解消毒、微波消毒等消毒方法在水处理中的应用。

总的来说，物理消毒法方便快捷，对消毒后的水质没有影响，单从水处理的角度来讲，非常理想。但其费用较高，在应用上有一定的局限性，因此，在大规模水处理中应用较多的消毒方法还是化学消毒。

1.5.2　化学法消毒处理

化学消毒的消毒效果，首先取决于消毒剂的性能，不同消毒剂的灭菌能力相差很大，应选择性能稳定的高效消毒剂。对于同种消毒剂，如果消毒剂和水有较长的接触时间，可适当降低消毒剂的剂量，否则，就需要提高消毒剂的剂量，以保证消毒效果。

1.5.2.1　氯消毒

氯是工业上主要的消毒剂。在常态下，氯是有刺激气味、有毒的黄绿色气体，密度比空气大，商品氯通常以液氯钢瓶供应。液氯为琥珀色，约为水重的1.44倍。

1. 氯消毒原理

氯能够微溶于水，溶于水后立即发生如下的水解反应：

$$Cl_2 + H_2O \rightleftharpoons HClO + HCl$$

次氯酸（HClO）是一种弱酸，又进而在瞬间离解为H^+和ClO^-，并达到平衡：

$$HClO \rightleftharpoons H^+ + ClO^-$$

Cl_2、HClO和ClO^-均具有氧化能力，都有杀菌作用，统称游离有效氯（或自由氯）。其中起主要消毒作用的一般认为是HClO。因为水中Cl_2的含量很少而且氧化能力相对较弱，而HClO的杀菌能力又比ClO^-强得多，大约要高出70～80倍以上。HClO的杀菌能力比ClO^-强的原因是：尽管两者的氧化能力都比较强，但HClO系中性分子，可以扩散到带负电的细菌表面，并穿过细胞膜渗入细菌体内，利用氯原子的氧化作用破坏细菌体内的酶而使细菌死亡；而ClO^-则带负电，难于靠近带负电的细菌，所以虽有氧化作用，也较难起到消毒作用。

水中HClO和ClO^-所占的比例随水温及溶液中pH值而变化。其关系如图1.52所示。从图1.52中可以看出：当$pH > 8.5$时，80%以上的游离氯以ClO^-存在；而$pH < 7$时，80%以上呈HClO形式存在。由于HClO消毒能力比ClO^-要强多得，因此控制较低的pH值有利于消毒操作。生产实践也印证了这一结论。

天然水中通常都会或多或少地含有氨氮，尤其是被有机物污染的水中氨氮的含量更高。

当水中有氨存在时，氯和次氯酸极易与氨化合成各种氯胺。

$$NH_3 + HClO \longrightarrow NH_2Cl + H_2O$$

$$NH_2Cl + HClO \longrightarrow NHCl_2 + H_2O$$

$$NHCl_2 + HClO \longrightarrow NCl_3 + H_2O$$

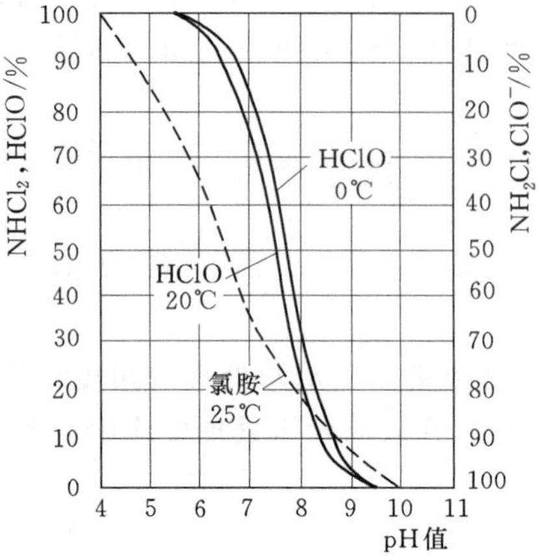

图 1.52　在不同 pH 值和水温下，HClO 与 ClO^-（NH_2Cl 与 $NHCl_2$）所占的比例

NH_2Cl、$NHCl_2$ 和 NCl_3 分别称为一氯胺、二氯胺和三氯胺（三氯化氮）。各种氯胺生成的比例与水中氯与氨的相对浓度、水的 pH 值以及温度有密切关系。其中，NCl_3 要在 pH<4.5 时才产生，在一般自来水中不大可能形成；当水的 pH 值在 5～9 之间时，NH_2Cl 与 $NHCl_2$ 同时存在，但 pH 值低时，$NHCl_2$ 较多；如图 1.52 所示。

各种氯胺也具有杀菌能力，其消毒作用是由于氯胺缓慢水解生成次氯酸，然后由次氯酸起消毒作用。显然，氯胺的杀菌作用比较缓慢，需要较长的接触时间。在氯胺当中，通常 $NHCl_2$ 的杀菌能力比 NH_2Cl 强，因此，在相同条件下，降低 pH 值，可以相对提高 $NHCl_2$ 含量，有利于消毒。通常将与氨或其他有机氮反应，以各种氯胺形式存在于水中的氯，称为化合有效氯（或结合氯）。

各种氯都具有氧化性，如果水中有还原性物质或其他有机物，则这些物质都会与其发生反应，从而消耗掉部分消毒剂，影响消毒效果。应注意控制加氯量。

2. *加氯量的确定*

加氯量应满足两个方面的要求：一是用于消毒过程中，灭活微生物、氧化有机物和还原性物质，在规定的时间内达到指定的消毒指标；二是消毒后的出水中要保持一定的剩余氯，抑制消毒过程未杀死的致病菌复活。通常把满足上述两方面要求而投加的氯量分别称为需氯量和余氯量。因此，用于氯消毒的加氯量应是需氯量与余氯量之和。不同水质所需的加氯量差别很大，应根据水处理的目的、性质和相关的标准、规范要求，通过试验确定实际需要的加氯量。

我国的生活饮用水卫生标准规定，加氯接触 30min 后，游离性余氯不应低于 0.3mg/L，管网末梢水的游离性余氯不应低于 0.05mg/L。对于各种污水的消毒，其相应的标准、规范中一般也有对应的控制指标。

确定加氯量的试验方法是：在相同水质的一组水样中，分别投加不同剂量的氯或漂白粉，经一定接触时间（15～30min）后，分别测定水中的余氯量，绘制余氯量与加氯量的关系曲线（称需氯量曲线），如图 1.53 所示。

如果水中无微生物，也无有机物和还原物，则不消耗氯，需氯量为 0，加氯量等于余氯量，如图 1.53 中的虚线（该线与坐标轴的夹角为 45°）所示。

如果水中有少量微生物和有机物，则氧化有机物和杀死微生物要消耗一定量的氯，即需氯量。当加氯量大于需氯量 OA 后，就会出现余氯，如图 1.53 中的实线。如果水中没有氨或氮的化合物，则图 1.53 中的实线形状比较简单，将是一条沿 AH 方向顺势延伸的近似直线，该线与横坐标夹角小于 45°，因为氯与有机物的氧化或自身见光分解速度会随着氯浓度的增加而加快，从而多消耗一些氯，同一加氯量下，虚线与实线的纵坐标差（b）代表水中微生物和杂质的耗氯量。

图 1.53 中所绘的弯曲多边实线表示的是水中既有微生物、有机物，而且又有氨或氮的化合物的复杂情况。通常可把实线分成四个区：

在 1 区（OA）内，氯先与水中所含的还原性物质（如 NO_2^-、Fe^{2+}、S^{2-} 等）反应，余氯量为 0，在此过程中虽然也会杀死一些细菌，但消毒效果不可靠。

在 2 区（AH）内，投加的氯基本上都与氨化合成氯胺，以化合性余氯存在，有一定的消毒效果。

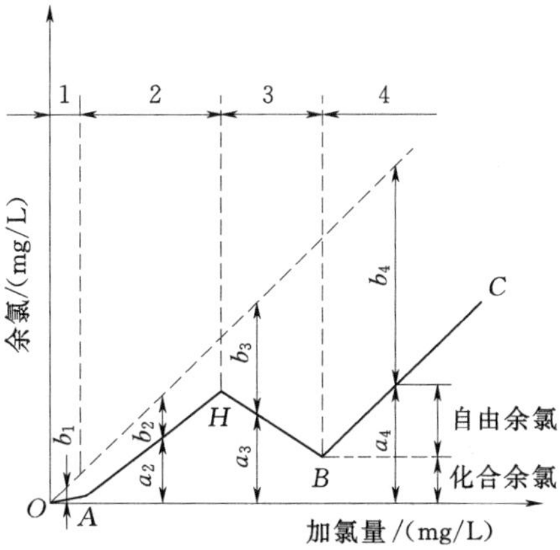

图 1.53 需氯量曲线

在 3 区（HB）内仍然是化合性余氯，但由于加氯量较大，部分氯胺与氯反应变成没有消毒作用的 N_2O、N_2 或 HCl，化合性余氯量反而逐渐减少，直至降到折点 B。折点 B 以前的余氯全都是化合性余氯，没有游离性余氯。

折点 B 以后即进入 4 区（BC），此时已经没有消耗氯的杂质了，再增加余氯量完全以游离性余氯存在，实线与虚线平行。这一区内既有化合性余氯，又有游离性余氯，消毒效果最好。

按超过曲线上折点 B 的需氯量来加氯时，常称为折点加氯。

根据需氯量曲线确定加氯量，应考虑生产实际情况。当原水中游离氨在 0.3mg/L 以下时，通常采用折点加氯；当原水中游离氨在 0.5mg/L 以上时，峰点以前的化合余氯量已足够消毒，通常投氯量控制在峰点以前，以节约加氯量；当原水中游离氨在 0.3～0.5mg/L 范围内时，投氯量不好掌握，应多做小型实验，找出最佳加氯量。

当无实测资料时，加氯量可参照如下数值，一般的地面水经混凝沉淀过滤后或清洁的地下水，加氯量可采用1.0～1.5mg/L；一般的地面水经混凝沉淀而未经过滤时，可采用1.5～2.5mg/L；一级处理后的生活污水采用 20～30mg/L；二级处理后的生活污水采用8～15mg/L。

3. 加氯点

一般采用滤后加氯，具体部位可以是滤池出口、清水池进口，或二者之间的连接管（渠）上。对于没有净化设备的地下水，可在泵前或泵后投加。

如果原水水质较差，还可在投加混凝剂的同时加氯，用以氧化有机物，提高混凝效果，同时还可预防构筑物滋生青苔，延长氯胺消毒的接触时间，这种做法称为滤前氯化或预氯化。其加氯量一般控制在图 1.53 的 AH 段。

当管网延伸很长，管网末梢的余氯难以保证时，需要在管网中途补充加氯。其加氯点一般设在加压泵或水库泵站内。

4. 加氯设备

加氯设备主要是加氯机和氯气钢瓶。国内最常用的加氯机有转子加氯机和真空加氯机两种。图 1.54 为常用的 ZJ 型转子加氯机。其工作原理是：来自氯瓶的氯气首先进入旋风分离器，再通过弹簧膜阀、控制阀、转子流量计，进入中转玻璃罩，经水射器抽吸与压力水混合，溶解于水中被送至加氯点。

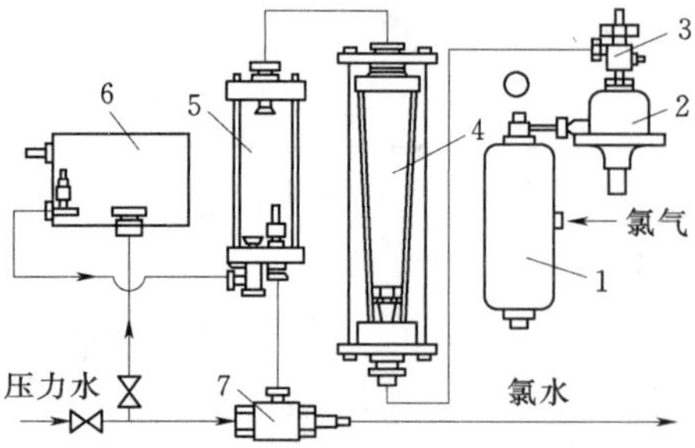

图 1.54　ZJ 型转子加氯机

1—旋风分离器；2—弹簧膜阀；3—控制阀；4—转子流量计；5—中转玻璃罩；6—平衡水箱；7—水射器

各部分作用如下：

(1) 旋风分离器：用于分离氯气中可能存在的悬浮杂质，如铁锈、油污等，其底部有旋塞可定期打开以清除杂质。

(2) 弹簧膜阀：系减压阀门，能保证氯瓶内安全压力大于 0.1MPa，如小于此压力，该阀即自动关闭，并起到稳压作用。

(3) 控制阀和转子流量计：用来控制和测定加氯量。

(4) 中转玻璃罩：用以观察加氯机的工作情况，同时起稳定加氯量，防止压力水倒流和当水源中断时破坏罩内真空的作用。

(5) 平衡水箱：可以补充和稳定中转玻璃罩内水量，当水流中断时自动暴露单向阀口，吸入空气使中转玻璃罩真空破坏。

(6) 水射器：从中转玻璃罩内抽吸所需的氯，使其与水混合并溶解，同时使玻璃罩内保持负压状态。

加氯机的具体操作方法，应按产品使用说明书的规定进行操作。

因氯气有毒，氯的运输、储存及使用应特别谨慎小心，保持良好通风，并备有检修及抢救设备，以确保安全。关于加氯设备安放使用、加氯间、氯库等的具体要求，在《室外给水设计规范》(GB 50013—2006) 中都有详细要求，在此不再赘述。

1.5.2.2　氯胺消毒

前面已经讲过，氯胺消毒作用缓慢，杀菌能力比游离氯弱。但氯胺消毒的优点是：当水中含有有机物和酚时，氯胺消毒不会产生氯臭和氯酚臭，同时大大减少 THMs 产生的可能；能保持水中余氯较久，适用于供水管网较长的情况。因此，可人为地往水中加一些氨，配合氯消毒，使其生成适量的氯胺作为辅助消毒剂，以抑制管网中细菌再繁殖。

人工投加的氨可以是液氨、硫酸铵或氯化铵。硫酸铵或氯化铵应先配成溶液，然后再投加到水中。液氨的投加方法与液氯相似。

氯和氨的投加量视水质不同而有不同比例，一般采用氯：氨=3：1～6：1。如果以防止氯臭为主要目的，氯和氨之比可小些；当以杀菌和维持余氯为主要目的时，氯和氨之比应大些。

采用氯胺消毒时，一般先加氨，待其与水充分混合后再加氯，这样可减少氯臭，特别当水中含酚时，这种投加顺序可避免产生氯酚恶臭。但当管网较长，主要目的是为了维持余氯较为持久，可先对进厂水加氯消毒，出厂水加氨减臭并稳定余氯。

1.5.2.3　漂白粉消毒

漂白粉由氯气和石灰加工而成，是一个由次氯酸钙、氯化钙组成的混合物，通常用式子 $Ca(ClO)_2$ 简单地表示其组成，有效氯约 30%。漂白精是对漂白粉进行提纯，去除没有消毒作用的杂质，只留有效成分次氯酸钙所制得的产品，其分子式为 $Ca(ClO)_2$，有效氯约可达 60%左右。两者均为白色粉末，有氯的气味，易受光、热和潮气作用而分解使有效氯降低，故必须放在阴凉干燥和通风良好的地方。二者的消毒机理相同，都是其中的有效成分——次氯酸钙与水反应，生成次氯酸，从而具有消毒作用，其反应如下：

$$Ca(ClO)_2 + H_2O \longrightarrow HClO + Ca(ClO)_2$$

漂白粉需配成溶液投加，溶解时先调成糊状物，然后再加水配成浓度为 1.0%～2.0%（以有效氯计）的溶液。如果投加在滤后水中，则水溶液必须经过约 4～24h 澄清，以免杂质带进清水中；如果是投加到浑水中，则配制后可立即使用。

漂白粉消毒一般用于小水厂或临时性使用。

1.5.2.4 次氯酸钠消毒

次氯酸钠（NaClO）一般是用电解食盐水的方法制得，反应如下：

$$NaCl + H_2O \longrightarrow NaClO + H_2$$

次氯酸钠也是强氧化剂和消毒剂，但消毒效果不如氯强。次氯酸钠消毒机理与次氯酸钙类似。

由于次氯酸钠容易分解，通常采用次氯酸钠发生器现场制取，就地投加，不宜储运。次氯酸钠消毒通常用于小型水厂。

1.5.2.5 二氧化氯消毒

二氧化氯与氯很相似，都是有刺激性气味的黄绿色气体，但是二氧化氯易溶于水，其溶解度是氯气的 5 倍，随其浓度增加二氧化氯水溶液的颜色由黄绿色转成橙色。

二氧化氯在水溶液中以气体分子存在，不发生水解反应。因此，二氧化氯一般只起氧化作用，不起氯化作用，它与水中杂质形成的三氯甲烷等比氯消毒要少得多。二氧化氯也不与氨作用，在 pH=6～10 时，杀菌效率几乎不受 pH 影响。

二氧化氯是中性分子，对细菌的吸附和穿透能力都比较强，因此，对细菌有很强的灭活能力。其消毒能力次于臭氧，但高于氯。与臭氧比较，它又有剩余消毒效果。另外，二氧化氯还有很强的除酚能力。

二氧化氯易挥发，稍一曝气即可从水中溢出。气态和液态的二氧化氯还易爆炸，因此，二氧化氯消毒通常采用现场制备。其制备方法有多种，比较普遍的是用亚氯酸钠和氯反应制取：

$$NaClO_2 + Cl_2 \longrightarrow ClO_2 + NaCl$$

由于亚氯酸钠较贵，且二氧化氯生产出来即须应用，不能储存，所以只有水源严重污染而一般氯消毒有困难时，才采用二氧化氯消毒。

1.5.2.6 臭氧法消毒

臭氧由三个氧原子组成，在常温常压下，是一种淡蓝色的具有刺激性气味的气体。臭氧极不稳定，分解时放出新生态氧：

$$O_3 \longrightarrow O_2 + [O]$$

新生态氧[O]具有强氧化能力，对具有顽强抵抗力的微生物如病毒、芽子孢等有强大的杀伤力。臭氧具有很强的氧化能力，仅次于氟，约是氯的两倍。因此，臭氧的消毒能力比氯更强。臭氧消毒法的特点是：消毒效率高、速度快，几乎对所有的细菌、病毒、芽孢都是有效的；同时能有效地降解水中残留有机物、色、味等；pH 值、温度对消毒效果影响很小。

臭氧是空气中的氧通过高压放电产生的。制造臭氧的空气必须先进行净化和干燥，以提高臭氧发生器效率并减少腐蚀。

臭氧消毒历史已久，欧洲国家用得较多。但是，臭氧不稳定，用它消毒，在水中很容易消失，不能保持持久的杀菌能力。故在臭氧消毒后，往往需要投加少量氯，以维持水中一定的余氯量。另外，臭氧消毒法的设备投资大、电耗大、成本高，设备管理较复杂。因此，一般主要用于对出水水质要求较高的水处理场合。

当臭氧用于消毒过滤水时，其投加量一般不大于 1mg/L，如用于去色和除臭味，则可增加至 4～5mg/L。一般说，如维持剩余臭氧量为 0.4mg/L，接触时间为 15min，可得到良好的消毒效果，包括杀灭病毒。

学习情境 1.6　地表水处理工艺流程布置设计

作为地表水处理工程的基本设施，在进行处理厂的工程设计时，应遵循一定的设计程序。地表水处理厂阶段技术复杂、处理规模大、重要的项目设计一般包括初步设计和施工图设计，技术程度、处理规模、重要性均小的项目一般只包括施工图设计。

在地表水处理系统及处理厂规划、设计开始前，必须明确任务，进行充分的调查研究，收集所需的原始资料。在采用新的处理工艺时，应进行小型和中型的试验，取得可靠的设计参数，才能使规划、设计建立在适用、经济、可靠资料的基础上。

1.6.1　设计资料准备

1.6.1.1　设计前期的工作

设计前的准备工作十分重要。它要求设计人员必须明确任务，收集所需的所有原始资料、数据，并通过对这些数据、资料的分析、归纳，得出切合实际的结论。

1. 有关设计任务的资料

（1）设计范围和设计题目。

（2）城镇（或工业企业）现状和总体发展规划的资料，如人口、建筑居住标准、道路、河流、输电网、工业分布与生成规模、农业和渔业等。

（3）近、远期的处理规模与处理标准。因为城镇或工业的发展需要一个过程，投资也有一定的限制，故设计时应考虑近、远期的分期建设，随着经济的发展，远期可适当提高处理规模及处理标准。

2. 有关水量、水质的资料

设计地表水处理厂时，首先应确定采用何种水源，其水量和水质应有保证。

3. 有关自然条件的资料

（1）气象资料。包括历年来最热月与最冷月的平均气温、多年土壤最大冰冻深度、多年平均风向玫瑰图和雨量资料等。

（2）水文资料。包括当地河流百年一遇的最大洪水量、洪水位，枯水期 95%保证率的月平均最小流量和最低水位，水体水质及污染情况，水体在城镇给水、灌溉、景观、渔业等方面的用水资料等。

（3）水文地质资料。包括地下水的最高水位、最低水位、流动方向、运动状态及综合利用资料等；在喀斯特发育地区，特别应注意地下水和地面水的相互补给情况和地下水综合利用情况。

（4）地质资料。包括处理厂区的地基承载力、有无流沙、地震等级等。

(5) 地形资料。处理厂区附近 1∶5000 的地形图，厂址和废水排放或取水口附近的 1∶200或 1∶500 的地形图。

4. 有关编制预算和施工图方面的资料

(1) 关于当地建筑材料、设备的供应情况和价格。

(2) 关于施工力量（技术、设备、劳动力）的资料。

(3) 关于编制概算、预算的定额资料，包括地区差价、间接费用定额、运输费等。

(4) 租地、买地、征税、补偿等规章和费用。

1.6.1.2 初步设计

初步设计的主要目的如下：提供审批依据，进一步论证工程方案的技术先进性、可靠性和经济合理性；投资控制，提供工程概算表，其总概算值是控制投资的主要依据，预算和决算都不能超过此概算值；技术设计，包括工艺、建筑、变配电系统、仪表及自动化控制等方面的总体设计及部分主要单体设计，各专业所采用的新技术论证及设计；提供施工准备工作，如拆迁、征地并与有关部门签订合同；提供主要设备材料订货要求，即设备与主材招标合同的技术规格书的依据，包括电气与自控、化验等方面设备与主材的工艺要求、性能、技术规格、数量。

初步设计的任务包括确定工程规模、建设目的、投资效益，设计原则和标准、各专业各体设计及主要工艺构筑物设计、工程概算、拆迁征地范围和数量、施工图设计中可能涉及的问题及建议。

初步设计的文件应包括设计（计算）说明书、工程量、主要设备与材料、初步设计图纸、工程总概算表。初步设计文件应能满足审批、投资控制、施工图设计、施工准备、设备订购等方面工作依据的要求。

1. 设计说明书

(1) 设计依据。说明设计任务书（计划任务书），设计委托书及选厂报告等批准机关、文号、日期、批准的主要内容，设计委托单位的主要要求。

1) 主要设计资料。资料名称、来源、编制单位及日期（除有关资料外），一般包括用水、用电协议，环保部门的批准同意书，流域或区域环境治理的可行研究报告书等。

2) 城市（或区域）概况及自然条件。建设现状、总体规划、分期修建计划及有关情况，概述地表、地貌、水文地质、地下水位、气象等有关情况。

3) 现有给排水工程概况。有关现有城镇供水现状和污水处理等现状，包括处理厂的水量、位置、处理工艺、设施的利用情况，水体及环境污染情况，以及存在问题。

(2) 工程设计：

1) 设计水处理的水质水量。在分析原来给排水系统中处理水的平均流量、高峰流量、现状流量、预期流量等水量资料基础上，并结合工程近、远期处理能力要求及工程是否采用分期建设，确定水处理厂设计规模。

2) 厂址选择说明。结合城市现状和总体规划，具体说明厂址选择的原则和理由，并说明已选厂址的地形、地质、用地面积及外围条件（三通一平）。

3) 工艺流程的选择说明。主要说明所选工艺方案的技术先进性、合理性，尤其要说明所采用新技术的优越性（技术经济方面）和可靠性（技术方面）。

4) 工艺设计说明。说明所选工艺方案初步设计的总体设计（平面和高程布置）原则，并说明主要工艺构筑物的设计（技术特征、设计数据、结构形式、尺寸）。

5）主要处理设备说明。说明主要设备的性能构造、材料及主要尺寸，尤其是新技术设备的技术特征、构造形式、原理、施工及维护使用注意事项等。

6）处理厂内辅助建筑（办公、化验、控制、变配电、药库、机修等）和公用工程（供水、排水、道路、绿化）的设计说明。

7）处理厂自动控制和监测设计说明。

8）存在的问题及对策建议。

2. 工程量

列出本工程各项构筑物及厂区总图所涉及的混凝土量、挖土方量、回填土方量、钢筋混凝土土量、建筑面积等。

3. 设备和主要材料量

列出本工程的设备和主要材料清单（名称、规格、材料、数量）。

4. 工程概算书

说明概算书编制依据、设备和主要建筑材料市场供应价格、其他间接费情况等；列出总概算表和各单元概算表；说明工程总概算投资及其构成。

5. 设计图纸

各专业（工艺、建筑、电气与自控）总体设计图（总平面图、系统图），比例尺（1：200～1：1000）；主要工艺构筑物设计图（平面、竖向），比例尺（1：100～1：200）。

1.6.1.3 施工图设计

施工图设计是在初步设计的基础上作进一步补充和深化，施工图设计在初步设计或方案设计批准之后进行，其任务是以初步设计的说明书和图作为依据，根据土建施工、设备安装、组（构）件加工及管道（线）安装所需的程度将初步设计精确具体化，除水处理厂总平面布置图与高程布置、各处理构筑物的平面和竖向设计之外，所有构筑物的各个节点构造、尺寸都用图纸表达出来，每张图均应按一定比例与标准图例精确绘制。施工图设计的深度，应满足土建施工、设备与管道安装、构件加工、施工预算编制的要求。施工图设计文件以图纸为主，还包括说明书、主要设备材料表。

1. 设计说明书

（1）设计依据。初步设计或方案设计批准文件，设计进出水水质。

（2）设计方案。扼要说明水处理的设计方案，与原初步设计比较有何变更，并说明其理由，设计处理效果。

（3）图纸目录、引用标准图目录。

（4）主要设备材料表。

（5）施工安装注意事项及质量、验收要求和主要工程施工方法设计。

2. 设计图纸

（1）总体设计：

1）水处理厂总平面图。比例尺（1：100～1：500），包括风向玫瑰图、坐标轴线、构筑物与建筑物、围墙、道路、连接绿地等的平面位置，注明厂界四角坐标及构（建）筑物对角坐标或相对距离，并附构（建）筑物一览表、总平面设计用地指标表、图例。

2）工艺流程图。又称水处理系统高程布置图，反映出工艺处理过程及构（建）筑物的高程关系，应反映出各处理单元的构造及各种管线方向，应反映出各构（建）筑物的水面、池底或地面标高、池顶或屋顶标高，应较准确地表达构（建）筑物进出管渠的连接形式及标高。绘制高程图应有准确度横向比例，竖向比例可不统一。高程图应反映原地形、设计地坪、设计路面、建筑物室内地面之间的关系。

3）水处理厂综合关系平面布置图。应表示出管线的平面布置和高程布置，即各种管线的平面位置、长度及相关尺寸、管线埋深及管径（断面）、坡度、管材、节点布置（必要时做详图）、管件及附属构筑物（闸门井、检查井）。必要时可分别绘制管线平面布置图和纵断面图，图中应附管道（渠）、管件及辅助构筑物一览表。

（2）单体构（建）筑物设计图。各专业（工艺、建筑、电气）总体设计之外，单体构（建）筑物设计图也应由工艺、建筑、结构（土建与钢）电气与自控、非标机械设备、公用工程（供水、排水、采暖）等施工详图组成。

1）工艺图。比例尺（1：50～1：100），表示出工艺构造与尺寸、设备与管道安装位置与尺寸、高程。通过平面图、剖面图、局部详图或节点构造详图、构件大样图等表达，应附设备、管道及附件一览表，必要时对主要技术参数、尺寸标准、施工要求、标准图引用等作说明。

2）建筑图。比例尺（1：50～1：100），表示出水平面、立面、剖面的尺寸、相对高程，表明内、外装修材料，并有各种分构造详图、节点大样、门窗表及必要的设计说明。

3）结构图。比例尺（1：50～1：100），表达构（建）筑物整体及构件的结构构造、地基处理、基础尺寸及节点构造等，结构单元和汇总工程量表，主要材料表，钢筋表及必要的设计说明，要有综合埋件及预留洞详图。钢结构设计图应有整体装配、构件构造与尺寸、节点详图，应表达设备性能，加工及安装技术要求，应有设备及材料表。

4）主要建筑物给水排水，采暖通风、照明及配电安装图。

（3）电气与自控设计图：

1）厂（站）区高低压变配电系统图和一、二次回路连线原理图。

2）各种控制和保护原理图与接线图，包括系统布置原理图。

3）各构筑物平、剖面图，包括变电所、配电间、操作控制间电气设备位置、供电控制线路铺设、接地装置、设备材料明细表和施工说明及注意事项。

4）电气设备安装图，包括材料明细表、制作或安装说明。

5）厂（站）区室外线路照明平面图，包括系统布置、安装位置及尺寸、控制电缆线路和设备材料明细表以及安装调试说明。

6）非标准配件加工详图。

7）仪表自动化控制安装图，包括系统布置、安装位置及尺寸、控制电缆线路和设备材料明细表，以及安装调试说明。

（4）辅助设备设计图。辅助与附属建筑物建筑、结构、设备安装及公用工程，如办公、仓库、机修、食堂、宿舍、车库等施工设计图。

（5）非标设备设计图。某些简单金属构件的设计详图可附于工艺设计图中。但有几种不同形式的零配件、构件组成的成套设备，又没有现成的设备可使用，其功能较独立，构造较复杂，加工不简单的设备或大型钢结构处理装置，应视为非标设备，专门进行施工（制作、安装）图设计。

1.6.2　地表水处理厂厂址选择

在进行地表水处理厂设计时，选择厂址是非常重要的环节，应充分重视。厂址的选择应结合城镇或工厂的总体规划、地形、管网布置、环保要求等综合因素，进行多方案的经济技术比较，选择出适用可靠、工程造价低、管道及总输水费用省、施工及管理条件好的厂址。

在厂址的选择中一般应考虑下面几个因素：

(1) 少占农田和尽可能不占良田。

(2) 厂址应选择在工程地质条件较好的地方；在有抗震要求的地区还应考虑地震、地质条件。目的是减少基础处理和排水费用，降低工程造价并有利于施工。一般应选在地下水位较低，地基承载力较大，岩石无断裂带，以及对工程抗震有利的地段。

(3) 考虑周围环境卫生条件，地表水处理厂应布置在城镇上游，并满足《生活饮用水水质标准》(GB 5749—2006) 中的卫生防护要求。

(4) 应使管网的基建费用最低。当取水地点离配水管网较近时，厂址多选在取水地点附近或连在一起；当距用水区较远时，地表水处理厂选址应能通过经济技术比较后确定；对于高浊度的原水，常需进行预处理，通常是将预处理设施设在取水地点附近或与取水构筑物建在一起，而地表水处理厂则设在配水管网附近。

(5) 要充分利用地形，应选择有适当坡度的地区，以满足地表水处理构筑物高程布置的需要，减少土方工程量。

(6) 厂址应尽量选在交通方便的地方，以有利于施工运输和运行管理。

(7) 厂址应尽量选在靠近供电电源的地方，以有利于安全运行和降低输电线路费用。

(8) 应考虑有发展扩建的余地。

地表水处理厂占地面积大小与处理方法、水量的关系，列于表1.20中供选址时参考。

表1.20　地表水处理厂占地面积

规　模 /($10^4 m^3/d$)	占　地 /(亩/$10^4 m^3$)	规　模 /($10^4 m^3/d$)	占　地 /(亩/$10^4 m^3$)
>100	1.2	>20	3.5
>50	1.5	>10	4.5
>30	2.5	>5	5

1.6.3　地表水处理工艺流程选择

地表水处理厂处理工艺流程的选择指对给水处理所采用的一系列处理单元的组合方式。

水质随不同的水源而变化，因此当确定取用某一水源后，必须十分清楚该水源的水质情况。根据用水要求达到的水质标准，分析研究原水水质中哪些项目是必须进行处理的，哪些项目通过净水厂解决，哪些项目需要单独处理解决。根据需要处理的内容，选择净化工艺流程。

选择净水工艺流程时最好根据同一水源或参照水源水质条件相似的已建净水厂运行经验来确定。有条件时并辅以模拟试验加以验证；当无经验可参考，或拟采用某一新工艺时，则应通过试验，经试验证明能达到预期效果后，方可采用。

但在确定工艺流程过程中，常常会遇到同时有两个或几个方案都能达到净化处理的目的，此时除需进行技术经济比较外，还应考虑施工、管理、维护及其他方面的条件，加以综合比较，择优确定工艺流程。

混凝、沉淀、过滤等过程主要是通过其相应的净化构筑物来完成的。同一过程有着不同型式的净水构筑物，而且都具有各自的特点，包括它的工艺系统、构造形式，适应性能、设备材料要求、运行方式、管理和维护要求等。同时，其建造费用和运行费用也是有差异的。因此，当确定净水工艺流程后，应进行净水构筑物型式的选择，并通过技术经济比较确定。

地表水处理厂的设计规模往往受到投资等各种因素的限制，而忽略了生产挖潜的需要，在选型及其工艺设计参数的选用上，没有考虑留有适当的余地。实际上，城镇或工业用水量是随着国民经济的不断发展，人民生活水平的不断提高而增长的。由于上述原因，不少地表水处理厂刚建成不久，生产能力与所需供应的水量就不相适应，很快需要进行扩建或考虑新建地表水处理厂。因此，在地表水处理厂构筑物的选型及其工艺参数的选用上，应考虑适当留有生产挖潜的余地。

1.6.4 地表水处理厂平面布置

地表水处理厂平面布置原则上应该做到按功能分区，配置得当；功能明确，布置紧凑；顺流排列，流程简捷；充分利用地形；力求重力排水；还要适当留有余地，考虑扩建和施工的可能；建筑物布置还应该注意朝向和风向。

经过设计计算，当各构筑物和建筑物的型式、平面图形、平面尺寸、平面面积、个数等确定之后，就可以根据工艺流程特点、构筑物和建筑物的功能要求，结合水厂所选厂址的地形和地质条件，开始进行水厂平面布置。

（1）首先对生产构筑物和建筑物进行组合安排，在位置、操作条件、走向、面积等方面通盘考虑。安排时应注意高程、距离、管线和道路等。

一般来说，反应池和沉淀池应设在地形较高处，滤池与沉淀池应尽量靠近。清水池的标高对水厂高程设计来说是很关键的因素。从平面上看，清水池应尽量靠近滤池，特别应与二级泵站靠近。从高程上考虑，清水池有地下式、半地下式、地面式三种类型，一般都按深入地下 3～4m 左右考虑，并置于地形的最低处。如果分期建造，应考虑到以后的施工对结构的影响，同时应预留一定的间距。

二级泵站应与清水池接近，其位置应考虑到出水管布置方便。高压变电所应在二级泵站附近，使进出线方便，低压变电所则应靠近滤池冲洗水泵。

构筑物间的净距离，按它们中间的道路宽度和铺设管线所需要的宽度，或者按其他特殊要求确定，一般可取 10～20m，最小净距不得小于 5m。

加药间应设置在加药点附近，如果水厂分期建设，加药间只建一座即可，加药管道应能接到几处加药地点，加药间尽量与药剂仓库靠近。

为了便于管理和节省用地，避免平面上的分散和零乱，往往可以考虑把几个构筑物、建筑物在平面上或高程上组合起来，形成组合体布置。构筑物的组合原则如下：①对工艺过程有利或者无害，同时从结构、施工角度看也是允许的构筑物，可以组合，如隔板反应池与沉淀池可连在一起；②从生产上看，关系密切的构筑物，可组合成一座构筑物，例如变电室与二泵站建造在一起，加药间与药剂仓库可以组合，消毒间、快滤室、冲洗设备及化验室等也可以进行组合；③为了集中管理和控制，有时对于小型水厂还可以进一步扩大组合范围，例如把处理构筑物、加药间、消毒间、冲洗泵房、化验室、控制室及办公室等全部组合成一个整体建筑物，称为滤站。

实际操作中组合体布置已被广泛应用，如上海市某些水厂把清水池设在快滤池的底下，南京某些水厂把清水池设在沉淀池的底下，东北地区如长春、哈尔滨、旅大等水厂，把清水池设在二级泵站底下。南京有些水厂把冲洗水塔的底部空间分为三层，二、三层作化验室，底层作泵房和小仓库。

布置水厂管线时，管线之间及与其他构（建）筑物之间，应留出适当的距离。给水管或排水管距离构（建）筑物不小于 3m；给水管与排水管的水平距离，当 $d \leqslant 200$mm 时，不得小于 15m，当 $d > 200$mm 时不应小于 3m；当给排水管线交叉时，给水管应在上面，排水管在下面，其最小垂直净距离不应小于 0.5m。

（2）生产辅助建筑物的布置。修理间和材料库可放在一起、位置靠近二级泵站，堆砂和翻砂场应靠近滤池，车库、值班室宜放在厂前区。

（3）预留面积的考虑。主要指生产设施的扩建用地。

（4）生活辅助建筑物的布置。宜放在厂前区内，如办公楼尽量结合有关建筑物，位置应在水厂进门处，便于联系工作，化验室一般设在二楼上；水厂内的厕所应远离水池等生产构筑物，按护防带距离规定应不小于 10m 等。

（5）道路、围墙及绿化带的布置。通向一般构（建）筑物应设置人行道，宽度 1.5～2.0m；通向仓库、检修车间、堆砂场、堆煤场、泵房、变电所等时应设车行道，其路面宽为 3～4m，转弯半径为 6m，纵坡一般不大于 3%，且应有回车的可能。水厂应设围墙，墙高一般为 2.5m。水厂布置除应保证生产安全和整洁卫生外，还应注意美观、充分绿化，在构筑物的建筑处理上，应因地制宜，与周围情况相称，在色调上做到活泼、明朗和清洁。

图 1.55 和图 1.56 所示为典型的地表水给水处理厂平面布置示例。

1.6.5　地表水处理厂高程布置

地表水处理厂的高程布置主要解决净化构筑物和建筑物的高程设计问题，其成果集中反映在高程（或工艺流程）布置图上，它是沿净水工艺流程线的纵断面图，图中表示主要控制点的标高。高程布置图的范围，一般从水源到清水池（或二级泵站）。构（建）筑物之间的连接管长度可不按实际长度绘出，仅为示意。高程图上的垂直向和水平向比例尺也可不同，一般垂直向比例尺可取大些（1∶10），而水平向比例尺可取小些（1∶500），使图纸显得醒目。

在进行高程布置时，所依据的主要技术参数是构筑物高度和水头损失。图 1.57 所示为平流沉淀池加普通快滤池给水处理厂高程布置图示例。

1. 水头损失的确定

在净水流程中，相邻净化构筑物的相对高差，决定于这两个构筑物之间的水面高差，这个水面高差的数值就是流程中的水头损失，它主要由三部分组成，即构筑物本身的、连接管道的以及计量设备的水头损失等。所以在高程布置时，应首先计算这些水头损失，而且计算所得的数值应考虑一些安全因素，以便留有余地。处理构筑物中的水头损失，与构筑物的种类、型式和构造有关，估算时可采用表 1.21 数据。

另外，在选用某些连接管（渠）的允许流速时，应考虑水厂的地形情况，即当地形有适当坡度可以利用时，可选用较大流速，以减小管（渠）及相应配件和阀门的尺寸；当地形平坦时，为避免增加填、挖土方量和构筑物造价，宜采用较小的流速。同时，在选定管（渠）内流速时，还应适当考虑留有水量发展的余地。

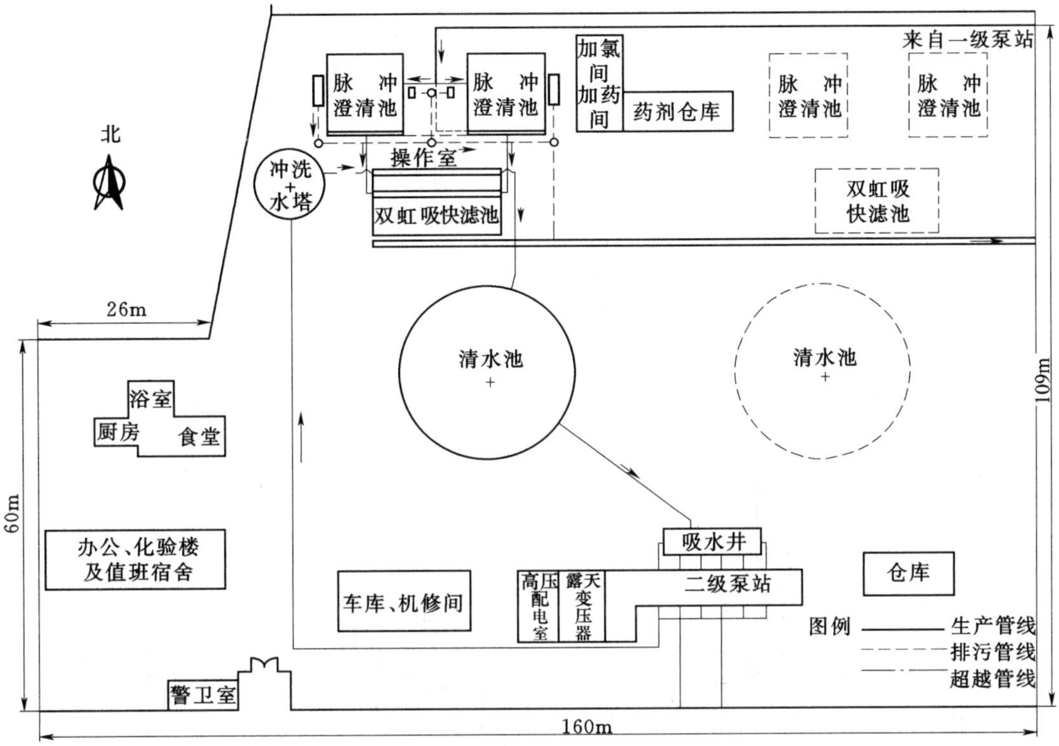

图 1.55　水厂平面布置（一）

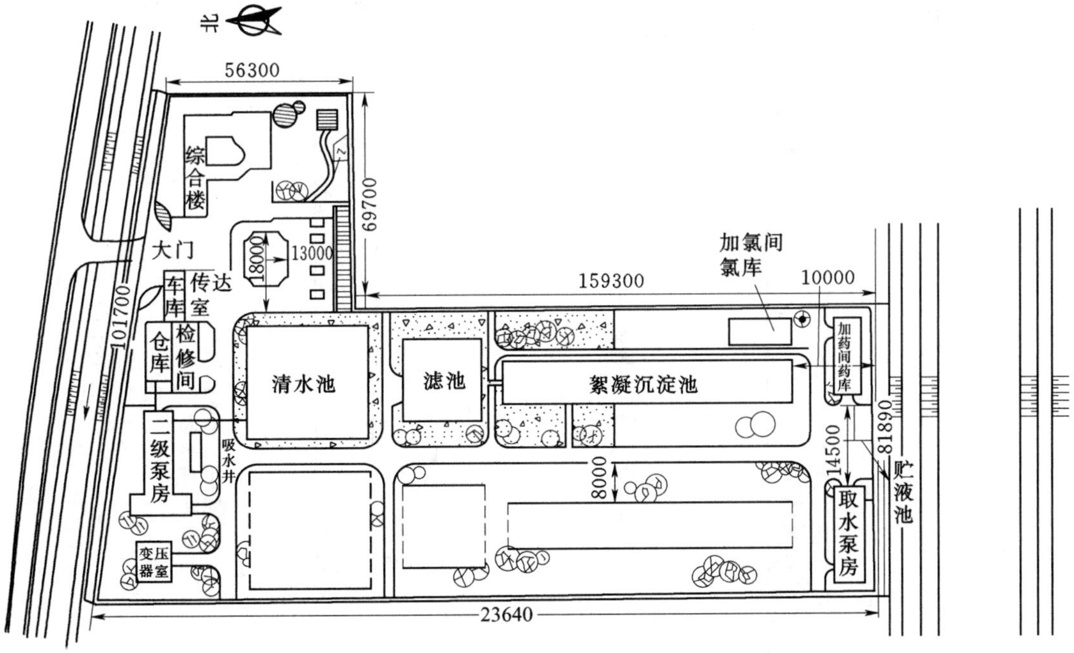

图 1.56　水厂平面布置（二）

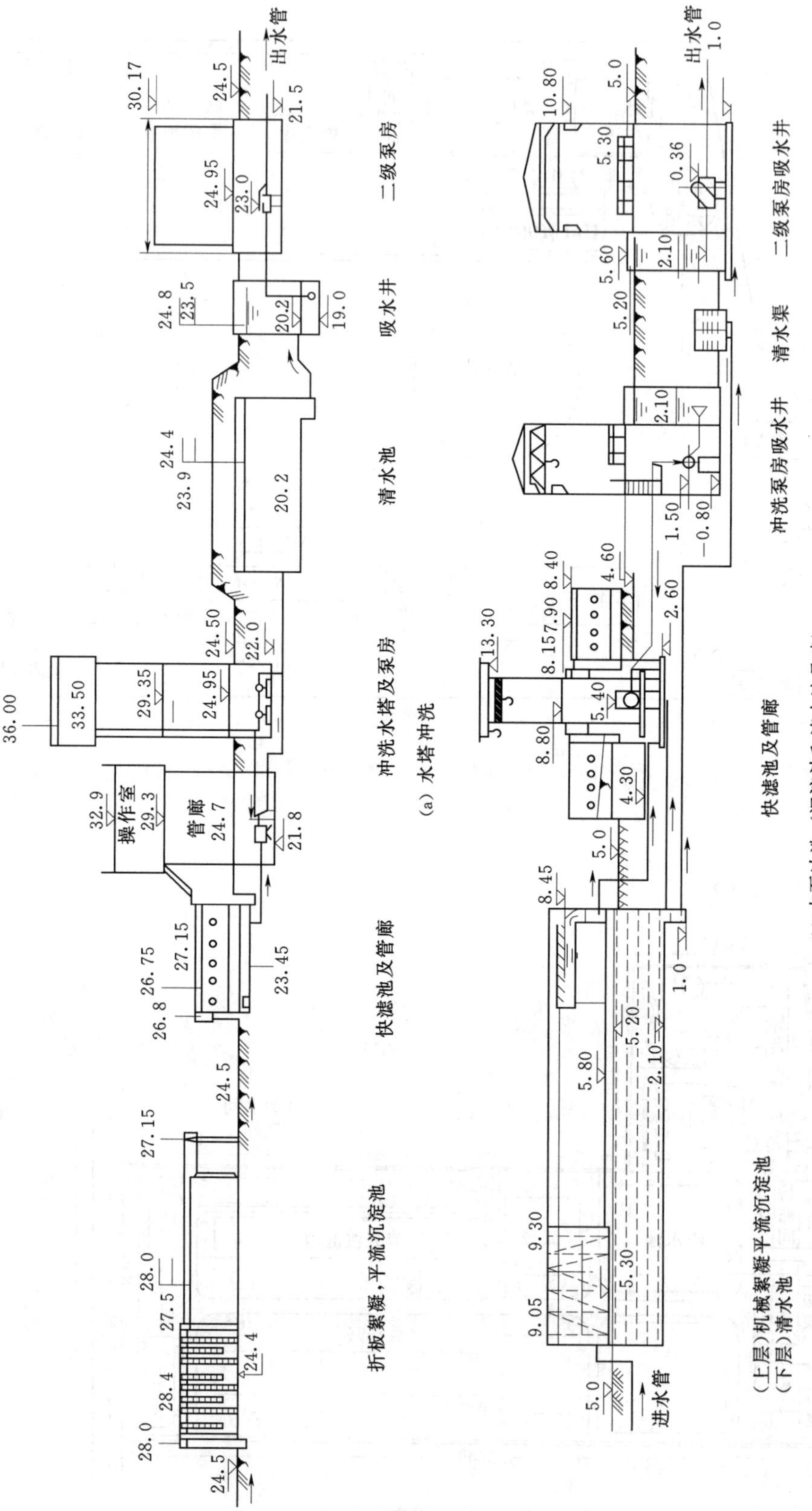

(a) 水塔冲洗

(b) 水泵冲洗（沉淀池和清水池叠建）

图 1.57　水厂高程布置示意

表 1.21　　处理构筑物中的水头损失

构筑物名称	水头损失/m	构筑物名称	水头损失/m
进水井格网	0.2～0.3	无阀滤池、虹吸滤池	1.5～2.0
絮凝池	0.4～0.5	移动罩滤池	1.2～1.8
沉淀池	0.2～0.3	直接过滤滤池	2.0～2.5
澄清池	0.6～0.8	压力滤池	5～6
普通快滤池	2.0～2.5	—	—

计量设备的水头损失。关于文氏管流量计、孔板式流量计、流量记录仪表等计量设备水头损失的计算公式及图表，可参见《给水排水设计手册》。一般水厂进、出水管上计量仪表中的水头损失可按 0.2m 计算，流量指示器中的水头损失可按 0.1～0.2m 计算。

2. 高程布置时应注意的问题

当各项水头损失确定后，就可以进行构筑物的高程布置。进行高程布置，要注意处理好下列问题：①原水只需经过一次提升就应靠重力通过各净化构筑物，而中间不应再次加压提升；②沉淀池（澄清池）的排泥和放空，滤池冲洗水的排除均应靠重力进行；③应使水厂土方的填挖量趋于平衡。

所以构筑物高程布置与厂区的地形、地质条件及所采用的构筑物型式有密切关系。当地形有自然坡度时，就有利于高程布置、当地形比较平坦时，既要避免清水池埋入地下过深，又应避免反应池、沉淀池在地面上架得过高，这样就会导致构筑物造价的增加，尤其是地质条件较差、地下水位较高时。例如当采用普通快滤池时，其出水管在底部，故主要考虑清水池的地下埋深。当采用无阀滤池时，其出水管在上面，故应考虑前处理构筑物是否会在地面上架高。另外，高程设计时最后应定出每个构筑物的绝对标高。

思考题与习题

1. 什么是混凝？影响混凝效果的主要因素有哪些？
2. 什么是混凝剂？混凝剂的基本要求是什么？
3. 什么是絮凝剂？常用絮凝剂有哪几种？
4. 什么是助凝剂？其在水处理过程中有何作用？
5. 混凝剂投加方式有哪几种？各有何特点及适用条件？
6. 目前水厂中常用的混合方式有几种？各有何优缺点？
7. 絮凝反应过程的基本要求是什么？为什么？
8. 常用絮凝池有哪几种？各有何优缺点及适用条件？
9. 试述沉淀的四种类型。理想沉淀池的三个假定是什么？
10. 斜板（管）沉淀池理论依据是什么？由哪几部分组成？其按泥水流动方向分为哪几种形式？
11. 试比较各类沉淀池的优缺点及适用条件。
12. 沉沙池的作用是什么？常用的沉沙池有哪几种？

13. 什么是澄清池？其工作原理和主要特点各是什么？

14. 隔板絮凝池设计流量为 $75000m^3/d$，有效容积为 $1100m^3$，总水头损失为 0.26m。试求絮凝池总的平均速度梯度 G 值和 GT 值。

15. 平流沉淀池设计流量为 $752m^3/h$，要求沉速不小于 0.4mm/s 的颗粒全部去除。按理想沉淀池条件，试求：(1) 所需沉淀池的面积；(2) 沉速为 0.1mm/s 的颗粒去除率。

16. 已知初沉池的污水设计流量为 $1200m^3/h$，悬浮固体浓度为 200mg/L。设沉淀效率为 55%，根据性能曲线查得 $u_0=2.8m/h$。若采用竖流式沉淀池，求池数及沉淀区的有效尺寸。设污泥的含水率为 98%，确定污泥斗的有效容积为多少？

17. 消毒的目的是什么？

18. 目前水的消毒方法有哪几种？简要评述各种消毒方法的特点及适用情况。

19. 叙述氯消毒的原理。氨对氯消毒有何影响？pH 值对消毒效果有何影响？

20. 什么是折点加氯？折点加氯有何利弊？

21. 什么是余氯？余氯有哪几种？余氯的作用是什么？

22. 工程设计一般分几个阶段？每个阶段的主要任务是什么？

23. 城镇地表水净水处理厂规划设计时需要哪些基础资料？对确定设计方案有何影响？

24. 城镇地表水处理厂厂址的选定应考虑哪些因素？

25. 城镇地表水处理厂平面布置的原则有哪些？

26. 城镇地表水处理厂高程布置的原则有哪些？其高程布置与平面布置有何关系？

学习项目 2　地下水水源净水处理

学习目标：学生通过本学习项目的学习，能够掌握地下水源净水处理流程的选择与各个处理构筑物的选择与设计，理解给水水质标准（国标对各种水质指标的规定），理解地下水源处理厂的位置选择与工艺流程的布置。

项目描述：以某城镇地下水处理工艺流程的选择与设计为项目载体，介绍地下水处理的基本方法和工作流程。

我国分布着较广的含铁和含锰地下水。铁和锰可共存于地下水中，但含铁量往往高于含锰量。含铁量一般小于 5～10mg/L，含锰量约为 0.5～2.0mg/L。

水中的铁以＋2 价或＋3 价氧化态存在；锰以＋2 价、＋3 价、＋4 价、＋6 价或＋7 价氧化态存在，其中＋2 价和＋4 价锰不太稳定，但＋4 价锰的溶解度低，所以以溶解度高的＋2 价锰为处理对象。地表水中含有溶解氧，铁锰主要以不溶解的 $Fe(OH)_3$ 和 MnO_2 状态存在，所以铁锰含量不高。地下水或湖泊和蓄水库的深层水中，由于缺少溶解氧，以致＋3 价铁和＋4 价锰还原成为溶解的＋2 价铁和＋2 价锰，因而铁锰含量较高，需加以处理。

水中含铁量较高会使水具有铁腥味，影响水的口味；作为造纸、纺织、印染、化工和皮革精制等生产用水，会降低产品质量；水中含铁量较高时会使家庭用具如瓷盆和浴缸发生锈斑，洗涤衣物会出现黄色或棕黄色斑渍；铁质沉淀物 Fe_2O_3 会助长铁细菌的繁殖，阻塞给水管道，有时会使得水质变黄或变红。

含锰量高的水所引发的问题和含铁量高的情况相类似，例如使水有色、臭、味，损害纺织、造纸、酿造、食品等工业产品的质量，家用器具会被污染成棕色或黑色，洗涤衣物会有微黑色或浅灰色斑渍等。

我国饮用水水质标准规定，铁、锰浓度分别不得超过 0.3mg/L 和 0.1mg/L，这主要是为了防止水的臭味沾污生活用具，并没有毒理学的意义。超过标准的原水须经除铁除锰处理。

我国地下水含氟地区的分布范围较广，因长期饮用含氟量高的水可引起慢性氟中毒，特别是对牙齿和骨骼产生严重危害，轻者患氟斑牙，表现为牙釉质损坏、牙齿过早脱落等，重者则骨关节疼痛，甚至骨骼变形，出现腰驼背等，完全丧失了劳动能力，所以高氟水的危害是严重的。我国饮用水标准中规定氟的含量不得超过 1mg/L。

学习情境 2.1　地 下 水 除 铁

2.1.1　地下水除铁原理

本情景所介绍的除铁对象是溶解状态的铁，主要包括：

(1) 以 Fe^{2+} 或水合离子形式 $FeOH^{+}$～$Fe(OH)_3^{-}$ 存在的二价铁。水的总碱度高时，Fe^{2+} 主要以重碳酸盐的形式存在。

(2) Fe^{3+} 或 Fe^{3+} 形成的络合物。铁可以和硅酸盐、硫酸盐、腐殖酸、富里酸等相络合而成无机或有机络合铁。

在设计除铁工艺之前，除了总铁含量需测定外，还需知道铁的存在形式，因此需在现场采取代表性水样进行详细的分析。地下水中如有铁的络合物会增加除铁的困难。一般当水中的含铁总量超过按 pH 值和碱度的理论溶解度值时，可认为有铁的络合物存在。

地下水除铁锰是氧化还原反应过程。采用锰砂或锈砂（石英砂表面覆盖铁质氧化物）除铁锰，实际上是一种催化氧化过程。去除地下水中的铁锰，一般都利用同一原理，即将溶解状态的铁锰氧化成为不溶解的 Fe^{3+} 或 Mn^{4+} 化合物，再经过滤即达到去除的目的。铁和锰的化学反应因环境因素的影响变化很大，以下先讨论铁的化学平衡和氧化。

水中铁的氧化速率受到多种因素如氧化还原电位 E_H、pH 值、重碳酸盐、硫酸盐和溶解硅酸等的影响，以致铁的化学反应比较复杂。例如，一般假定铁氧化后成为 $Fe(OH)_3$ 沉淀，但如水的碳酸盐碱度大于 250mg/L（$CaCO_3$ 计）时，可能生成碳酸亚铁 $FeCO_3$ 沉淀而不是 $Fe(OH)_3$ 沉淀。此外，有机络合剂可使铁的反应更加复杂，各种腐殖质可以与铁络合成为有机铁，使氧化过程非常缓慢，此时如用曝气氧化法，由于氧化时间太短，不能将络合物破坏，因此几乎很少有除铁效果。

为去除地下水中的铁，一般用氧化方法，将水中的 Fe^{2+} 氧化成 Fe^{3+} 而从水中沉淀出来。氧化剂有氧、氯和高锰酸钾，因为利用空气中的氧既方便又经济，所以生产上应用最广。氧化时反应如下：

$$4Fe^{2+} + O_2 + 10H_2O = 4Fe(OH)_3 + 8H^{+}$$

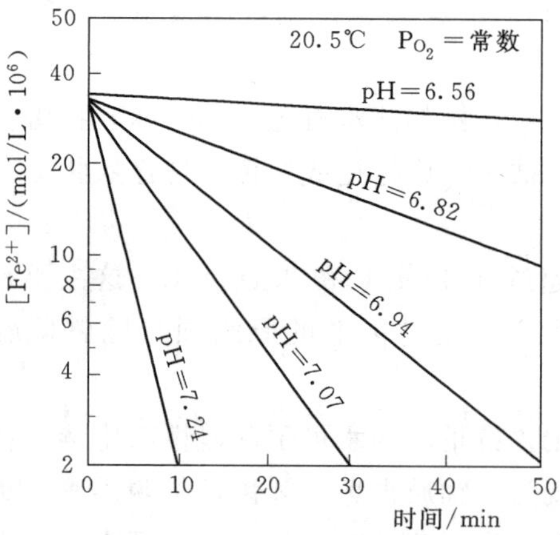

图 2.1　二价铁氧化速率和 pH 值的关系

根据化学计量关系，每氧化 1mg/L 的二价铁，需氧 $2\times16/(4\times55.8)=0.14$mg/L，同时产生 $1\times8/(4\times55.8)=0.036$mg/L 的 H^{+}。但是每产生 1mol/L 的 H^{+} 会减小 1mol/L 的碱度，所以每氧化 1mg/L 的二价铁会降低 1.8mg/L 以 $CaCO_3$ 计的碱度。如水的碱度不足，则在氧化反应过程中，H^{+} 浓度增加、pH 值降低，以致氧化速率受到影响而变慢。图 2.1 所示二价铁氧化速率和 pH 值的关系，在半对数纸上为直线，当 pH 值在 7.0 以上时，氧化速率较快。

尽管二价铁的氧化速率比较缓慢，难以在并不太长的水处理过程中完成氧化作用，但如存在催化剂时，可因催化作用而加速氧化，例如含铁水曝气后在滤池中过滤时，在滤料颗粒表面上会逐渐生成深褐色的氢氧化铁覆盖膜，由于它的催化氧化作用可加速完成二价铁的氧化。

利用空气中的氧使二价铁氧化时，曝气的作用是向水中充 O_2 和散除少量水中 CO_2 以提高 pH 值。O_2 和 CO_2 是略溶于水的气体，溶解度的大小和它在液面上的分压成正比，并随水温的升高而降低。在标准大气压下，空气中 O_2 的分压约为 21.3kPa，CO_2 的分压为 0.03～0.1kPa，其在水中的溶解度见表 2.1。

表 2.1　　O_2 和 CO_2 在水中的溶解度　　单位：L/L，0.1MPa

水温/℃	0	5	10	15	20	25	30
O_2	0.049	0.043	0.038	0.034	0.031	0.028	0.026
CO_2	1.713	1.424	1.194	1.019	0.878	0.759	0.665

空气中，O_2 的体积约占 20.93%，CO_2 占 0.03%，而地下水中则不含溶解氧，可是 CO_2 浓度却比空气中为高。因此，当含铁地下水曝气时，空气中的 O_2 必然溶解到水中，水中的 CO_2 则逸出到大气中，以保持平衡状态。

为提高曝气效果，可将空气以气泡形式分散于水中，或将水流分散成水滴或水膜状于空气中，以增加水和空气的接触面积和延长曝气时间，提高曝气效果。

在曝气溶氧过程中，所需的溶解氧量，理论上可按 1mg/L Fe^{2+} 需要 0.14mg/L O_2 计算，但是增加氧的浓度可以加快二价铁的氧化，再加以水中的其他杂质也会消耗氧，所以实际需要的溶解氧量应比理论值高，通常采用理论值的 3～5 倍。一般 1m^3 水每去除 1mg/L Fe^{2+} 所需的空气量为 1L。

2.1.2　地下水除铁工艺

地下水除铁曝气装置有多种形式，如跌水、喷淋、射流曝气、板条式或焦炭曝气塔等，可根据原水水质和曝气要求选定。

1. 射流曝气

射流曝气是应用水射器利用高压水吸入空气，高压水一般为压力滤池的出水回流，经过水射器将空气带入深井泵吸水管中，如图 2.2 所示。这种形式构造简单，适用于小型设备、原水铁锰含量较低且无需去除 CO_2 以提高 pH 值时。

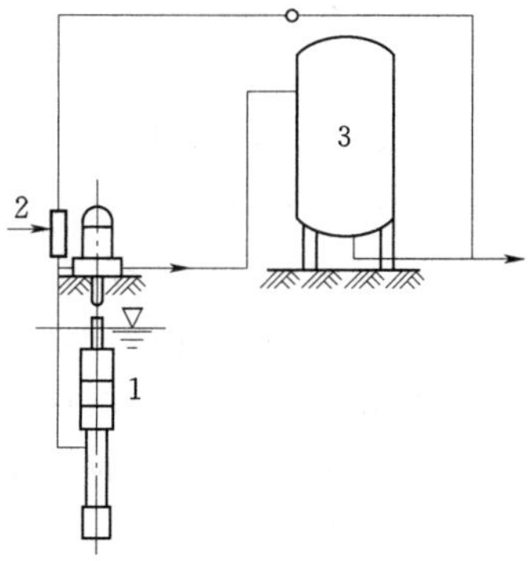

图 2.2　射流曝气除铁

1—深井泵；2—水射器；3—除铁滤池

2. 曝气塔

曝气塔是一种重力式曝气装置，如图 2.3 所示，适用于含铁量不高于 10mg/L 的地下水处理。曝气塔中填以多层板条或者是 1～3 层厚度为 0.3～0.4m 的焦炭或矿渣填料层，填料层的上下净距在 0.6m 以上，以便空气流通。含铁锰的水从位于塔顶部的穿孔管喷淋而下，成为水滴或水膜通过填料层，由于空气和水的接触时间长，所以效果好。焦炭或矿渣填料常因铁质沉淀堵塞而需更换，因此在含铁量较高时，以采用板条式较佳。曝气塔的水力负荷为 5～15m^3/(h·m^2)。

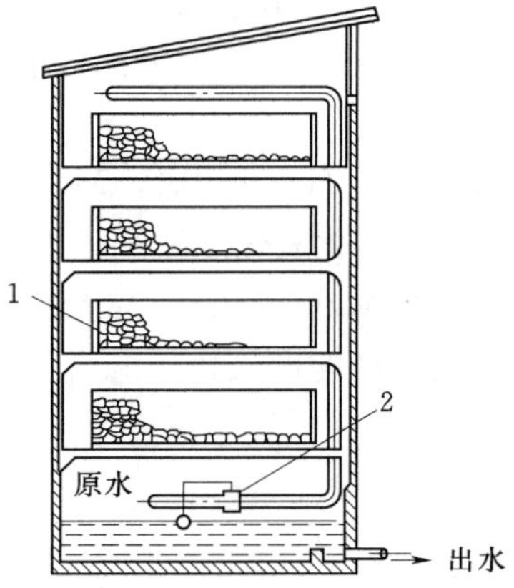

图 2.3　曝气塔除铁

1—焦炭层（30～40cm）；2—浮球阀

地下水除铁的工艺流程应按原水水质、处理后水质要求决定，国内采用较多的工艺流程是：

原水⟶曝气⟶催化氧化过滤

当地下水的铁锰含量高，或含硅酸盐、或含有机铁锰时，应通过试验确定除铁的工艺流程。

曝气后产生的三价铁沉淀，可以采用重力式或压力式多种形式的快滤池去除。滤料可以采用石英砂或锰砂等，石英砂的粒径范围为0.5～1.2mm，锰砂为0.6～2.0mm；重力式滤池滤层厚度为700～1000mm，压力式滤池滤层厚度为1000～1500mm。

滤池刚使用时，一般不能使出水含铁量达到饮用水水质标准，直到滤料表面覆盖有棕黄色或黄褐色的铁质氧化物时，除铁效果才能显示出来，这是由于滤料表面上已形成氢氧化物膜，由于它的催化氧化作用，在不长的处理时间内即将水的含铁量降到饮用水标准。不论是石英砂或锰砂为滤料，都会有这种过程，所需的时间称为成熟期。根据原水水质，石英砂滤料的成熟期可从数周到1月以上，不过锰砂滤料的成熟期稍短，但成熟后的滤料层都会有稳定的成熟效果。

除铁滤池的滤速一般为5～10m/h。国外学者通过长期的试验研究并总结了实践经验，得出二价铁过滤的关系式如下：

$$v=0.8\left[(3.0\text{pH}-18.6)\frac{t^{0.8}}{\text{Fe}_0^{0.1}\ln(\text{Fe}_0/\text{Fe}_L)}\frac{L}{d}\right] \quad (2.1)$$

式中：v为除铁滤池滤速，m/h；Fe_0为滤池进水含铁量，mg/L；Fe_L为滤池出水含铁量，mg/L；L为滤层厚度，m；d为滤料有效粒径，mm；t为水温，℃。

上式适用的条件是：滤速$v\leqslant 30$m/h；进水含铁量$Fe_0=0.5\sim12.0$mg/L；进水pH=6.8～7.3；水温$t=6\sim18$℃；$Fe_0\leqslant 4$mg/L时，过滤水中含氧量不小于5mg/L；4mg/L$<Fe_0\leqslant 6$mg/L时，过滤水中含氧量不小于7mg/L；6mg/L$<Fe_0\leqslant 10$mg/L时，过滤水中含氧量≥8mg/L；滤料为石英砂，厚度$L=1.0\sim3.0$m；滤前水暂时硬度≥120mg/LCaO。

从式（2.1）可以看出，滤速v、pH值、原水含铁量、水温、滤层厚度和滤料粒径之间的关系。因为过滤过程中，催化氧化作用一旦形成即恒定不变，所以未考虑过滤周期。不过，氢氧化铁沉积在滤层中后，过滤阻力增大，当滤料粒径愈小、进水pH值和含铁量愈高，则周期就愈短，这时应采用较小的滤速。

学习情境2.2　地 下 水 除 锰

2.2.1　地下水除锰原理

铁和锰的化学性质相近，通常共存于地下水中，但铁的氧化还原电位较锰低，容易被氧气氧化，相同pH值时二价铁比二价锰的氧化速率快，以致影响二价锰的氧化，因此地下水除锰比除铁难。

地下水中Mn^{2+}被氧气氧化时的动力学和铁的氧化不同，而且在pH<9.5时，Mn^{2+}的氧化速率很慢。而且经过试验结果表明，Mn^{2+}的氧化和去除是自动催化氧化过程。

除锰时的自动催化氧化性质表现在：在反应过程中缓慢生成MnO_2沉淀，然后水中Mn^{2+}很快吸附于MnO_2成为$Mn^{2+}MnO_2$，此后吸附的Mn^{2+}以缓慢的速度氧化。

2.2.2　地下水除锰工艺

除锰时所采用的工艺流程为：

原水⟶曝气⟶催化氧化过滤

上述工艺适用于含铁量<2.0mg/L、含锰量<1.5mg/L时的地下水处理。

曝气装置和除铁时相同，根据锰氧化时的反应：

$$2Mn^{2+}+O_2+2H_2O=\!=\!=2MnO_2+4H^+$$

从化学计量关系，每氧化 1mg/L Mn^{2+} 需氧(2×16)/(2×54.9)=0.29mg/L，同时产生 0.036mg/L 的 H^+。实际上所需氧量较理论值为高。

过滤可以采用各种形式滤池：在同一滤层中，铁主要截留在上层滤料内。当地下水中铁锰含量不高时，可在同一滤层的上层除铁、下层除锰，不致因锰的泄漏而影响水质。但如含铁、锰量大，则除铁层的范围增大，剩余的滤层不能截留水中的锰，因而部分泄漏，滤后水不符合水质标准。显然，原水含铁量越高，锰的泄漏时间将越早，因此缩短了过滤周期，所以铁对除锰的干扰是除铁除锰时须注意的问题。这时为了防止锰的泄漏。可在流程中建造两个滤池。前面是除铁滤池，后面是除锰滤池。在压力滤池中也可将滤层做成两层，上层用以除铁，下层用以除锰，如图 2.4 所示。

除锰滤池的滤料可用石英砂或锰砂，滤料粒径、滤层厚度和除铁时相同。滤速为 5～8m/h，石英砂滤料的冲洗强度为 12～14L/(s·m^2)，膨胀率为 28%～35%，冲洗时间 5～15min。

除锰滤池成熟后，滤料上有催化活性的滤膜，外观为黑褐色，据仪器分析，它的成分是高价铁锰混合氧化物，以铁锰为主，可优先吸附 Mn^{2+}、Fe^{2+}、Ca^{2+} 等并进行催化氧化反应而沉积在滤料上，使活性滤膜不断增长。它是使 Mn^{2+} 较快地形成高锰氧化物的催化剂，并且是在除铁除锰很短的曝气、过滤过程中，能够氧化和去除 Mn^{2+} 的原因。

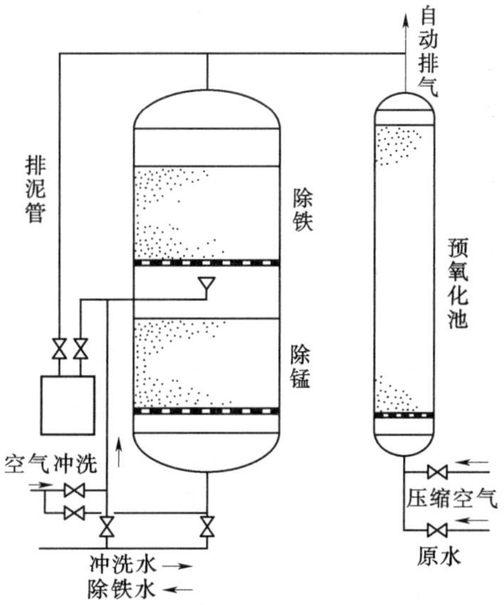

图 2.4 除铁除锰双层滤池

除锰过程中，除了溶解氧将水中 Mn^{2+} 氧化成 MnO_2，再加某些催化剂参与反应外，也不能忽视铁细菌的作用。微生物的生化反应速率远大于溶解氧氧化 Mn^{2+} 的速度，随着滤料的成熟，可观测到滤料上或滤料孔隙之间有铁细菌群体，数量约为（10～20）×10^4/mL，对于长成活性滤膜有促进作用。

学习情境 2.3 地 下 水 除 氟

吸附过滤法是我国饮用水除氟应用最多的方法，作为滤料的吸附剂主要是活性氧化铝，其次是骨炭，是由兽骨燃烧去掉有机质的产品，主要成分是磷酸三钙和炭，因此骨炭过滤称为磷酸三钙吸附过滤法。两种方法都是利用吸附剂的吸附和离子交换作用，是除氟的比较经济有效方法。其他还有混凝、电渗析等除氟方法，但应用相对较少。

2.3.1 活性氧化铝法

活性氧化铝是白色颗粒状多孔吸附剂，有较大的比表面积。活性氧化铝是两性物质，等电点约在 9.5，当水的 pH 值小于 9.5 时可吸附阴离子，大于 9.5 时可去除阳离子，因此，在酸性溶液中活性氧化铝为阴离子交换剂，对氟有较大的选择性。

活性氧化铝使用前可用硫酸铝溶液活化，使转化成为硫酸盐型，反应如下：

$$(Al_2O_3)_n \cdot 2H_2O + SO_4^{2-} = (Al_2O_3)_n \cdot H_2SO_4 + 2OH^-$$

除氟时的反应为：

$$(Al_2O_3)_n \cdot H_2SO_4 + 2F^- = (Al_2O_3)_n \cdot 2HF + SO_4^{2-}$$

活性氧化铝失去除氟能力后，可用1%～2%浓度的硫酸铝溶液再生：

$$(Al_2O_3)_n \cdot 2HF + SO_4^{2-} = (Al_2O_3)_n \cdot H_2SO_4 + 2F^-$$

活性氧化铝除氟有下列特性：

(1) pH值影响。原水含氟量为 $C_O=20mg/L$，取不同pH值的水样进行试验的结果如图2.5所示，可以看出，在pH=5～8范围内时，除氟效果较好；而在pH=5.5时，吸附量最大。因此如将原水的pH值调节到5.5左右，可以增加活性氧化铝的吸氟效率。

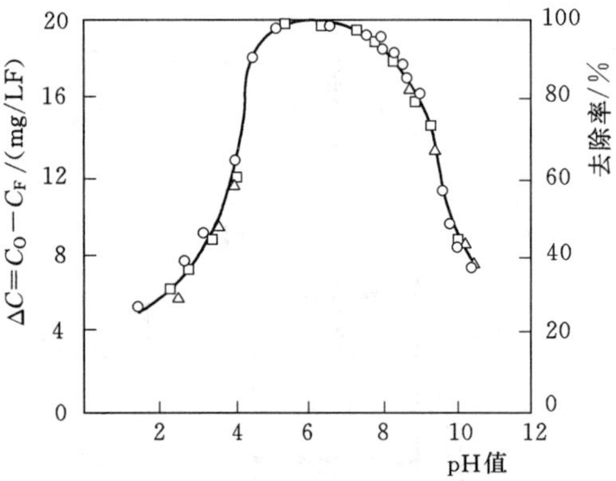

图2.5　不同含氟量水的pH值与除氟效果的关系

(2) 吸氟容量。吸氟容量是指每1g活性氧化铝所能吸附氟的重量，一般为1.2～4.5mgF$^-$/gAl_2O_3。它取决于原水的氟浓度、pH值、活性氧化铝的颗粒大小等。在原水含氟量为10mg/L和20mg/L的平行对比试验中，如保持出水F^-在1mg/L以下时，所能处理的水量大致相同，说明原水含氟量增加时，吸氟容量可相应增大。进水pH值可影响F^-泄漏前可以处理的水量，pH=5.5似为最佳值。颗粒大小和吸氟容量呈线性关系，颗粒小则吸氟容量大，但小颗粒会在反冲洗时流失。并且容易被再生剂NaOH溶解。国内常用的粒径是1～3mm，但已有粒径为0.5～1.5mm的产品。

由上可见，加酸或加CO_2调节原水的pH值到5.5～6.5之间，并采用小粒径活性氧化铝，是提高除氟效果和降低制水成本的根本途径。

活性氧化铝除氟工艺可分成原水调节pH值和不调节pH值两类，调节pH值时为减少酸的消耗和降低成本，我国多将pH值控制在6.5～7.0之间，除氟装置的接触时间应在15min以上。

除氟装置有固定床和流动床。固定床的水流一般为升流式，滤层厚度1.1～1.5m，滤速为3～6m/h。移动床滤层厚度为1.8～2.4m，滤速10～12m/h。

活性氧化铝柱失效后，出水含氟量超过标准时，运行周期即告结束须进行再生。再生时，活性氧化铝柱首先反冲洗10～15min，膨胀率为30%～50%，以去除滤层中的悬浮物。再生液浓度和用量应通过试验，一般采用$A1_2(SO_4)_2$再生时为1%～2%，采用NaOH时为1.0%。再生后用除氟水反冲洗8～10min。再生时间约1.0～1.5h。采用NaOH溶液时，再生后的滤层呈碱性，需再转变为酸性，以便去除F^-离子和其他阴离子。这时可在再生结束重新进水时，将原水的pH值调节到2.0～2.5并以平时的滤速流过滤层，连续测定出水的pH值，当pH值降低到预定值时，出水即可送入管网系统中应用。然后恢复原来的方式运行。和离子交换法一样，再生废液的处理是一个麻烦的问题，再生废液处理费用往往占运行维护费用很大的比例。

2.3.2 骨炭法

骨炭法或称磷酸三钙法，是仅次于活性氧化铝的除氟方法，在我国应用较广泛。骨炭主要成分是羟基磷酸钙，其分子式可以是 $Ca_2(PO_4)_2 \cdot CaCO_3$，也可是 $Ca_{10}(PO_4)_6(OH)_2$，交换反应如下：

$$Ca_{10}(PO_4)_6(OH)_2 + 2F^- \rightleftharpoons Ca_{10}(PO_4)_6F_2 + 2OH^-$$

当水的含氟量高时，反应向右进行，氟被骨炭吸收而去除。

骨炭再生一般用 1%NaOH 溶液浸泡，然后再用 0.5%的硫酸溶液中和。再生时水中的 OH^- 浓度升高，反应向左进行，使滤层得到再生又成为羟基磷酸钙。

骨炭法除氟较活性氧化铝法的接触时间短，只需 5min，且价格比较便宜，但是机械强度较差，吸附性能衰减较快。

2.3.3 其他除氟方法

混凝法除氟是利用铝盐的混凝作用，适用于原水含氟量较低并须同时去除浊度时。由于投加的硫酸铝量太大会影响水质，处理后水中含有大量溶解铝引起人们对健康的担心，因此应用越来越少。电凝聚法除氟的原理和铝盐混凝法相同，应用也少。

电渗析除氟法可同时除盐，适宜于苦咸高氟水地区的饮用水除氟，尽管在价格上和技术上仍然存在一些问题，预计其应用有增长的趋势。

思考题与习题

1. 水中含铁、锰、高氟等会有什么危害？
2. 为了加快铁的氧化速率，可以采取什么措施并说明理由。
3. 地下水除铁时常用什么工艺？为什么地下水除锰比除铁困难？
4. 何种水质条件下使曝气除铁法增加困难，可用什么措施解决？
5. 除铁、除锰滤料的成熟期是指什么？任何滤料是否需到成熟期后才出现催化氧化作用？
6. 除铁滤池的滤速受到哪些因素的影响？
7. 目前应用最广的除氟方法是什么？原理如何？
8. 如原水含 10mg/L Fe^{2+} 和 2mg/L Mn^{2+}，求曝气法氧化铁锰时所需的理论空气用量。

$$4Fe^{2+} + O_2 + 10H_2O \rightleftharpoons 4Fe(OH)_3 + 8H^+$$

$$2Mn^{2+} + O_2 + 2H_2O \rightleftharpoons 2MnO_2 + 4H^+$$

学习项目3 城镇污水处理

学习目标：学生通过本学习项目的学习，能够掌握城镇污水的处理方法与处理技术，掌握城镇污水处理流程的选择与各种污水处理构筑物的选择与设计，理解城镇污水综合排放标准和污水处理厂（站）的位置选择与工艺流程的布置。

项目描述：以某城镇污水处理为项目载体，重点介绍城镇污水处理的基本方法、处理技术和工作流程，简要介绍城镇污水排放标准、微生物在污水处理中的作用。并利用给排水专业的实验实训条件进行模拟实训和现场操作。

学习情境3.1 城镇污水综合排放标准

3.1.1 城镇污水的来源及成分

城镇污水指城镇居民生活污水和机关、学校、医院、商业服务机构及各种公共设施排水，以及允许排入城镇污水收集系统的工业废水和初期降雨等。

城镇污水的成分取决于污水的来源，来自建筑卫生设备和来自工业企业生产设备的废水的成分显然是不同的。

生活污水是居民在日常生活中所用过并为生活废料所污染的水，其包括厨房洗涤、衣物洗涤、沐浴、洗脸等废水及冲洗便厕的污水等。这种水的成分与居民的生活状况及生活习惯有关。

工业废水是在工矿企业生产过程中所形成和排放的水，其成分与生产的性质和工艺有关。工业废水一般分为生产污水和生产废水，生产污水是在生产过程中所形成，被有机或无机性的生产废料所污染，包括温度过高能够造成热污染的工业废水；生产废水也是在生产过程中形成，但未直接参与生产工艺，在生产中一般起辅助性的作用，未被污染物所污染或污染很轻，有的只是水温稍有上升。

3.1.2 废水的水质指标

表示废水水质污染情况的重要指标有有毒物质、有机物质、悬浮物、pH值、颜色、温度等；其中悬浮物、pH值、颜色、温度等也是给水的重要水质指标。

1. *有毒和有用物质*

生活污水一般不含有毒物质，但含有大量有机污染物和相当数量的氮（N）、磷（P）、钾（K）等肥料物质。

生产污水所含的某些污染物质往往对人体和生物有毒害作用。这种污染物质最为人们所关注。根据毒性发作的情况，此污染物可分为两类：一类是毒性作用快，易被人们所注意；另一类则是通过食物在人体内逐渐富集，在达到一定浓度后才显示出症状，不易被人们所发现。属于这一类的污染物质主要有非重金属类的氰化物（CN）、砷化物（As）和重金属类的汞（Hg）、镉（Cd）、铬（Cr）、铅（Pb）等国际上公认的六大毒性物质。但是，这些有毒物质往往又都是有用的工业原料，应当加以回收利用。

2. 有机物

有机物进入水体后，将在微生物的作用下进行氧化分解，使水中的溶解氧（DO）逐渐减少。当水中有机物较多，氧化作用进行得过快，而水体不能及时从空气中吸收足够的氧来补充消耗的氧时，水中的氧就可能降得很低。如果水中的 DO 低于 3～4mg/L，这时就会影响鱼类的生活。DO 耗尽后，有机物甚至开始腐化，发出臭气，影响环境卫生。但是，有机物又是很多微生物（包括病原细菌）生长繁殖的良好食料。有毒有机物更将直接危害人体健康和动植物的生长。因此，废水中有机物的浓度也是一个重要的水质指标。

由于有机物的组成比较复杂，现有的分析技术难以对其一一地进行定量测定，又由于这种污染物的污染特征主要是消耗水中的 DO，所以在工程中一般采用氧当量形式表示水中耗氧有机物含量的指标，如：生化需氧量（BOD）、化学需氧量（COD）、总需氧量（TOD）、总有机碳（TOC）等。

(1) 生化需氧量（BOD）。生化需氧量（BOD）表示在水温为 20℃的条件下，由于微生物（主要是细菌）的生活活动，将有机物氧化成无机物所消耗的溶解氧量。图 3.1 为可生物降解有机物的降解及微生物合成体细胞的氧化合成过程示意图。

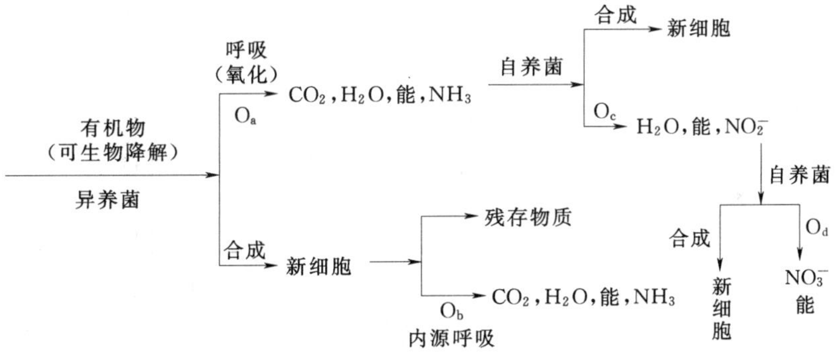

图 3.1　可生物降解有机物降解过程示意图

从图 3.1 可知，在有氧的条件下，可生物降解的有机物的降解分为两个阶段：

第一阶段是碳氧化阶段，即在异氧菌的作用下，含碳有机物被氧化（或称碳化）为 CO_2、H_2O，含氮有机物被氧化（或称氨化）为 NH_3，所消耗的氧以 O_a 表示。与此同时，微生物合成体细胞。

第二阶段是硝化阶段，即在自养菌（亚硝化菌）的作用下，NH_3 被氧化成 NO_2^- 和 H_2O，所消耗的氧量用 O_c 表示，再在自养菌（硝化菌）的作用下，NO_2^- 被氧化成 NO_3^-，所消耗的氧量用 O_d 表示。与此同时，微生物合成体细胞。

上述两个阶段，都释放出供微生物生命活动所需要的能量。合成的体细胞在生命活动中，进行着自身氧化的过程，产生 CO_2、H_2O 与 NH_3 并释放能量（又称内源呼吸），所消耗的氧量以 O_b 表示。

耗氧量（O_a+O_b）表示第一阶段生化需氧量（或称总碳氧化需氧量、总生化需氧量、完全生化需氧量），用 BOD_u 表示。耗氧量（O_c+O_d）表示第二阶段生化需氧量（或称氮氧

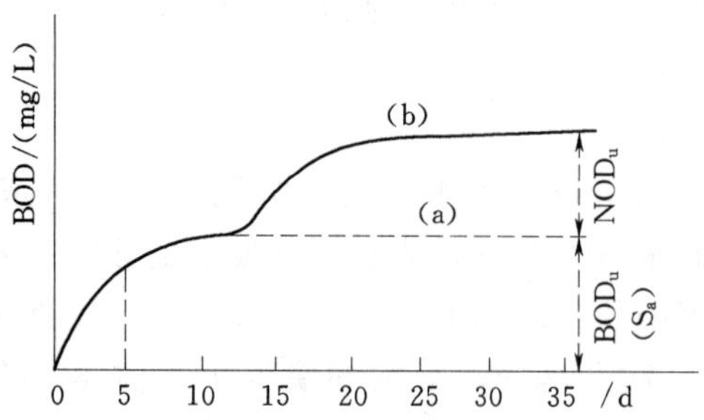

图 3.2 两阶段生化需氧量曲线

化需氧量、硝化需氧量)，用 NOD_u 或硝化 BOD 表示。

上述两阶段氧化过程，也可用曲线图表示(图 3.2)：在直角坐标纸上，以横坐标表示时间(d)，纵坐标表示生化需氧量 BOD (mg/L)，曲线 (a) 表示第一阶段生化需氧量曲线，曲线 (b) 表示第二阶段生化需氧量。

由于有机物的生化过程延续时间很长，在20℃水温下，完成两阶段约需 100d 以上。从图 3.2 可见，5d 的生化需氧量约占总生化需氧量 BOD_u 的 70%～80%；20d 后的生化反应过程速度趋于平缓，因此常用 20d 的生化需氧量 BOD_{20} 作为总生化需氧量 BOD_u。在工程实际中，20d 的测定时间太长，故用 5d 生化需氧量 BOD_5 作为可生物降解有机物的综合浓度指标。由于硝化菌的世代（繁殖周期）较长，一般在碳化阶段开始后的 5～7d，甚至 10d 才能繁殖一定数量的硝化菌，并开始氮氧化阶段。因此，硝化需氧量 NOD_u 对 BOD_5 不会产生影响。

图 3.3 所示为生活污水及部分工业废水的 BOD_5 值，以供参考。

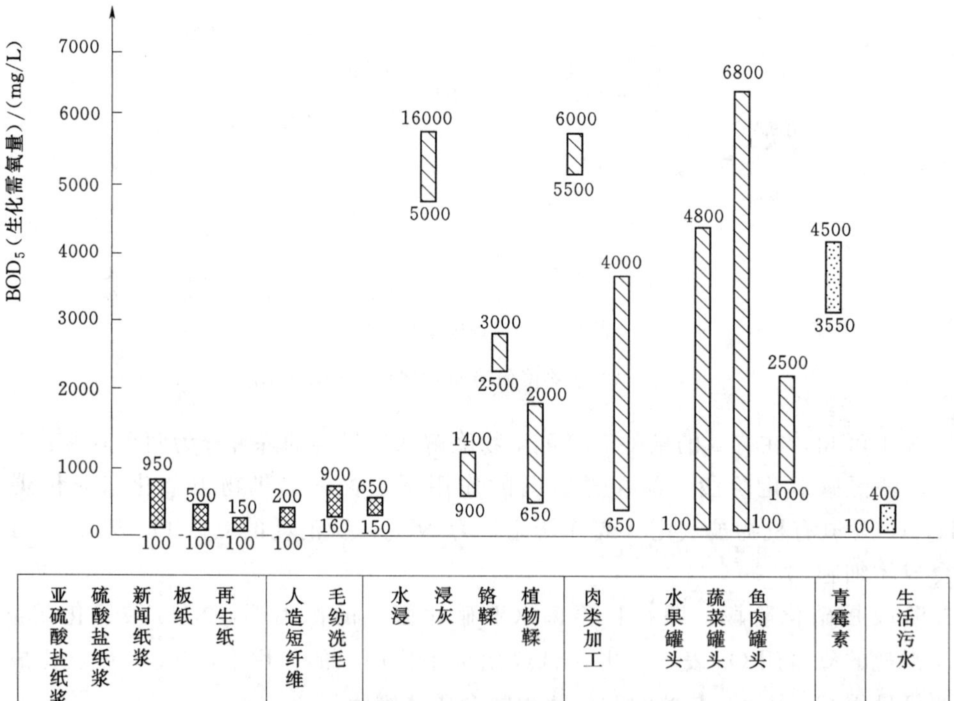

图 3.3 生活污水及不同工业企业的工业废水 BOD_5 值

(2) 化学需氧量（COD）。以 BOD_5 作为有机污染物质的综合指标是适宜的，已为世界各国所通用。但它存在着一定的缺点：①测定时间较长，指导实践不够迅速；②如果污水中难以生物降解的有机物浓度较高，BOD_5 的测定结果误差较大；③某些工业废水如不含微生物生长所需的营养物质或含有抑制微生物生长的有毒有害物质，也会影响测定结果。因此还须使用另一项表示有机污水污染程度的指标——化学需氧量（COD）。

COD 的测定原理是用强氧化剂（我国法定用重铬酸钾），在酸性条件下，将有机物氧化成 CO_2 和 H_2O 所消耗的氧量，即称为化学需氧量，用 COD_{Cr} 表示，一般简写为 COD。因为重铬酸钾的氧化能力很强，可较完全地氧化水中的有机物，如对低直链化合物的氧化率可达 80％～90％。

此外，也可用另一种氧化剂——高锰酸钾，将有机物氧化。但目前在常用的测定条件下，测出的耗氧量数值较低，在我国一般称为耗氧量，以 OC 或 COD_{Mn} 表示。

COD 的优点是能较精确地表示污水中有机物的含量，测定时间短、且不受废水水质的限制。缺点是不能像 BOD 那样反映出微生物氧化有机物、直接从卫生学角度说明被污染的程度；此外，污水中存在的还原性无机物（如硫化物）被氧化也耗氧，所以 COD 值也存在一定的误差。

上述分析可知，COD 的数值大于 BOD_{20}，两者的差值大致等于难生物降解的有机物量。差值越大，难生物降解的有机物含量越多，则越不宜采用生物处理法。一般将 BOD_5 与 COD 的比值 BOD_5/COD 称为可生化性指标，比值越大，越容易被生物处理。一般认为 BOD_5/COD 大于 0.3 的污水，才适宜采用生物处理。

（3）总需氧量（TOD）。有机物主要由碳（C）、氢（H）、氮（N）、硫（S）等元素组成。当有机物被完全氧化时，分别被氧化成 CO_2、H_2O、NO 和 SO_2，此时的需氧量称为总需氧量（TOD）。

TOD 的测定原理和过程是：向氧含量一定的氮气流（作为氧的载气）中注入一定数量的水样，并将其送入以铂钢为触媒的燃烧管中，在 900℃的高温下加以燃烧，水样中的有机物因被燃烧而消耗了载气中的氧，剩余的氧用电极测定之，并用自动记录器进行记录，从载气原有的氧量中减去水样燃烧后剩余的氧量，即为总需氧量。这样测定一个水样只需几分钟。

（4）总有机碳（TOC）。总有机碳 TOC 是目前在国内外常使用的另一个表示有机物浓度的综合指标。TOC 的测定原理是先将一定数量的水样经过酸化，用压缩空气吹脱其中的无机碳酸盐，以排除干扰，然后将水样定量地注入铂钢为触媒的燃烧管中，在氧的含量充分而且一定的气流中，以 900℃的高温加以燃烧，在燃烧过程中产生 CO_2，用红外气体分析仪记录 CO_2 的数量并折算成含碳量即等于 TOC 值。这样测定一个水样仅需几分钟。

水质比较稳定的污水，其 BOD、COD、TOD 和 TOC 之间，有一定的相关关系，数值大小的排序为 TOD＞COD_{Cr}＞BOD_{20}＞BOD_5＞TOC。

难生物降解的有机物不能用 BOD 作指标，只能用 COD、TOD 或 TOC 等作指标。

3. 悬浮物

砂粒、土粒以及矿渣一类颗粒状的污染物质，是无毒害作用的，一般它们与有机性颗粒状的污染物质混在一起统称之为悬浮物或悬浮固体。在污水中悬浮物可能处于三种状态：部分轻于水的悬浮物浮于水面，在水面形成浮渣；部分比重大于水的悬浮物沉于水底，这部分悬浮物称为可沉固体；另一部分悬浮物，由于比重接近于水乃在水中呈真正的悬浮状态。

悬浮固体是通过筛滤法测定的，滤后滤膜或滤纸上截留下来的物质即为悬浮固体，它包括部分的胶体物质。

可沉物质是指能够通过沉淀加以分离的固体物质。主要以有机物形成的可沉物质称为污泥；如主要以无机物形成的可沉物质称为沉渣。

污泥的含水率很高，其比重近于1。可以认为污泥的体积与其中固体物质含量的百分率成反比，如含水率 p_1(%) 的污泥体积为 V_1，则当含水率降到 p_2(%) 时，其体积 V_2 可按式（3.1）求得

$$V_2=\frac{100-p_1}{100-p_2}V_1 \tag{3.1}$$

由于悬浮固体在污水中易被人们看到，而且它还能够使水变得浑浊。因此，悬浮物是属于感官性的指标。

4. 溶解物

一般地说，水中溶解物越多，所含的盐类也越多。溶解物的测定对于处理方法的选择有一定的意义。如：采用离子交换法处理水质时，水中所含盐分特别多，将大大增加离子交换树脂的再生次数，有时甚至使离子交换法不适用。有些生产污水中还含有溶解气体，如 H_2S、CO_2 等。

5. 酸、碱度

酸度和碱度也是污水的重要污染指标。它对保护环境、给水处理等也有很重要的实际意义。污水呈酸性或碱性，一般都用 pH 值表示。

生活污水一般呈中性或弱碱性，而工业废水的酸碱性则是多种多样的，其中不少是呈强酸或强碱性的。

酸、碱虽对人类健康不会造成严重的直接危害，但其达到一定的浓度，如当 pH 值超过 6～9 时，将对人、畜特别是对水生生物也是会造成危害的。此外，酸性污水（pH 值低于 6）对排水管道和污水处理设备有腐蚀作用。

6. 氮、磷

氮、磷等物质对人类不形成直接毒害作用。但是，它们是植物无机性营养物质，是导致湖泊、海湾、水库等缓流水体富营养化的主要物质，因此也受到人们的关注。

在这里应当着重指出的是硝酸盐对人类健康的危害，硝酸盐本身是无毒的，在水中检出硝酸盐即说明有机物已经分解。但是，现在发现硝酸盐在人胃中可能还原为亚硝酸盐，亚硝酸盐与仲胺作用会形成亚硝胺，而亚硝胺是致癌、致变异、致畸胎的所谓三致物质。此外，饮用水中硝酸氮过高还会在婴儿体内产生变性血色蛋白症，因此，国家规定饮用水中硝酸氮含量不得超过 10mg/L。

7. 颜色

色素虽然不一定有毒，但带有颜色的水容易令人生厌，因此也是一个重要的污染指标。遇到有色污水时，首先应查明来源与浓度，并考虑染料的回收；必要时，应考虑利用没有颜色的废水或天然水体加以稀释，或采用化学或生化的方法进行处理。

8. 温度

废水的水温，对废水的物理性质、化学性质、生物性质有直接的影响。所以水温是废水水质的重要指标之一。

根据废水的温度，可以确定在回用或处理之前是否需要冷却或加热。对于冷却塔，水温

的测定也是很重要的。

9. 微生物

生活污水和某些生产废水中含有大量的微生物，其中可能有对人体健康有害的病原微生物。生活污水中可能含有引起肠道传染病的细菌与寄生虫卵；制革厂生产污水中可能含有炭疽菌。这类细菌极难杀灭，应加以适当的处置。

3.1.3 城镇污水的性质

生活污水是浑浊、色深、具有恶臭的液体，一般不含毒物，所含固体物质约占总重量的0.1～0.2；所含有机杂质大约在60%左右，而在其全部悬浮物中有机成分几乎占总量的3/4以上，这些有机杂质主要包括纤维素、油脂、肥皂、蛋白质等及其分解物质；所含无机杂质以泥沙、矿屑及溶解盐类居多。生活污水特别适于各种微生物的繁殖，含有大量的细菌（包括病原菌）和大量的寄生虫卵。另外，生活污水的肥效较高。表3.1所列是我国一些地区生活污水的水质情况。

表3.1　　国内若干地区生活污水水质的分析结果

项　目	北京	西安	上海	武汉
pH值	7～9.2	7.3～7.9	7～7.5	7.1～7.6
悬浮物/(mg/L)	100～600	—	300～350	60～330
氨氮/(mg/L)	—	21.7～32.5	40～50	15～60
20℃ BOD_5/(mg/L)	40～300	—	350～370	320～350
氯化物/(mg/L)	—	80～100	140～145	—

3.1.4 城镇污水排放标准

天然水体（包括地表水和地下水）是人类社会的重要资源。一般来说，生活污水和生产废水在排入水体之前，常需经过一定程度的处理，以减少或消除废水对水体的污染。为了保障天然水体的水质，不能任意向水体排放废水，应当制定废水排入水体的水质标准，严格控制排入水体的废水水质。

我国有关部门制定的各类污水排放标准，分为一般排放标准与行业排放标准。

一般排放标准有《污水综合排放标准》(GB 8978—96)、《农田污泥中污染物控制标准》(GB 4284—84）等。

行业标准涉及各类工业，如《制革工业水污染物排放标准》(GB 3549—83)、《电影洗片水污染物排放标准》(GB 3553—83)、《医院污水排放标准》(GBJ 48—83）等。

这些标准可见附录部分或有关手册。

学习情境 3.2 污水处理常见微生物及其作用

水微生物学在污水处理工程中的主要作用是研究利用各种微生物分解作用，使水中的各种有机污染物降解和转化为无害的无机物且使水中的重金属适当转化。在受污染水体的生物修复技术中，微生物也有重要的作用。

总的来说，微生物在给排水工程中具有重要的作用，给排水专业的工程技术人员，必须掌握水处理微生物学的基本知识。掌握水中微生物的检验方法，以确定水和废水的生物学性质。了解水微生物的形态、生理特性，掌握微生物在水处理工程中的作用机理，有效地去除水中有害的微生物，为有益的微生物提供适宜的繁殖条件以便提高废水处理的效率。

3.2.1 污水处理微生物的常见种类与特点

3.2.1.1 水处理过程中常见的微生物

水处理过程中常见的微生物包括非细胞形态的病毒（包括噬菌体），单细胞的细菌、放线菌和蓝细菌，属于真菌的酵母菌和霉菌，单细胞藻类和原生动物、后生动物等。

非细胞形态的病毒是一种个体很小的微生物，其个体一般都小于0.2μm，用光学显微镜无法观察到。

原核微生物的核发育不完全、没有核膜、核质裸露，与细胞质没有明显界限，称为拟核或似核。原核微生物没有细胞器，只有由细胞质膜内陷形成的不规则的泡沫结构体系。不进行有丝分裂，原核微生物包括古细菌、细菌、放线菌、蓝细菌、黏细菌、支原体、衣原体和螺旋体。

真核微生物有发育完好的细胞核，核内有核仁和染色质，细胞核和细胞质被核膜分开，两者之间有明显的界限。有高度分化的细胞器，如线粒体、中心体、高尔基体、内质网、溶酶体和叶绿体等。真核微生物进行有丝分裂，包括除蓝藻外的藻类、酵母菌、霉菌、原生动物、微型后生动物等。

3.2.1.2 微生物的特点

1. 个体微小

微生物个体微小，其大小用μm甚至nm来表示，其中的病毒则小到不能用普通光学显微镜观测。由于微生物个体微小且质轻，所以常通过风和水的传播而广泛分布到江、河、湖、海等各水体。

2. 种类繁多

微生物种类繁多，已发现的微生物有十几万种之多，并且代谢方式也不相同，能利用各种有机物和无机物作为其营养物质，使各种有机物分解为无机物（无机化或矿物化），或使各种无机物合成复杂的有机物。所以，微生物在自然界的物质循环中起着重要作用，通过微生物分解和转化各种污染物，正是利用了微生物种类繁多、代谢类型多样的特点。

3. 快速繁殖

大多数微生物可以在几十分钟繁殖一代，由一个分裂为两个。例如，大肠杆菌在最适宜的条件下，17min即可繁殖一代。利用这个特点，在水处理过程中可以通过培养和分离获得所需纯种微生物，进行水的生化处理。

4. 容易变异

微生物繁殖后，容易发生变异。这一特点使微生物较能适应各种环境。

3.2.2 水体污染的指示生物及监测方法

3.2.2.1 水生物监测的意义与方法

为了保护水环境，需要进行水质监测。监测的方法有物理方法、化学方法和生物方法等。理化监测可测出毒物浓度，但无法测定毒物的毒性强度。由于污染物种类极多，若全部进行监测，不但技术上有困难，在经济上也很难实现。另外，多种污染物共存时的各种复杂反应以及各种污染物与环境因子间的相互作用，会使生态毒理效应发生各种变化。这就使理化监测在一定程度上具有局限性。生物监测与理化监测同时进行，可弥补理化监测的不足，因为当水体被污染后，会影响生物个体、种群、群落及整个生态系统，会使得生态系统发生变化，这些变化代表水污染（包括理化监测项目及未知因素）对生态系统的综合影响。

生物监测是系统地根据生物反应而评价环境的质量。在进行水环境生物监测时，首先遇到的问题是对哪些生物进行重点监测。我国的监测部门最初用的试验生物是鱼类。后来逐渐认识到用微型生物或大型无脊椎动物进行监测更为合理。微型生物群落包括细菌、真菌、藻类、原生动物、后生动物等。利用微型生物进行水体生物监测是科学的、合理的，而且具有许多优点的原因是：微型生物类群是组成水生态系统生物生产力的主要部分；微型生物容易获得；可在合成培养基中生存；可多次重复试验；其世代时间短；大多数微型生物在世界上分布很广泛，在不同国家有相同的种类，易于对比等。另外，用微型生物进行生物监测还具有研究周期短、试验方便、成本低等优点。图 3.4 表示在水污染监测中，按种类数统计的各种常用指示生物被采用的百分数。

由图 3.4 可见，藻类约占 25%，原生动物约占 17%。在水生物监测中一般采用藻类和原生动物作为指示生物的较多。

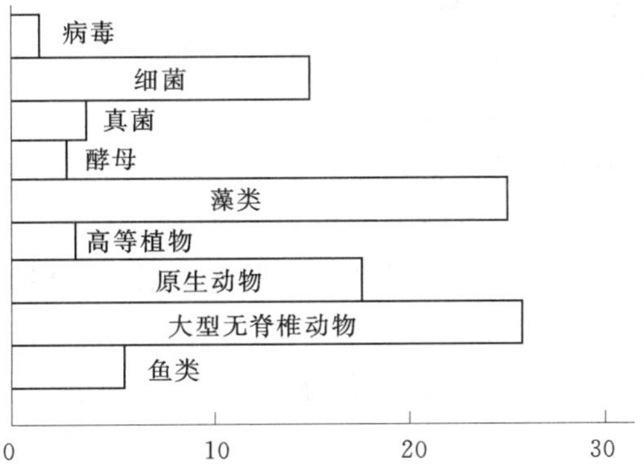

图 3.4　各种指示生物在水处理中采用的百分数

1. *以藻类作为指示生物的原因*

（1）在水体自净或某些水处理过程中，藻类的光合作用可放出 O_2，并利用 CO_2 作为碳源，与细菌形成共生关系。所以藻类也是监测水净化过程中的一个重要指标。

（2）藻类与水污染的关系比较密切，进入水体的 N、P 负荷增多，会引起某些藻类的过量繁殖，导致水体“富营养化”。所以，监测水体富营养化趋势时，应该需要监测藻类。

（3）藻类对水体中毒物的忍耐力不同。因毒物的种类及浓度不同，会引起藻类在种类、形态、生理、数量方面的变化，所以监测藻类的变化，可在某种程度上反映出水质的变化。在利用藻类进行水质监测时采用多种指标和标准，例如：指示生物或指示种类；优势种群；藻类污染种指数；藻类多样性等。其中指示生物是过去广泛采用的生物监测方法，这种评价标准和方法已在国内外被广泛采用。

2. *以原生动物作为指示生物的原因*

除了原生动物具有微型生物监测的一般优势外，还因为原生动物对环境的变化十分敏感，而且原生动物本身就是一个群落。它具有群落级的结构和功能特点，非常适用于做监测生物。

用水中微型生物进行水污染监测有一个从初级向高级逐步发展的过程。本世纪初开始以指示生物的种类去评价水质；约 60 年以后，开始将水中微型生物视为群落，所以逐渐发展为用水中微型生物的群落结构来评价水质；最近又逐渐发展为以水中微型生物的群落结构和群落功能来评价水质。水中微型生物的群落结构可反映出不同种类及其数量的差别，而水中微型生物的群落功能则可反映出微型生物生命活动的特点。将结构与功能结合起来分析，能更全面地了解水质污染的状况和变化趋势。

采样水生生物的生物监测方法很多。下面将简单介绍“污化指示生物”法。

3.2.2.2 污化指示生物及污化系统

在水体中能否找到一些可用于指示水体污染程度的水生生物？以这些指示生物去预测水体的污染，在实用上具有一定的价值。国内外对此工作进行了大量的研究，已提出几种关于污化指示生物的分类系统，但还没有建立一种完善的、普遍采用的系统。目前，采用观测污化指示生物并配合化学分析的方法，可以比较全面地评价或预测水体的污染程度。

一种叫做污化系统的分类法在欧洲大陆得到比较广泛的应用，而在美国、英国等国家应用得不很普遍，可能是因为这种系统在观测时比较繁琐。污化系统（又称有机污染系统）一般根据以下原理进行分区：当有机污染物质排入河流后，在其下游的河段中发生正常的自净过程，在自净中形成了一系列连续的“带”。因为不同的水生生物需要不同的生存条件（如物理、化学环境，营养物的种类和数量等），对各种有毒物质也具有不同的忍耐力。所以，随着水体自净程度的变化，各个“带”中都可找到一些有代表性的动植物。污化指示生物包括细菌、真菌、藻类、原生动物、底栖动物、鱼类等。常用来指示污染的底栖动物有颤蚓类、寡毛类、软体动物以及一些水生昆虫。底栖动物个体较大，生命周期较长，在其生存环境中的相对位移较小，有利于缺少专门仪器的非专业人员进行采集和观察，所以在开展群众环保工作中有较大的价值。

污化系统中各个“带”的划分及其特点如下：

1. 多污带

这个带在靠近污水出水口的下游，水色一般呈暗灰色，很浑浊，含有大量有机物（如碳水化合物、蛋白质、多肽等），但溶解氧（DO）含量极低，甚至完全没有。在有机物的分解过程中，则产生 SO_2、H_2S 和 CH_4 等具有一定恶臭味的气体。因为环境恶劣，所以多污带水生生物的种类很少，几乎全部是异养性生物，无显花植物，鱼类绝迹。

多污带有代表性的指示生物是细菌。细菌的种类多、数量大，有时 1mL 水中有几亿个细菌。其中有一部分硫磺细菌，能氧化水中的 H_2S。多污带的水底被沉降下来的悬浮物覆盖，在沉积的淤泥中有大量的寡毛类蠕虫。

多污带有代表性的指示生物举例如下：球衣细菌、贝日阿托氏菌、颤蚯蚓、摇蚊幼虫、蜂蝇幼虫（形状可见前面内容）。

2. α-中污带

中污带在多污带下游，可分为两个亚带，α-中污带和β-中污带。前者污染得更严重些。

α-中污带的水仍呈灰色，DO 含量仍然很少，氧化水平较低，为半厌氧状态，有 NH_3 和氨基酸等存在。这里，含硫化合物已开始氧化，但还有部分 H_2S 存在，BOD 已有减少，有时水面上有泡沫和浮泥。

生物种类比多污带稍多。细菌含量仍高，1mL 约几千万个。水中有蓝藻和绿色鞭毛藻，出现了纤毛虫和轮虫，在已经部分被无机化的水底淤泥中，滋生了很多颤蚯蚓。

α-中污带有代表性的指示生物举例如下：天蓝喇叭虫（图 3.5）；美观单缩虫；椎尾水轮虫（图 3.6）；臂尾水轮虫；菱形藻；大颤藻；小球藻；栉虾（图 3.7）。

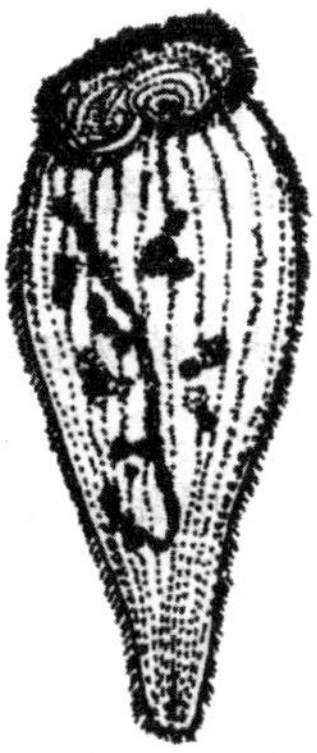

图 3.5 天蓝喇叭虫

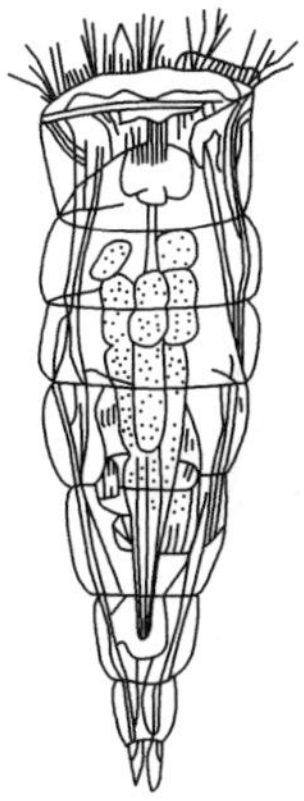

图 3.6 椎尾水轮虫

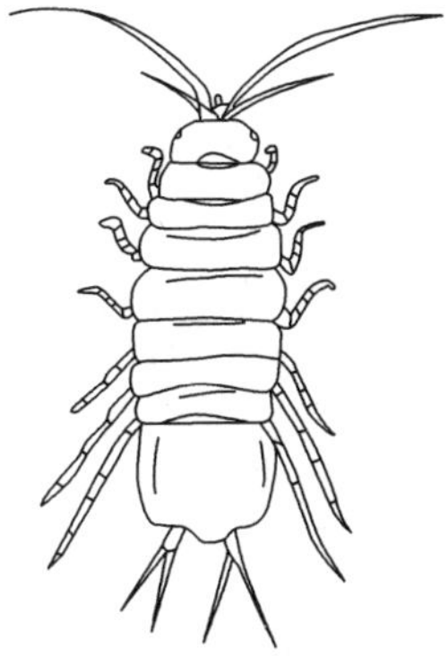

图 3.7 栉虾

3. β-中污带

在β-中污带，绿色植物大量出现，水中的 DO 含量升高，氧化水平较高，有机物质含量已很少，BOD 和悬浮物的含量都较低，蛋白质的分解产物 NH_3 和氨基酸进一步氧化，转变成铵盐、亚硝酸盐和硝酸盐，水中 CO_2 和 H_2S 的含量很少。

这里，生物种类变得多种多样。由于环境不利于细菌的生长，故细菌的数量明显减少，1mL 水中只有几万个，藻类大量繁殖，轮虫、甲壳动物和昆虫也很多，可发现生根的植物，也可看到鲫鱼、泥鳅和鲤鱼等鱼类。

β-中污带有代表性的生物举例如下：水花束丝藻（图 3.8）；梭裸藻（图 3.9）；变异直链硅藻（图 3.10）；短棘盘星藻（图 3.11）；前节晶囊轮虫（图 3.12）；腔轮虫；卵形鞍甲轮虫；蚤状水蚤，见图 3.13；大型水蚤，见图 3.14；绿草履虫；帆口虫；鼻栉毛虫；聚缩虫；卵形龙骨硅藻；隐端舟形硅藻；肿胀珠蚌；静水椎实螺；蚤状钩虾。

图 3.8 水花束丝藻

图 3.9 梭裸藻

图 3.10 变异直链硅藻

4. 寡污带

在寡污带，河流的自净作用已经完成，DO 已恢复到正常含量，无机化作用彻底，有机污染物质已被完全分解，CO_2 含量很少，H_2S 几乎消失，蛋白质已分解成硝酸盐类，BOD 和悬浮物含量都极低。

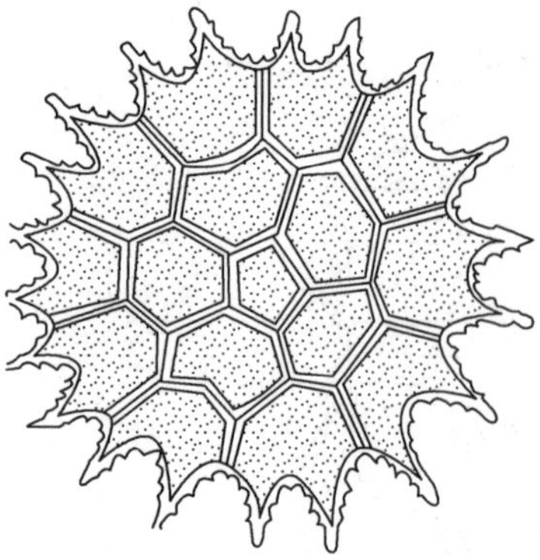

图 3.11 短棘盘星藻

图 3.12 前节晶囊轮虫

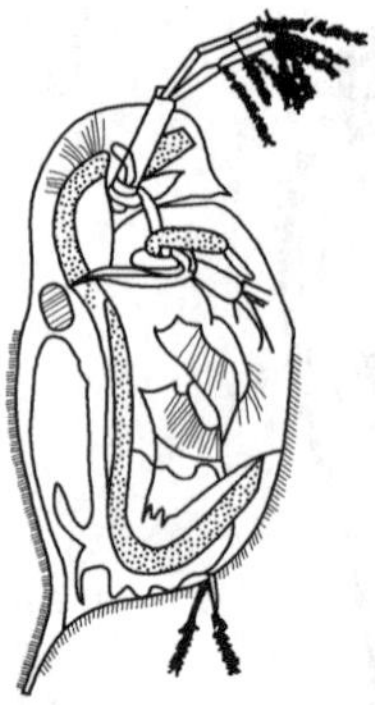

图 3.13 蚤状水蚤

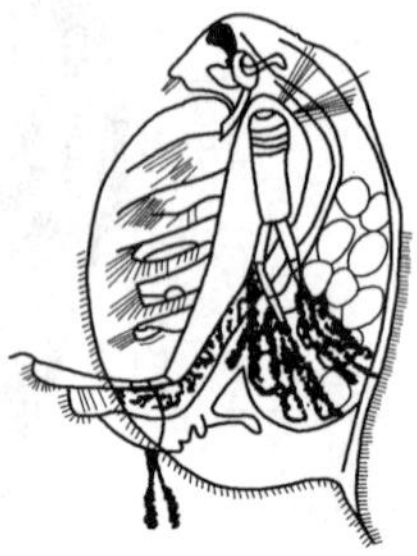

图 3.14 大型水蚤

寡污带的生物种类很多，但细菌数量很少，有大量浮游植物，显花植物也大量出现，鱼类也很多。

寡污带的代表性指示生物举例如下：水花鱼腥藻，见图 3.15；玫瑰旋轮虫，见图 3.16；平突船卵水蚤；窗格纵隔硅藻；黄团藻；圆钵砂壳；大变形虫。

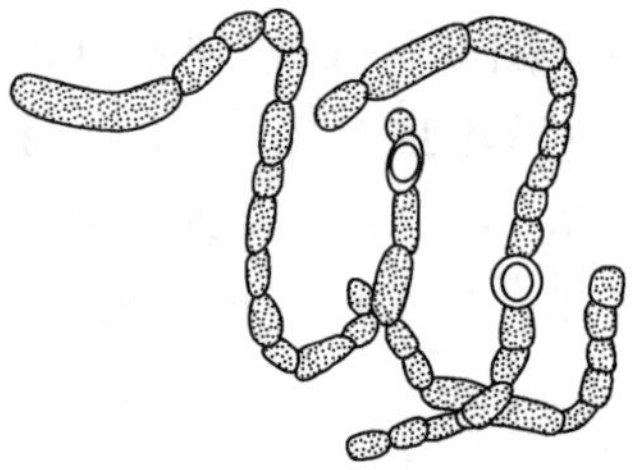

图 3.15 水花鱼腥藻

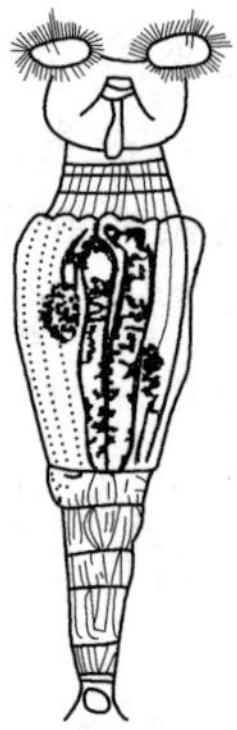

图 3.16 玫瑰旋轮虫

应当注意，上述的污化系统只能反映有机污染的程度，不能反映有毒工业废水的污染。

这种根据水生生物种类的更迭来评价水体污染程度的方法也缺乏定量的概念。所以一般又根据水生生物的数量求出某种“指数”，并用以评价水体污染程度的研究。

下面介绍一种水污染的生物指数（Biological Index of Water Pollution，BIP）。这种指数是根据水中单细胞生物的种类和数量来计算的。

$$BIP=\frac{B}{A+B}\times 100\% \tag{3.2}$$

式中：A 为有叶绿素的微生物数；B 为无叶绿素的微生物数。

污染程度可按表 3.2 进行判断。

表 3.2 **利用 *BIP* 值判断水体的污染程度**

污染程度	清洁水	轻微污染水	中等污染水	严重污染水
BIP 值	0～8	8～20	20～60	60～100

3.2.3　废水生物处理中的微生物及其作用

大家知道，自然界中很多微生物具有氧化分解有机物的能力。生产实践表明，利用微生物氧化分解废水中的有机物是十分有效的。这种利用微生物的代谢作用来处理废水的方法称为生物处理法。目前生物处理法主要是用来去除废水中溶解的和胶体的有机污染物质。

由于微生物生活时有的需要氧气，有的不需要氧气。根据微生物在处理废水过程中对氧气的要求不同，废水的生物处理可分为好氧生物处理和厌氧生物处理。

生物处理单元基本上可分为悬浮生长型和附着生长型两类。在好氧生物处理中悬浮生长型所用的反应器，可以活性污泥法中的曝气池为代表，而附着生长型可以生物滤池为代表。各类废水处理系统中的微生物都是混合培养微生物系统。从“生物处理生态学”角度看，生物处理构筑物中包含一个完整的生态系统。各类生物可构成一个食物网，可以简单画成一个食物金字塔，在这种食物网金字塔中体现不同层次的营养水平。由于反应器的特性不同，悬浮生长反应器系统中的营养水平比附着生长反应器系统的要少。图 3.17 是 1985 年 Wheatley 提出的活性污泥法和生物滤池的食物金字塔的对比。这类人工生态系统完全受运行方式的控制，同时受供氧条件和营养物质（有机负荷）的限制。

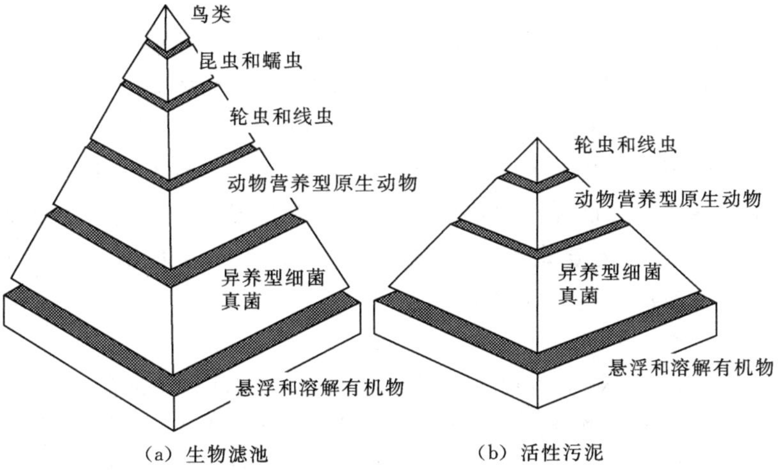

图 3.17　生物滤池和活性污泥法的食物金字塔的对比

3.2.3.1　废水的好氧生物处理及处理构筑物内的微生物

3.2.3.1.1　废水的好氧生物处理

好氧生物处理是在有氧的情况下，借好氧微生物（主要是好氧菌）的作用来进行的。在处理过程中，废水中的溶解性有机物质透过细菌的细胞壁和细胞膜而被细菌吸收；固体的和胶体的有机物先附着在细菌体外，由细菌所分泌的胞外酶分解为溶解性物质，再通过细胞膜渗入细胞内部。细菌通过自身的生命活动——氧化、还原、合成等过程，把一部分被吸收的有机物氧化分解成简单的无机物，并放出能量以维持自身正常的生命活动，而把另一部分有机物转化为生物体所必需的营养物质，组成新的体细胞，于是细菌不断地生长繁殖、形成更多的细菌。其他微生物摄取营养后，在它们体内也发生与细菌相似的生物化学反应。图 3.18 可以简单地说明这个过程。

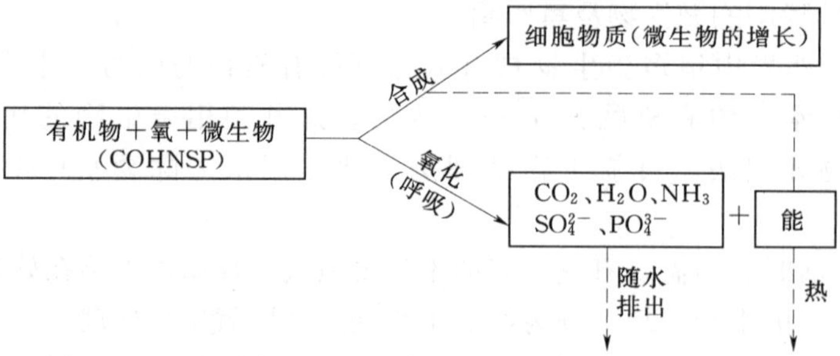

图 3.18 有机物的好氧分解

应当指出，在细菌的生长过程中，除了吸收到体内的一部分有机物被氧化分解并释放能量外，还有一部分细菌本身的细胞物质也在进行氧化分解，同时释放出能量。这种细胞物质的氧化称为内源呼吸。当有机物（养料）充足时，细胞质大量合成，内源呼吸是不显著的，所以在图 3.18 中未表示细胞质的氧化分解过程。但当有机物几乎耗尽时，内源呼吸则会成为提供能量的主要方式，最后细菌由于缺乏能量而死亡。

下列方程式表示有机物（$C_xH_yO_z$）的氧化和合成的过程：

①有机物的氧化：

$$C_xH_yO_z+(x+0.25y-0.5z)O_2 \longrightarrow xCO_2+0.5yH_2O+\text{能量} \tag{3.3}$$

②细胞物质的合成（包括有机物的氧化，并以 NH_3 作氮源）：

$$n(C_xH_yO_z)+NH_3+(nx+0.25ny-0.5nz-5)O_2$$
$$\longrightarrow C_5H_7NO_2+(nx-5)CO_2+0.5(ny-4)H_2O+\text{能量} \tag{3.4}$$

反应式中的 $C_5H_7NO_2$ 为细菌的细胞物质（在正常情况下，各类微生物细胞的成分是相当稳定的，一般可用下列化学式表示：细菌——$C_5H_7NO_2$；真菌——$C_{16}H_{17}NO_6$；藻类——$C_5H_8NO_2$；原生动物——$C_7H_{14}NO_3$）。

③细胞物质的氧化：

$$C_5H_7NO_2+5O_2 \longrightarrow 5CO_2+NH_3+2H_2O+\text{能量} \tag{3.5}$$

如在式（3.3）中的有机物含有 N、S 或 P，则 N、S 或 P 将分别被氧化并与水中碱性物质作用而形成相应的盐类。式（3.4）中的 NH_3 可以是细菌所吸入的含 N 有机物的分解产物或吸入的 NH_4^+ 盐。如果没有含 N 物质的参与，则不可能有细胞物质的合成。

1. 新生长细胞物质的计算

生物处理构筑物内，在微生物的代谢作用下，废水中的有机污染物质会得到一定的降解、去除。但是，废水中所含各种有机物氧化或合成的比例随有机物的性质、微生物的种类等而有所不同。一般情况下，生物处理构筑物内新生长的细胞物质（微生物的净增殖）等于所合成的细胞物质减去内源呼吸而消耗的细胞物质，可用式（3.6）计算：

$$\Delta S=aL_r-bS_a \tag{3.6}$$

式中：ΔS 为新生长的细胞物质，即生物处理构筑物中微生物的净增殖量，kg/d；L_r 为所利用的食料，即在微生物作用下，污水中被降解、去除的有机污染物质（BOD_5）量，kg/d；S_a 为生物处理构筑物中原有的细胞物质，kg；a 为合成系数，即合成的细胞物质（kg）/去除的 BOD_5（kg）；b 为微生物（细胞物质）内源代谢的自身氧化率，1/d。

a 和 b 的值可通过试验确定如下：

将式（3.6）两边同除以 S_a，得

$$\frac{\Delta S}{S_a}=a\frac{L_r}{S_a}-b \tag{3.7}$$

以 $\Delta S/S_a$ 为纵坐标，L_r/S_a 为横坐标作图，可得斜率为 a，纵轴上的截距为 b 的一条直线。

就活性污泥法来说，可用其挥发性部分代表微生物，曝气池（活性污泥法的主要处理构筑物）内挥发性污泥量可作为 S_a 代入式（3.7）中；此外，曝气池内所增加的微生物细胞的量（ΔS）可假定大约等于所排放的剩余污泥挥发性部分的量。

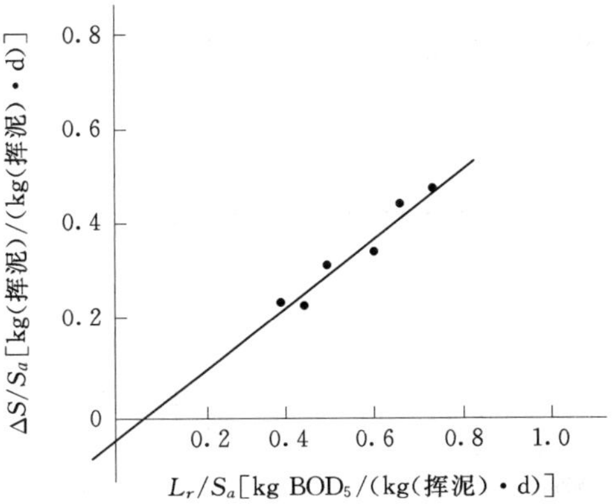

图 3.19　漂染废水 $\Delta S/S_a$ 与 L_r/S_a 的关系

图 3.19 是某漂染厂废水活性污泥法处理试验求 a 和 b 值的实例。

对于生活污水和性质与之相近的工业废水，a 一般可取 0.5～0.7，b 可取 0.05～0.1；污泥龄（微生物固体在曝气池内的平均停留时间）长，a 值可取小，b 值可取大；污泥龄短，a 值可取大，b 值可取小。表 3.3 所示几种污（废）水的 a、b 值。

表 3.3　几种污（废）水的 a、b 值

污（废）水种类	a	b	污（废）水种类	a	b
炼油废水	0.49～0.62	0.10～0.16	制药废水	0.72～0.77	—
石油化工废水	0.31～0.72	0.05～0.18	含酚废水	0.70	—
酿造废水	0.56	0.10	亚硫酸盐废水	0.55	0.13

2. 有机物生物氧化需氧量的计算

有机物生物氧化所需要的氧量，包括微生物生长活动和自身氧化过程中所需的全部氧量，可用下列关系式表示：

$$O_2=a'L_r+b'S_a \tag{3.8}$$

式中：O_2 为微生物需氧量，kg/d；L_r 为微生物降解、去除的 BOD_5，kg/d；S_a 为微生物质量，即生物处理构筑物中原有的细胞物质，kg；a'为去除单位 BOD_5 所需的氧量，kg/kg；b'为微生物自身氧化需氧率，1/d。

就活性污泥法来说，已如上述，可用其挥发性部分代表微生物，曝气池内挥发性污泥量可作为计算有机物生化需氧量代入式（3.8）中，在选择鼓风系统或曝气装置时，应留有一定的余地。

a'和 b'的值可通过试验确定如下：

将式（3.8）两边同除以 S_a，得

$$\frac{O_2}{S_a}=\frac{a'L_r}{S_a}+b' \tag{3.9}$$

以 L_r/S_a 为横坐标，O_2/S_a 为纵坐标，可得到一条斜率为 a'、纵轴上的截距为 b'的直线。对于生活污水和性质与之相近的工业废水，a'一般可取 0.4～0.55，b'可取 0.2～0.1。表 3.4 所示是几种工业废水的 a'和 b'值。

在进行活性污泥法曝气系统设计时，如果缺乏资料，有机物被生物氧化所需的氧量可按每降解、去除 1kgBOD_5 需要的氧为 1kg，并留一定的余地进行估计。于是可根据氧气的密度为 1.43kg/m^3，空气中含氧的百分率为 21%（体积比），算出所需的空气量。

表 3.4　　几种工业废水的 a'、b'值

废水名称	a'	b'	废水名称	a'	b'
生活污水	0.40～0.55	0.100～0.200	含酚废水	0.56	—
纸浆和造纸废水	0.38	0.092	石油化工废水	0.75	0.160
合成纤维废水	0.55	0.142	漂染废水	0.50～0.60	0.065
亚硫酸浆粕废水	0.40	0.185	炼油废水	0.50	0.120
制药废水	0.35	0.354	酿造废水	0.44	—

除少数物质外，几乎所有的有机物都能被相应的微生物氧化分解，所以目前生物处理法被广泛地应用于处理各种含有机物的废水。

通过好氧处理，废水中一部分有机物的确无机化了，一部分有机物则被合成为微生物的细胞物质。当废水中的有机物较多时（超过微生物生活所需时），合成部分增大，微生物总量增加较快；当废水中有机物不足时，一部分微生物就会因饥饿而死亡，它们的尸体将成为另一部分微生物的“食料”，微生物的总量将减少。微生物的细胞物质虽然也是有机物质，但微生物是以悬浮状态存在于水中的。一般来说，个体大一点的微生物也比较容易凝聚，可以同废水中的一些其他物质（包括一些被吸附的有机物和某些无机的氧化产物以及菌体的排泄物等）通过凝聚作用易于在沉淀池中一起沉淀下来。

由此可见，好氧生物处理法特别适用于处理溶解性的和胶体的有机物，因为这部分有机物不能直接利用简单的沉淀法把它们除去，而利用生物处理法可把它们的一部分转化成无机物，另一部分转化成微生物的细胞物质从而与废水分离。但必须注意，沉淀下来的污泥（生物处理法的副产品，也是必然产品，其中含有大量微生物）在缺氧的情况下容易腐化变质、影响环境卫生，在排放前应作适当的处理。

用好氧生物处理法处理废水基本上没有臭气，处理所需的时间也比较短，如果条件适宜，BOD_5 的去除率可达 80%～90%。有的甚至可达 95%以上，可达到污水排入水体的排放标准。

除上面所提到的活性污泥法外，生物膜法、生物塘等也都是废水好氧生物处理的方法。

【例题】 某城市混合废水用活性污泥法处理。其曝气池的有效容积为 340m^3，进水流量为 1500m^3/h，进水 BOD_5 为 200mg/L，出水 BOD_5 为 20mg/L，曝气池内污泥浓度为 4g/L（其中挥发性部分占 75%）。试计算剩余污泥量和需氧量。

解

（1）剩余污泥量的计算。

按式（3.6）

$$\Delta S = aL_r - bS_a$$

$$L_r = (200-20) \times 150 \times \frac{24}{1000} = 648\ (\text{kg/d})$$

$$S_a = 4 \times 75\% \times 340 = 1020 \text{ (kg)}$$

取 $a=0.6$，$b=0.075$

因此 $$\Delta S = 0.6 \times 648 - 0.075 \times 1020 = 312.3 \text{ (kg/d)}$$

剩余污泥量

$$\Delta S' = \frac{\Delta S}{75\%} = \frac{312.3}{75\%} = 416 \text{ (kg/d)}$$

如果剩余污泥的含水率（P）为 99.2%，则剩余污泥的体积

$$\Delta S'' = \left(1 \times \frac{100-0}{100-P}\right) \times \frac{1}{1000} \times \Delta S'$$

$$= \frac{100}{100-99.2} \times \frac{1}{1000} \times 416 = 52 \text{ (m}^3\text{/d)}$$

（2）需氧量的计算。

按式（3.8）

$$O_2 = a'L_r + b'S_a$$

取 $$a' = 0.5, \quad b' = 0.15$$

$$L_r = 648, \quad S_a = 1020$$

需氧量

$$O_2 = 0.5 \times 648 + 0.15 \times 1020 = 477 \text{ (kg/d)}$$

3.2.3.1.2 好氧生物处理构筑物

1. *活性污泥法中的微生物*

（1）活性污泥生态学及常见微生物。栖息在活性污泥上的微生物以好氧细菌为主，同时也生活着真菌、放线菌、酵母菌以及原生动物和微型后生动物等，这些微生物群体在活性污泥上组成了一个相对稳定的微小生态系。

与所有生物处理过程一样，活性污泥系统具有混合培养、主要起氧化分解有机物作用的细菌和其他较高级的水生生物，形成了一个具有不同营养水平的完整的生态系统。由于不断的人工充氧和污泥回流，使曝气池不适于某些水生生物生存，特别是那些比轮虫和线虫更大型的种群和那些长生命周期的微生物。活性污泥反应器（曝气池）中主要生物种群是细菌、原生动物和线虫。其他种群如剑水蚤属，甚至某些双翅目的幼虫也偶尔可见。在混合液中也可见藻类，但很难生长。传统活性污泥法过程的食物金字塔如图 3.20 所示。

曝气池中的异养型细菌构成了活性污泥絮状体（生物絮状体）的主体，它们具有很强的吸附、氧化分解有机物的能力，是个体细菌的凝聚或者由于丝状菌促使它们聚集在一起。絮体的生物条件决定了基质的去除率，其物理结构又决定了它们在二沉池中的沉降效果。

原生动物是活性污泥的经常组成部分，其个数可达 5000 个/L，可占混合液干重的 5%～12%。完全混合活性污泥反应器（曝气池）内的原生动物的种类在空间上观察不到什么差别（但在生物膜法反应器——生物滤池中纵向是有差别的）。随着活性污泥的逐渐成熟，混合液中的原生动物的优势种类也会有顺序变化，从肉足类、鞭毛类开始，依次出现游动型纤毛虫、爬行型纤毛虫、附着型纤毛虫。爬行型纤毛虫和附着型纤毛虫与活性污泥絮状体紧密结合，一旦达到一定密度时，就会随着二沉池中沉淀的回流污泥返回到曝气池，而被冲洗掉的大部分鞭毛类优势动物和游动型纤毛虫。当活性污泥达到成熟期，其原生动物发展到一定数量后，出水水质则会得到明显的改善。

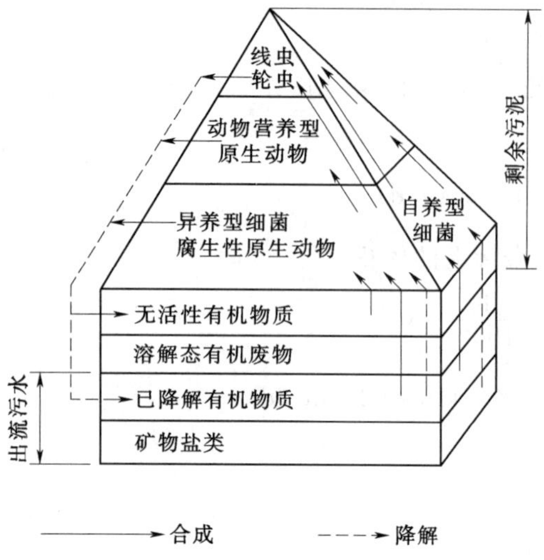

图 3.20 活性污泥法过程的食物金字塔

新运行的或运行得不好的曝气池，池中主要含有鞭毛类原生动物和根足虫类。只有少量纤毛虫；相反地，出水水质好的曝气池混合液中，主要含纤毛虫，只有少量鞭毛型原生动物和变形虫。

这种污泥状态、出水水质和微生物种类的连带关系导致了用原生动物去指示活性污泥法污水处理厂的出水水质。如学者 Curds 和 Cockburn 根据大量实测数据，找出了原生动物种类与出水水质的相互关系。他们根据出水 BOD_5 判定水质优劣，将出水水质分为 4 类：优（BOD_5 为 0～10mg/L）、良（BOD_5 为 11～20mg/L）、中（BOD_5 为 21～30mg/L）、差（BOD_5 大于 30mg/L）。

（2）活性污泥法运行中微生物造成的问题。活性污泥在运行中最常见的故障是在二沉池中泥水分离的问题。造成污泥沉降问题的原因是：污泥膨胀、微小絮体、不絮凝、起泡沫和反硝化等。这只是从效果上分类，实际上不是很精确，而且有些重叠。所有的活性污泥沉降性问题，其起因皆为污泥絮体结构的不正常造成的。

絮体结构一般被分为两类：微结构与宏结构。微结构是球形、较密实、相对地较容易破裂的较小絮体（直径 $d<75\mu m$）。此类絮体多由“絮体形成菌”组成。它们在曝气池紊流条件下易被剪切成小颗粒。这种絮体虽然能很快沉淀，但从大絮凝体被剪切下来的小颗粒的沉淀需较长的时间，可能随沉淀池出水排出，使最终出水的 BOD_5 上升，同时使得浊度也大幅度上升。当丝状微生物出现时，即出现宏结构絮体，微生物凝聚在丝状微生物的周围，形成较大的不规则絮体，这种絮体具有较强的抗剪切强度。

下面将重点说明污泥膨胀的形成原因及对策，并简要说明其他造成污泥沉降问题的原因：

1）丝状菌污泥膨胀。正常的活性污泥沉降性能良好，含水率在 99%左右。当污泥变质时，结构松散和体积膨胀，含水率上升，澄清液稀少，不易沉淀，且颜色也有异变。这就是所谓的“污泥膨胀”。

污泥膨胀是一种丝状菌在絮体中大量生长以致影响沉降的现象。开始时，尽管膨胀污泥比正常活性污泥的沉速慢，但出水水质仍然很好。即使污泥膨胀已比较严重，仍能有清澈的上清液，因为延伸的丝状菌会过滤形成浊度很小的细小颗粒。只有当沉降性能很差，泥面上升，以致大的絮体也溢出沉淀池，最终导致出水中的 SS（悬浮固体）和 BOD 升高。主要原因是污泥膨胀使得污泥压缩性能变差，其结果是很多稀薄污泥回流到曝气池，使曝气池中的 MLSS（混合液悬浮固体）下降，进而造成出水水质满足不了要求而使曝气池的运行失败。

从污泥结构角度看，膨胀是由于絮体具有坚固的宏结构，以致丝状微生物的数量猛增。理想的絮体沉降性能好，最终出水中的 SS（悬浮固体）和浊度极低，丝状菌与絮体形成菌保持平衡，丝状菌都留在絮体中，从而使絮体强度增加并保护固定的结构。即使有少量丝状菌伸出污泥絮体，它们皆能使长度缩得非常短小而不会影响污泥沉降。与此相反，膨胀污泥有大量丝状菌伸出絮体。可辨别的膨胀污泥絮体有两种类型：第一类是具有长丝状菌从絮体伸出，此类丝状菌将各个絮体连接（或称架桥），形成丝状菌和絮体网；第二类是具有更开放的结构，由细菌沿丝状菌凝聚，形成相当长的絮体。

根据研究结果，大约有 25 种丝状菌可造成活性污泥膨胀，尚未发现在活性污泥中藻类能造成污泥膨胀。

造成膨胀的主要原因是低浓度的溶解氧（DO）、低污泥负荷率、曝气池进水含较多的化粪池出水、营养不足和低 pH 值（<6.5）。

即使已知丝状微生物的种属，目前也找不到控制优势种属的实用方法。因此，污水处理操作人员一般需根据指示性丝状微生物的出现，采用控制运行条件来运转曝气池，直至问题的解决。主要的方法如下：

a. 控制污泥负荷率。污水处理厂的一般处理系统的正常负荷是（0.2～0.45）$kgBOD_5/(kgMLSS \cdot d)$，如果污泥负荷率超出此范围，就有可能发生污泥膨胀。为了防止污泥膨胀，应经常将污泥负荷率控制在正常负荷的范围以内。

b. 控制溶解氧（DO）浓度。为防止丝状微生物的猛增，一般应将池中溶解氧（DO）浓度控制在大于 2.0mg/L。因为防止污泥膨胀的最低溶解氧浓度是污泥负荷（F/M）的函数，因此当 F/M 增加时，应相应地增加最低溶解氧浓度，如图 3.21 所示。

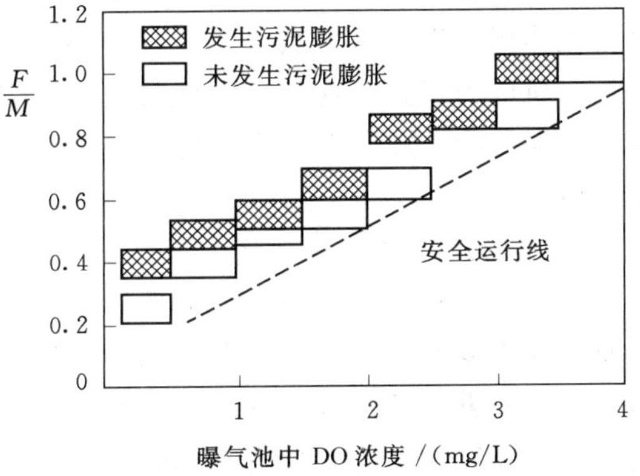

图 3.21　控制活性污泥膨胀的最低 DO 浓度与 F/M 的关系

c. 控制营养比例。一般曝气池正常的营养比例为 BOD∶N∶P＝100∶5∶1。当BOD∶N∶P偏高时，丝状微生物能将多余部分储存在体内。当营养浓度不足时，丝状微生物仍有储存，这就增强了丝状微生物对絮体形成菌的竞争性。

d. 投加混凝剂。可投加三氯化铁、石灰或高分子絮凝剂以改善污泥的絮凝结构，同时也能增加絮体的强度。

e. 加氯（Cl_2）、臭氧（O_3）或过氧化氢（H_2O_2）。这些化学剂是用于有选择地控制丝状微生物的过量增长。

2）非丝状菌引起的污泥膨胀。有时在不出现丝状微生物的条件下也会出现污泥膨胀。这种膨胀与散凝作用有关，当游离细菌产生菌胶团基质时就会导致污泥膨胀，人们称这种膨胀为菌胶团或黏性膨胀。这种失败是由于絮体微结构中产生了大量胞外多聚物，它具有糊状或果冻样的外观，可以用印度墨水反染色法进行与正常絮体的区分。正常絮体染色后，墨水会深深贯入絮体，而具有胞外多聚物的絮体则能抗拒墨水的贯穿。

3）不凝聚。不凝聚是一种微结构絮体造成的现象。这是因为微絮体变得不稳定而容易破碎，或者因为过度曝气形成的紊流将絮体剪切成碎块而造成的运行问题。也可能是细菌不能凝聚成絮体，微生物成为游离个体或非常小的丛生块，它们在沉淀池中呈悬浮状态，并随出水连续流出。一般认为不凝聚是由于溶解氧（DO）浓度低、或冲击式的污泥负荷，或 pH 值低。一般地，污泥负荷应大于 0.4$kgBOD_5/(kgMLSS \cdot d)$，否则将产生不凝聚问题。

若污泥为微型结构，则高污泥负荷时可能出现不凝聚。

4）微小絮体。含微小絮体的污泥不会在出水中形成高浓度，因为其颗粒比不凝聚污泥要大得多。微小絮体一般由于长污泥龄（大于5～6d）和低污泥负荷率［小于0.2kgBOD$_5$/(kgMLSS·d)］而形成的。因此这种问题往往发生在延时曝气系统。

5）起泡沫。自从使用了难以降解的合成洗涤剂以来，常常在曝气池中出现很厚的白色泡沫。而微生物造成的泡沫是另外一种很密实的、棕色的泡沫，有时在曝气池中出现。此类型的泡沫是由于某些丝状微生物（如诺卡氏菌属）的超量生长，曝气系统的气泡又进入其群体而形成的。这种泡沫以一种密实稳定的泡沫或一层较厚的浮渣浮在池面上。

气泡附着于诺卡氏菌属的机理是相当复杂的。在有些情况下，虽然这种丝状微生物在混合液中的种群密度也很高，但不会造成污泥沉降的质量问题。其原因是诺卡氏菌属易产生许多分支，使絮体成为很坚固的宏结构，生成一种大而牢固、且容易沉降的絮体。

6）反硝化。气泡使污泥上浮还可能是反硝化造成的。污泥在二沉池呈块状上浮的现象，并不是由于腐败所造成的，而是由于在曝气池内污泥龄过长，硝化进程较高（一般硝酸铵达5mg/L），在沉淀池底部产生反硝化，硝酸盐的氧被利用，氮即呈气体脱出附于污泥上，从而使污泥比重降低，整块上浮。所谓反硝化，是指硝酸盐被反硝化菌还原成氨和氮的作用。反硝化作用一般在溶解氧（DO）浓度低于0.5mg/L时发生，并在实验室静沉30～90min后发生。所以为了防止这一异常现象发生，应增加污泥流量或及时排除剩余污泥，在脱氮之前就将污泥排除；或降低混合液污泥浓度，缩短污泥龄或降低溶解氧浓度等，使之不进行到消化阶段。

2. 生物膜法中的微生物

污水的生物膜处理法是与活性污泥法并列的一种污水好氧生物处理技术。这种处理法的实质是使细菌和菌类一类的微生物和原生动物、后生动物一类的微型动物附在滤料或某些载体上生长发育，并在其上形成生物污泥——生物膜。污水与生物膜接触，污水中的有机污染物作为营养物质，为生物膜上的微生物所摄取，污水得到了净化，同时微生物自身也得到繁衍增殖。

生物膜处理法的各种工艺，都具有适于微生物生长栖息、繁衍的安静稳定环境，生物膜上的微生物无须像活性污泥那样承受强烈的搅拌冲击，易于生长繁殖。

生物滤池为附着型或固定膜型反应器。在这种反应器内微生物形成了生物膜附着在滤料上，用以处理废水。早期的生物滤池的处理负荷低，即所谓低负荷生物滤池。后来提高了负荷就称为高负荷生物滤池，也简称生物滤池。近年来又发展了若干改进型固定膜反应器，例如生物转盘、生物流化床等。各种固定膜反应器在微生物的种类及作用方面有类似之处。下面以生物滤池为代表，说明各种微生物的作用及生物滤池的生态学。

（1）生物滤池中的微生物及其作用。生物滤池建成后，就开始进水，不需要接种，因为污水中含有滤池生物膜需要的各种微生物。在夏天约3～4周就可在滤料上生长成正常的生物膜；在冬天约需2个月就可长成正常的生物膜。生物膜上生长着一个含有多种微生物的复杂生物群体。

一般说，生长在生物滤池中的细菌大多是革兰氏阴性菌，例如黄杆菌、无色杆菌、极毛杆菌、产碱杆菌等。其中很多都能形成菌胶团。真菌有镰刀霉、青霉、毛霉、地霉、分支孢属等以及多种酵母菌。丝状细菌则有球衣细菌、贝氏硫细菌等。在生物滤池下层，主要是硝

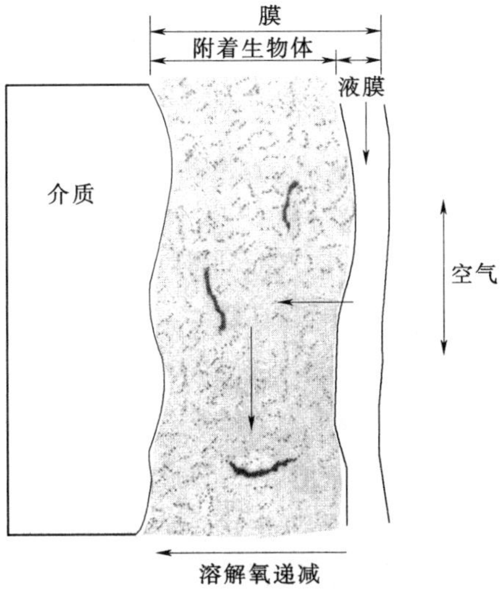

图 3.22　膜结构示意图

化细菌。藻类仅生长在滤池表面（有日光照射的地方），主要有小球藻、蓝藻、绿藻等。原生动物最常见的有钟虫、等枝虫、盖纤虫、草履虫等纤毛类原生动物。此外，还有其他生物如轮虫、蠕虫、昆虫的幼虫，甚至灰蝇等小动物也会在滤池（特别是低负荷滤池）内生长繁殖。总之，在生物膜上生长发育的生物类型广泛、种属繁多，食物链长且较为复杂。

废水中的有机物主要被好氧的异养微生物所降解。生物膜的结构似海绵状，很像活性污泥的絮体，生物膜被生长在膜内的驯养动物连续不停地挖洞，使膜变得更加多孔（图 3.22）。废水可穿过膜表面直至相当的深度，其能穿透的限度取决于膜厚和滤池的水力负荷。图 3.22 中左侧为滤料；右侧为生物膜。生物膜由两部分组成：接触滤料的附着生物体和最右侧吸附在生物体上的液膜，最外侧是空气。外部空气中的氧气一般可以穿过液膜传递给生物体部分。生物膜成熟后，由于微生物的不断繁殖增长，生物膜的厚度不断增加，在增厚到一定程度后，在氧不能透入的内侧深部即转变为厌氧状态。这样，生物膜便由好氧层和厌氧层两层组成。生物膜的表面与污水直接接触，由于吸收营养和溶解氧比较容易，微生物生长繁殖迅速，形成了由好氧微生物和兼性微生物组成的好氧层；其内部和载体接触的部分，由于营养物质和溶解氧的不足，微生物生长繁殖受到限制，从而形成了由厌氧微生物和兼性微生物组成的厌氧层。厌氧层在生物膜达到一定厚度时才出现，随着生物膜的增厚和外伸，厌氧层也随着增厚。但有机物的降解主要是在好氧层内进行。

（2）生物滤池微生物的生态学。活性污泥提供了纯水生生物的生长环境，而生物滤池中的生物环境既适宜于水生生物也适宜于陆生生物。生物滤池的食物链比活性污泥的多几种营养水平。水质净化的最基本部分是异养型生物膜，它将进水中溶解的和悬浮的有机物转化成细菌和菌类生物膜，动物性原生动物主要栖息在生物膜上，有的与游离细菌在一起，还有一些靠捕食其他原生动物或腐生植物生存。其他生活在生物膜上的还有线虫和轮虫。驯养动物主要是真蝇类幼虫和寡毛纲蠕虫，它们的关系如图 3.23 所示。

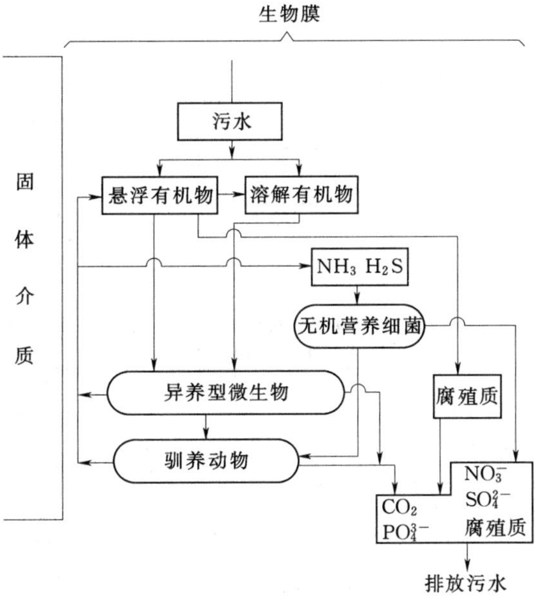

图 3.23　生物滤池的生物膜食物网

3.2.3.2　废水的厌氧生物处理及处理构筑物中的微生物

1. 废水的厌氧生物处理

世界各国尤其是第三世界国家，已日益

感到为了解决环境问题所需付出大量能耗的沉重负担。厌氧生物处理法是一种既节能又产能的废水处理工艺，近几十年来得到有力、迅速的发展，新开发的现代废水厌氧生物处理反应器不仅是高效能的，并可在常温下进行，不仅可以处理污泥和高浓度的有机废水，而且可以处理中低浓度的有机废水，在世界范围内得到了广泛的应用。

厌氧生物处理（或称厌气生物处理）是在无氧的条件下，借厌氧微生物（包括兼性微生物），主要是厌氧菌（包括兼性菌）的作用来进行的。

图 3.24 简单地说明了有机物的厌氧分解过程。从图 3.24 中可以看出，当有机物进行厌氧分解时，有机废水或污泥的分解一般是分阶段进行的，早期将厌氧分解分为酸性发酵阶段和碱性阶段或产甲烷阶段两个阶段。在第一阶段，复杂的有机物，如糖类、脂类、蛋白质等在产酸菌（厌氧菌和兼性厌氧菌）的作用下被分解为低分子的中间产物，主要是一些低分子有机酸和醇类，如乙酸、丙酸、丁酸、乙醇等，并有 H_2、CO_2、NH_4^+ 和 H_2S 等产生。因为该阶段中有大量的脂肪酸产生，使发酵液的 pH 值降低，因此该阶段被称为酸性发酵阶段或产酸阶段。在第二阶段，专性厌氧菌——产甲烷菌将第一阶段产生的中间产物继续分解为 CH_4、CO_2 和 H_2O 等。在这一阶段，第一阶段产生的有机酸不断地被转化分解，生成最终产物 CH_4 和 CO_2 等，同时反应系统中有 NH_4^+ 的存在，使发酵液的 pH 值不断升高。所以，此阶段称为碱性发酵阶段或产甲烷阶段。

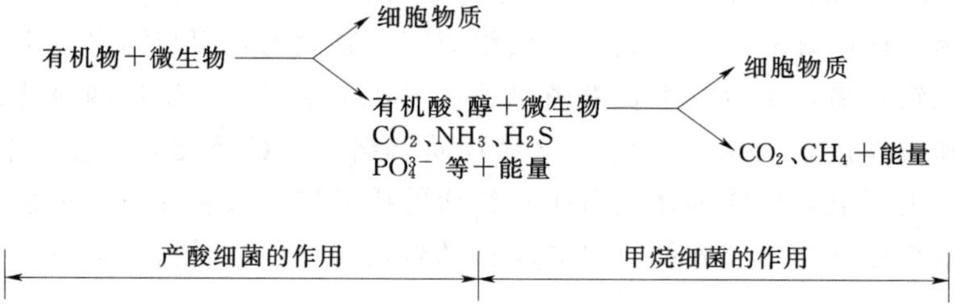

图 3.24 有机物的厌氧分解

随着厌氧微生物学研究的不断进展，人们对厌氧消化的生物学过程和生化过程认识不断深化，厌氧消化理论得到不断进展。1979 年，M. P. Bryant 根据对产甲烷菌和产氢产乙酸菌的研究结果认识到：产甲烷菌不能利用除乙酸、甲醇等以外的有机酸和醇类，长链脂肪酸和醇类必须经过产氢产乙酸菌转化为乙酸、氢气、二氧化碳等后才能被产甲烷菌利用，并由此提出三阶段理论。三阶段理论如图 3.25 所示，第一阶段为水解发酵阶段，在该阶段复杂的有机物在厌氧菌胞外酶的作用下，首先分解为简单的有机物，如纤维素经水解转化为较简单的糖类、蛋白质转化为较为简单的氨基酸、脂类转化为脂肪酸和甘油等。继而这些简单的有机物在产酸菌的作用下，经过厌氧发酵和氧化转化为乙酸、丙酸、丁酸等脂肪酸和醇类等。参与这个阶段的水解发酵菌主要是厌氧菌和兼性厌氧菌。第二阶

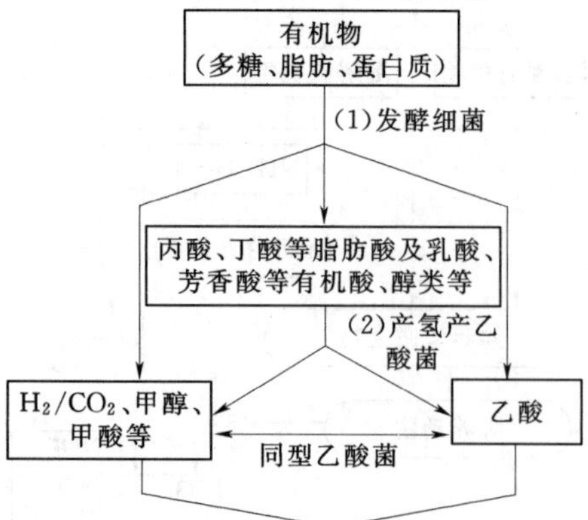

图 3.25 厌氧消化三阶段学说示意

段为产氢产乙酸阶段，在该阶段产氢产乙酸菌把除乙酸、甲酸、甲醇以外的第一阶段产生的中间产物，如丙酸、丁酸的那个脂肪酸和醇类等转化为乙酸和 H_2，并有 CO_2 产生。第三阶段为产甲烷阶段，在该阶段产甲烷菌把第一阶段和第二阶段产生的乙酸等转化为 CH_4。

厌氧消化所产生的气体中，CH_4 约占50%～75%，CO_2 约占20%～30%，其余的是 NH_3、H_2S、H_2 等气体，这种气体的发热量高，是一种很好的燃料。

应当指出，对于不溶性有机物，先要通过胞外酶的作用，成为溶解性有机物后，才能被细菌吸收。而胞外酶的水解作用是比较缓慢的，因此固体物质在进行厌氧处理之前应尽量使其粉碎或打成小块。

发酵性细菌有兼性的，也有厌氧的，在自然界中数量较多，而产甲烷菌则是严格的厌氧菌，具有很强的专一性。

产甲烷细菌对于温度和酸碱度的反应都相当敏感。几度的温度变化或环境中的pH值稍超过适宜的范围时，就会在很大程度上影响有机物的分解。

一般的产甲烷菌都是中温的，最适宜的温度范围是25～40℃，高温性产甲烷菌适宜的温度范围是50～60℃。在废水厌氧分解处理构筑物内，如果要保持较高的温度，则需增加燃料费用，且高温细菌对温度的变化更为敏感，故经常采用30～35℃的发酵温度，完成发酵所需的时间较短，杀菌效果也较好。

产甲烷菌生长时最适宜pH值的范围约是6.8～7.2。如pH值高于8或低于6，其生长繁殖将受到较大影响。产酸菌对酸碱度不及产甲烷菌敏感，其适宜pH值的范围也较广，一般在4.5～8.0之间。所以在用厌氧法处理废水时，由于有机物的酸性发酵和碱性发酵在同一构筑物内进行，故为了维持产生的酸和形成的甲烷之间的平衡，避免产生过多的有机酸，经常保持处理构筑物内的pH值范围在6.5～7.5（最佳在6.8～7.2）。在实际运转时，有机酸的控制较值更为重要，因当酸量积累至足以降低pH值时，厌氧处理的效果已经显著下降，甚至停止产气。有机酸本身不毒害产甲烷菌，而pH值的下降则会抑制产甲烷菌的生长。

好氧法处理有机物所需的时间一般比用厌氧法的短，且基本上无臭气，但需要有氧的供应和比较复杂的处理设备，并且当废水中有机物浓度太高时，一般不可能供应好氧分解所需的充足的氧气。用厌氧法处理废水，所产生的 CH_4 气体，因热能高可以利用；但由于 H_2S 气体的产生，导致臭气大；还有由于存在硫化铁等黑色物质使处理后的废水颜色深，并且出水中所含有机物也较多，如果要使有机物完全稳定，需时比较长，当废水量大时，所需设备的容量也将很大。因此，处理废水时一般采用好氧法，处理污泥时则用厌氧法。如处理高浓度的有机废水（如屠宰场废水、发酵工业废水、羊毛洗涤废水等），则往往先采用厌氧生物处理，将有机污染物质降至一定浓度后，再采用好氧法处理至达到污水排放标准。厌氧处理还有可能使难以好氧生物降解的有机物转化为较易好氧分解的物质。

2. 参与厌氧生物处理的微生物

厌氧生物处理过程是一个连续的微生物过程，参与厌氧消化的微生物类群总体上可分为两大类，既包括发酵细菌群、产氢产乙酸菌群以及同型产乙酸菌群在内的不产甲烷微生物和产甲烷微生物。

（1）不产甲烷微生物（又称产酸微生物）。包括厌氧菌和兼性厌氧菌，其种类很多，具体种类及数量随发酵原料和发酵工艺而定。此外，还有真菌和原生动物等。细菌除了厌氧菌和兼性厌氧菌之外，在厌氧设备中还存在一定数量的好氧细菌。好氧菌在厌氧发酵过程中的作用，目前还研究得不够。

1）发酵细菌群。发酵细菌种类很多，如梭菌属、枝杆菌属、乳杆菌属等。它们主要参与复杂有机物的水解，并通过丁酸发酵、丙酸发酵、混合液发酵、乳酸发酵和乙醇发酵等将水解产物转化为乙酸、丙酸、丁酸、戊酸、乳酸等挥发性有机酸及乙醇、CO_2、H_2 等。

2）产氢产乙酸菌群。大多为发酵细菌，也有专性产氢产乙酸菌。这类细菌有脱硫弧菌、沃尔非互营单胞菌、沃林互营杆菌等。它们可将发酵细菌产生的挥发性酸和醇转化为乙酸、H_2、CO_2 等。

3）同型产乙酸细菌群。同型产乙酸细菌群种类也较多，如乙酸梭菌、甲酸乙酸化梭菌、乌氏梭菌、伍迪乙酸梭菌等。它们可将 H_2 和 CO_2 转化为乙酸。

此外，在厌氧发酵中能经常见到原生动物，但数量不多。

（2）产甲烷细菌。产甲烷细菌具有特殊的产能代谢功能，可利用 H_2 还原 CO_2 合成 CH_4，亦可利用含碳有机化合物和乙酸为底物。产甲烷细菌与甲烷氧化细菌的区别在于：产甲烷细菌利用有机或无机物作为底物，在厌氧条件下转化形成甲烷；而甲烷氧化细菌则以甲烷为碳源和能源，将甲烷氧化分解成 CO_2 和 H_2O。在沼气发酵中，产甲烷细菌是沼气发酵微生物的核心，其他发酵细菌为产甲烷细菌提供底物。产甲烷细菌也是自然界碳素物质循环中，厌氧生物链的最后一组成员，在自然界碳素循环的动态平衡中具有重要的作用。

1）产甲烷细菌的生理特征：

a. 产甲烷细菌是严格专性厌氧菌。产甲烷细菌都是生活在没有氧气的厌氧环境中，对氧气非常敏感，遇到氧气后会立即受到抑制，不能生长繁殖，最终导致死亡。

b. 产甲烷细菌对环境影响非常敏感。产甲烷细菌对生态因子的要求非常苛刻，例如，对温度、pH 值、氧化还原电位及有毒物质等均很敏感，适应范围非常有限。

c. 产甲烷细菌生长特别缓慢。产甲烷细菌在自然界中生长特别缓慢，即使在人工培养条件下，也要经过 18d 甚至几十天才能长出菌落。

d. 产甲烷细菌分离培养比较困难。由于产甲烷细菌是严格的厌氧菌，受技术手段的限制，培养分离产甲烷细菌很困难。目前，全世界报道的产甲烷细菌约有 40 多种。

2）产甲烷细菌的营养特征。不同的产甲烷细菌生长过程中所需要的碳源是不一样的。研究学者 Smith 指出，在纯种培养条件下，几乎所有的产甲烷细菌都能利用 H_2 和 CO_2 生成甲烷。在厌氧生物处理中，绝大多数产甲烷细菌都能利用甲醇、甲胺、乙酸，因此，在厌氧生物处理反应设备中最为常见。产甲烷细菌不能直接利用除乙酸外的二碳以上的有机物质。

一般将产甲烷细菌分为三个种群，氧化氢产甲烷菌、氧化氢利用乙酸产甲烷菌和非氧化氢利用乙酸产甲烷菌。尽管这一分类并不严格，但在厌氧反应器中，以上种群分别能出现在不同的生活环境中，构成优势种，对实际工程的运行具有重要意义。

所有的产甲烷细菌都能利用 NH_4^+，有的产甲烷菌需酪蛋白的胰消化物，它可刺激产甲烷细菌生长，因此，分离产甲烷细菌时，培养基中要加入胰酶解酪蛋白。产甲烷细菌在生活中需要某些维生素，尤其是 B 族维生素。酵母汁 B 族维生素能刺激产甲烷细菌的生长。另外，瘤胃液也能刺激产甲烷细菌的生长，它可提供辅酶 M 等多种生长因子。产甲烷细菌在生活中还需要某些微量元素，如镍（Ni）$<0.1\mu mol/L$，钴（Co）$<0.01\mu mol/L$，钼

(Mo) <0.01μmol/L 等。

3）产甲烷细菌的种类及形态特征。产甲烷细菌是一个很特殊的微生物类群，属于古细菌，与其他细菌相比，种类较少，但它们在形态上仍有明显的差异，常见的有杆状、丝状、球状、螺旋状和八叠球状等（图 3.26）。

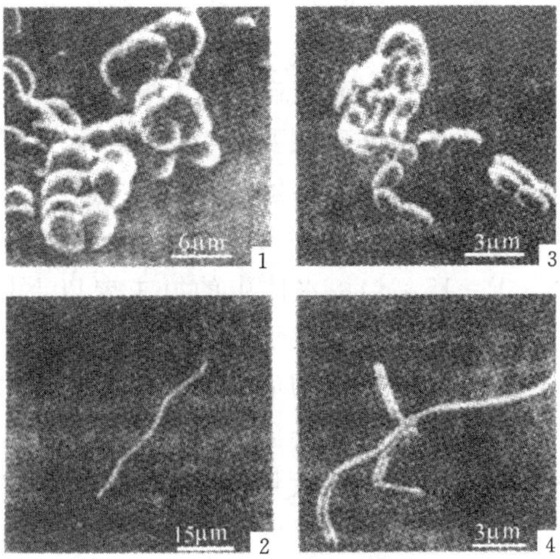

图 3.26 产甲烷细菌的形态

1—巴氏产甲烷八叠球菌；2—反刍产甲烷短杆菌；3—亨氏产甲烷螺菌；4—嗜树木产甲烷短杆菌 A_2 菌株

产甲烷细菌均不形成芽孢，革兰染色不定，有的具有鞭毛。球形菌呈圆形或椭圆形，直径一般为 0.3～5.0μm，有的成对或成链状排列。杆菌为短杆状，两端钝圆。八叠球菌革兰染色呈阳性，这种细菌在沼气池中大量存在。

常见的产甲烷细菌主要有：①甲烷杆菌属，如反刍甲烷杆菌、甲酸甲烷杆菌、热自氧甲烷杆菌、索氏甲烷杆菌、运动甲烷杆菌等；②甲烷八叠球菌属，如巴氏甲烷八叠球菌等；③甲烷球菌属，如万尼甲烷球菌属等；④甲烷螺旋菌属，如洪氏甲烷螺旋菌等。

3. 厌氧处理的各种处理构筑物

厌氧处理有多种不同的过程，虽然各种过程的处理构筑物中的微生物种群在总体上是相同的，但由于运行条件的不同，各类微生物在数量上会有所不同。处理构筑物如不是完全混合式的，构筑物中的微生物在垂直方向上的生态分布也会不同。

目前应用得最普遍的厌氧处理构筑物是“消化池”。消化池从运行温度上一般分为中温消化（30～35℃）和高温消化（55℃）两种；消化池可以是单级的，也有两级的（第一级设置搅拌装置，第二级不设搅拌装置）；还有一种两阶段厌氧消化池（也称两相厌氧消化池），第一阶段是酸性阶段，第二阶段是产甲烷阶段。

近年来新型厌氧处理构筑物（反应器）不断出现，如具有污泥回流的厌氧生物滤池、接触消化池、厌氧流化床和升流式厌氧污泥层（UASB）反应器等。在这些新型反应器中从微生物角度值得特别说明的是 UASB 反应器，运行良好的 UASB 反应器中的污泥是“颗粒污泥”，这种颗粒污泥有较好的产甲烷活性和良好的沉降性能。它是一种团粒结构，由许多种类的细菌组成。这些细菌之间存在互营共生关系，大部分细菌是专性厌氧细菌，只有小部分发酵细菌是兼性厌氧菌。各类细菌在颗粒污泥中的分布是有规律的，分布在颗粒内层的主要是乙酸营养型产甲烷细菌及产氢产乙酸细菌，外层则主要是发酵细菌和氢营养型产甲烷细菌。

3.2.3.3 生物脱氮除磷中的微生物

1. 水体的富营养化

水体富营养化是指大量溶解性盐类（主要是硝酸盐和磷酸盐）进入水体，使水中藻类等浮游生物大量生长繁殖，而后引起异养微生物旺盛代谢活动，耗尽了水体中的溶解氧，水质变差，导致其他水生生物死亡，破坏水体生态平衡的现象。

水体的富营养化，实质上是生态系统受到了污染造成的，主要受排放的生活污水和含

N、P较高的工业废水和农田冲刷水的污染。任何天然水体都不是与周围环境隔绝的封闭系统，地表污染，尤其是因耕作施肥，形成的径流有可能污染地表水；二级生化处理厂的出水中无机氮和无机磷（硝酸盐和磷酸盐）超标也会污染地表水，导致湖泊河流甚至海湾的富营养化。水体中的磷只要超过0.01mg/L或氮超过0.2～0.3mg/L时就可使水体开始富营养化。但是，水中可溶解性盐类的"本底含量"往往会超过0.01mg/L，有不少水体的本底含量会达到0.5mg/L。所以，至少在富营养化的初期阶段，氮也许是富营养化的主要因素（N：P=15：1）。水体中的氮主要以NH_4^+、NO_3^-、NO_2^-和有机氮的形式出现。这些养分的相对比例不仅取决于流入水体中的水，也取决于生物转化作用。

水体富营养化的危害很大，可破坏水体自然生态平衡，它不仅给渔业等生产造成重大的经济损失，而且还会危害人类的健康。藻类过度繁殖，死亡后的藻类有机体被异养微生物分解，消耗了水中的大量溶解氧，使水中溶解氧的含量急剧下降，同时，由于水面被藻类覆盖，影响大气的复氧作用，使水中缺氧，甚至造成厌氧状态。此外，水体中藻类大量繁殖，也会阻塞鱼鳃和贝类的进出水孔，使之不能进行呼吸而死亡。这些因素将导致鱼类等水生生物因缺氧而窒息死亡，引起水面鱼尸漂浮；死亡的藻类被微生物分解放出胺类物质，产生严重的尸腐味；使水体处于厌氧状态而产生H_2S臭气。

2. 富营养化中微生物的作用

水体中原核藻类和真核藻类刚毛藻属能以一定速度消耗CO_2而使水体的碱性提高，pH值大于8，碱性提高会使蓝绿藻增长。蓝绿藻大量繁殖，不利于其他浮游植物的生长，会导致某些鱼类从生态系统中消失。在藻类大量增长时，食草甲壳纲水蚤属往往可以延缓富营养化过程。当藻类生长达到一定密度时，CO_2就成为限制性因素，浮游植物迅速死亡，会减少大量的溶解氧（DO），致使鱼类无法生存。在水体富营养化过程中，需氧和兼性厌氧的革兰氏阴性杆菌占优势，其中包括多种菌属，如假单胞菌属、产碱杆菌属、无色杆菌属、产黄菌属等。

控制水体富营养化的最根本措施是加强对生态环境的管理，制定法规时，对污水的排放一定要严格控制，一般应达到二级处理排放标准，并应逐渐达到深度（三级或接近三级）处理标准，以减少N、P含量。

3. 脱氮除磷中的微生物

（1）生物脱氮及参与的微生物。某些工业废水和生活污水中的有机氮经微生物降解为无机的NH_3。在好氧条件下NH_3会被亚硝酸菌和硝酸菌氧化成亚硝酸盐（NO_2^-）和硝酸盐（NO_3^-）。大量硝酸盐（NO_3^-）排入水体就会导致富营养化，也就污染了给水水源。

目前常采用的生物脱氮的流程是首先经过硝化过程，然后利用反硝化细菌进行反硝化，将NO_2^-和NO_3^-转化为N_2。N_2逸入大气，完成脱氮过程，能进行反消化作用的细菌绝大多数是异养型的厌氧菌，它们需利用有机物作为反消化过程中的电子供体。

（2）生物除磷及参与的微生物。自然界中有很多细菌，能从外界环境中吸收可溶性的磷酸盐，并在体内转化合成多聚磷酸盐积累起来，作为储存物质。

20世纪70年代末，有些学者，如Fuks和Chen，发现多种有明显除磷能力的细菌，统称除磷菌，如不动杆菌。它们在有氧环境中，能超量摄取磷，按一般细菌的分子式估算，其细胞中含磷量为2.3%，而除磷菌可摄取约为正常需磷量的10倍以上。

实验表明，活性污泥在厌氧、好氧交替条件下运行时，在活性污泥中可产生所谓的"聚磷菌”。聚磷菌在好氧条件下可超出生理需求过量摄取磷，形成多聚磷酸盐作为储存物质，同时在细胞分裂繁殖过程中利用大量磷合成核酸，即

$$ADP + H_3PO_4 + 能量 \longrightarrow ATP + H_2O \quad (3.10)$$

使生成的活性污泥在好氧条件下利用磷的量比普通活性污泥（MLSS 中的含磷量为 1%～2%）高 2～3 倍。

在厌氧条件下，活性污泥中聚磷菌为了获得较多的能量，将积累于体内的多聚磷酸盐水解，产生大量能量。

$$ATP + H_2O \longrightarrow ADP + H_3PO_4 + 能量 \quad (3.11)$$

同时将磷酸盐释放于环境中。

废水的生物除磷原理就是利用所谓的聚磷菌在好氧条件下可过量吸磷，即水中磷富集于活性污泥中；而在厌氧条件下活性污泥中的磷又可释放，即磷主要存在于上清液中，从而分别通过聚磷剩余活性污泥的排放和含磷上清液的排放使得磷脱离处理系统，达到生物除磷的目的。此外，在生物除磷过程中 BOD_5 也得到降解。

3.2.4　水体的污染与自净

水体的污染是当前普遍存在的环境问题，而水体自净是一种自然规律，是决定污水处理程度的重要因素。

水体的污染是指排入水体的污染物质在数量上超过了该物质在水体中的本底含量和水体的环境容量，从而导致水体中的水产生了物理和化学上的变化，破坏了水体中固有的生态系统，破坏了水体的功能及其在经济发展和人们生活中的作用。

造成水体污染的因素是多方面的，向水体排放未经妥善处理的城镇污水和工业废水（最主要）；施用的化肥、农药；城市地面的污染物，被雨水冲刷随地面径流进入水体；随大气扩散的有毒物质通过重力沉降或降水过程而进入水体等。

衡量水体被污染的程度，一般是采用生物及化学指标，即测定水体中的 BOD、COD 及其他一些单项指标的数值，与国家规定该水体这些指标最高容许数值比较，决定水体的污染程度。

根据排入水体的污水中污染物质性质不同，对水体的水质产生不同的影响。这种影响可分为物理的、化学的、生物的。包括引起水体在色、臭、味、浊度、酸碱度、温度、有机物、无机物含量的变化；汞、铬、镉等重金属和酚、氰化物等其他有毒物质的出现；水中溶解氧的大量减少等。水体的这些变化，造成的危害是很大的，主要有下列几方面：

（1）对人体健康的危害。分为两方面：一方面是污水使水体带来致病的细菌、病毒、寄生虫卵等，从而引起疾病的蔓延；另一方面是使水体中含有有毒物质，引起人体的中毒，其中危害最大的是汞、铬、镉、砷等重金属的污染。

（2）对渔业的危害。水中含有有毒物质会使鱼类中毒死亡或累积于鱼体中，使这种鱼类不能食用。同时，大量有机物排入水体，急剧消耗水中溶解氧，也会使鱼类窒息而死。

（3）对农业的危害。用于灌溉的水体，当水中某些污染物超过一定浓度时，将影响农作物的生长。有些污染物又能长期积存于土壤中，使土地盐碱化。

但是，自然环境包括水环境对污染物质都具有一定的承受能力，即所谓的“环境容量”。水体的自净是指受污染的水体能够在其环境容量的范围以内，经过水体的物理、化学和生物的作用，使污染物浓度降低或转化，水体恢复到原有状态，或从最初的超过水质标准降低到

等于水质标准的现象。

水体的自净过程很复杂，按其机理可分为：

（1）物理净化作用。其中包括稀释、混合、扩散、挥发、沉淀等过程。污水或污染物排入水体之后，可沉固体逐渐沉至水底形成底泥，悬浮胶体和溶解性污染物则因混合扩散稀释而逐渐降低其在水中的浓度。

（2）化学净化作用。污染物质通过氧化、还原、吸附、凝聚、中和等反应使其浓度降低。

（3）生物化学净化作用。物理净化作用与化学净化作用，只能使污染物的存在场所与存在形态发生变化，使水体中污染物的存在浓度下降，但污染物总量一般得不到减少。而水体的生物化学净化可使污染物的总量降低，使水体得到真正的净化。图 3.27 为水体生物净化过程示意图。

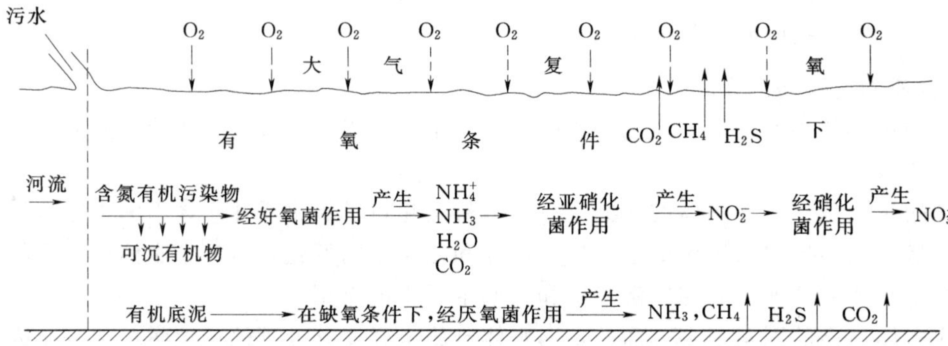

图 3.27　水体中含氮有机物生物化学净化示意图

污染物质中的有机物质，由于水中微生物的代谢活动而被分解、氧化并转化为无害、稳定的无机物，从而使浓度降低。

水体的自净包含着比较广泛的内容，任何水体的自净作用都是上述 3 项过程的综合，它们同时同地产生，相互影响、交织在一起。但其中常常以生物自净过程为主，微生物在水体自净过程中是最活跃、最积极的因素。

但是，必须说明的是：水体的自净能力是有一定限度的，也是比较缓慢的。随着城市的发展，污水量的不断增加，污染日显严重，往往上游河流受的污染尚未净化，又再次受到下游城镇或工厂排出污水的污染，以致整段河流始终处于污染状态，造成对环境卫生的危害及影响水体的后果。因此，为防止污水对水体的污染，必须控制污水的排放。

3.2.4.1 水体的物理性污染

水体的物理性污染，是指水体在遭受污染后，水的颜色、浊度、温度、悬浮物等方面产生变化，这一类污染往往给人们以感官上的认识。

（1）颜色。污水特别是某些工业废水，如印染废水、洗煤废水等本身都具有其独特的颜色，排入水体后，往往使水体着色。水体着色，其危害本身可能并不大，但给人以水被污染的认识，让人在感官上产生不快的感觉。

（2）温度（热污染）。温度升高也是水体污染的一种形式，对水体造成的危害形式有：

1）水温升高能加大水中有毒物质的毒性作用。当水中毒物浓度不变时，温度升高

10℃，可使水生生物的存活时间减少一半。

2）水温升高，对鱼类的影响较为显著。因为温度过高会扰乱鱼类正常的回游路线；另外，有些鱼类虽然能够在较高的温度下生存，但在繁殖时温度要低，因为鱼卵一般是不耐高温的。如鳟鱼可在 24.4℃的水中生活，但其排卵时的温度应降至 14.4℃。如果这条河流的水温经常保持在 15℃以上，定将会这条河流中的鳟鱼灭绝。

3）悬浮物的污染。悬浮物（包括无机的和有机的两部分）是水体的主要污染物质之一。水体被悬浮物污染后，造成的危害主要有：

a. 大大地降低了光的穿透能力，减少了水的光合作用并也妨碍了水体的自净作用。

b. 水中悬浮物可能是各种污染物的载体，它可能会吸附一部分水中的污染物并随水的流动而迁移。

c. 水中存在的悬浮物，它们对鱼类产生危害，可能堵塞鱼鳃，导致鱼的死亡。

d. 含有大量有机悬浮物的水体，由于微生物的生命活动，会使水体中的溶解氧含量大幅度降低，也会影响鱼类的正常生活。

3.2.4.2 酸、碱、无机盐类的污染

酸、碱对水体的污染，除工业废水排放外，雨水淋洗污染空气中的二氧化硫，产生酸雨也会污染水体。酸、碱污染水体，使水体的 pH 值发生变化，破坏水体的自然缓冲作用，消灭或抑制微生物生长，妨碍水体自净。如长期遭受酸碱污染，水质逐渐恶化、周围土壤酸化、危害渔业生产。

酸性废水与碱性废水相互中和会产生各种盐类，它们与地表物质相互作用，也可能生成无机盐类。因此，酸、碱的污染必然会伴随着无机盐类的污染。酸、碱污染还会增加水中的无机盐类和水的硬度。

3.2.4.3 氮、磷等植物营养物对水体的污染——富营养化

富营养化是湖泊分类与演化的一种概念，是湖泊水体老化的一种自然现象。在自然界物质的正常循环过程中，湖泊将由贫营养湖发展为富营养湖，进一步又发展为沼泽地和干地，但这一历程需时很长。在自然条件下需时几万年或几十万年，但富营养化将大大地促进这一进程。

如果氮、磷等植物营养物质大量而连续地进入湖泊、水库以及海湾等缓流水体，将促进各种水生生物的活性，刺激它们的异常增殖（主要是藻类），这样就带来了一系列的严重后果：

（1）藻类占据的空间越来越大，使鱼类活动的空间越来越小；衰死的藻类将沉积塘底。

（2）藻类种类逐渐减少，并由以硅藻和绿藻为主转为以蓝藻为主，蓝藻不是鱼类的良好饵料，而且会增殖迅速，其中有些种属是有毒的。

（3）藻类过度生长，将造成水中溶解氧的急剧变化，能在一定时间内使水体处于严重缺氧状态，严重影响鱼类的生存。

湖泊水体的富营养化与水体中的氮、磷含量有密切关。据瑞典 46 个湖泊的调查研究资料证实，如总磷不小于 0.02mg/L 或无机氮的含量不小于 0.3mg/L 时，就可以认为水体已处于富营养化的状态了。

3.2.4.4 有机物的污染与自净

下面简述水体中有机物的分解与溶解氧（DO）平衡。

有机物是不稳定的，随时随地都在向稳定的无机物质转化。从能量观点看，它们又是能

量的主要储存方式，是生物体的主要能源。有机污染物排放水体，在水体这一生态系中，有机物沿着食物链从一个机体转移到另一个机体中去，结果是或者由于功能完成而消失，或者以物质的形态而储存在生物体内。

有机污染物进入水体，水中的能量增加，如果其他条件适宜，微生物将得到增殖，有机物得到降解，同时消耗了水中的溶解氧。与此同时，通过水面的复氧作用，水体从大气中又得到氧的补充。如果排入水体的有机物没有超过水体的环境容量，水体中的溶解氧会保持在允许的范围内，有机物在水体内进行好氧分解；如果排入水体的有机物过多，由于进行好氧分解消耗了水中大量的溶解氧，从大气中补充的氧气也不能满足要求，说明排入水体的有机污染物在数量上已超过了水体的自净能力，水体出现缺氧甚至无氧，在水体缺氧的条件下，由于厌氧微生物的作用，有机物被降解成 CH_4、CO_2、NH_3 及少量 H_2S 等有害有臭味的气体，使水质恶化。

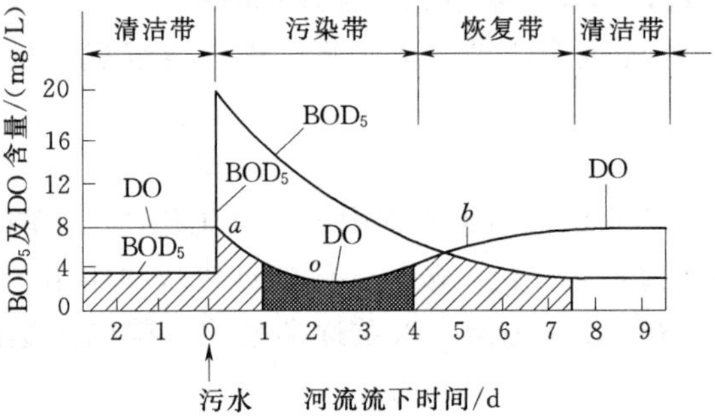

图 3.28 河流中 BOD_5 及 DO 的变化曲线

溶解氧（DO）含量是使水体中生态系统保持自然平衡的主要因素之一。DO 完全消失或其含量低于某一限值时，就会影响到这一生态系统的平衡，甚至能导致其遭到完全破坏。如：当水体中 DO 含量<1.0mg/L 时，大多数鱼类便窒息而死。因此研究 DO 的变化规律具有重要的实际意义。

图 3.28 为接纳大量生活污水的河流，水中 BOD_5 和 DO 变化的模式图。

污水集中于 O 点排放，假定污水排放后立即与河水完全混合。在排放前，河水中的 DO 含量接近于饱和（8mg/L）、BOD_5 值则处于正常状态（<4.0mg/L）、水温为 25℃。下面分析一下 BOD_5 及 DO 的变化情况：

（1）BOD_5 的变化曲线。污水排放，在 O 点处的 BOD_5 值急剧上升，高达 20mg/L，随着河水下流，有机污染物在好氧微生物的作用下逐渐被降解，BOD_5 值逐渐降低，经过 7.5d 后又恢复到原来状态。

（2）溶解氧（DO）变化曲线。有机物排入河流后，经微生物降解而大量消耗水中的 DO，使河水亏氧；另一方面，空气中的氧通过河流水面不断地溶入水中，使 DO 逐步得到恢复。所以，耗氧与复氧是同时存在的。如图 3.28 所示，因为污水排入后，DO 曲线呈悬索状下垂，故称为氧垂曲线。

污水排放后，河水中的 DO 因为用于有机物的降解而开始下降，并从流入的第一天开始，含量即低于地表水最低允许含量（4.0mg/L），在流下的 2.5d 处，降至最低点，以后开始回升，但在流下 4d 前，DO 含量都低于地面水的最低允许含量（图 3.28 涂黑部分），从此后逐渐回升，在流下的 7.5d 后，才恢复到原来状态。

学习情境 3.3 城镇污水的物理处理

3.3.1 格栅的拦截处理

格栅是后续处理构筑物或水泵机组的保护性处理设备，是由一组平行的金属栅条制成的框架，斜置（与水平夹角一般为 45°～75°）或直立在水渠、泵站集水井的进口处或水处理厂的端部，以拦截较大的呈悬浮或漂浮状态的固体污染物，如木屑、碎皮、纤维、毛发、果皮、蔬菜、塑料制品等，以便减轻后续处理设施的处理负荷，并使之正常运行。被拦截的物质称为栅渣，栅渣的含水率约为 70%～80%，容重约为 750kg/m^3。经过压榨，可将含水率降至 40%以下，以便于运输和处置。

3.3.1.1 格栅类型

格栅按形状，可分为平面格栅和曲面格栅两种；按栅条净间隙，可分为粗格栅（50～100mm）、中格栅（10～40mm）、细格栅（3～10mm）三种，由于格栅是物理处理（又称预处理）的主要构筑物，对新设计的污水处理厂一般采用粗、中两道格栅，有的甚至采用粗、中、细三道格栅；按清渣方式，可分为人工清除格栅和机械清除格栅两种。下面分别介绍平面格栅和曲面格栅。

1. 平面格栅

平面格栅由框架与栅条组成，基本形式如图 3.29 所示。图中 A 型为栅条布置在框架的外侧，适用于机械或人工清渣；B 型为栅条布置在框架的内侧，在栅条的顶部设有起吊架，可将格栅吊起，进行人工清渣。

平面格栅的基本参数与尺寸包括格栅宽度 B、格栅长度 L、栅条间距 e（指间隙净宽）、栅条至外框的距离 b。其基本参数与尺寸见表 3.5，可视污水处理厂（站）的具体条件选用。

平面格栅的框架采用型钢焊接。当格栅的长度 $L>1000$mm 时，框架应增加横向肋条。栅条用 Q235 钢制作。机械清除栅渣时，栅条的直线度偏差不应超过长度的 1/1000，且不大于 2mm。

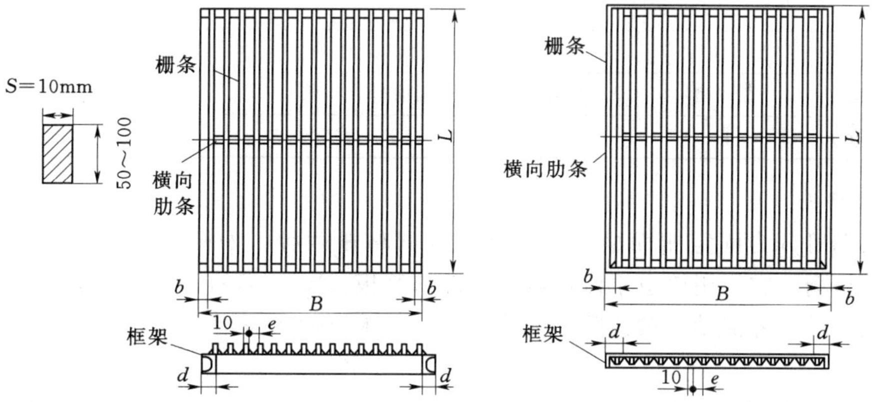

图 3.29 平面格栅

表 3.5 **平面格栅的基本参数及尺寸** 单位：mm

名称	数值
格栅宽度 B	600，800，1000，1200，1400，1600，1800，2000，2200，2400，2600，2800，3000，3200，3400，3600，3800，4000，用移动除渣机时，$B>4000$
格栅长度 L	600，800，1000，1200，…，以 200 为一级增长，上限值决定于水深
栅条间距 e	10，15，20，25，30，40，50，60，80，100
栅条至外边框距离 b	b 值按下式计算：$b=\dfrac{B-10n-(n-1)e}{2}$，$b\leqslant d$ 式中：B 为格栅宽度；n 为栅条根数；e 为栅条间距；d 为框架周边宽度

平面格栅型号表示方法，例如：PGA－$B\times L-e$，PGA为平面格栅A型；B为格栅宽度，mm；L为格栅长度，mm；e为栅条间距，mm。

平面格栅的安装方式如图3.30所示，其安装尺寸见表3.6。

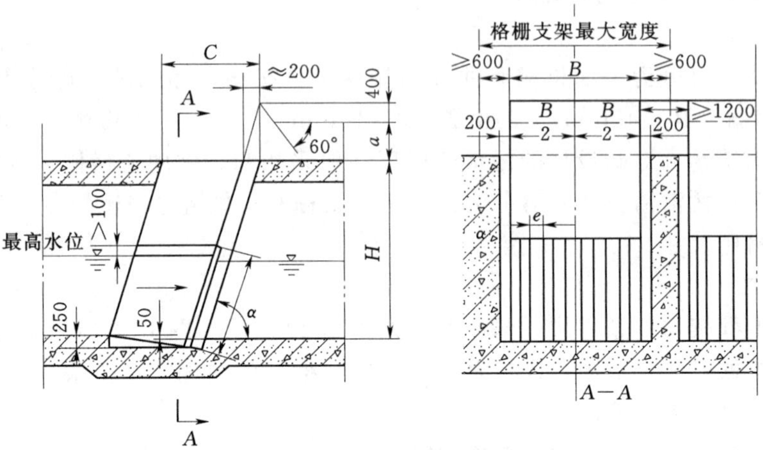

图3.30 平面格栅安装方式

表3.6 **A型平面格栅安装尺寸**

池深 H/mm	800，1000，1200，1400，1600，1800，2000，2400，2800，3200，3600，4000，4400，4800，5200，5600，6000		
格栅倾斜角 α/(°)	60，75，90		
清除高度 a/mm	0	800，1000	1200，1600，2000，2400
运输装置	水槽	容器、传送带、运输车	汽车
开口尺寸 c/mm	≥1600		

2. 曲面格栅

曲面格栅可分为固定曲面格栅和旋转鼓筒式格栅两种，如图3.31所示。图3.31(a)为固定曲面格栅，它利用渠道水流速度推动除渣桨板。图3.31(b)为旋转鼓筒式格栅，污水从鼓筒内向鼓筒外流动，被清除的栅渣，由冲洗水管冲入渣槽（带网眼）内排出。

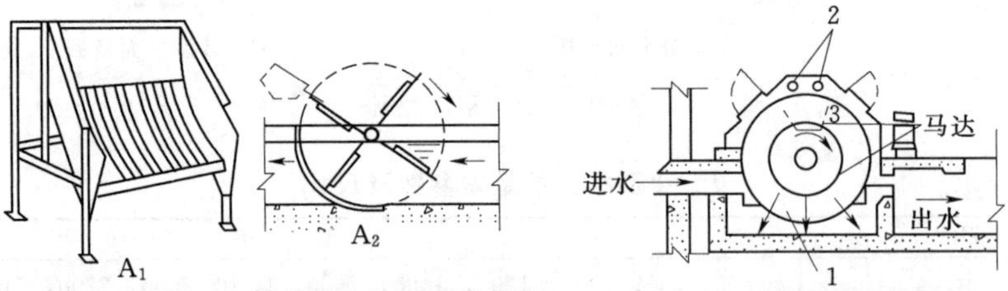

(a) 固定曲面格栅（A_1为格栅，A_2为清渣桨板） (b) 旋转鼓筒式格栅

图3.31 曲面格栅

1—鼓筒；2—冲洗水管；3—渣槽

3.3.1.2 栅渣的清除方法

栅渣清除是格栅工作的重要环节，分为人工清渣和机械清渣两种方法。

1. 人工清渣

人工清渣，一般适用于小型污水处理厂（站）。为便于工人清渣，避免栅渣重新掉落水中，格栅安装角度应不大于 60°，一般以 30°～45°为宜。

2. 机械清渣

用机械清除栅渣的格栅称为机械格栅。机械格栅的倾斜角度较人工格栅的大，一般不小于 70°，特殊情况时也采用 90°。我国自行设计使用较多的为履带式和抓斗式格栅，传动系统有电力传动和液压传动两种，大多采用电力传动系统，齿耙用链条或钢丝绳拉动，移动速度一般为 2m/min 左右。

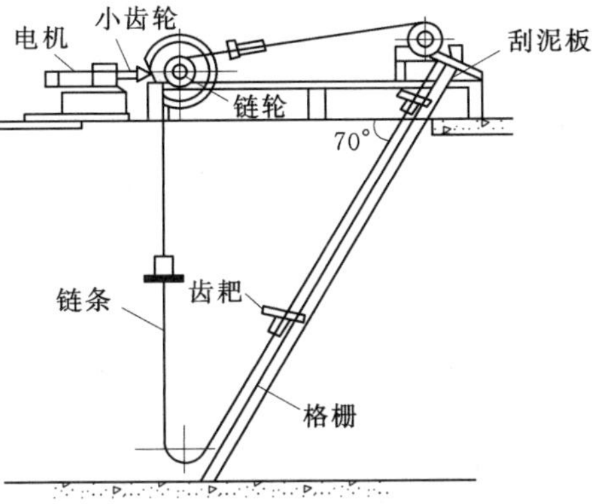

图 3.32　履带式机械格栅

（1）履带式机械格栅。图 3.32 为履带式机械格栅的一种。格栅链带作回转循环转动，齿耙伸入栅隙间并固定在链条上。这种格栅设有水下导向滑轮，利用链条的自重自由下滑。该机械设备用于宽 2.0m，深 2.3m 的格栅上，倾斜角度为 70°。最大清除污物量为 750kg/h，传动功率 1.6kW，栅条间距 20mm，齿耙移动速度 3.69m/min。

（2）抓斗式机械格栅。如图 3.33 所示，抓斗式机械格栅的齿耙装置（包括驱动和导向）所占空间较小，用钢丝绳传动。抓斗由一根横轴固定，沿着槽钢导轨作上下运动。齿耙上升到一定高度与触点继电器相碰则推动挡板，从斗中卸出栅渣，然后倒入污物车。

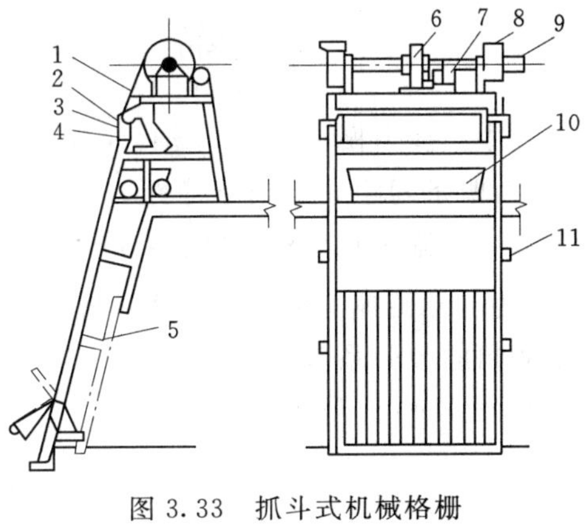

图 3.33　抓斗式机械格栅

1—钢丝绳；2—刮泥机；3—刮泥接触器；4—齿耙；5—格栅；6—减速箱；7—电动机；8—卷扬机构；9—行车传动装置；10—垃圾车；11—支座

3.3.1.3　格栅的选择

格栅的选择包括栅条断面、栅渣清除方法的选择以及栅条间距的确定等。

格栅栅条的断面形状有正方形、圆形、矩形和带半圆的矩形等，圆形断面栅条的水力条件好，水流阻力小，但刚度差，一般多采用矩形的栅条。栅条的断面形状，可参照表 3.7。

栅渣的清除方法，视截留栅渣量多少而定。在大型污水处理厂或泵站前的大型格栅，栅渣量大于 0.2m^3/d，同时为了减轻工人的劳动强度一般采用机械清渣。

栅条间距 e 根据污水种类、水泵类型及叶轮直径决定，一般污水格栅间隙 20～25mm。按照水泵类型及口径 D，应小于水泵叶片间隙。一般情况下，如是轴流泵时则 $e<D/20$；如是混流泵或离心泵时则 $e<D/30$。

格栅截留的栅渣数量，因栅条间距、污水种类的不同而异。生活污水处理用格栅的栅渣截留量，是按人口计算的，详见有关设计手册。

格栅上需要设置工作台，其高度应高出格栅前设计水位 0.5m，工作台上应有安全和冲洗设施，当格栅宽度较大时，要做成多块拼合，以减少单块重量，便于起吊安装和维修。

表 3.7　　　　栅条断面形状及尺寸

栅条断面形式	一般采用尺寸/mm	栅条断面形式	一般采用尺寸/mm
正方形		迎水面为半圆形的矩形	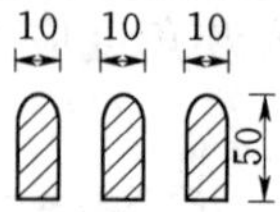
圆形	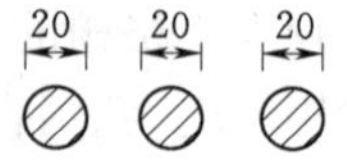	迎水、背水面均为半圆形的矩形	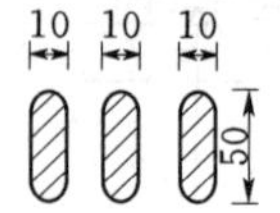
锐边矩形	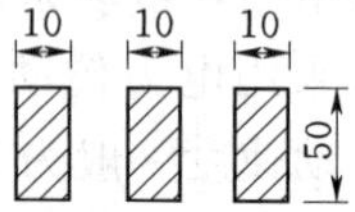		

3.3.1.4　格栅的设计

格栅的设计包括尺寸计算、水力计算、栅渣量计算及清渣机械的选用等，图 3.34 为格栅计算图。

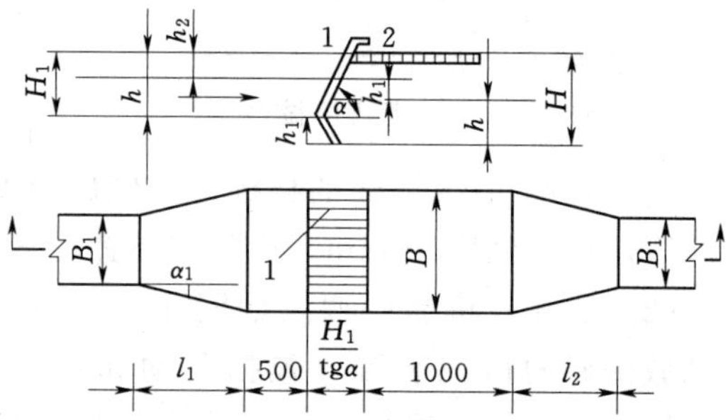

图 3.34　格栅计算图

1—栅条；2—工作台

1. 栅槽宽度

$$B=S(n-1)+en \qquad (3.12)$$

$$n=\frac{Q_{max}\sqrt{\sin\alpha}}{ehv} \qquad (3.13)$$

上二式中：B 为栅槽宽度，m；S 为栅条宽度，m；e 为栅条间距，即栅条净距，m；n 为栅条间隙数，即栅条孔隙数；Q_{max} 为最大设计流量，m^3/s；α 为栅条倾角，度；h 为栅前水深，m；v 为过栅流速，m/s，一般情况为 0.6～1.0m/s，最小不宜小于 0.45m/s；$\sqrt{\sin\alpha}$ 为考虑格栅倾角的经验系数。

2. 过栅的水头损失

$$h_1=kh_0 \qquad (3.14)$$

$$h_0=\xi\frac{v^2}{2g}\sin\alpha \qquad (3.15)$$

上二式中：h_1 为过栅水头损失，m；h_0 为计算水头损失，m；g 为重力加速度，m/s^2，$g=9.81m/s^2$；k 为系数，格栅受污物堵塞时水头损失增大倍数，一般采用 3；ξ 为阻力系数，其值与栅条断面形状有关，可按表 3.8 计算。

为避免造成栅前涌水，将栅后槽底下降 h_1 作为补偿。

表 3.8　　　　阻力系数 ξ 计算公式

栅条断面形状	公　式	说　明
锐边矩形	$\xi=\beta\left(\frac{S}{b}\right)^{\frac{4}{3}}$	$\beta=2.42$
迎水面为半圆形的矩形		$\beta=1.83$
圆形		$\beta=1.79$
迎水面、背水面均为半圆形的矩形		$\beta=1.67$
正方形	$\xi=\left(\frac{b+S}{\varepsilon b}-1\right)^2$	ε 为收缩系数，一般采用 0.64

注　β 为形状系数。

3. 栅槽总高度

$$H=h+h_1+h_2 \tag{3.16}$$

式中：H 为栅槽总高度，m；h 为栅前水深，m；h_2 为栅前渠道超高，一般采用 0.3m。

4. 栅槽总长度

$$L=l_1+l_2+1.0+0.5+\frac{H_1}{\tan\alpha} \tag{3.17}$$

$$l_1=\frac{B-B_1}{2\tan\alpha_1} \tag{3.18}$$

$$l_2=\frac{l_1}{2} \tag{3.19}$$

$$H_1=h+h_2 \tag{3.20}$$

以上式中：H_1 为栅前槽高，即栅后总高，m；l_1 为进水渠道渐宽部分长度，m；B_1 为进水渠道宽度，m；α_1 为进水渠道渐宽部分展开角度，一般可采用 20°，由此得 $l_1=\frac{B-B_1}{0.73}$；l_2 为栅槽与出水渠连接处的渐窄部分长度，m。

5. 栅渣量

$$W=\frac{Q_{max}W_1\times 86400}{K_{总}\times 1000} \tag{3.21}$$

式中：W 为栅渣量，m^3/d；$K_{总}$ 为生活污水流量总变化系数，见表 3.9；W_1 为单位栅渣量，$m^3/10^3m^3$ 污水，与栅条间隙有关，格栅间隙为 16～25mm 时，$W_1=0.10$～0.05；格栅间隙为 30～50mm，$W_1=0.03$～0.01。

表 3.9　　生活污水总流量变化系数

平均日流量/(L/s)	4	6	10	15	25	40	70	120	200	400	750	1600
$K_{总}$	2.3	2.2	2.1	2.0	1.89	1.80	1.69	1.59	1.51	1.40	1.30	1.20

3.3.2　沉沙池的沉淀处理

沉沙池的功能是去除比重较大的无机颗粒，如泥沙、煤渣等，以免这些杂质影响后续处理构筑物的正常运行。它一般设于泵站、倒虹管或初沉池前，用来减轻机械、管道的磨损，以及减轻沉淀池负荷，改善污泥处理条件。

根据室外排水设计规范规定，城镇污水处理厂应设置沉沙池，沉沙池按去除密度 $5g/cm^3$、粒径 0.2mm 以上的沙粒设计，池数或分格数应不少于 2 格，并宜按并联系列设计，其设计流量应按分期建设考虑，如果污水自流进入，应按每期的最大设计流量计算；如果是提升进入，按每期工作水泵的最大组合流量计算；在合流制处理系统中，应按降雨时的设计流量计算。

城镇污水的沉沙量可按 10^6m^3 污水沉沙 $30m^3$ 计算，其含水率为 60%，容量为 $1500kg/m^3$；合流制污水的沉沙量应根据实际情况确定，砂斗容积不应大于 2d 的沉沙量，斗壁与水平面的倾角不应小于 55°。除沙一般宜采用泵吸式或气提式机械排沙，并设置贮沙池或晒沙场。排沙管直径不应小于 200mm，沉沙池的超高不宜小于 0.3m。

常用的沉沙池有平流式沉沙池、曝气沉沙池和旋流式沉沙池等。

3.3.2.1 平流式沉沙池

1. 基本构造

平流式沉沙池由入流渠、出流渠、闸板、水流部分、沉沙斗和排沙管组成，如图 3.35 所示。沉沙池的水流部分实际上是一个加宽了的明渠，两端设有闸板，以控制水流。池的底部设有两个贮沙斗，下接排沙管，开启贮沙斗的闸阀将沙排出。平流式沉沙池常用的排沙方式有重力排沙与机械排沙两种，中、大型污水处理厂应采用机械排沙。

平流式沉沙池是常用的形式，污水在池内沿水平方向流动，具有工作稳定，构造简单、截留无机颗粒效果较好，排沙方便的优点。但平流式沉沙池沉沙中约夹杂有 15%的有机物，使沉沙的后续处理难度增加，若采用曝气沉沙池，则可以克服这个缺点。

2. 设计计算

（1）设计参数：

1）水平流速。应基本保证无机颗粒沉淀去除而有机物不能下沉，最大流速为 0.3m/s，最小流速为 0.15m/s。

2）停留时间。最大流量时停留时间不小于 30s，一般采用 30～60s。

3）有效水深。有效水深应不大于 1.2m，一般采用 0.25～1m，每格宽度不宜小于 0.6m。

4）进水头部应采取消能和整流措施。

5）池底坡度一般为 0.01～0.02。当设置除沙设备时，可根据设备要求考虑池底形状。

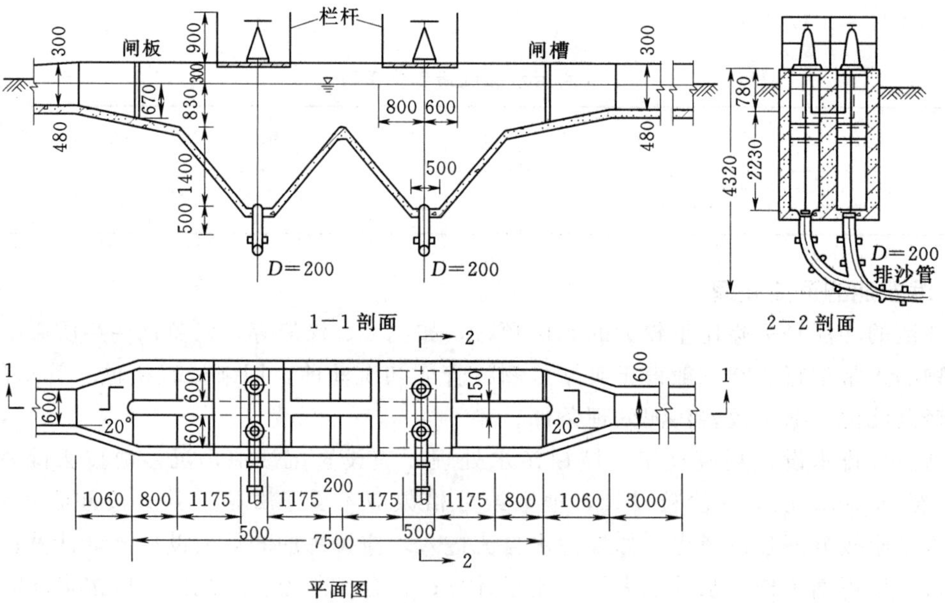

图 3.35 平流式沉沙池工艺布置图

（2）计算公式：

1）沉沙池水流部分长度 L。沉沙池两闸板之间的长度为水流部分长度。

$$L = vt \tag{3.22}$$

式中：v 为最大流速，m/s；t 为最大设计流量时的停留时间，s。

2）水流断面面积

$$A=\frac{Q_{max}}{v} \tag{3.23}$$

式中：Q_{max}为最大设计流量，m^3/s。

3）池总宽度

$$B=\frac{A}{h_2} \tag{3.24}$$

式中：h_2 为设计有效水深，m。

4）沉沙斗容积

$$V=\frac{Q_{max}x_1 T 86400}{K_z 10^5} \tag{3.25}$$

或

$$V=N x_2 T \tag{3.26}$$

式中：x_1 为城镇污水沉沙量，m^3 沙/（$10^5 m^3$ 水）；x_2 为生活污水沉沙量，L/(人・d)；T 为清除沉沙的时间间隔，d；K_z 为流量总变化系数；N 为沉沙池服务人口数。

5）沉沙池总高度

$$H=h_1+h_2+h_3 \tag{3.27}$$

式中：h_1 为超高，m；h_3 为贮沙高度，m。

6）验算。最小流量 Q_{min}时，池内的流速

$$v_{min}=\frac{Q_{min}}{n\omega} \tag{3.28}$$

若 $v_{min}>0.15m/s$，则设计合格。

式中：n 为最小流量时，工作的沉沙池数；ω 为工作沉沙池的水流断面面积，m^2。

3.3.2.2 曝气沉沙池

1. 基本构造

图 3.36 为曝气沉沙池的断面图。池表面呈矩形，曝气装置设在集沙槽侧池壁的整个长度上，距池底 0.6～0.9m，池底一侧有 0.1～0.5 的坡度坡向另一侧的集沙槽。压缩空气经空气管和空气扩散装置释放到水中，上升的气流使池内水流作旋流运动，无机颗粒之间的互相碰撞与摩擦机会增加，把表面附着的有机物除去。此外，由于旋流产生的离心力，把密度较大的无机颗粒甩向外层而下沉，相对密度较轻的有机物始终处于悬浮状态，当旋至水流的中心部位时随水带走。沉沙中的有机物含量低于 10%。

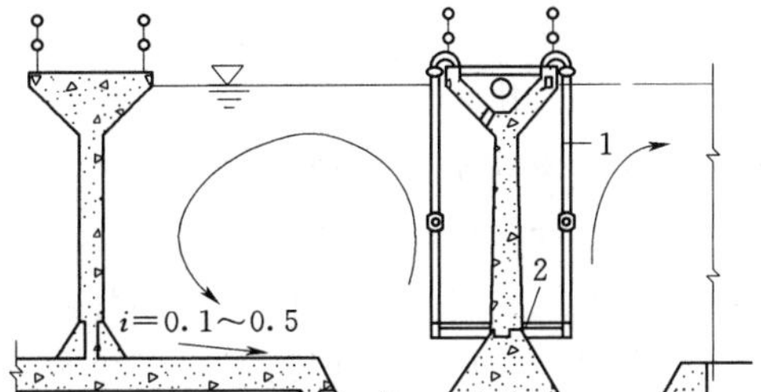

图 3.36　曝气沉沙池断面图

1—压缩空气管；2—空气扩散板；3—集沙槽

2. 设计计算

(1) 设计参数：

1）旋流速度应保持 0.25～0.3m/s，水平流速为 0.06～0.12m/s。

2）最大流量时停留时间为 1～3min。

3）有效水深为 2～3m，宽深比一般采用 1～1.5，长宽比可达 5，当池长比池宽大得多时，应考虑设计横向挡板。

4）每立方米污水的曝气量为 0.1～0.2m^3 空气或 3～5$m^3/(m^2 \cdot h)$。

（2）计算公式：

1）沉沙池总有效容积

$$V=60Q_{max}T \tag{3.29}$$

式中：Q_{max}为最大设计流量，m^3/s；T 为最大设计流量时的停留时间，s。

2）水流断面（或池断面）面积

$$A=\frac{Q_{max}}{v} \tag{3.30}$$

式中：v 为最大设计流量时的水平流速，m/s。

3）池总宽度

$$B=\frac{A}{H} \tag{3.31}$$

式中：H 为设计有效水深，m。

4）池长

$$L=\frac{V}{A} \tag{3.32}$$

5）每小时所需空气量（或曝气量）

$$q=3600DQ_{max} \tag{3.33}$$

式中：D 为每立方米污水所需空气量，m^3/m^3。

学习情境 3.4　城镇污水的好氧生物处理

水的生物处理技术，就是对自然界已存在的微生物分解代谢水中有机物的生理功能进行一定的人工强化，创造有利于微生物生长繁殖的良好环境，使微生物大量增殖，以提高其分解氧化有机物效率的一种废水处理方法。水的生物处理技术，根据参与代谢主要微生物种群的不同，可分为好氧生物处理和厌氧生物处理两大类。好氧生物处理的进行需要有氧的供应，而厌氧生物处理则保证无氧的环境。由于好氧处理效率高，所以使用比较广泛。

常用的人工好氧处理技术，则可分为活性污泥法和生物膜法两种。活性污泥法是水体自净的人工强化，是使微生物群体在反应器（曝气池）内呈悬浮状，并与废水接触而使之净化的方法，又称悬浮生长法；生物膜法是土壤自净的人工强化，是使微生物群体附着在其他物体表面上呈膜状，并让它和废水接触而使之净化的方法。

水的生物处理技术主要用来去除废水中呈溶解的和胶体的有机性污染物；悬浮物质则可用沉淀等方法加以去除。

3.4.1 污水的活性污泥法处理

活性污泥法于 1914 年由 Ardern 和 Lockett 在英国曼彻斯特创建成试验厂，是利用河流自净原理的人工强化高效的污水处理工艺，已有将近 90 年的历史。随着在实际生产上的广泛应用和技术的不断革新改进，活性污泥法在生物学、反应动力学理论，在工艺方面都得到了长足地发展，出现了多种能够适应各种条件的工艺流程，成为生活污水、城镇污水的主体处理技术。在当前污水处理技术领域中，活性污泥法是应用最为广泛的技术之一。

3.4.1.1 基本概念

(1) 活性污泥。我们可以先通过实验来认识什么是活性污泥。正如当初它被人们发现时一样：向生活污水中注入空气进行曝气，以维持水中有足够的溶解氧，并持续一段时间之后，污水中能生成一种絮凝体（外形上同混凝沉淀时产生的矾花十分相似，但颜色不同），这种絮凝体易于沉淀分离，并使污水得到净化、澄清。这种充满微生物的絮状泥粒就叫做活性污泥。

(2) 活性污泥的形态与组成。

1) 形态。活性污泥法是以活性污泥为主体的污水生物处理技术。污水曝气以后，形成一种黄褐色的生物絮凝体（0.02～0.2mm）。这种絮凝体——活性污泥由大量繁殖的微生物群体所构成，其具有强大的生命力和降解水中有机物的能力。活性污泥在外观上呈黄褐色的絮绒颗粒状，颜色因污水的水质不同，深浅也有所不同。活性污泥的比表面积为 20～100cm^2/mL，含水率为 99%以上，比重介于 1.002～1.006 之间，比水略重。

2) 组成。活性污泥由 4 部分物质组成：①具有代谢功能的活性微生物群体（M_a）；②微生物（主要是细菌）内源代谢、自身氧化的残留物（M_e）；③吸附在活性污泥上不能为生物所降解的有机物（M_i）；④由污水挟入的无机物质（M_{ii}）。

(3) 活性污泥中的微生物及其作用。活性污泥的净化功能主要取决于栖息在活性污泥上的微生物。活性污泥中的微生物群体主要以好氧细菌为主，此外，活性污泥上也存活着真菌、原生动物和后生动物等。原生动物摄取细菌，后生动物则摄取细菌和原生动物。活性污泥中的有机物、细菌、原生动物、后生动物组成了一个小型的、相对稳定的生态系统和食物链，如图 3.37 所示。

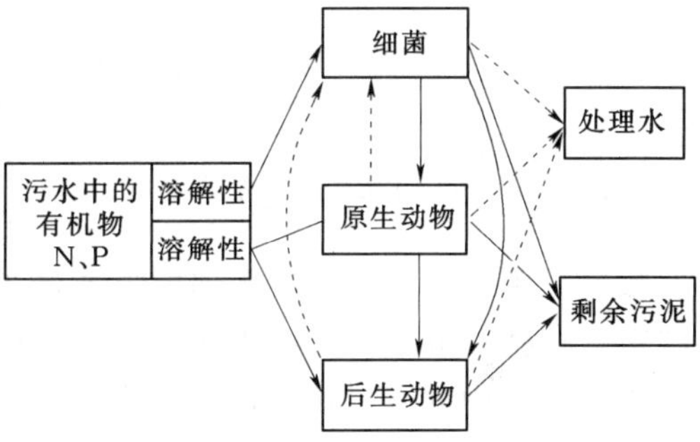

图 3.37 活性污泥微生物群体的食物链

细菌是微生物主要组成部分，但活性污泥中哪些种属的细菌占优势，要看污水中所含有机物的成分。例如，含蛋白质的污水有利于产碱杆菌属和芽孢杆菌属，而含糖类污水或烃类污水则有利于假单孢菌属的增殖，这些种属的细菌具有较高的增殖速率。成熟的活性污泥中各种细菌以菌胶团的形式存在，游离细菌极少。所谓菌胶团就是由各种细菌及细菌所分泌的黏液物质（多糖、多肽类物质）组成的絮凝体状团粒。只有在菌胶团良好发育的条件下，活性污泥的絮凝、吸附、沉降等性能才能得到正常的发挥。菌胶团的作用是吸附污水中呈悬浮态、胶体态和溶解态的有机物，将其转化、分解为简单有机物或无机盐类，同时利用分解后的部分产物作为碳源、氮源，合成新生细胞物质。

真菌构造较为复杂而且种类繁多，与活性污泥法处理有关的真菌主要是霉菌，一些霉菌常出现于 pH 值较低的污水中。霉菌是微小的腐生或寄生的丝状真菌，它能够分解碳水化合物、脂肪、蛋白质及其他含氮化合物，但是如大量增殖可能会导致污泥膨胀现象。丝状菌的异常增殖是活性污泥膨胀的主要诱因之一。

原生动物在活性污泥中主要有肉足虫、鞭毛虫和纤毛虫等三类。它们在活性污泥净化功能上是否起作用还未定论，但原生动物多摄取细菌充作营养。当运行条件和处理水水质发生变化时，出现在活性污泥中的原生动物在种属和数量上也会发生变化。例如：对污水进行静态曝气，一般情况下，最初水中的游离细菌居多，处理水水质欠佳，出现的主要是鞭毛虫类和肉足虫类（如变形虫），随后出现的主要是以游泳型纤毛虫（如豆行虫、草履虫）为主，而当活性污泥逐渐成熟，最后将以固着型的纤毛虫类（如钟虫、等枝虫等）占优势，这时处理水的水质良好。活性污泥中原生动物，可以通过显微镜镜检辨认其种属，来判断处理水水质的优劣。因此，原生动物又称为活性污泥系统的指示性生物，在评定活性污泥质量和污水处理效果方面具有一定的意义。

后生动物（如轮虫等）在活性污泥中不经常出现，特别是轮虫，仅在完全氧化型的活性污泥系统中才能较多地出现。因此，轮虫是非常稳定的生物处理系统的指示性生物。

3.4.1.2 活性污泥法的基本流程

活性污泥系统主要由活性污泥反应器——曝气池、曝气系统、二沉池、污泥回流系统和剩余污泥排除系统组成。其工艺流程如图 3.38 所示。

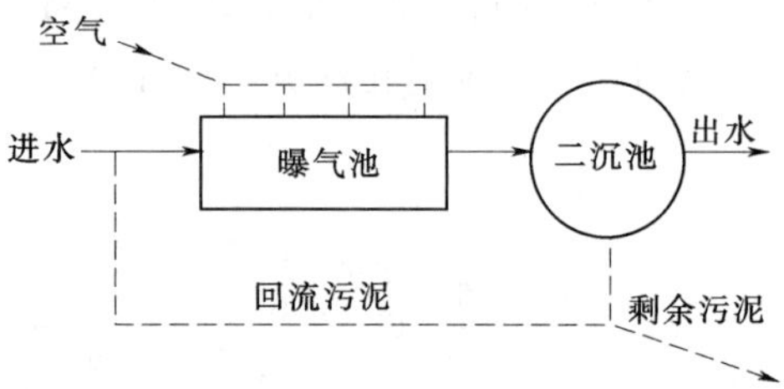

图 3.38 活性污泥处理法基本流程

经初沉池或水解酸化池处理后的污水从一端进入曝气池；与此同时，从二沉池回流的活性污泥也作为接种污泥进入曝气池；此外，曝气设备同时充入空气（一方面充氧，另一方面使曝气池内的污水、活性污泥处于剧烈搅动的状态）。活性污泥与污水互相混合充分接触，使活性污泥反应得以正常进行。由污水、回流污泥和空气相互混合形成的液体，称为混合液。

曝气设备不仅使氧通过传递的方式进入混合液，且能使得混合液得到足够的搅拌而呈悬浮状态。这样，废水中的有机物、氧气、微生物能充分接触并进行反应。活性污泥反应进行的结果，污水中的有机污染物得到降解去除得以净化，由于微生物的繁衍、增殖，活性污泥本身也得到增长。经过活性污泥净化作用后的混合液由曝气池的另一端流出进入二沉池，在这里进行固、液分离，活性污泥通过沉淀与污水分离，澄清后的污水作为处理后污水排出系统。经过沉淀浓缩的污泥从沉淀池底部排出，其中一部分作为接种污泥回流曝气池，多余的一部分则作为剩余污泥排出系统。剩余污泥与在曝气池内增长的污泥，在数量上应保持平衡，使曝气池内的污泥浓度相对地保持在一个较为恒定的范围内。

剩余污泥中含有大量活的微生物，排入环境前应进行处理，防止污染环境。

从上述流程可以看出，要使活性污泥法形成一个实用的处理方法，污泥除了有氧化和分解有机物的能力外，还应具有良好的凝聚和沉降性能，以使得活性污泥能从混合液中分离出来，得到澄清的出水。

3.4.1.3 活性污泥的评价指标

这些指标是对活性污泥的评价指标，同时在工程上也是活性污泥处理系统的设计与运行参数。

1. 表示及控制混合液中活性污泥微生物量的指标

活性污泥微生物高度集中在活性污泥上，活性污泥是以活性污泥微生物为主体形成。因此，以活性污泥在混合液中的浓度表示活性污泥微生物量是适宜的。

（1）混合液悬浮固体浓度（Mixed Liquor Suspended Solids，MLSS）。又称混合液污泥

浓度，它表示的是在曝气池内单位体积混合液中所含有的活性污泥固体物的总质量，即单位是 mg/L 或 g/L。它包括 M_a、M_e、M_i、M_{ii} 四项的总量，即

$$MLSS = M_a + M_e + M_i + M_{ii} \tag{3.34}$$

但是由于测定简便易行，此项指标应用较为普遍，但其中既包含 M_e、M_i 两项非活性物质，也包括 M_{ii} 无机物质，因此，这项指标不能精确地表示具有活性的活性污泥量，工程上往往以它表示活性污泥的相对值。

（2）混合液挥发性悬浮固体浓度（Mixed Liquor Volatile Suspended Solids，MLVSS）。本项指标所表示的是混合液活性污泥中有机性固体物质的浓度，包括 M_a、M_e、M_i 三项，即

$$MLVSS = M_a + M_e + M_i \tag{3.35}$$

虽然它不包括无机物 M_{ii}，但是其中还包括 M_e、M_i 两项非活性的难以被微生物降解的有机物质。因此它所表示的仍然是活性污泥的相对数值。但在一般情况下，$MLVSS/MLSS$ 的值比较固定，对生活污水或以生活污水为主体的城镇污水，此值约为 0.75。

2. 活性污泥的沉降性能及其评价指标

良好的沉降性能是发育正常的活性污泥所应具备的特征之一。发育良好并具有一定浓度的活性污泥，其沉降要经历絮凝沉淀、成层沉淀、压缩等全部过程，最后能够形成浓度很高的浓缩污泥层。活性污泥的吸附、凝聚及沉降性能的好坏可用污泥沉降比和污泥指数这两项指标来衡量。

（1）污泥沉降比（Setting Velocity，SV）。污泥沉降比是指曝气池中的混合液，在量筒中静置沉淀 30min 后，所形成沉淀污泥的容积占原混合液容积的百分率，以%表示。正常的活性污泥在静置沉淀 30min 后，一般可接近它的最大密度。故污泥沉降比可以反映曝气池正常运行的污泥量，用于控制剩余污泥的排放。它还能及时反映出污泥膨胀等异常情况，便于及早查明原因、采取措施，有一定的实用价值。

污泥沉降比的测定方法比较简单，并能说明一定的问题，工作中常以它作为活性污泥的重要指标，也是活性污泥处理系统重要的运行参数，其正常范围一般在 15%～30%。

（2）污泥容积指数（Sludge Volume Index，SVI）。污泥容积指数简称污泥指数，是指曝气池出口处的混合液，在经过静置沉淀 30min 后，每克干污泥所形成的沉淀污泥的体积，以 mL 计，即

$$SVI = \frac{\text{混合液 30min 静沉后污泥体积(mL/L)}}{\text{混合液中污泥干重(g/L)}} = \frac{SV(\%)}{MLSS(g/L)} \tag{3.36}$$

SVI 值能够较好地反映出活性污泥的松散程度（活性）、凝聚、沉降性能，对于生活污水或城镇污水，此值一般在 70～100 之间为宜。SVI 值过低，说明泥粒细小紧密、无机物质含量高，缺乏活性和吸附能力；SVI 值过高，说明污泥的沉降性能不好，并且已有产生膨胀现象的可能，必须查明原因，并采取一定的措施。

应该指出，污泥膨胀与污泥负荷率［N_s：kgBOD/(kgMLSS·d)］有着重要的关系。图 3.39 和图 3.40 是城镇污水和几种工业废水的污泥负荷率与 SVI 值之间的关系曲线。从图 3.39 可以看出，在低负荷和高负荷范围内都不会出现污泥膨胀，而在 1.0kgBOD/(kgMLSS·d) 左右的中间负荷区 SVI 值则很高，属于膨胀带，因此在设计和运行上都应当

避免采用这一区段的负荷值。在一般情况下，曝气池的污泥负荷率在 0.5kgBOD/(kgMLSS·d) 以下，而高负荷活性污泥法的污泥负荷率在 1.5kgBOD/(kgMLSS·d) 以上，其原因就是受污泥膨胀的限制。

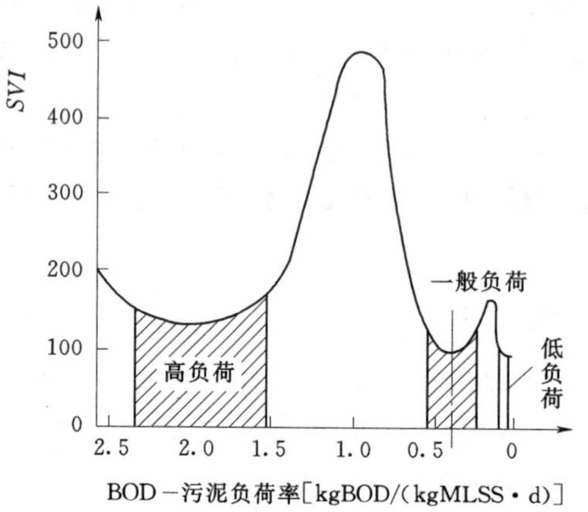

图 3.39 BOD-污泥负荷率与 *SVI* 值之间的关系

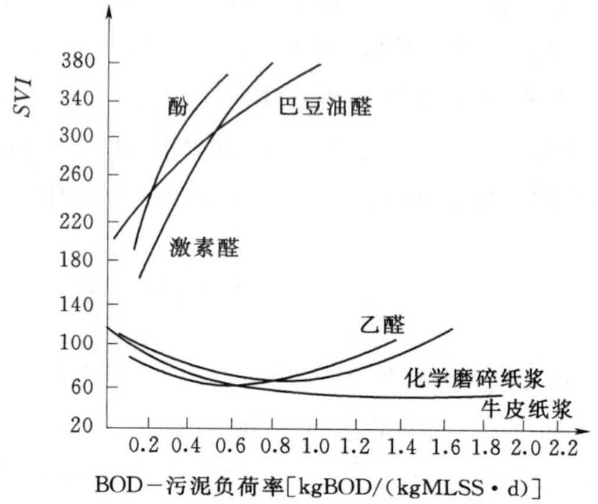

图 3.40 几种工业废水 BOD-污泥负荷率与污泥指数 *SVI* 之间的关系

3.4.1.4 活性污泥的生长规律及活性污泥法的运行方式

废水的生物处理活性污泥法，主要靠活性污泥中的微生物对水中有机物的降解和去除作用，从而达到水质净化的目的。因此，只有充分了解微生物的生长规律，才能更有效地控制与发展活性污泥法的运行方式。

1. *活性污泥增长曲线*

活性污泥微生物的增殖是活性污泥反应、有机底物降解的必然结果，而微生物的增长就是活性污泥的增长。微生物在曝气池内的增殖规律是污水生物处理工程技术人员应予以充分考虑和掌握的。

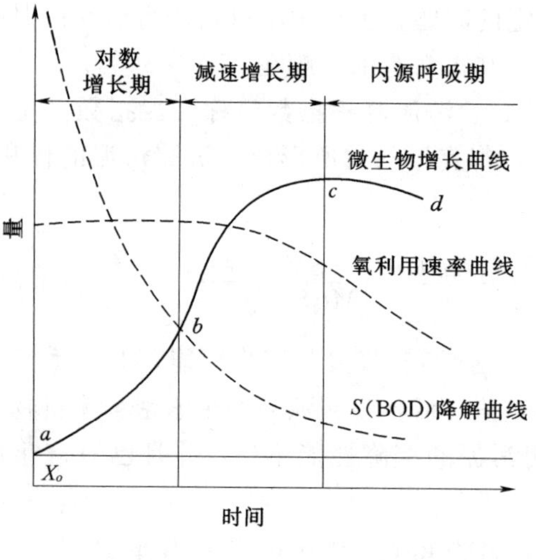

图 3.41 活性污泥微生物增长曲线及其与有机物降解、氧利用速率的关系（间歇培养、底物一次性投加）

活性污泥的增长规律实质就是活性污泥微生物的增殖规律。活性污泥微生物是多菌种的混合群体，其增殖规律比较复杂，但其增殖规律的总趋势仍可用其增殖曲线表示，将活性污泥微生物在污水中接种，并在温度适宜、溶解氧充足的条件下进行培养，按时取样计量，即可得出微生物数量与培养时间之间具有一定规律性的增殖曲线，如图 3.41 所示。在温度适宜、溶解氧充足，而且不存在抑制物质的条件下，活性污泥微生物的增殖规律主要取决于营养物或有机底物量（*F*）与微生物量（*M*）的比值（通常用 *F/M* 表示）。它也是有机底物降解速率、氧利用速率和活性污泥的凝聚、吸附性能的重要影响因素。

活性污泥微生物的增殖分为适应期、对数增

长期（等速增长期）、减速增长期（增长率下降期）和内源呼吸期（衰亡期）四个阶段。

（1）适应期，又称调整期或延迟期。这个阶段是微生物培养的最初阶段，在此阶段活性污泥微生物没有增殖，只是对污水进入后形成的新环境条件、细胞内各种酶系统的适应过程。

本期延续时间的长短，主要取决于培养基（污水）的主要成分和微生物对它的适应性。在图 3.41 中没有表示出本期，一般情况下，本期是存在的，特别是对新投入运行的曝气池。

（2）对数增长期，又称旺盛增长期。本阶段营养物过剩，F/M 值大于 2.2，这时微生物以最高速率把有机物氧化分解、合成新细胞物质。

由图 3.41 可见，微生物（活性污泥）的增殖速率与时间成直线关系，为一常数值，其值即为直线的斜率。据此，对数增长期又称"等速增长期"。

活性污泥增长速率只受其生物量（$MLVSS$）及自身机理的影响，与有机底物浓度无关，呈零级反应，而与微生物的浓度则呈一级反应；同时有机底物的降解与氧气的利用也以最高速率进行。在这种情况下，活性污泥有很高的能量水平，表现出的活性很强，吸附有机物的能力强、速度快，但也因能量水平高，活性污泥质地松散，絮凝性能不佳。

（3）减速增长期，又称平衡期或稳定期。该阶段由于营养物质的不断消耗和微生物的不断增殖，F/M 值继续下降，逐步成为微生物增殖的控制因素，此时微生物从对数增长期过渡到减速增长期。在此期间，微生物的增长速率和有机底物的降解速率已大为降低，并与残存的有机底物浓度呈一级反应关系。微生物开始衰亡，开始时衰亡速率还较低，活性污泥还有所增长，但到后期，增长速率几乎与细胞衰亡速率相等，微生物活体数达到最高水平，但却趋于稳定。

同对数增长期相比，减速增长期的营养物质减少，微生物的能量水平下降，细菌之间已没有能力克服相互之间吸引力，而开始结合在一起，活性污泥的絮凝体开始形成，活性开始减弱（但仍有相当活性），凝聚、吸附及沉降性能都有所提升。

（4）内源呼吸期，又称衰亡期。污水中的有机底物浓度持续下降，达到几乎耗尽的程度，F/M 值降到最低值并保持一个常数。微生物已不能从周围环境中摄取足够的、能够满足自身生理需要的营养，而开始分解代谢自身的细胞物质，进行内源呼吸以维持生命活动。活性污泥微生物的增殖便进入了内源呼吸期。

在本期的初期，微生物虽仍在增殖，但其速率远低于自身氧化的速率，致使活性污泥（微生物）总量逐渐减少，如让这种状态继续下去，可能达到活性污泥近于消失的程度。实际上，由于内源呼吸残留物质的存在，活性污泥不可能完全消失。

在本期中，营养物质几乎消耗殆尽，能量水平极低，活性污泥絮凝体（生物絮凝体）形成速率提高。这时细菌的凝聚性能最强，细菌处于"饥饿状态"，吸附有机物的能力显著。游离的细菌被栖息在活性污泥菌胶团表面上的原生动物所捕食，使处理水水质得到澄清。

F/M 值的不同，将使活性污泥处于不同的增长期，从而影响活性污泥的增长速率、有机物的去除速率、氧气的利用速率、污泥的特性（吸附凝聚和沉淀性能）、活性污泥微生物群的组成及其处理水的水质。

2. 有机负荷率和污泥龄

（1）BOD-污泥负荷率（又称 BOD-SS 负荷率）与 BOD-容积负荷率。由上述可知，活性污泥微生物的增殖期，主要由 F/M 控制。另外，处于不同增长期的活性污泥，其性能不同，处理水质也不同。通过控制 F/M，能够使曝气池内的活性污泥，主要是出口处的活性污泥处于我们所要达到的增殖期。F/M 是活性污泥处理系统设计、运行的一项非常重要的参数。

在具体工程应用中，F/M 是以 BOD-污泥负荷率（N_s）表示的，即

$$\frac{F}{M}=N_s=\frac{QS_a}{XV}[\text{kgBOD/(kgMLSS·d)}] \tag{3.37}$$

式中：Q 为污水流量，m^3/d；S_a 为原污水中有机污染物（BOD）浓度，mg/L；V 为曝气池容积，m^3；X 为混合液悬浮固体（MLSS）的浓度，mg/L。

BOD-污泥负荷率所表示的是曝气池内单位质量（kg）的活性污泥，在单位时间（1d）内能够接受，并将其降解到预定程度的有机污染物的量（BOD）。

在活性污泥处理系统的设计与运行中，还使用另一种负荷值——BOD-容积负荷率（N_v），其表达式为

$$N_v=\frac{QS_a}{V}[\text{kgBOD/(m}^3\text{ 曝气池·d)}] \tag{3.38}$$

BOD-容积负荷率表示的是单位曝气池容积（m^3），在单位时间（1d）内，能够接受并将其降解到预定程度的有机污染物的量（BOD）。

N_s 值与 N_v 值之间的关系是

$$N_v=N_sX \tag{3.39}$$

式中：X 为混合液悬浮固体（MLSS）的浓度，mg/L。

BOD-容积负荷率，是影响有机污染物降解、活性污泥增长的重要因素。采用较高的BOD-容积负荷率，将加快有机污染物的降解速率与活性污泥的增长速率，降低曝气池的容积在经济上是比较适宜的，但处理水水质未必能够达到预定的要求。采用较低的BOD-容积负荷率，有机污染物的降解速率和活性污泥的增长速率都将降低，曝气池的容积加大，建设费用有所提高，但处理水水质可能提高，并能够达到预定的处理程度。

选定适宜的BOD-容积负荷率具有一定的经济意义。

（2）污泥龄。在工程上习惯称污泥龄（sludge age），又称固体平均停留时间（SRT）、生物固体平均停留时间（BSRT）、细胞平均停留时间（MCRT），指在反应系统内，微生物从其生成到排出系统的平均停留时间，也就是反应系统内的微生物全部更新一次所需要的时间。从工程上来说，就是反应系统内活性污泥总量与每日排放的剩余污泥量之比，即

$$\theta_c=\frac{VX}{\Delta X} \tag{3.40}$$

式中：θ_c 为污泥龄（生物固体平均停留时间），d；ΔX 为曝气池内每日增长的活性污泥量，即应排出系统外的活性污泥量，kg/d；X 为混合液悬浮固体（MLSS）的浓度，mg/L；V 为曝气池容积，m^3。

活性污泥处理系统保持正常、稳定运行的一项重要条件，是必须在曝气池内保持相对稳定的悬浮固体（MLSS）量。但是，活性污泥反应的结果，使曝气池内的活性污泥在量上有所增长。此外，在曝气池内，在微生物新细胞生成的同时，又有一部分微生物老化、活性衰退，为了使曝气池内经常保持高度活性的活性污泥，因此，每天必须从系统中排出相当于增长量的活性污泥量。

这样，每天排出系统外的活性污泥量，包括作为剩余污泥排出的和随处理水流出的，其

表示式为

$$\Delta X=Q_W X_r+(Q-Q_W)X_e \quad (3.41)$$

式中：ΔX 为曝气池内每日增长的活性污泥量，即应排出系统外的活性污泥量，kg/d；Q_W 为作为剩余污泥排放的污泥量，m^3/d；X_r 为剩余污泥浓度，mg/L；Q 为污水流量，m^3/d；X_e 为排放处理水中的悬浮固体浓度，mg/L。

于是 θ_c 值为

$$\theta_c=\frac{VX}{Q_W X_r+(Q-Q_W)X_e} \quad (3.42)$$

在一般条件下，X_e 值很小，可忽略不计，式（3.42）可简化为

$$\theta_c=\frac{VX}{Q_W X_r} \quad (3.43)$$

X_r 值是从二沉池底部流出，回流到曝气池的污泥浓度，剩余污泥的浓度也同此值。在一般情况下，它是活性污泥特性和二沉池沉淀效果的函数，可用式（3.44）求定其近似值：

$$(X_r)_{\max}=\frac{10^6}{SVI} \quad (3.44)$$

式中：SVI 为污泥容积指数。

污泥龄是活性污泥处理系统设计、运行的重要参数，在理论上也有重要意义。这一参数还能够说明活性污泥微生物的状况，世代时间长于污泥龄的微生物在曝气池内不可能繁衍成优势菌种，如硝化菌在 20℃时，其世代时间为 3d；当污泥龄小于 3d 时，硝化菌就不可能在曝气池内大量增殖，不能成为优势菌种，也就不能在曝气池内产生硝化反应。

3. 活性污泥的净化过程与机理

在活性污泥处理系统中，污水中的有机污染物被去除的实质就是有机污染物作为营养物质被活性污泥微生物摄取、代谢、利用的过程。此过程的结果是污水得到净化，微生物获得能量并合成新的体细胞，使活性污泥得到增长。

活性污泥去除污水中有机物的过程大致分为两个阶段：初期吸附阶段和代谢阶段。

（1）初期吸附阶段。在此阶段，污水开始和活性污泥接触的较短时间，5～10min 内就出现了很高的 BOD 的去除率。这种 BOD 初期高速去除现象是由物理吸附和生物吸附交织在一起的吸附作用所产生的。

活性污泥具有很大的比表面积（介于 2000～10000m^2/m^3 混合液之间），在表面上富集着很多微生物，并且其表面上含有多糖类的黏质层。当其与污水接触时，污水中呈悬浮和胶体态有机污染物即为活性污泥所凝聚和吸附而得到去除，这一现象就是“初期吸附去除”作用的结果。

这一过程进行得较快，能够在 30min 内完成，污水中的 BOD 的去除率能达到 70%。

被吸附在微生物细胞表面的有机污染物，在经过数小时的曝气后，才能够相继地被摄入微生物体内。因此，通过“初期吸附去除”去除的有机污染物在数量上是有一定限度的。为此，回流污泥应进行足够的曝气，将储存在微生物细胞表面和体内的有机污染物充分地加以代谢，让活性污泥微生物进入内源呼吸期，使其再生并提高活性。但曝气不能太过分，否则就会导致活性污泥微生物自身氧化过分，从而使得初期吸附去除的效果下降。

（2）代谢阶段。相关内容在本学习项目3.2.3已作详细介绍，在此不作赘述。

3.4.1.5 活性污泥法的运行方式

1. 传统的活性污泥法（简称传统法）

（1）工艺流程。传统法的工艺系统如图3.38所示，污水和回流活性污泥从池首端同步注入，混合液在池内是以推流的形式流动至池的末端，再流出池外，进入二沉池进行泥水分离。二沉池活性污泥回流至曝气池。

（2）特点。有机底物的初期吸附与氧化分解均在同一池（曝气池）中进行，从池首端的对数增长，经减速增长到池末端的内源呼吸期。

（3）设计与运行参数，见表3.10。

（4）优缺点。

优点：BOD去除率（η_{BOD}）高，可达95%以上，出水水质好。

缺点：N_s低，O_2的利用不合理，应渐减供氧；对水质、水量变化的适用性差。

（5）存在问题：

1）曝气池首端有机底物负荷率高，耗氧速率也高，为了避免缺氧，进水有机负荷率不宜过高。因此，曝气池容积必然大，占用土地较多，基建费用高。

2）对水质、水量变化的适应能力较弱，运行效果受其影响。

3）耗氧速率与供氧速率难于沿池长吻合一致，出现前段供不应求，影响处理效果，又造成能量浪费（关于这一点，目前采取渐减曝气的方法）。

由于有机底物浓度沿池长逐渐降低，需氧速率也沿池长逐渐降低，如图3.42所示。因此，在池的首端混合液中溶解氧（DO）浓度较低，甚至出现不足，并沿池长逐渐增多，在池的末端DO含量就已经很充足了，一般都能达到规定的2.0mg/L。

2. 渐减曝气活性污泥法

该工艺针对传统法中由于沿曝气池池长均匀供氧，造成在池末端供氧与需氧速率之间的差距较大而严重浪费能源，提出了一种能使供氧量和混合液需氧速率相适应的运行方式，即供氧速率沿池长逐步递减，使其接近需氧速率，如图3.43所示。

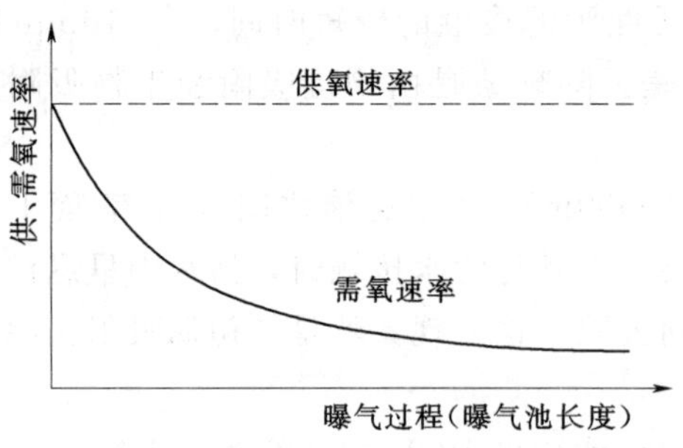

图3.42 传统活性污泥法曝气池需氧率的变化

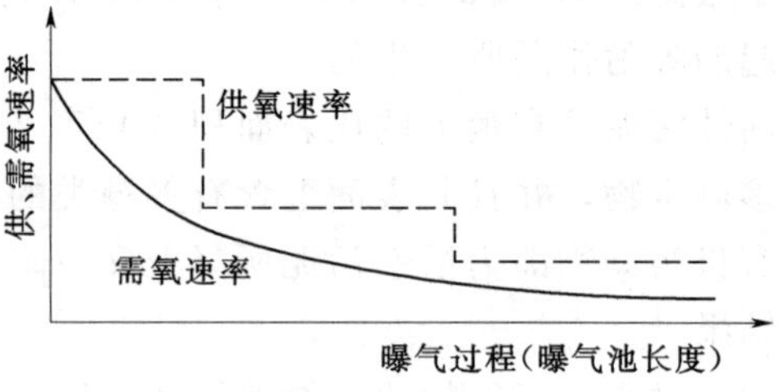

图3.43 渐减曝气工艺的曝气过程

3. 阶段曝气法（多点进水）

阶段曝气法又称分段进水活性污泥法或多段进水活性污泥法。

（1）工艺流程。阶段曝气法工艺流程，如图3.44所示。

（2）特点。有机底物浓度沿池均匀分布，负荷均衡，一定程度地缩小了供氧速率与耗氧速率之间的差距；污水分段注入，提高了曝气池对水质、水量冲击负荷的适应能力。

（3）设计与运行参数，见表 3.10。

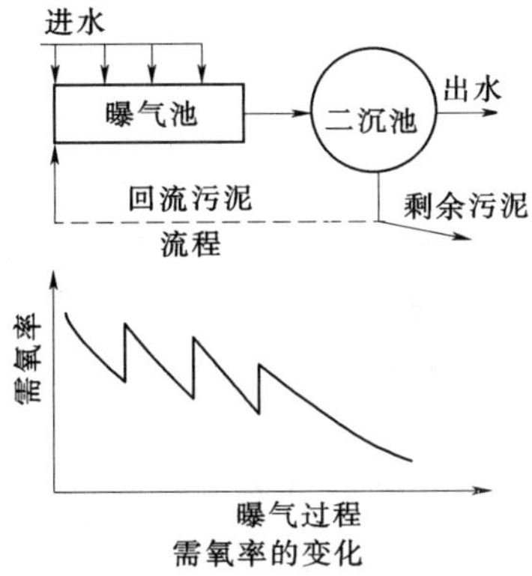

图 3.44　阶段曝气活性污泥法系统

（4）优缺点。

优点：曝气池的容积小，氧气的利用合理；

缺点：出水效果较标准法差。

4. 吸附-再生法

吸附-再生法又称接触稳定法，是人们通过部分了解活性污泥微生物生长代谢规律，从而控制和发展活性污泥法处理工艺的最好例证之一。

（1）史密斯（Smith）试验。为了说明这种运行方式的基本原理，我们从史密斯的试验说起。史密斯曾将污水与活性污泥一起进行曝气，并按一定的间隔取样测定 BOD_5 值，绘制出 BOD_5 的降解工况，如图 3.45 所示。BOD_5 值在 5～15min 内急剧下降，然后略行升起，随后又行缓慢下降。史密斯没有像其他做过同样实验的科学家一样，把这种现象简单归结为试验的误差所致，而是立刻进行深入的分析研究，最后对这种现象进行了解释：BOD_5 值的第一次急剧下降是活性较强的活性污泥吸附水中有机污染物的结果，即“初期吸附去除”；随后 BOD_5 值的略行上升是由于胞外水解酶将吸附的非溶解态的有机污染物水解为小分子后，又释放进入水中，使污泥表层水中的 BOD_5 值上升；随着反应的继续进行，有机污染物被活性污泥微生物氧化分解和合成代谢而使得浓度下降，微生物进入减速增长期和内源呼吸期，BOD_5 值又缓慢下降。

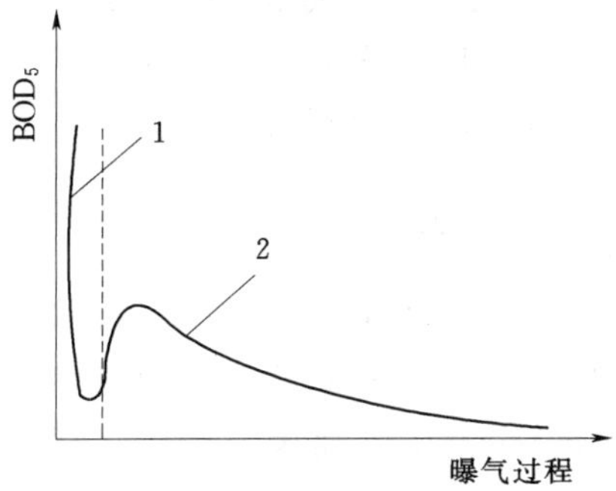

图 3.45　污水与污泥混合曝气后 BOD_5 变化曲线

1—生物吸附区；2—污泥层表面的 BOD_5

吸附-再生法系统就是以上述现象为基础开创并发展起来的。污水与活性很强（饥饿状态）的活性污泥同步进入吸附池并充分接触 30～60min，吸附去除水中有机污染物后，混合液进入二沉池进行泥水分离，澄清水排放，污泥则回流到再生池，在这里进行第二阶段的分解与合成代谢，即活性污泥对所吸附的大量有机底物进行“消化”，活性污泥微生物进入内源呼吸期，活性污泥的活性又得到恢复。

（2）工艺流程。吸附-再生法系统的工艺流程，如图 3.46 所示。

（3）特点。将活性污泥对有机污染物降解的两个过程——吸附与代谢稳定，分别在各自

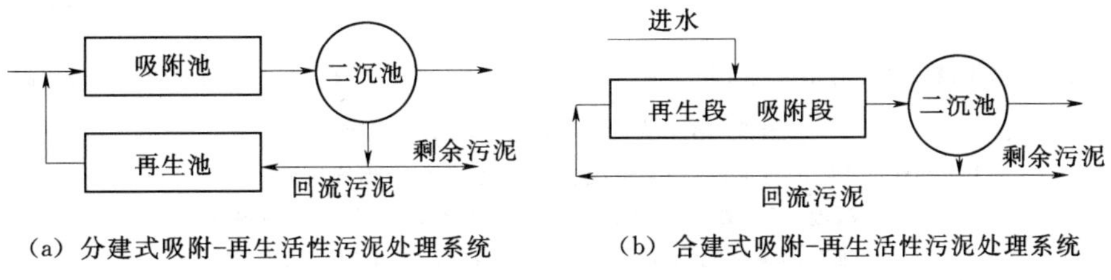

图 3.46　吸附-再生活性污泥处理系统

的反应器内进行。再生池，充分吸附有机污染物，充分氧化分解；吸附池，再生好的污泥进入后，充分吸附水中有机污染物。

（4）设计与运行参数，见表3.10。

（5）优缺点。

优点：

a. 污水与活性污泥在吸附池内停留时间短，使得吸附池容积减小；再生池接纳的是排除了剩余污泥的污泥，再生池的容积也较小。两者之和低于传统法曝气池的容积。

b. 对水质、水量的冲击负荷具有较强的承受能力，且当吸附池内污泥遭到破坏时，可由再生池内污泥予以补救。

缺点：处理效果低于传统法，$\eta_{BOD}=85\%\sim90\%$，不宜用于处理溶解性有机物含量为主的污水（适用于胶体废水）。

5. 高负荷活性污泥法

又称变形曝气法或短时曝气活性污泥法或不完全处理活性污泥法。

本工艺主要特点是BOD-SS负荷高、曝气时间短、处理效果较低，一般η_{BOD}不超过70%～75%，因此，称之为不完全处理活性污泥法。与此相对，η_{BOD}在90%以上，处理水的BOD_5值小于20mg/L的工艺称为完全处理活性污泥法。

本工艺在系统和曝气池构造上与传统法相同，适用于处理对处理水水质要求不高的污水。

6. 完全混合式活性污泥法

以上几种均为推流式系统，即认为混合液左右可混，前后不可混。完全混合式活性污泥法采用完全混合式曝气池，它与推流式的工况不同，如图3.47所示。

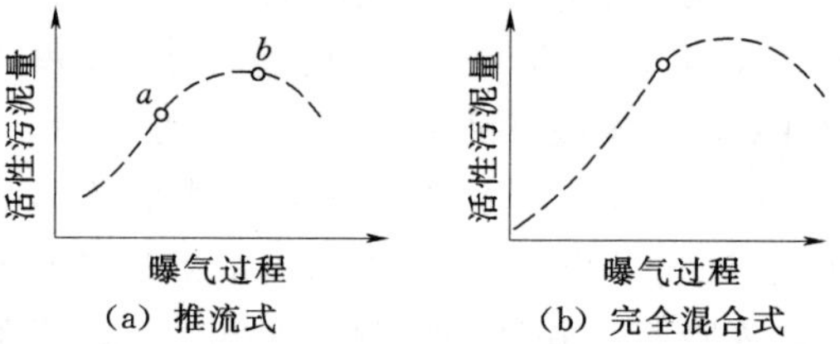

图3.47 推流式和完全混合式的工作点

（1）工艺流程。污泥、污水进入曝气池后与原混合液充分混合，池内混合液是已处理而未泥水分离的处理水，如图3.48所示。

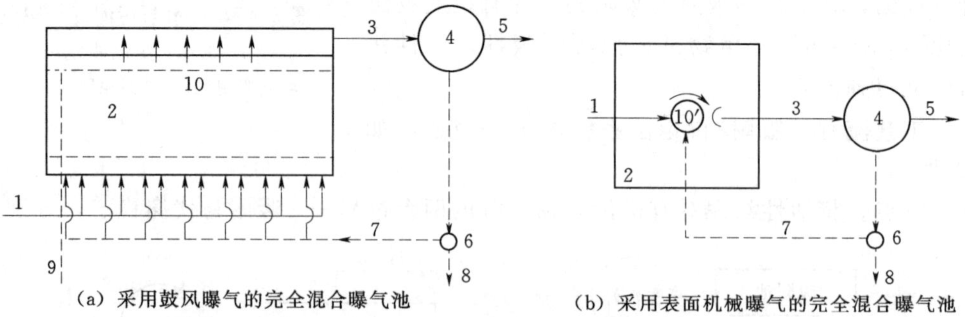

图3.48 完全混合活性污泥法系统

1—经预处理后的污水；2—完全混合曝气池；3—由曝气池流出的混合液；4—二沉池；5—处理后污水；6—污泥泵站；7—回流污泥系统；8—排放出系统的剩余污泥；9—来自空压机站的空气管道；10—曝气系统及空气扩散装置；10′—表面机械曝气器

（2）特点：

a. 进入曝气池的污水很快即被池内已存在的混合液稀释、均化。因此，该工艺对冲击负荷有较强的适应能力，适用于处理工业废水，特别是高浓度有机工业废水。

b. 污水和活性污泥在曝气池中分布均匀，F/M 值相等，微生物群体组成和数量一致，在有机物降解、微生物增殖曲线上处于一个点（即工况相同，而并非推流式的一段曲线）。因此，有可能通过对 F/M 值的调控，将整个曝气池工况控制在最佳点，使活性污泥的净化功能得以发挥。在处理效果相同时，其负荷率大于推流式曝气池。

c. 池内需氧速度均匀，动力消耗低于推流式的。

d. 该工艺较易产生污泥膨胀，其处理的水质一般不如推流式。

（3）设计与运行参数，见表 3.10。

（4）优缺点。

优点：适用性强。

缺点：易膨胀，因为各点有机物浓度相同，微生物对有机物的降解动力下降，出水效果较推流式的差。

7. 延时曝气法

延时曝气法又称完全氧化活性污泥法，一般采用流态为完全混合式的曝气池。延时曝气工艺在生长曲线的内源呼吸期运行，此时需要相对较小的有机负荷和较长的曝气时间，一般用于小型污水处理厂。

（1）工艺流程，同完全混合法。

（2）特点，是 BOD－SS 负荷率非常低，曝气反应时间长（1～3d），$MLSS$ 值较高，污泥在曝气池内长期处于内源呼吸期，剩余污泥量少且稳定，无须消化。而且其处理水的水质稳定，抗冲击负荷能力较强，可不设初沉池。由于停留时间长，容积较大，一般用于流量较小的场合。对于不是 24h 连续来水的场合，常常不设沉淀池，而采用间歇式运行。例如 20h 的曝气和进水，2h 放空，再运行。

（3）设计与运行参数，见表 3.10。

表 3.10　各种活性污泥法的设计与运行参数

运行方式	运行条件								
	BOD负荷率/[kgBOD/(kgMLSS·d)]		$MLSS$/(g/L)	污泥龄/d	气水比	曝气时间/h	回流比/%	SVI	η_{BOD}/%
	N_s	N_v							
传统法	0.2～0.4	0.3～0.8	1.5～2.0	2～4	3～7	6～8	20～30	60～120	95
阶段曝气法	0.2～0.4	0.4～1.4	2.0～3.0	2～4	3～7	4～6	20～30	100～200	95
生物吸附法	0.2	0.3～1.4	2.0～8.0	4	≥12	5	50～100	50～100	90
完全混合法	0.2～0.4	0.6～2.4	3.0～6.0	2～4	5～8	2～3	50～150	—	85～90
延时曝气法	0.03～0.05	0.15～0.25	3.0～6.0	15～30	≥15	18～24	50～150	40～60	75～90
高负荷曝气法	1.5～3.0	0.6～2.4	0.4～0.8	0.3～0.5	2～4	1.5～2.5	5～10	50	70

(4) 优缺点。

优点：内源呼吸期，泥少且稳定（无需厌氧消化处理污泥），出水水质好。

缺点：曝气时间长，池容积大，基建和运行费用高，占地面积大。

归纳以上几种活性污泥法的运行方式，可以用表 3.10 简要说明它们的设计与运行参数。

8. *多级活性污泥法*

当原污水含有高浓度的有机污染物时，图 3.49 所示为二级活性污泥法系统。每级都是独立的处理系统，都有自己的二沉池和污泥回流系统，这样有利于回流污泥对污水的适应与接种。剩余污泥则可以每级分别排放，也可以集中于最后一级处理系统排放。

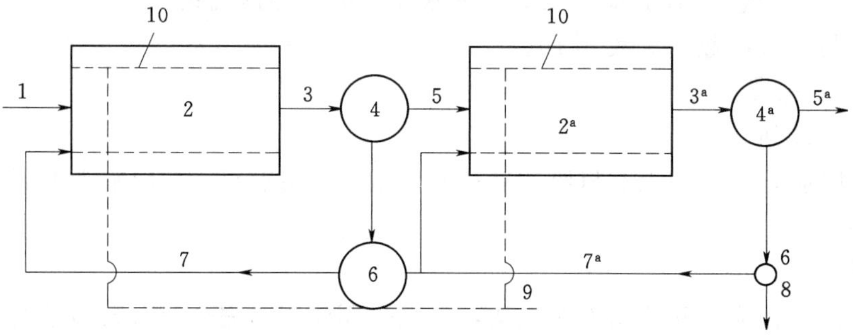

图 3.49 完全混合活性污泥法系统

1—经预处理后的污水；2—一级曝气池；2ª—二级曝气池；3—一级曝气池出流的混合液；3ª—二级曝气池出流的混合液；4—一级系统的二沉池；4ª—二级系统的二沉池；5—一级系统的处理后出水；5ª—二级系统的处理后出水；6—污泥泵站；7—一级系统的污泥回流系统；7ª—二级系统的污泥回流系统；8—剩余污泥排放；9—来自空压机站的空气管道；10—曝气系统及空气扩散装置

运行经验证实，当原污水 BOD_u 值大于 300mg/L 时，首级活性污泥法系统以采用完全混合式曝气池为宜，因为完全混合曝气池对水质、水量的冲击负荷有较强的承受能力；如原污水 BOD_u 值小于 300mg/L 时，首级曝气池可以考虑采用推流式曝气池，对此，建议采用阶段曝气活性污泥法；当原污水 BOD_u 值小于 150mg/L 时，无需考虑采用多级活性污泥处理系统。

采用多级活性污泥法系统，处理水的质量较高，但建设、运行费也较高，所以只有在非常必要时考虑采用。

3.4.1.6 活性污泥处理系统的其他工艺

污水的生物处理技术已有 100 多年的历史，活性污泥法在污水生物处理进程中一直发挥着巨大的作用，在当前污水处理领域，是应用最为广泛的处理技术之一。它有效地用于生活污水、城镇污水和有机性工业废水的处理。但是，当前活性污泥处理系统还存着某些有待解决的问题，如反应器——曝气池的池体比较庞大，占地面积大、电耗高、管理复杂等。近几十年来，有关生物处理专家和技术工作者为了解决活性污泥处理系统存在的这些问题，就活性污泥的反应机理、降解功能、运行方式、工艺系统等方面进行了大量的研讨工作，使活性污泥处理系统在净化功能和工艺系统方面取得了显著的进展。

在净化功能方面，改变以去除有机污染物为主要功能的传统模式，对系统的运行方式做了适当调整，并将厌氧技术纳入，使活性污泥处理系统能够有效地进行硝化、反硝化反应，取得脱氮率达 80%的效果；能够使活性污泥微生物从周围环境中摄取远超出其本身生理所需要的磷，使活性污泥处理系统具有过量除磷的功能，能够作为脱氮、除磷的三级处理技术。

在工艺系统方面，开创了多种旨在提高充氧能力、增加混合液污泥浓度、强化活性污泥微生物的代谢功能的高效活性污泥处理系统。

活性污泥处理系统在工艺方面仍在发展，当前仍属于发展中的污水处理技术。本部分内容，将对近年来在构造和工艺方面有较大发展、并在实际运行中已证实效果比较显著的氧化沟、间歇式活性污泥法等活性污泥处理新工艺，做简要地阐述。

1. 氧化沟

(1) 工艺流程。氧化沟，又称循环曝气池，是于 20 世纪 50 年代由荷兰的巴斯维尔(Pasveer) 所开发的一种污水生物处理技术，属活性污泥法的一种变法，如图 3.50 所示。

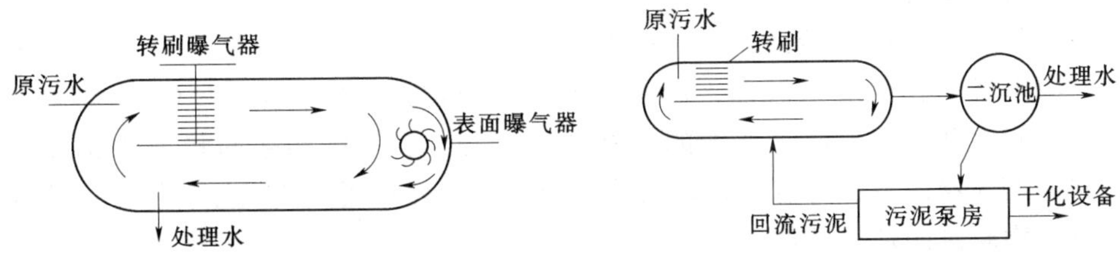

(a) 氧化沟污水处理工艺流程　　(b) 氧化沟平面图

图 3.50　氧化沟生物处理系统

(2) 氧化沟的工作原理与特征。氧化沟与传统活性污泥法曝气池相比较，具有下列各项特征：

1) 构造。氧化沟一般呈环形沟渠状，平面多为圆形或椭圆形，总长可达几十米，甚至百米以上。沟深取决于曝气装置，一般介于 2～6m 之间；单池的进水装置比较简单，只要伸入 1 根进水管即可，如双池以上平行工作时，则应设配水井，采用交替工作系统时，配水井内还要设自动控制装置，以变换水流方向；出水一般采用溢流堰式，宜于采用可升降式的，以调节池内水深。采用交替工作系统时，溢流堰应能自动启闭，并与进水装置相呼应以控制沟内水流方向。

2) 水流混合。在流态上，氧化沟介于推流式与完全混合式之间。污水在沟内的平均流速为 0.4m/s，当氧化沟的总长 (L) 为 100～500m 时，污水完成一个循环所需时间约为4～20min，如水力停留时间定为 24h，则在整个停留时间内要作 72～360 次循环。可以认为在氧化沟内混合液的水质几乎是一致的，从这个意义来说，氧化沟内的流态是完全混合式的。但是又具有某些推流式的特征，如在曝气装置的下游，溶解氧浓度从高向低变动，甚至可能出现缺氧段。

氧化沟的这种独特的水流状态，有利于活性污泥的生物凝聚作用，而且可以将其区分为富氧区、缺氧区，用以进行硝化和反硝化，取得脱氮的效果。

3) 工艺。可考虑不设初沉池，有机性悬浮物在氧化沟内能够达到好氧稳定的程度；可考虑不单设二沉池，将氧化沟与二沉池合建，可省去污泥回流装置；BOD 负荷低，同活性污泥法的延时曝气系统类似。对此，产生的效益有：对水温、水质、水量的变动有较强的适应性；污泥龄，一般可达15～30d，为传统活性污泥系统的3～6倍；可以存活与繁殖世代时间长、增殖速度慢的微生物（如硝化菌），在氧化沟内可能产生硝化反应；如运行得当，氧化沟能够具有反硝化脱氮的效应；污泥产率低，且大多数已达到稳定的程度，无需再进行硝化处理。

（3）氧化沟的曝气装置。氧化沟曝气装置的功能是：①向混合液供氧；②使混合液中有机污染物、活性污泥、溶解氧三者充分混合、接触；③推动水流以一定的流速（>0.25m/s）沿池长循环流动。其中①、②两项是与常规活性污泥法系统相同的，而第③项对氧化沟在保持它的工艺特征方面具有重要的意义。

对氧化沟采用的曝气装置，可分为横轴曝气装置和纵轴曝气装置两种类型。横轴曝气装置有曝气转刷（转刷曝气器）、曝气转盘；纵轴曝气装置即常规活性污泥法完全混合曝气池采用的表面机械曝气器。另外，在国外采用的还有射流曝气器和提升管式曝气装置。

（4）常用的氧化沟系统：

1）卡罗塞（Carrousel）氧化沟。20世纪60年代由荷兰某公司所开发。卡罗塞氧化沟系统是由多沟串联氧化沟及二沉池、污泥回流系统所组成，如图3.51（a）所示。图3.51（b）所示为六廊道并采用表面曝气器的卡罗塞氧化沟。在每组沟渠的转弯处安装一台表面曝气器。靠近曝气器的下游为富氧区，上游为低氧区，外环还可能成为缺氧区，这样的氧化沟能够形成生物脱氮的环境条件。

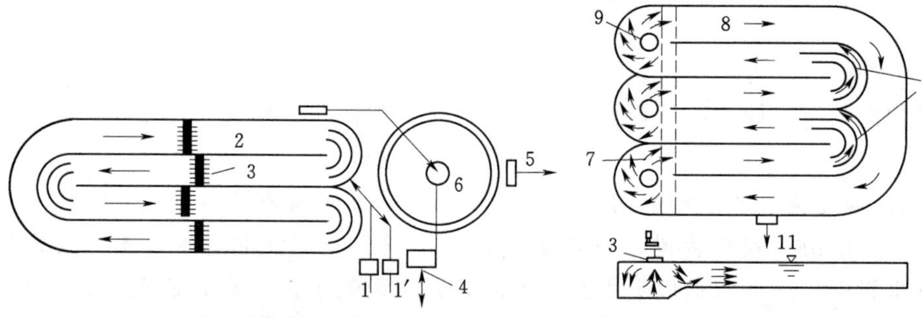

（a）卡罗塞氧化沟系统　　（b）六廊道卡罗塞氧化沟系统

图3.51　氧化沟系统

1—污水泵站；1′—回流污泥泵站；2—氧化沟；3—转刷曝气器；4—剩余污泥排放；5—处理水排放；6—二沉池；7—来自经过预处理的污水（或不经预处理）；8—氧化沟；9—表面机械曝气器；10—导向隔墙；11—处理水去往二沉池

卡罗塞氧化沟系统在国内外应用广泛，规模大小不等，从200～650000m^3/d；处理对象有城镇污水也有有机性工业废水，BOD去除率达95%～99%，脱氮效果可达90%以上，除磷率在50%左右。

2）交替工作氧化沟系统。由丹麦某公司所开发，有二池和三池两种交替工作氧化沟系统，如图3.52所示。

由图3.52可见，二池交替氧化沟由容积相同的A、B两池组成，串联运行交替作为曝气池和沉淀池，无需设污泥回流系统。该系统处理水质优良，污泥也比较稳定。

三池交替工作氧化沟，应用较广。两侧的A、C两池交替作为曝气池和沉淀池，中间的

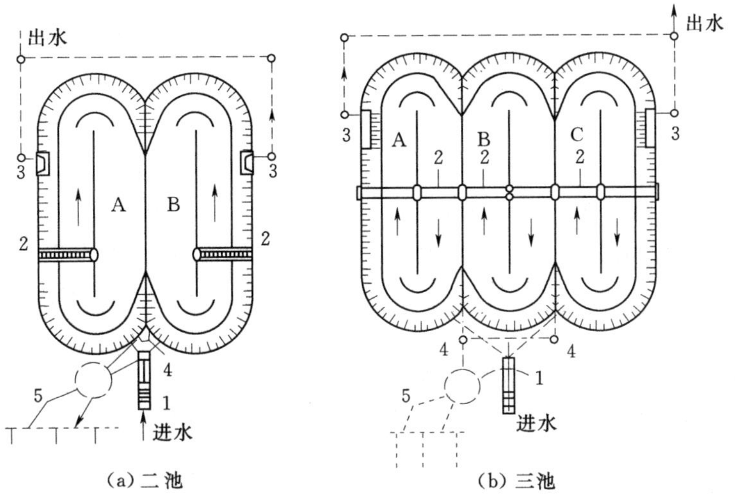

(a) 二池　　(b) 三池

图 3.52　交替工作氧化沟系统

1—沉沙池；2—曝气转刷；3—出水堰；4—排泥井；5—污泥井

B 池则一直为曝气池，原污水交替地进入 A 池或 C 池，处理水则相应地从作为沉淀池的 C 池和 A 池流出。经过适当运行，三池交替氧化沟能够完成 BOD 的去除和硝化、反硝化过程，取得较高的 BOD 去除率与优异的脱氮效果。这种系统也无需污泥回流系统，交替工作的氧化沟系统必须安装自动控制系统，以控制进出水的方向、溢流堰的启闭以及曝气转刷的开动与停止。上述各工作阶段的时间，则根据水质情况确定。

我国河北省邯郸市引入丹麦技术建成了一套规模为 100000m^3/d 的三沟交替工作氧化沟系统，目前处理量为 55000m^3/d；处理效果良好，并具有脱氮和除磷功能。

3）奥贝尔（Orbal）型氧化沟系统。奥贝尔氧化沟由多个呈椭圆形同心沟渠组成氧化沟系统，如图 3.53 所示。

污水首先进入最外环的沟渠，后依次进入下一层沟渠，最后由位于中心的沟渠流出并进入二沉池。这种氧化沟系统多采用 3 层沟渠，最外层沟渠的容积最大，约为总容积的 60%～70%，第二层沟渠为 20%～30%，第三层沟渠则仅占 10%左右。在运行时，应使外、中、内 3 层沟渠内混合液的溶解氧保持较大的梯度，如分别为 0mg/L、1mg/L 及 2mg/L，这样既有利于提高充氧效果，也有可能使得沟渠具有脱氮除磷的功能。

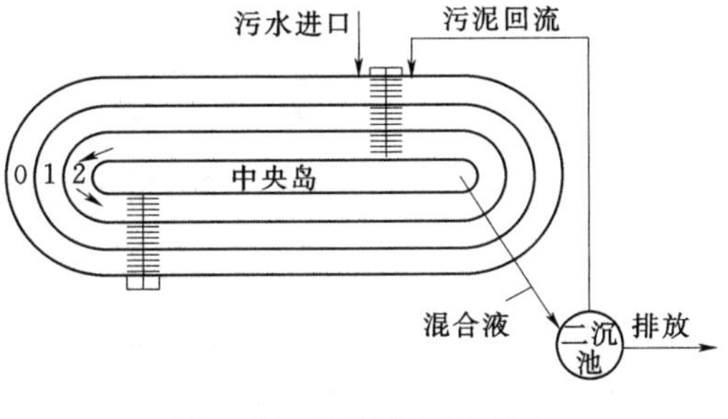

图 3.53　奥贝尔型氧化沟

奥贝尔型氧化沟系统在我国也得到应用，处理对象有城镇污水和石油化工废水。

2. *间歇式活性污泥处理系统*

间歇式活性污泥法工艺（Sequencing Batch Reactor，简称 SBR），又称序批式活性污泥处理系统。现行的各种活性污泥处理系统的运行方式，都是按连续式考虑的。但是，在活性污泥处理技术开创的早期，却是按间歇式运行的，只是因为这种运行方式操作繁琐、空气扩

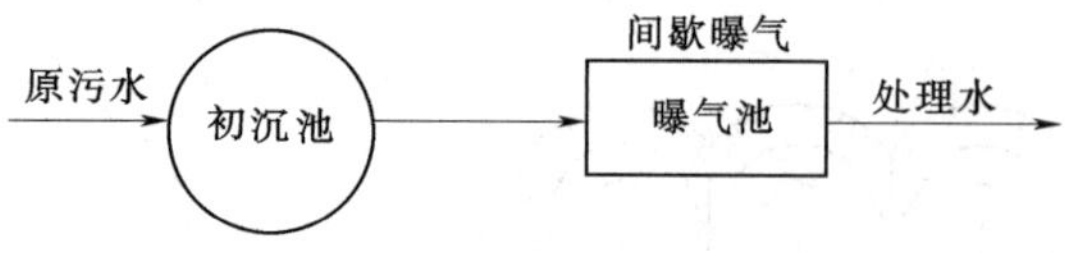

图 3.54 间歇式活性污泥处理系统工业流程

散装置易于堵塞以及某些在认识上的问题等，对活性污泥处理系统长期都采取了连续的运行方式。

(1) 间歇式活性污泥处理系统的工艺流程及特征。工艺流程如图 3.54 所示。该工艺系统最主要特征是采用集有机污染物降解与混合液沉淀于一体的反应器——间歇曝气池。与连续式活性污泥法系统相比较，该工艺系统组成简单，无需设污泥回流设备，不设二沉池，曝气池容积也小于连续式的，建设费用与运行费用都较低。另外，间歇式活性污泥法系统还具有如下各项特征：

1) 在大多数情况下，无需设置调节池。

2) 一般情况下，*SVI* 值较低，污泥易于沉淀，不产生污泥膨胀现象。

3) 通过对运行方式的调节，在单一的曝气池内能够进行脱氮和除磷反应。

4) 应用电动阀、液位计、自动计时器及可编程序控制器等自控仪表，可使得该工艺过程实现全部自动化，由中心控制室控制。

5) 如运行管理得当，处理水水质优于连续式。

(2) 间歇式活性污泥法系统工作原理。如果说连续式推流式曝气池，是空间上的推流；那么间歇式活性污泥曝气池，在流态上虽然属完全混合式，但在有机污染物降解方面，则是时间上的推流。在连续式推流曝气池内，有机污染物是沿着空间降解的，而间歇式活性污泥处理系统，有机污染物则是沿着时间的推移而降解的。间歇式活性污泥处理系统的间歇式运行，是通过其主要反应器——曝气池的运行操作而实现的。曝气池的运行操作是由流入、反应、沉淀、排放、待机（闲置）等 5 道工序所组成，如图 3.55 所示。

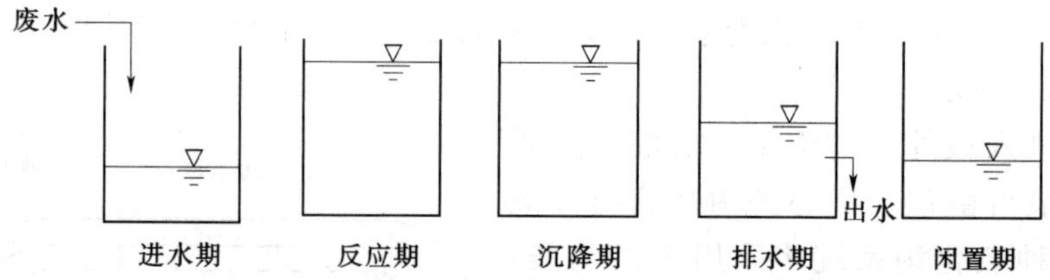

图 3.55 间歇式活性污泥法曝气池运行操作 5 道工序示意图

1) 流入工序。污水注入之前，反应器处于 5 道工序中最后的待机段（或闲置段），处理后的废水已经排放，反应器内残留着高浓度的活性污泥混合液。污水注入，注满后再进行反应，从这个意义来说，反应器起到调节池的作用。因此，反应器对水质、水量的变动有一定的适应性。污水注入、水位上升，可以根据其他工艺上的要求，配合进行其他的操作过程，如曝气，即可取得预曝气的效果，又可使得污泥再生恢复其活性的作用；也可以根据要求，如脱氮、释放磷等，则进行缓速搅拌；又如根据限制曝气的要求，不进行其他技术措施，而单纯注水等。

本工序所用的时间，则根据实际排水情况和设备条件确定，从工艺效果上要求，注入时间以短促为宜，瞬间最好，但这在实际上有时是难以实现的。

2) 反应工序。这是该工艺最主要的一道工序。污水注入达到预定高度后，即开始反应操作，根据污水处理目的，如 BOD 去除、硝化、磷的吸收及反硝化等，采取相应的技术措施，如前 3 项，则为曝气，后 1 项则为缓速搅拌，并根据需要达到的程度以决定反应的延续时间。如根据需要，使反应器连续地进行 BOD 去除-硝化-反硝化反应，BOD 去除-硝化反应中曝气时间较长，而在进行反硝化时，应停止曝气使反应器进入缺氧状态，进行缓速搅拌，此时为了向反应器内补充电子受体，应投加甲醛或注入少量有机污水。

在本工序的后期，进入下一步沉淀过程之前，还要进行短暂的微曝气，以吹脱污泥附近的气泡或氮，而保证沉淀过程的正常进行。

3）沉淀工序。本工序相当于活性污泥法连续系统的二沉池。停止曝气和搅拌，使混合液处于静止状态，进行泥、水分离，由于本工序是静止沉淀，沉淀效果一般良好。沉淀工序采取的时间基本同二沉池，一般为 1.5～2.0h。

4）排放工序。经过沉淀后产生的上清液，作为处理水排放，一直到最低水位。在反应器内残留一部分活性污泥，作为种泥。

5）待机工序。也称闲置工序，即在处理水排放后，反应器处于停滞状态，等待下一个操作周期开始的阶段。此工序时间，应根据现场具体情况而定。

SBR 工艺及其后续发展的新型工艺，受到国内外专家们的重视并得到很好的应用，除城镇污水处理外，还用于处理啤酒、食品生产、制革、肉类加工以及制药等工业废水，效果良好，并开发出各种形式的滗水器等与之配套设备。

3.4.1.7　曝气设备与曝气池的构造

1. 曝气设备

活性污泥法处理系统正常运行的三要素是：有机物、良好的活性污泥和充足的空气。曝气设备的任务是将空气中的氧气有效地转移到混合液中去。曝气的方法可分为鼓风曝法和机械曝气，曝气的作用除了供应微生物分解氧化有机物时所需要的氧气外，还使活性污泥处于悬浮状态，与污水中的溶解氧和有机物保持密切的接触。衡量曝气设备技术性能的主要指标是：①动力效率（E_P），指每消耗 1kW·h 电能转移到混合液中的氧量，以 $kgO_2/(kW \cdot h)$ 计；②氧利用效率（E_A），指通过鼓风曝气转移到混合液中的氧量占总供氧量的百分比，以%计；③氧的转移效率（E_L），也称为充氧能力，指通过机械曝气装置，在单位时间内转移到混合液中的氧量，以 kgO_2/h 计。

对鼓风曝气性能，按①、②两项指标评定；对机械曝气装置，则按①、③两项指标评定。

（1）鼓风曝气。鼓风曝气是传统的曝气方法，鼓风曝气系统由空气净化器、风机、空气扩散装置和风管系统组成。关于风机与风管的内容将在本节随后的活性污泥法工艺设计中讲述，在此着重介绍鼓风曝气系统的空气扩散装置。鼓风曝气系统的空气扩散装置主要分为：微气泡、中气泡、大气泡、水力剪切等类型。

1）微气泡空气扩散装置。扩散板、扩散管、扩散盘等属微气泡扩散装置。

扩散板是用多孔性材料制成的薄板，有陶土的、有由多孔塑料或尼龙等其他材料制成的。其形状可制成方形或长方形。方形扩散板尺寸通常为 300mm×300mm×(25～40)mm，扩散板的通气率一般为 $1 \sim 1.5m^3/(m^2 \cdot min)$，其安装面积约占池面积的 5%～10%。扩散板安装在池底一侧的预留槽上或预制的长槽形水泥匣上（图 3.56），空气由竖管进入槽内，然后通过扩散板进入混合液。除扩散板外，国外也有采用扩散管和扩散盘的。

微气泡空气扩散装置的主要特点是产生的微小气泡直径可达 1.5mm 以下，气液接触面积大，氧利用率较高，一般可达10%以上，动力效率 E_p 为1.8～2.5kgO_2/(kW·h)。缺点是气压损失较大，易堵塞，送入的空气应预先经过过滤处理。

几种微气泡空气扩散装置，如图3.56所示。

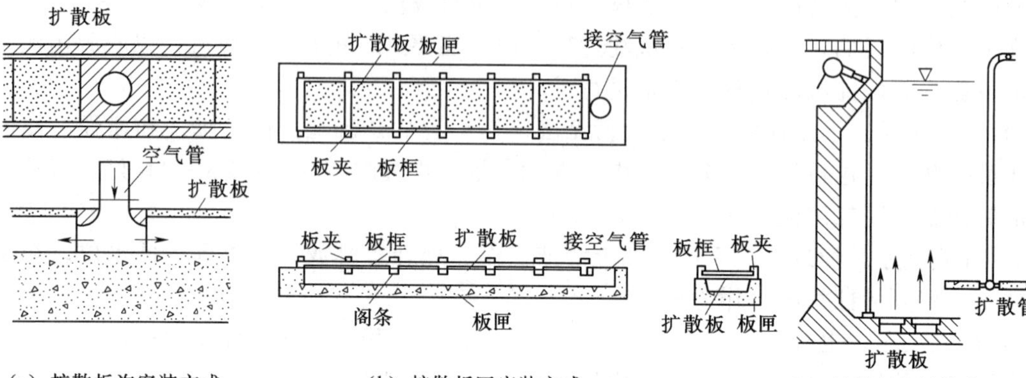

(a) 扩散板沟安装方式　(b) 扩散板匣安装方式　(c) 扩散板与扩散管

图3.56 扩散板空气扩散装置

2) 中气泡空气扩散装置。穿孔管是穿有小孔的塑料管或钢管，小孔直径一般为3～5mm，孔开于管的下侧与垂直面成45°的夹角处，间距为10～20mm。

穿孔管通常布置在池的一侧，也可按编织物的形式安装遍布池底。采用穿孔管曝气时，为避免孔眼堵塞，孔眼出口流速应不小于10m/s。穿孔管的布置排数由曝气池的宽度及空气用量而定，一般可用2～3排。穿孔管比扩散管阻力小，不易堵塞，氧转移率 E_L 在6%～8%之间，动力效率 E_p 为2.3～3.0kgO_2/(kW·h)，故国内小型污水厂采用较多。图3.57为采用穿孔布气管布气的布置方式。

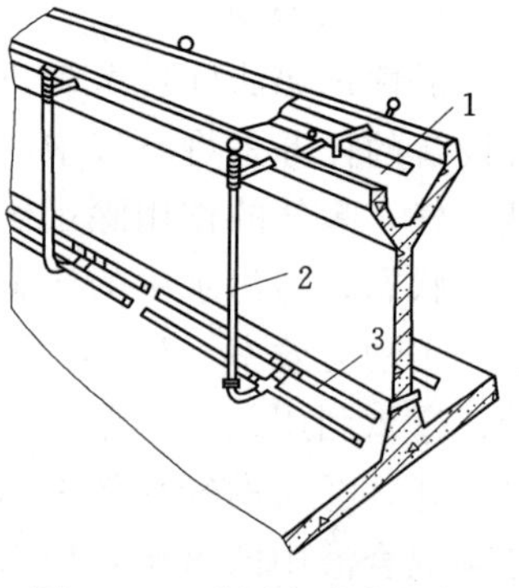

图3.57 采用穿孔布气管布气的布置方式

1—空气管；2—空气竖管；3—穿孔布气管

3) 大气泡空气扩散装置。如图3.58所示，竖管曝气属大气泡扩散器，是在曝气池的一侧布置以横管分支成梳形的竖管，竖管口径在15mm以上，离池底15cm左右。由于大气泡在上升时形成较强的紊流并能剧烈地翻动水面，从而加强了气泡液膜层的更新和从大气中吸氧的过程。大气泡与液体的接触面积比小气泡和中气泡与液体的接触面积小，但氧转移率 E_A 仍在6%～7%之间，动力效率 E_p 为2～2.6kgO_2/(kW·h)，较穿孔管低，但由于竖管构造简单，无堵塞问题，管理也方便，因此近年来国内一些城镇污水处理厂和生产污水的曝气也采用这种形式的空气扩散装置。

(2) 机械曝气。鼓风曝气是水下曝气，机械曝气是表面曝气。机械曝气是用安装在曝气池水面上的表面曝气机来实现，按转动轴的安装方向，表面曝气机可分为垂直轴式和水平轴式两种。

1) 垂直轴式曝气机（曝气叶轮）。这类表曝机的转动轴与水面垂直，我国常用的有泵型、倒伞型和平板型三种，如图3.59所示。表面曝气时，混合液充氧是通过下述三项作用实现的：

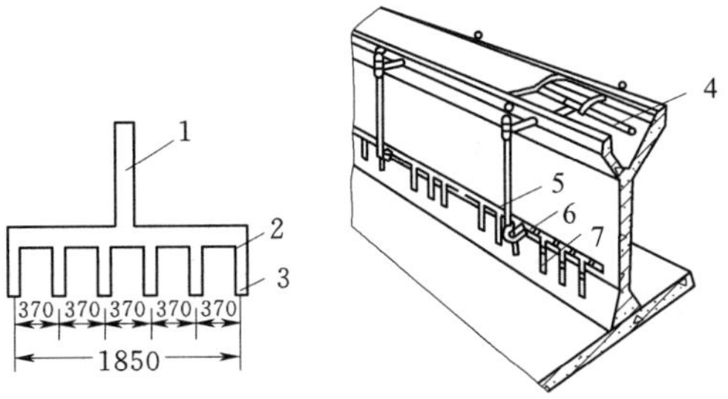

(a) 竖管扩散设备　　(b) 布置形式

图 3.58　竖管扩散设备及其布置形式

1—中心管；2—支管 ϕ20；3—放气口；4—空气管；5—空气竖管；6—布气管；7—竖管

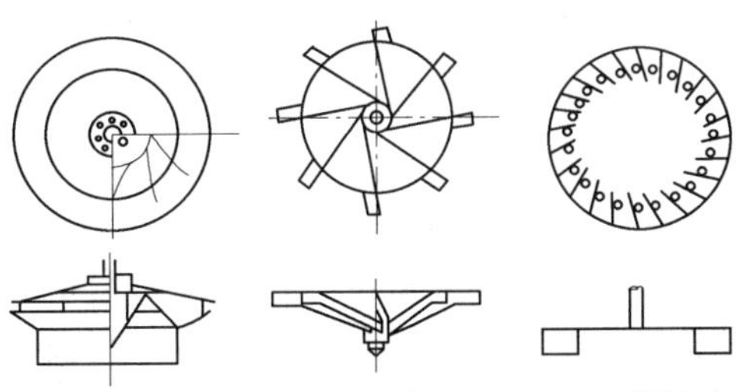

(a) 泵型　　(b) 倒伞型　　(c) 平板型

图 3.59　几种叶轮表曝机

a. 叶轮的提水和输水作用，使曝气池内液体不断循环流动，从而不断更新气液接触面和不断吸氧。

b. 叶轮在旋转时，在其周围形成水跃，使液体剧烈搅动而卷进空气。

c. 叶轮的叶片后侧在旋转时形成负压区而吸入空气。

因为池液的流动状态同池形有密切关系，所以曝气的效率不仅决定于曝气机的性能，还同曝气池的池形有着密切关系。

表曝机叶轮的淹没深度一般在 10～100mm，可以调节。淹没深度大时提升水量大，但所需功率也要增大，叶轮转速一般为 20～100r/min，因而电机需通过齿轮箱变速，同时可以进行两档或三档调速，以适应进水水量和水质的变化。

2）水平轴式曝气刷（曝气转刷）。这类曝气机的转动轴与水面平行，在垂直于转动轴的方向装有不锈钢丝或板条，转速 70～120r/min，淹没深度为 1/4～1/3 直径。转动时，钢丝或板条把大量液滴抛向空中，并使液面剧烈波动，促进氧的溶解；同时推动混合液在池内回流，促进溶解氧的扩散。

2. 曝气池构造及曝气设备的布置

曝气池是活性污泥反应器，是活性污泥系统的核心设备，活性污泥的净化效果在很大程度上取决于曝气池的功能是否能够发挥正常。

由于活性污泥法的不断改进与发展，曝气池的形势与构造愈来愈多样化，概括起来可以从以下几个方面分类：①从混合液流动形态，曝气池分为推流式、完全混合式和推流完全混合结合式三大类；②从平面形状可分为长方廊道形、圆形、方形、环状跑道形等四种；③从采用的曝气方法可分为鼓风曝气式、机械曝气式以及两者联合使用的联合式；④从曝气池与二沉池之间的关系可分为合建式和分建式。

（1）推流式曝气池，呈长方廊道形。所谓推流，就是污水（混合液）从池的一端流入，在后继水流的推动下，沿池长流动，并从池的另一端流出池外。对这种类型的曝气池，在工艺、构造等方面，应考虑下列各项问题：

1）关于曝气系统与空气扩散装置。推流式曝气池多采用鼓风曝气系统。采用鼓风曝气系统时，传统的作法是将空气扩散装置安装在曝气池廊道底部的一侧，如图 3.60（a）所示，这样的做法可使水流在池内呈旋转状流动，提高气泡与混合液的接触时间；对此，曝气池廊道的宽深比，一般要在 2 以下，多介于 1.0～1.5 之间。如果曝气池的宽度较大，则应考虑将空气扩散装置安设在廊道的两侧，如图3.60（b）所示。也可以按一定的形式，如相互垂直的正交形式或呈梅花形交错式均衡地布置在整个曝气池底。

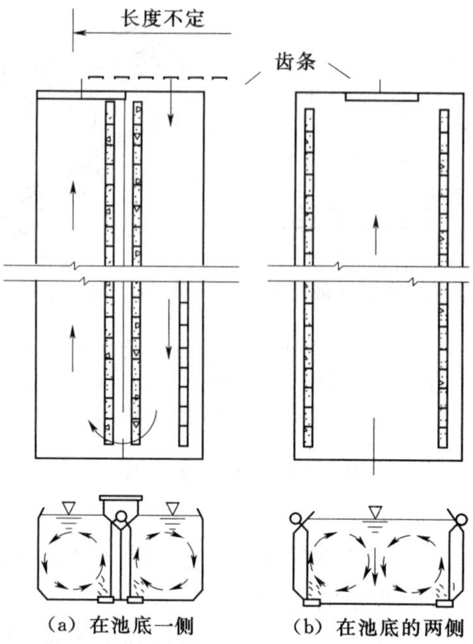

图 3.60 推流式鼓风曝气池空气扩散装置布置形式与水流在横断面的流态

2）关于曝气池的数目及廊道的排列与组合。曝气池的数目随污水处理厂的规模而定，一般在结构上分成若干单元，每个单元包括一座或几座曝气池，每座曝气池常由1个廊道或2～5个廊道组成，如图3.61所示。当廊道数为单数时，污水的进、出口分别位于曝气池的两端；而当廊道数为双数时，则位于廊道的同一侧。

3）关于曝气池廊道的长度（L）、宽度（B）和深度（H）。曝气池廊道的长度，主要根据污水处理厂所在地址的地形条件与总体布置而定。在水流运动方面则应考虑不产生短流，就此，长度可达100m，但以50～70m之间为宜。同时应满足长宽比 $L/B \geqslant 5 \sim 10$。

当空气扩散装置安设在廊道底部的一侧时，池宽度 B 与池深度 H 之间应满足宽深比 B/H 在1.0～2.0之间。

在确定曝气池的深度时，应考虑氧的利用效率。此外，池的深度与造价及动力费用有着密切的关系。池深大，有利于氧的利用，但造价与动力费用都将有所提高；反之，造价及运行费用降低，但氧的利用率也将降低。

另外，还应考虑土建结构和曝气池的功能要求、允许占用的土地面积、能够购置到的空压机所具有的压力等因素。

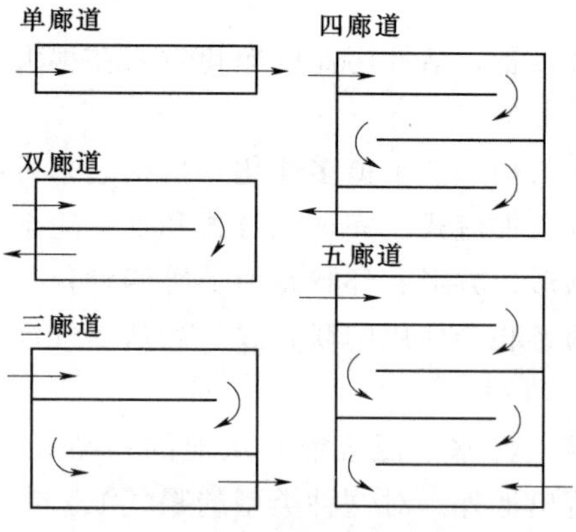

图 3.61 曝气池的廊道组合

综上所述，推流式曝气池的深度（H）必须综合考虑上述各项因素，并进行经济技术比较确定。

当前我国对推流式曝气池一般采用的 $H=3 \sim 5$m。

4）关于在曝气池内设横向隔墙分室问题。在曝气池内沿其长度设若干横向隔墙，将曝气池分为若干个小室，混合液逐室串联流动，混合液在每个小室内呈完全混合式流态，而从曝气池整体来看则是推流式流态。

采取这种技术措施能够达到下列效果：①消除混合液在曝气池内的纵向混合，并使混合液在曝气池的整体内形成真正的推流流态；②消除水流死角；③处理水水质稳定。

横向隔墙设置方式有两种：①第一室隔墙的一端紧靠池壁，另一端则与池壁之间留有一定的间距，逐室交替，混合液在室内除完全混合外，还呈横向流动，如图3.62（a）所示；②第一室的隔墙上端高出水面，下端则与池底之间留有一定的间距，第二室则下端紧接池

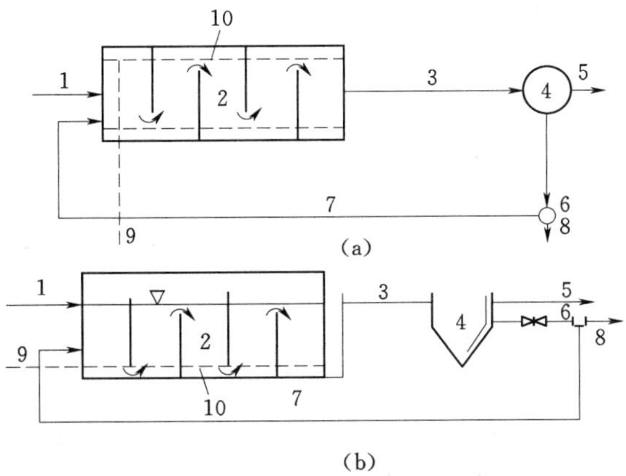

图 3.62　设有横向隔墙分室的曝气池

1—经预处理后的污水；2—活性污泥反应器——曝气池；3—从曝气池流出的混合液；4—二沉池；5—处理水；6—污泥泵站；7—回流污泥系统；8—剩余污泥排出；9—来自空压机站的空气；10—曝气系统及空气扩散系统

底，上端在水位之下，以后逐室交替，最后的小室必须是由底部出水，如图 3.62（b）所示，混合液在小室内，除完全混合外，还呈上、下流流动。

5）关于曝气池的顶部与底部。为了使混合液在池内的旋转流动能够减少阻力，并避免形成死角，将廊道横剖面的 4 个角（墙顶与墙脚）作成 45°斜面。

在曝气池水面以上应在墙面上考虑 0.5m 的超高。在池顶部隔墙上可考虑建成渠道状，此渠道既可作为配水渠道使用，也可作为空气干管的管沟，渠道上安设盖板后，可作为人行道。

在曝气池的底部应考虑排空措施，按纵向 2‰左右的坡度，并设直径为 80～100mm 的放空管。另外，还应考虑到活性污泥培养、驯化时周期排放上清液的要求，在距池底一定距离处设 2～3 根直径为 80～100mm 排水管。

6）关于曝气池的进水、进泥、出水设备。推流式曝气池的出水，一般都采用溢流堰的方式，处理水流过堰顶，溢流流入排水渠道。

（2）完全混合式曝气池。完全混合式曝气池多采用表面机械曝气，曝气池的池型多为圆形，偶见方形或多边形。表面机械曝气机置于池的表层中心，污水进入池的底部中心。污水一进池，在表面曝气机的控制下，立即与全池混合液充分混合。根据曝气池与二沉池分建与合建，完全混合式曝气池可以分为分建式和合建式，如图 3.63 和图 3.64 所示。

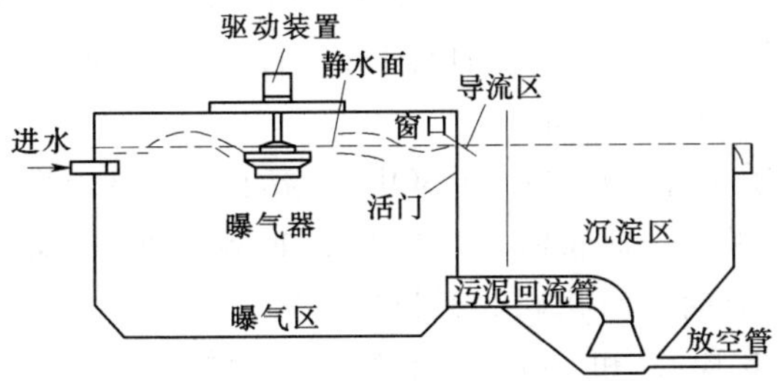

图 3.63　分建式完全混合式曝气池

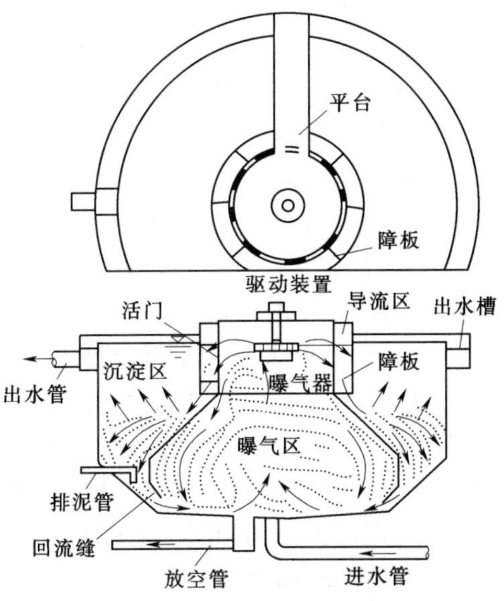

图 3.64　合建式完全混合式曝气池

在完全混合曝气池中应当首推合建式完全混合曝气沉淀池，简称曝气沉淀池。其主要特点是曝气反应与沉淀过程（固液分离）在同一的处理构筑物内完成。

曝气池有多种结构形式，如图 3.64 所示者是我国从 20 世纪 70 年代开始广泛使用的一种形式曝气沉淀池。如图 3.64 所示，曝气沉淀池是由曝气区、导流区和沉淀区三个部分组成。

1）曝气区。考虑表面机械曝气装置的提升能力，深度一般在 4m 以内为宜。污水从池底部流入，立即与池内原有混合液完全混合，并与从沉淀区回流缝回流的活性污泥充分混合、接触。经过曝气区反应后的污水从位于顶部四周的回流窗（大小可以调节，一边控制流量）流出并流入导流区。

2）导流区。位于曝气区与沉淀区之间，其宽度一般在 0.6m 左右（可通过计算确定），内设竖向整流板，其作用是阻止从回流窗流入的水流在惯性作用下的旋流，并释放混合液中的气体，使得水流平稳地进入沉淀区，为固、液分离创造了良好的条件。导流区的高度一般大于 1.5m。

3）沉淀区。位于导流区和曝气区的外侧，其功能是进行泥、水分离，上部为澄清区，下部为污泥区。澄清区的深度一般不小于 1.5m，污泥区的容积，一般应不小于 2h 的存泥量。澄清后的处理水沿设于四周的出流堰进入排水槽，出流堰一般采用锯齿状的三角堰。

污泥通过回流缝回流到曝气区，回流缝一般宽为 0.15～0.20m。在回流缝上侧设池裙，以避免死角。在污泥区的一定深度设排泥管，以排出剩余污泥。

3.4.1.8 活性污泥处理系统的工艺设计

1. 概述

（1）设计内容。活性污泥系统是由曝气池、曝气系统、污泥回流系统、二沉池等组成。其工艺设计与计算主要包括下列几方面的内容：

1）工艺流程的选定。

2）曝气区容积的计算及曝气池的工艺设计。

3）需氧量、供气量的计算及曝气系统的设计与计算。

4）回流污泥量、剩余污泥量的计算与污泥回流系统的设计。

5）二沉池的池型选定及工艺设计与计算。

6）剩余污泥的处置。

（2）原始资料与数据。进行活性污泥处理系统的设计计算，首先应充分掌握与污水、污泥有关的原始资料，其中主要有：

1）原污水日平均流量（m^3/d）、最大时流量（m^3/h）、最低时流量（m^3/h）。当曝气池设计水力停留时间大于 6h，可考虑以平均日流量为曝气池的设计流量。当水力停留时间较短时，如 2h 左右，则应以最大时流量作为曝气池的设计流量。

2）原污水和经过一级处理后的主要各项水质指标：BOD_5 与 BOD_u（溶解性、悬浮性）；COD（溶解性、悬浮性）；SS（非挥发性、挥发性）；总固体（溶解性、非溶解性）；总氮（有机氮、游离氮、硝酸氮、亚硝酸氮、氨氮）；总磷（有机磷、无机磷）等。

3）处理水的出路及排放标准，其中主要的是 BOD 和 COD 去除率及出水浓度。

4）对所产生污泥的处理与处置要求。

5）原污水中所含有毒有害物质及其浓度，微生物对其有无驯化的可能。

此外，如需要（特别是对北方寒冷地区），还应掌握水温一年内变化及其对处理效果的影响。

（3）应确定的主要各项参数。进行活性污泥法系统的工艺设计，应确定的主要设计参数有：

1）BOD-污泥负荷率（BOD-SS 负荷率）。

2）混合液污泥浓度（*MLSS*、*MLVSS*）。

3）污泥回流比（R）。

以生活污水为主体的城镇污水，对上述各项原始资料、数据和主要设计参数，已比较成熟，可以直接取用于设计。但是对工业废水所占比重较大的城镇污水，则应通过实验和现场实测以确定其各项设计参数。

（4）确定处理工艺流程。上述各项原始资料是处理工艺流程确定的主要根据。另外，还要综合考虑现场的地理位置、地区条件、气候条件以及施工水平等客观因素，综合分析本工艺在技术上的可行性和先进性以及经济上的合理性等。对那些工程量较大，投资额较高的工程，需要进行多种工艺流程方案的比较，以期所确定的工艺系统是优化的。

2. 曝气池（区）容积的计算

（1）曝气池（区）容积的计算方法。计算曝气池容积，当前较普遍采用的是以有机负荷率为计算指标的方法。有机负荷率通常有两种表示方法：一是活性污泥负荷率即 BOD-污泥负荷率（N_s）；二是曝气区容积负荷率即 BOD-容积负荷率（N_v）。曝气区容积可按 BOD-污泥负荷率（N_s）、BOD-容积负荷率（N_v）、污泥龄（θ_c）来计算。

1）按污泥负荷率（N_s）计算，曝气区容积

$$V=\frac{QS_a}{N_sX} \tag{3.45}$$

式中：Q 为污水设计流量，m^3/d；S_a 为原污水的 BOD_5 值，mg/L 或 kg/m^3；X 为曝气池内混合液悬浮固体浓度（*MLSS*），mg/L 或 kg/m^3；V 为曝气池容积，m^3。

2）按容积负荷率（N_v）计算，曝气区容积

$$V=\frac{QS_a}{N_v} \tag{3.46}$$

3）按污泥龄（θ_c）计算，曝气区容积

$$V=\frac{aQ(S_a-S_e)}{(1/\theta_c+b)X_v} \tag{3.47}$$

式中：a 为降解 1kgBOD 所产生挥发性活性污泥（*MLVSS*）的数量，kg，即污泥产率系数，见表 3.3；b 为 1kg 污泥（*MLVSS*）每日的自身氧化率，1/d，见表 3.3；S_e 为二沉池出水的 BOD_5 浓度，mg/L；θ_c 为污泥龄，d；X_v 为混合液挥发性污泥浓度，mg/L。

曝气区容积通常用污泥负荷率（N_s）来计算。

（2）BOD-污泥负荷率（N_s）的确定。BOD-污泥负荷率（N_s）在微生物对有机物降解方面的实质即是 F/M 值。F/M 值不同，活性污泥所处增长期就不同，因而 N_s 会影响污泥增长速率、有机物去除速率、氧利用速率以及污泥的特性。因此确定 BOD-污泥负荷率：

首先，必须结合处理水的 BOD_5 值（S_e）考虑。

a. 对完全混合式的曝气区，按动力学降解原理计算：

$$N_s=\frac{K_2S_ef}{\eta} \tag{3.48}$$

式中：S_e 为二沉池出水的 BOD_5 浓度，mg/L；f 为活性污泥的挥发分（$f=MLVSS/MLSS=X_v/X$）；η 为 BOD_5 的去除率［$\eta=(S_a-S_e)/S_a$］。

由式（3.45）可知，对完全混合式曝气池，确定其BOD-污泥负荷率，关键的环节是正确地选定 K_2 值。对于城镇污水完全混合式曝气池的 K_2 值介于0.0168～0.0281之间，工业废水的 K_2 值可参照表3.11选定。

表3.11　几种工业废水用完全混合式曝气池处理的 K_2 值

工业废水名称	K_2 值	工业废水名称	K_2 值
合成橡胶废水	0.0672	脂肪精制废水	0.036
化学废水	0.00144	石油化工废水	0.00672

b. 对于推流式曝气池，在污水流经曝气池全长的过程中，F/M 值也是沿着池长变化的，K_2 值也并非常数。但在实际中，仍近似使用通过完全混合式推倒的计算式，即式（3.48）。日本专家桥本奖教授根据哈兹尔坦（Haseltine）对美国46个城镇污水处理厂的调研资料进行归纳分析，得出了适用于推流式曝气池的经验公式，也可作为设计的参考。

$$N_s=0.01295S_e^{1.1918} \tag{3.49}$$

其次，确定BOD-污泥负荷率，还必须考虑污泥的凝聚和沉淀性能，即根据所需要的出水水质而计算出的 N_s 值，再进一步复合相应的 SVI 值是否在正常运行的范围之内。对城镇污水可按图3.39复核；至于工业废水，可按图3.40进行复核，必要时通过试验确定。

如果对出水水质要求进入硝化阶段，N_s 还必须结合污泥龄（θ_c）考虑。例如在20℃时硝化菌的世代时间为3d，则与设计的 N_s 相应的 θ_c 必须大于3d。

一般来说，N_s 在0.3～0.5kgBOD/（kgMLSS・d）时，BOD去除率可达90%以上，SVI 值在80～150之间，污泥的吸附性能和沉降性能均较好。对于易降解的污水，应着重从污泥沉降性能来确定 N_s；对于难降解的污水，则应着重于出水水质的要求来确定 N_s；对于剩余污泥不便处置的小型污水厂，N_s 应低于0.2kgBOD/（kgMLSS・d），使污泥自身氧化；采用较低的 N_s，也是寒冷地区在低温季节达到预期处理效果的有效措施。

（3）混合液污泥浓度（$MLSS$）的确定。关于混合液污泥浓度（$MLSS$）是指曝气池的平均污泥浓度。设计时，采用较高的污泥浓度可缩小曝气区容积，显出一定的经济性，但污泥浓度过高，会带来一系列不利于处理系统的影响。所以，在选用时应考虑下列因素：

1）供氧的经济与可能性。因为过高的污泥浓度会改变混合液的黏滞性，增加扩散阻力，供氧的利用率降低，因此在动力费用方面是不经济的。此外，需氧量是随污泥浓度的提高而增加的，所以采用过高的污泥浓度将会使得供氧困难。

2）活性污泥的凝聚沉淀性能。因为混合液中的污泥来自回流污泥，混合液污泥浓度（X）不可能高于回流污泥浓度（X_R），而回流污泥来自二沉池，二沉池的污泥浓度与污泥沉淀性能以及它在二沉池中浓缩的时间有关。一般，混合液在量筒中沉淀0.5h后形成的污泥基本上可代表混合液在二沉池中沉淀时形成的污泥。回流污泥浓度（X_R）一般可近似按式（3.50）确定：

$$X_R = \frac{10^6}{SVI} r \tag{3.50}$$

式中：X_R 为回流污泥浓度，mg/L；SVI 为污泥容积指数；r 为考虑污泥在二沉池中停留时间、池深、污泥厚度等因素的有关系数，一般在 1.2 左右。

3）沉淀池与回流设备的造价。污泥浓度高，会增加二沉池的负荷，从而提高造价；另外，对于分建式曝气池，混合液浓度愈高，则维持平衡的污泥浓度愈大，使得污泥回流设备的造价和动力费用增加。如图 3.65 所示，按照物料平衡可得混合液污泥浓度（X）和污泥回流比（R）及回流污泥浓度（X_R）之间的关系：

$$RQX_R = (Q+RQ)X$$

$$X = \frac{R}{1+R} X_R \tag{3.51}$$

上二式中：R 为污泥回流比$\left(R=\frac{RQ}{Q}\right)$；$X$ 为曝气池内混合液污泥浓度，mg/L。

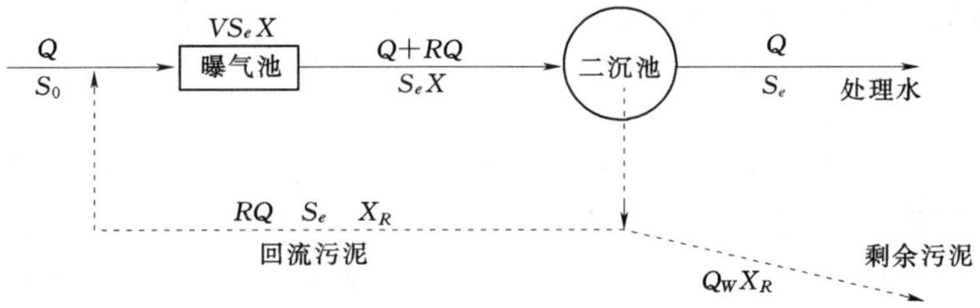

图 3.65　完全混合活性污泥系统的物料平衡

将式（3.47）代入式（3.48），可得出估算混合液浓度的公式：

$$X = \frac{R}{1+R} \frac{10^6}{SVI} r \tag{3.52}$$

国内外不同运行方式活性污泥法常用的 X 值列于表 3.12，可供设计参考。

表 3.12　国内外不同运行方式活性污泥系统常用的 X 值　　单位：mg/L

国　家	传统曝气池	阶段曝气池	生物吸附曝气池	曝气沉淀池	延时曝气池	高率曝气池
中国	2000～3000	—	4000～6000	4000～6000	2000～4000	—
英国	—	1600～4000	2200～5500	—	1600～6400	300～800
美国	1500～2500	3500	1500～2000	2500～3500	5000～7000	320～1100
日本	1500～2000	1500～2000	4000～6000	—	5000～8000	400～600

总之，曝气池混合液污泥浓度（X）必须在考虑上述影响因素的基础上，参考表 3.12 中常用值慎重确定，也可按照式（3.52）进行估算。

3. 曝气设备

曝气设备的计算与设计包括曝气方法的选择、需氧量和供气量的计算、曝气设备的设计与计算等。

（1）需氧量与供气量的计算。活性污泥处理系统的日平均需氧量，一般按式（3.8）计算，也可以按表 3.13 所列经验数据估算。

表 3.13　　污泥负荷率与需氧量之间关系的经验数据

N_s（VSS）/(kgBOD/kgMLVSS·d)	需氧量 /($kgO_2/kgBOD_5$)	最大需氧量与平均需氧量之比	最小需氧量与平均需氧量之比
0.10	1.60	1.5	0.5
0.15	1.38	1.6	0.5
0.20	1.22	1.7	0.5
0.25	1.11	1.8	0.5
0.30	1.00	1.9	0.5
0.40	0.88	2.0	0.5
0.50	0.79	2.1	0.5
0.60	0.74	2.2	0.5
0.80	0.68	2.4	0.5
≥1.00	0.65	2.5	0.5

日平均需氧量、最大需氧量确定后，就可按式（3.53）计算供气量（G_S）。

$$G_S=\frac{R_0}{0.3E_A}\times 100 \tag{3.53}$$

式中：G_S 为曝气设备的供气量，m^3/h；E_A 为曝气池空气扩散装置的氧转移效率，由生产厂家提供或可参照表 3.14 选用；R_0 为在标准条件下，转移到曝气池混合液的总氧量，一般情况下等于（1.33～1.61）R（推导过程可参照相关设计手册），其中 R 为在实际条件下，转移到曝气池混合液的总氧量，在数值上等于按式（3.8）计算的 O_2 量，kg/d。

表 3.14　　几种空气扩散装置的 E_A、E_P 值

扩散装置类型	氧转移效率 E_A/%	动力效率 E_P/(kgO_2/kWh)
陶土扩散板、管（水深 3.5m）	10～12	1.6～2.6
绿豆沙扩散板、管（水深 3.5m）	8.8～10.4	2.8～3.1
穿孔管（ϕ5，水深 3.5m） （ϕ10，水深 3.5m）	6.2～7.9 6.7～7.9	2.3～3.0 2.3～2.7
倒盆式扩散器（水深 3.5m） （水深 4.0m） （水深 5.0m）	6.9～7.5 8.5 10	2.3～2.5 2.6 —
竖管扩散器（ϕ19，水深 3.5m）	6.2～7.1	2.3～2.6
射流式扩散器	24～30	2.6～3.0

（2）曝气设备的设计。曝气设备的设计内容：当采用鼓风曝气时，内容包括扩散装置的选择和对它的布置、空气管路的布置和管径的确定、确定鼓风机的规格与台数等；当采用机械曝气时，要确定曝气机械的形式与相应的规格（如叶轮直径转速功率等）。

1）鼓风曝气系统的计算与设计：

a. 空气扩散装置的选定与布置。空气扩散装置在选定时，应考虑的因素：具有较高的氧利用率（E_A）和动力效率（E_P），且具有较好的节能效果；不易堵塞，出现故障易排除；构造简单，便于安装；造价低等。空气扩散装置的布置：根据计算出的总供气量、每个空气

扩散装置的通气量、服务面积、曝气池底面积等数据，计算确定空气扩散装置的数目，然后进行布置。

b. 空气管道系统的设计与计算。自鼓风机房的鼓风机将压缩空气输送至曝气池，需要不同长度和不同管径的空气管。空气管（干管、大支管）的经济流速可采用 10～15m/s，通向扩散装置的小支管的经济流速可采用 4～5m/s。根据上述经济流速和通过的空气流量即可按图表（附录 2）确定空气管管径。

空气通过空气管道和扩散装置时的压力损失一般控制在 14.7kPa 以内，其中空气管道总损失控制在 4.9kPa 以内，由于扩散装置在使用过程中容易堵塞，所以在设计中一般规定空气通过扩散装置的阻力损失为 4.9～9.8kPa，对于竖管曝气可酌情减少。计算时，可根据空气流量和经济流速选定管径，然后再核算压力损失，调整管径，直到符合为止。

空气管道的压力损失为沿程阻力损失（h_1）和局部阻力损失（h_2）之和。管道的沿程阻力（摩擦损失）损失可根据附录 3 中图表求得；管道的局部阻力损失可根据下式将各个配件换算成管道的当量长度再求得。

$$l_0 = 55.5KD^{1.2} \tag{3.54}$$

式中：l_0 为管道的当量长度，m；D 为管径，m；K 为长度换算系数，可按表 3.15 查用。

表 3.15　　长度换算系数

配件	长度换算系数	配件	长度换算系数
三通：气流转弯 直流异口径 直流等口径	1.33 0.42～0.67 0.33	大小头	0.1～0.2
		球阀	2.0
		角阀	0.9
弯头	0.4～0.7	闸阀	0.25

在查附录 3 图表时，气温可采取 30℃，空气压力可按式（3.55）计算：

$$P = (H + 1.5) \times 9.8 \tag{3.55}$$

式中：P 为空气压力，kPa；H 为扩散装置距水面的深度，m。

空气管道系统计算的步骤与方法，将通过后面的例题加以阐述。

鼓风曝气系统，压缩空气的绝对压力，按式（3.56）计算：

$$P = \frac{h_1 + h_2 + h_3 + h_4 + h_5}{h_5} \tag{3.56}$$

式中：h_1、h_2 意义同前，Pa；h_3 为空气扩散装置安装深度（以装置出口处为准），mm；h_4 为空气扩散装置的阻力（按产品样本或试验资料确定），Pa；h_5 为所在地区的大气压力，Pa。

空压机所需压力

$$H_1 = h_1 + h_2 + h_3 + h_4 \tag{3.57}$$

c. 空压机（鼓风机）的选定。根据每台空压机的设计风量和风压选择空压机。曝气设备中所采用的空压机类型较多，各式罗茨空压机、离心式空压机、通风机等均可供应于活性污泥系统。附录 5 所列，是我国生产的一些空压机规格。

在同一供气系统，应尽量选用同一型号的空压机。一般说，鼓风机房至少配备 2 台空压机，其中 1 台备用。空压机的备用台数：工作空压机不小于 3 台时，备用 1 台；工作空压机不小于 4 台时，备用 2 台。

2）机械曝气装置的设计。机械曝气装置的设计内容主要是选择叶轮的型式和确定叶轮的直径。在选择叶轮型式时需考虑叶轮的充氧能力和动力效率以及加工条件等。叶轮直径的确定，主要取决于曝气池的需氧量，使所选择的叶轮充氧量等于曝气池混合液的需氧量。

另外，还要考虑叶轮直径与曝气筒直径的比例关系（如为方形或长方形曝气池，则应考虑轮径与池宽之比）：叶轮过大，可能损坏污泥；叶轮过小，则充氧不足。一般认为平板叶轮或伞型叶轮直径与曝气筒直径之比在 1/3～1/5 左右；而泵型叶轮以 1/4～1/7 为宜。叶轮直径与水深之比可采用 1/4～2/5，否则池深过大，将影响充氧和泥水分离。泵型叶轮和平板叶轮的直径与充氧能力、叶轮功率之间的关系见附录 6，供设计参考。根据计算出的 R_0 值和上述计算图表，能够初步选定叶轮尺寸，然后将其与池径加以复核，如不满足可作适当调整，直至符合要求。

4. *污泥回流设备*

分建式曝气池，活性污泥从二沉池回流到曝气池时需要设置污泥回流设备。污泥回流设备包括提升设备和管渠系统。

污泥回流系统的计算与设计内容包括：回流污泥量的计算；污泥提升设备的选择和设计。

（1）回流污泥量（Q_R）的计算。回流污泥量，一般按式（3.58）计算：

$$Q_R = RQ \tag{3.58}$$

R 值可按式（3.59）确定：

$$R = \frac{X}{X_R - X} \tag{3.59}$$

式（3.59）指出，回流比（R）取决于混合液污泥浓度（X）和回流污泥浓度（X_R），而 X_R 又与 SVI 有关。根据式（3.50）和式（3.52），并令 $r=1.2$，则可以推算出随 SVI 值和 X 值而变化的回流污泥浓度值（X_R），并据此可以按式（3.59）确定出污泥回流比（R）值。SVI、X 和 X_R 三者之间的关系列于表 3.16。

在实际运行的曝气池内，SVI 值在一定的幅度内变化，而且混合液污泥浓度（X）也需要根据进水负荷的变化而加以调整。因此，在进行污泥回流系统的设计时，应按最大回流比考虑，但也应保证其能够在较小回流比条件下工作，也就是使得回流污泥量可以在一定幅度内变化。

表 3.16　SVI、X 和 X_R 三者之间的关系

SVI	X_R /(mg/L)	在下列 X 值（mg/L）的回流比					
		1500	2000	3000	4000	5000	6000
60	20000	0.08	0.11	0.18	0.25	0.33	0.43
80	15000	0.11	0.15	0.25	0.36	0.50	0.66
120	10000	0.18	0.25	0.43	0.67	1.00	1.50
150	8000	0.24	0.33	0.60	1.00	1.70	3.00
240	5000	0.43	0.67	1.50	4.00	—	—

（2）污泥提升设备的选择。在污泥回流系统，常用的污泥提升设备主要是污泥泵、空气提升器和螺旋泵。

污泥泵的主要型式是轴流泵，运行效率较高。可用于较大规模的污水处理工程。在选择时，首先应考虑的因素是不破坏活性污泥的絮凝体，使污泥能够保持其固有的特性、运行稳定可靠。采用污泥泵时，将从二沉池流出的回流污泥集中到污泥井，从那里再用污泥泵抽送曝气池，大、中型污水厂则设回流污泥泵站。泵的台数视条件而定，一般采用 2～3 台，此外，还应考虑适当台数的备用泵。

空气提升器是利用升液管内外液体的密度差而使污泥提升的，见图 3.66，h_1 为淹没水深，h_2 为提升高度。一般 $h_1/(h_1+h_2)\geqslant 0.5$，空气最大量为最大回流量的 3～5 倍。需要在小的回流比情况下工作时，可调节进气阀门。它的结构简单，管理方便，并且所消耗的空气对补充活性污泥中的溶解氧也有好处，因此中小型鼓风曝气池可考虑采用。

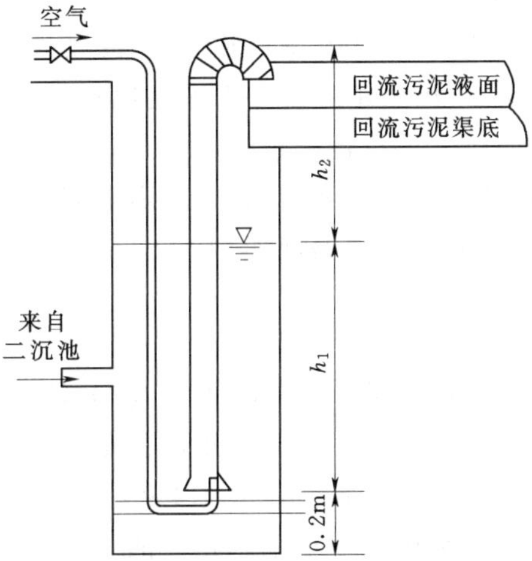

图 3.66　空气提升器构造示意图

空气提升器一般设在二沉池的排泥井中或在曝气池进口处专设的回流井中。在每座回流井内只设一台空气提升器，而且只接受一座二沉池污泥斗的来泥，以免造成二沉池排泥量的相互干扰，污泥回流量则通过调节进气阀门加以控制。

5. 二次沉淀池（简称二沉池）

二沉池是活性污泥系统重要的组成部分，它的作用是进行泥、水分离，用以澄清混合液并浓缩和回流活性污泥。其工作效果的好坏，将直接影响活性污泥系统的出水水质和回流污泥浓度。因为沉淀和浓缩效果不好，出水中就会增加活性污泥悬浮物，从而增加出水中的 BOD 浓度，影响处理效果；同时回流污泥浓度也会降低，从而降低曝气池中混合液浓度，影响净化效果。

在原则上，用于初沉淀池的平流式沉淀池、辐流式沉淀池和竖流式沉淀池都可以作为二沉池使用。但也有某些区别，大、中型污水处理厂多采用机械吸泥的圆形辐流式沉淀池，中型污水处理厂也有采用多斗式平流式沉淀池的，小型污水处理厂则比较普遍采用竖流式沉淀池。

（1）二沉池的特点：

1）在作用方面的特点。二沉池除了进行泥水分离外，还进行污泥浓缩，并由于水量、水质的变化，还要暂时储存污泥。由于二沉池需要完成污泥浓缩的作用，所需要的池面积大于只进行泥水分离所需要的池面积。

2）进入二沉池的活性污泥混合液在性质上的特点。活性污泥混合液的浓度高（2000～4000mg/L），具有絮凝性能，属于成层沉淀。它沉淀时泥水之间有清晰的界面，絮凝体结成整体共同下沉，初期泥水界面的沉速固定不变，仅与初始浓度 C 有关。

3）二沉池内活性污泥的另一特点是质轻，易被出水带走，并容易产生二次流和异重流现象，使实际中的过水断面远远小于设计的过水断面。因此，设计平流式二沉池时，最大允许的水平流速要比初沉池的小一半；池的出流堰常设在离池末端一定距离的范围内；辐流式二沉池可采用周边进水的方式以提高沉淀效果；另外，出流堰的长度也要相对增加，使单位堰长的出流量不超过 5～8m^3/（m·h）。

由于进入二沉池的混合液是泥、水、气三相混合体，因此在中心管中的下降流速不应超过 0.03m/s，以有利于气、水分离，提高澄清区的分离效果。曝气沉淀池的导流区，其下降流速还要小些（0.015m/s 左右），这是因为其气、水分离的任务更重的缘故。

由于活性污泥质轻、易腐变质等，采用静水压力排泥的二沉池，其静水头可降至 0.9m；污泥斗底坡与水平夹角不应小于 50°，以方便污泥顺利滑下和排泥通畅。

（2）二沉池的设计与计算。二沉池设计的主要内容除了池型的选择外，就是计算沉淀池（澄清区）的面积、有效水深和污泥区容积，计算方法常用表面负荷法。

1）二沉池表面面积

$$A=\frac{Q}{q}=\frac{Q}{3.6u} \tag{3.60}$$

式中：A 为二沉池表面面积，m^2；Q 为污水最大时流量，m^3/h；q 为表面负荷率，$m^3/(m^2 \cdot h)$；u 为正常活性污泥成层沉淀之沉速，mm/s。

u 值随污水水质和混合液浓度而异，变化范围在 0.2～0.5mm/s 之间。生活污水中含有一定的无机物，可采用稍高的 u 值；有些工业废水溶解性有机物较多，活性污泥质轻，*SVI* 值较高，因此 u 值应低些。混合液污泥浓度对 u 值有较大的影响。浓度高时 u 值则偏小；反之，u 值则偏大。表 3.17 所列举的是 u 值与混合液浓度之间关系的实测资料，可供设计时参考。

表 3.17　　随混合液浓度而变的 u 值

混合液污泥浓度 *MLSS*/(mg/L)	上升流速 u/(mm/s)	混合液污泥浓度 *MLSS*/(mg/L)	上升流速 u/(mm/s)
2000	≤0.5	5000	0.22
3000	0.35	6000	0.18
4000	0.28	7000	0.14

计算沉淀池面积时，设计流量应为污水的最大时流量，而不包括回流污泥量。这是因为一般沉淀池的污泥出口常在沉淀池的下部，混合液进池后基本上分为方向不同两路流出，一路通过澄清区从沉淀池上部的出水槽流出；另一路通过污泥区从下部排泥管流出。前一路流量相当污水流量，后一路流量相当回流污泥量和剩余污泥量，所以采用污水最大时流量作为设计流量是能够满足要求的。不过中心管（合建式的导流区）的设计应包括回流污泥量在内，否则将会增大中心管的流速，不利于气、水分离。

2）二沉池的有效水深。澄清区要保持一定的水深（H），以维持水流的稳定。水深一般可按沉淀时间（t）计算：

$$H=\frac{Qt}{A}=qt \tag{3.61}$$

式中：H 为二沉池的有效水深，m；t 为二沉池的水力停留时间，h，一般取值 1～1.5h；其他各项同前。

6. 剩余污泥及其处置

为了使得活性污泥系统的净化功能保持稳定，必须使系统中曝气池内的污泥浓度保持平衡，为此，每日必须从系统中排除一定数量的剩余污泥。剩余污泥量可按式（3.41）计算或按有关经验数据确定，应当说每日排除的剩余污泥，在量上等于曝气池内每日增长的污泥量。

由式（3.41）计算得到的剩余污泥量 ΔX 是以干重的形式表示的挥发性悬浮固体（VSS），在实际应用中应将其换算成湿重的总悬浮固体。

$$\Delta X = Q_S f X_R$$

$$Q_S = \frac{\Delta X}{f X_R} \tag{3.62}$$

上二式中：Q_S 为每日从系统中排除的剩余污泥量，m^3/d；ΔX 为挥发性剩余污泥量（干重），kg/d；f 为挥发分，生活污水约为 0.75，城镇污水也可同此；X_R 为回流污泥浓度，mg/L。

剩余污泥含水率高达 99%左右，数量多，脱水性能差。因此，剩余污泥的处置是比较麻烦的问题。

对于设有初沉池的小型污水处理厂，剩余污泥可考虑回流到初沉池，使其含水率降低到 96%左右，然后同初沉池的污泥一起处置。这样做的优点是可不需增添设备，管理简单，但其带来的缺点是增加了初沉池的负荷，而且由于活性污泥与生污泥相混合，使生污泥中的有机成分得到部分分解，并进入污水中，提高了进入曝气池污水的 BOD 值，增加了曝气池的负荷。这种方法对大、中型污水处理厂并不是非常适宜的。

对于大、中型的污水处理厂，其剩余污泥传统的处置方式，是首先将其引入浓缩池进行浓缩，使其含水率由 99%降至 96%～97%左右，然后与由初沉池排出的污泥共同进行厌氧消化处理。

当前，在国内、外对剩余污泥的处置方式，出现了另一种趋向，剩余污泥经浓缩后（或不经浓缩），与由初沉池排出的污泥相混合，然后向混合污泥中投加一定量的混凝剂，使其产生絮凝作用，此后用脱水机械（如离心机、板框压滤机等）进行脱水，混合污泥的含水率能够降至 70%～80%，这样的污泥是便于运输和利用的。

有关剩余污泥处理与处置问题，在本书学习项目 5 内还要作进一步详细的阐述。

7. 出水水质

活性污泥处理系统处理后出水中的 BOD_5 值（S_e），是由残存的溶解性 BOD_5 和非溶解性 BOD_5 两者组成的。出水中溶解性 BOD_5 的主要来源是生物处理后残存的溶解性有机物，而非溶解性 BOD_5 的主要来源则是二沉池出水中带出的微生物悬浮固体。受纳水体对处理水质量的要求，应当是总 BOD_5 即溶解性 BOD_5 与非溶解性 BOD_5 之和所反应的出水质量。

当活性污泥处理系统运行正常时，出水中的悬浮固体浓度一般在 20mg/L 左右，由于其降解所产生的 BOD_5 在出水中占有较大的比重，又因理论推导的 S_e 值仅是出水中溶解性的 BOD_5 含量，因此出水中非溶解性 BOD_5 值可用下列公式确定：

$$BOD_5 = 5(1.42 b X_a C_e) = 7.1 b X_a C_e \tag{3.63}$$

式中：b 为微生物自身氧化率，d^{-1}，取值范围为 0.05～0.1；X_a 为在出水的悬浮固体中，有活性的微生物所占的比例（其一般取值：高负荷活性污泥处理系统取0.8；延时曝气系统取0.1；其他普通活性污泥处理系统可取0.4）；C_e 为活性污泥处理系统出水中的悬浮固体浓度，mg/L；5为BOD的5d培养期；1.42为近似表示氧化1g微生物体所需要的氧量。

因此，出水中的总 BOD_5 含量为

$$BOD_5 = S_e + 7.1bX_aC_e \tag{3.64}$$

3.4.1.9 活性污泥处理系统运行中的异常情况

活性污泥处理系统在运行过程中，有时会出现种种异常情况，使处理效果降低，污泥流失。下面将对运行中可能出现的几种主要的异常现象和相应采取的措施加以简要阐述。

1. 污泥膨胀

(1) 概念。正常的活性污泥沉降性能良好，含水率在99%左右。当污泥变质时，污泥不易沉淀，SVI值增高，污泥的结构松散和体积膨胀，含水率上升，澄清液稀少（但较清澈），颜色也有异变，这就是"污泥膨胀"。

(2) 原因。主要是丝状菌大量繁殖所引起，也有由于污泥中结合水异常增多导致的污泥膨胀。一般污水中碳水化合物较多，缺乏N、P、Fe等养料，DO不足，水温高或pH值较低等都容易引起丝状菌大量繁殖，导致污泥膨胀。另外，超负荷、污泥龄过长或有机物浓度梯度小等，也会引起污泥膨胀。排泥不通畅则易引起结合水性污泥膨胀。

(3) 措施。为防止污泥膨胀，一般可调整、加大空气量，及时排泥，在有可能时采取分段进水，以减轻二沉池的负荷等。当污泥发生膨胀后，解决的办法可针对引起膨胀的原因采取措施。如缺氧、水温高等可加大曝气量，或降低进水量以减轻负荷，或适当降低MLSS值，使需氧量减少等；如Ns过高，可适当提高MLSS值，以调整负荷，必要时还要停止进水，"闷曝"一段时间。如缺N、P、Fe养料，可投加硝化污泥液或N、P等成分；如pH值过低，可投加石灰等调节pH值；若污泥大量流失，可投加5～10mg/L氯化铁，帮助凝聚，刺激菌胶团生长；也可投加漂白粉或液氯（按干污泥的0.3%～0.6%投加），抑制丝状菌繁殖，特别能控制结合水性污泥膨胀。也可投加石棉粉末、硅藻土、黏土等惰性物质，降低污泥指数。

2. 污泥解体

(1) 概念。处理水质混浊，污泥絮凝体微细化，处理效果变坏等则是污泥解体现象。

(2) 原因。运行不当或污水中混入了有毒物质。如曝气过量，会使活性污泥生物营养的平衡遭到破坏，使微生物量减少并失去活性，吸附能力降低，絮凝体缩小质密，一部分则成为不易沉淀的羽毛状污泥，处理水质浑浊，SVI值降低等。当污水中存在有毒物质时，微生物会受到抑制或伤害，净化功能下降或完全停止，从而使污泥失去活性。

(3) 措施。一般可通过显微镜观察来判别产生的原因。当鉴别出是运行方面的问题时，应对污水量、回流污泥量、空气量、排泥状态以及SV%、MLSS、DO、Ns等多项指标进行检查，并加以调整。当确定是污水中混入有毒物质时，应考虑这可能是新的工业废水混入的结果，应该查明来源，责成排放单位按国家排放标准对工业废水进行局部处理。

3. 污泥腐化

(1) 概念。在二沉池有可能由于污泥长期滞留而产生厌氧发酵生成 H_2S、CH_4 等气体，从而使大块污泥上浮的现象。污泥腐化上浮与污泥脱氮上浮不同，污泥会腐败变黑，产生恶臭。此时也不是全部污泥上浮，大部分污泥都是正常地排出或回流。只有沉积在死角长期滞

留的污泥才腐化上浮。

（2）原因。污泥斗设计或安装不合理，污泥难以下滑，污泥长期滞留沉积在死角而产生腐化现象。

（3）措施。安设不使污泥外溢的浮渣清除设备；消除沉淀池的死角地区；加大池底坡度或改进池底刮泥设备，不使污泥滞留于池底。

4. 污泥上浮

（1）概念。又指污泥脱氮上浮，曝气池内污泥泥龄过长，硝化进程较高（一般硝酸铵达5mg/L以上），在沉淀池底部产生反硝化，硝酸盐的氧被利用，氮即呈气体脱出附于污泥上，从而使污泥比重降低，整块上浮。

（2）原因。反硝化，所谓反硝化是指硝酸盐被反硝化菌还原成氨和氮的作用。反硝化作用一般在DO低于0.5mg/L时发生，并在试验室静沉30～90min以后发生。

（3）措施。增加污泥回流量或及时排除剩余污泥，在脱氮之前即将污泥排除；或降低混合液污泥浓度，缩短污泥龄和降低DO等，使之不进行到硝化阶段。

此外，如曝气池内曝气过度，使污泥搅拌过于激烈，生成大量小气泡附聚于絮凝体上，也可能引起污泥上浮。这种情况机械曝气较鼓风曝气为多。另外，当流入大量脂肪和油时，也容易产生这种现象。防止措施是将供气控制在搅拌所需要的限度内，而脂肪和油则应在进入曝气池之前加以去除。

5. 泡沫问题

（1）泡沫。泡沫可给生产操作带来一定困难，如影响操作环境，带走大量污泥。当采用机械曝气时，还会影响叶轮的充氧能力。

（2）原因。污水中存在大量合成洗涤剂或其他起泡物质。

（3）措施。分段注水以提高混合液浓度；进行喷水或投加除沫剂（如机油、煤油等，投量约为0.5～1.5mg/L）等。另外，用风机机械消泡，也是有效措施。

3.4.2　污水的生物膜法处理

3.4.2.1　概述

污水的生物膜处理法是污水土地处理的人工强化法，是与活性污泥法并列的一种污水好氧生物处理技术。这种处理法的实质是使细菌和菌类一类的微生物和原生动物、后生动物一类的微型动物附着在滤料或某些载体上生长繁育，并在其上形成膜状生物污泥——生物膜。污水与生物膜接触，污水中的有机污染物，作为营养物质，为生物膜上的微生物所摄取，污水得到净化，微生物自身也得到繁衍增殖。

生物膜法作为与活性污泥法平行发展起来的生物处理工艺，在许多情况下不仅能代替活性污泥法用于城市污水的二级生物处理，而且还具有一些独特的优点，如运行稳定、抗冲击负荷、更为经济节能、无污泥膨胀问题、具有一定的硝化和反硝化功能、可实现封闭运转防止臭味等。

1. 生物膜的构造及其对有机物的降解

污水与滤料或某种载体流动接触，在经过一段时间后，在滤料或载体的表面将会为一种膜状污泥——生物膜所覆盖，生物膜逐渐成熟，其标志是：生物膜沿水流方向的分布、生物膜上由细菌及各种微生物组成的生态系、对有机物的降解功能都达到了平衡和稳定的状态。从开始形成到成熟，生物膜要经历潜伏和生长两个阶段，一般的城市污水，在20℃左右的

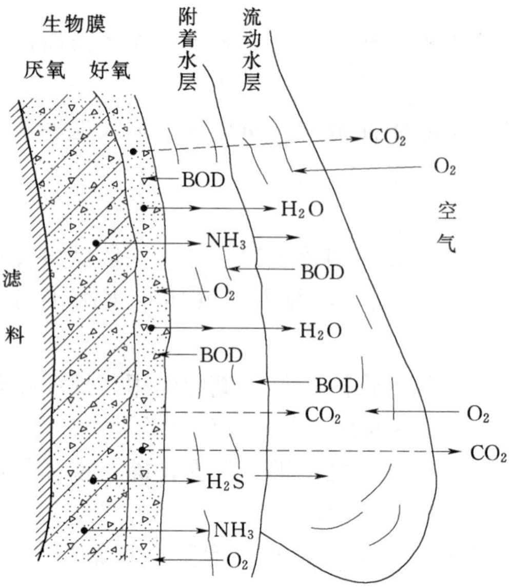

图 3.67 生物滤池滤料上生物膜的构造(剖面图)

条件下大致需要 30d 左右的时间。

生物膜的构造见图 3.67。

生物膜是高度亲水的物质，在污水不断在其表面更新的条件下，在其外侧总是存在着一层附着水层。生物膜又是微生物高度密集的物质，在膜的表面和一定深度的内部生长繁殖着大量的各种类型的微生物和微型动物，并形成有机污染物质-细菌-原生动物（后生动物）的食物链。

生物膜在其形成与成熟后，由于微生物不断繁殖增长，生物膜的厚度不断增加，在增加一定厚度后，在氧不能透入的内侧深部即转变为厌氧状态。这样，生物膜便由好氧和厌氧两层组成。生物膜的表面与污水直接接触，由于吸收营养和溶解氧比较容易，微生物生长繁殖迅速，形成了由好氧微生物和兼性微生物组成的好氧层，其厚度一般为 2mm 左右；其内部和载体接触的部分，由于营养物质和溶解氧的不足，微生物生长繁殖受到限制，从而形成了由厌氧微生物和兼性微生物组成的厌氧层。厌氧层在生物膜达到一定厚度时才出现，随着生物膜的增厚和外伸，厌氧层也随着变厚。但有机物的降解主要是在好氧层内进行的。

在生物膜的内、外，生物膜与水层之间进行着多种物质的传递过程。空气中的氧溶解于流动水层中，从那里通过附着水层传递给生物膜，供微生物用于呼吸；污水中的有机污染物则由流动水层传递给附着水层，然后进入生物膜，并通过细菌的代谢活动而被降解，使污水在其流动过程中逐步得到净化；微生物的代谢产物如 H_2O 等则通过附着水层进入流动水层，并随其排走，而 CO_2 及厌氧层的分解产物如 H_2S、NH_3 以及 CH_4 等气态代谢产物则从水层逸出进入空气中。

当厌氧层尚不厚时，它与好氧层之间保持着一定的平衡与稳定关系，好氧层能够维持正常的净化功能，但当厌氧层逐渐加厚，并达到一定厚度后，其代谢产物也逐渐增多，这些产物向外侧逸出透过好氧层时，好氧层生态系统的稳定状态遭到了破坏，从而造成这两种膜层之间平衡关系的丧失；又因气态代谢产物的不断逸出，减弱了生物膜在滤料（载体、填料）上的固着力，处于这种状态的生物膜即为老化生物膜，老化生物膜净化功能较差而且易于脱落。生物膜脱落后生成新的生物膜，新生生物膜必须在经过一段时间后才能充分发挥其净化功能。在正常运行情况下，整个反应系统中的生物膜各个部分总是交替脱落的，系统内活性生物膜数量相当稳定，净化效果良好。过厚的生物膜并不能增大底物利用速度，却可能造成堵塞，影响正常通风。因此，在废水浓度较大时，生物膜增长过快，水流的冲刷力也应加大，如依靠原废水不能保证其冲刷力时，可以采用处理出水回流，以稀释进水和加大水力负荷，从而维持良好的生物膜活性和合适的膜厚度。

2. 生物膜处理法的主要特征

（1）微生物相方面的特征：

1）参与净化反应微生物多样化。生物膜上的微生物没有像活性污泥法中的悬浮生长微生物那样承受强烈的曝气搅拌与冲击，生物膜反应器为微生物的繁衍、增殖及生长栖息创造了安稳的环境。除大量细菌外，还出现大量真菌（丝状菌）、原生动物（钟虫）、后生动物（线虫类、轮虫类）、微型动物（寡毛虫类）和藻类（有日光照到的地方），形成复杂的、稳定的复合生态系统。

2）食物链长。形成细菌-真菌-原生动物-后生动物-微型动物的长食物链，生物膜上能够栖息高层次水平的生物，产生的生物污泥量低于活性污泥法的。

3）能存活世代时间较长的微生物。由于呈固着态，生物固体平均停留时间长，因此在生物膜上能够生长世代时间长、增殖速度较慢的微生物，如硝化杆菌属、亚硝化单胞菌属。

4）在每段都自然形成自己独特的优占微生物。生物膜法一般多分段处理，在每段都生长繁育与进入本段污水水质相适应的微生物，并自然地成为优占种属，这种现象对有机污染物的降解是非常有利的。

（2）工艺方面的特征：

1）对水质、水量变动有较强的适用性。生物膜处理法的各种工艺，对流入的污水水质、水量的变化都具有较强的适应性，耐冲击负荷，并能处理低浓度的污水，这种现象已为多数运行的实际设备所证实，即使有一段时间中断进水或工艺遭到破坏，对生物膜的净化功能也不会造成致命的影响，通水后能够较快地得到恢复。还有，生物膜反应器系统可处理进水 BOD 低于 50～60mg/L 的污水，使其出水 BOD 低至 5～10mg/L，这点是活性污泥法无法比拟的。

2）污泥沉降性能良好，宜于固液分离；剩余污泥产量少，降低污泥处理与处置费用。由生物膜上脱落下来的生物污泥，因所含动物成分较多、比重较大，而且污泥颗粒个体较大，因而具有良好的污泥沉降性能，易于固液分离。在生物膜中，因栖息着较多高层次营养水平的生物、食物链较长，因而剩余污泥量明显减少，特别是在生物膜较厚时，底部厌氧层的厌氧菌能够降解好氧过程合成的剩余污泥，从而使总的剩余污泥量大大减少，因而可减轻污泥处理与处置的费用。

3）生物量高，处理能力大，净化功能显著提高。生物附着生长并使生物膜具有较少的含水率，生物膜单位反应器容积内的生物量可达活性污泥法的 5～20 倍，具有较大的处理能力。又由于有世代时间较长的硝化菌生长繁殖，生物膜反应器不仅能有效去除有机污染物，而且更具有较强的硝化功能，因而其净化功能显著提高。

4）易于运行、节能、减少污泥膨胀问题。生物膜反应器由于具有较高的生物量，一般不需要污泥回流，因而不需经常调整反应器内的污泥量和剩余污泥排放量，易于运行、维护和管理。另外，在活性污泥法中，因污泥膨胀问题而导致的固液分离困难和处理效果下降一直困扰着操作管理者，而生物膜反应器由于微生物附着生长，即使丝状菌大量繁殖，也不会导致污泥膨胀，相反还可以利用丝状菌较强的分解氧化能力，提高处理效果。

与传统的活性污泥法相比生物膜法具有操作方便、剩余污泥少、抗冲击负荷和适用于小型污水处理厂等特点。但也存在着一定的不足，如需要较多的填料和支撑结构，在不少情况下基建投资超过活性污泥法；出水常常携带较大的脱落生物膜片，大量非活性细小悬浮物分散在水中使得处理水的澄清度降低等。

3.4.2.2 生物滤池

生物滤池是当代污水生物处理系统中认识得最早的处理工艺，根据土壤自净原理，在污水灌溉的实践基础上，经较原始的间歇砂滤池和接触滤池而发展起来的人工生物处理技术。

污水长时间以滴状喷洒在块状滤料层的表面上，在污水流经的表面上就会形成生物膜，待生物膜成熟后，栖息在生物膜上的微生物即摄取流经污水中的有机物作为营养，从而使污水得到净化。进入生物滤池的污水，必须通过预处理，去除原污水中的悬浮物等能够堵塞滤料的污染物，并使水质均化。因此，在处理城市污水的生物滤池前往往需设初沉池。滤料上的生物膜，不断脱落更新，脱落的生物膜随处理水流出，因此，生物滤池后也应设二沉池以截留脱落的生物膜，保证出水水质。

1. 普通生物滤池

普通生物滤池，是生物滤池早期出现的类型，即第一代的生物滤池。

（1）普通生物滤池的构造。普通生物滤池由池体、滤料、布水装置和排水系统等四部分所组成（图3.68）。

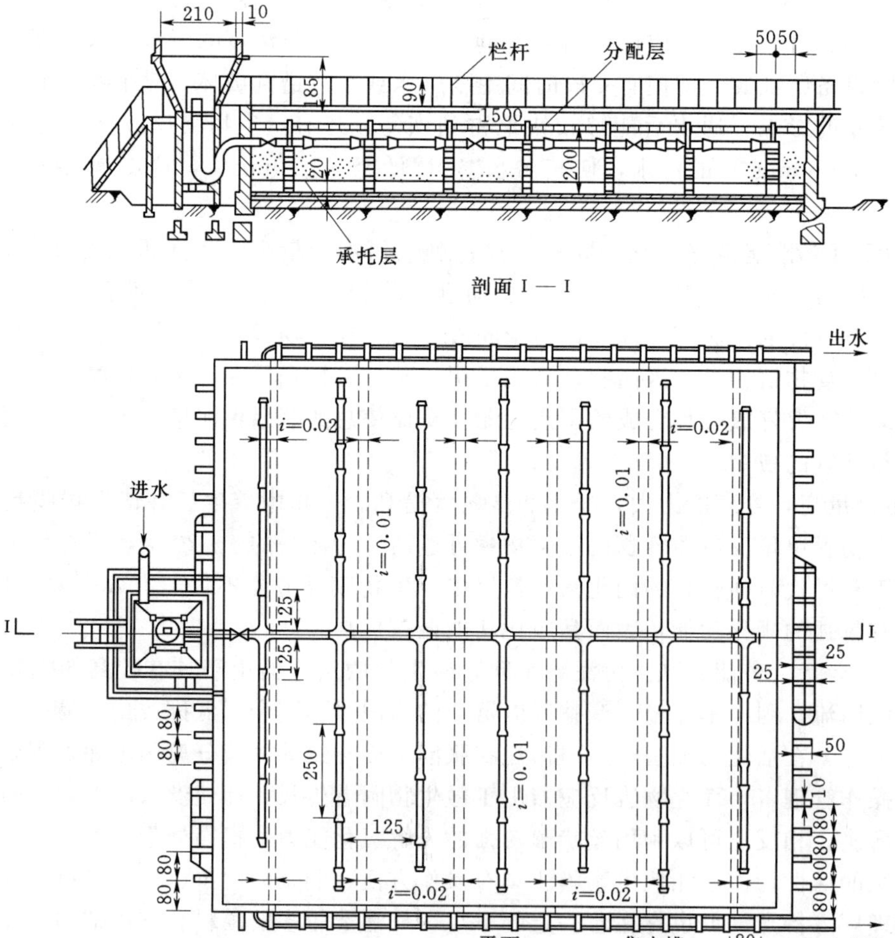

图3.68 普通生物滤池构造示意（单位：cm）

1）池体。普通生物滤池在平面上多呈方形或矩形，池壁多用砖石筑造，一般应高出滤料 0.5～0.9m，具有围护滤料的作用，应当能够承受滤料压力，并防止风力对池表面均匀布水的影响。池体的底部为池底，它的作用是支撑滤料和排除处理后的污水。

2）滤料。是生物滤池的主体，应具备质坚耐腐、比表面积高、空隙率大、抗冻耐用、适合就地取材等条件。长期以来一般多采用碎石、卵石、炉渣和焦炭等实心拳状无机滤料。滤料粒径多采用 40～100mm，滤料层亦由底部的承托层（厚 0.2m，无机滤料粒径 70～100mm）和其上的工作层（厚 1.8m，无机滤料粒径 40～70mm）两层充填而成，粒径下大上小。但近年来也已广泛使用由聚氯乙烯、聚苯乙烯和聚酰胺等材料制成的呈波形板状、多孔筛状和蜂窝状等人工有机滤料，因其更具有比表面积大（100～200m^2/m^3）和空隙率高（80%～95%）的优势。

3）布水装置。首要任务是向滤池表面均匀地撒布污水。此外，还应具有适应水量的变化；不易堵塞和易于清通以及不受风、雪的影响等特征。

普通生物滤池传统的布水装置是固定喷嘴式布水装置系统，其是由投配池、布水管道和喷嘴（图 3.69）等几部分组成。

投配池设于滤池的一端或两座滤池的中间，在投配池内设虹吸装置。布水管道敷设在滤池表面下 0.5～0.8m 处，在布水管道上装有一系列排列规矩、伸出池面 0.15～0.20m 的竖管，在竖管顶端安装喷嘴，喷嘴的作用是均匀布水。污水流入投配池内，在达到一定高度后，虹吸装置即开始作用，污水泄入布水管道，并从喷嘴喷出，被倒立圆锥体所阻，向四外分散，形成水花。当投配池内的水位降到一定位置后，虹吸被破坏，停止喷水，投配池间歇供水但是向投配池的供水是连续的。

这种布水装置的优点是运行方便、易于管理和受气候的影响较小，缺点是需要较大的水头（20m）。

4）排水系统。设于滤池的底部，排水系统包括渗水装置、汇水沟和总排水沟等，其作用是排除处理后的污水和保证滤池的良好通风。渗水装置使用比较广泛的混凝土板式的渗水装置（图 3.70）。

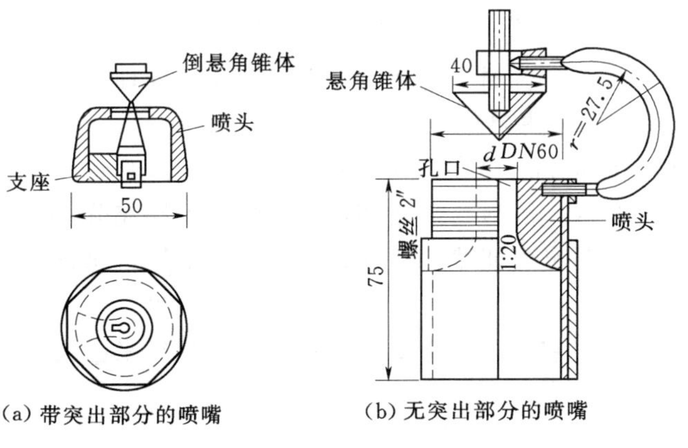

(a) 带突出部分的喷嘴　(b) 无突出部分的喷嘴

图 3.69　固定喷嘴式布水装置所使用的喷嘴

注：2″=50mm

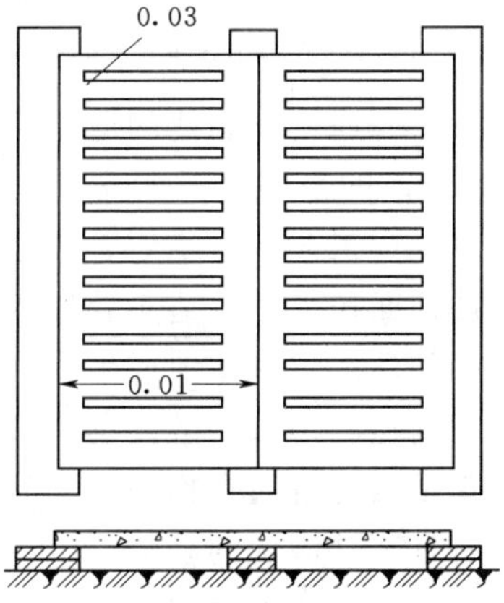

图 3.70　混凝土板式渗水装置

渗水装置的作用是支撑滤料，排出滤池处理后的污水。为了保证滤池通风良好，渗水装置上的排水孔隙的总面积不得低于滤池总表面积的20%，与池底之间的距离不得小于0.4m。

池底的作用是支撑滤料和排除处理后的污水，池底以1%～2%的坡度坡向汇水沟（宽0.15m，间距2.5～4.0m），并以0.5%～10%的坡度坡向总排水沟，总排水沟的坡度不应小于0.5%，其过水断面积应小于其总断面的50%，沟内流速应大于0.7m/s，以免发生沉积和堵塞现象。在滤池底部四周设通风孔，其总面积不得小于滤池表面积的1%。

对小型的普通生物滤池，池底可不设汇水沟，而全部作成1%的坡度，坡向总排水沟。

（2）普通生物滤池的设计与计算。普通生物滤池的设计与计算一般分为两部分进行。一是滤料的选定，滤料容积的计算以及滤池各部位如池壁、排水系统的设计；二是布水装置系统的计算与设计。

本书主要阐述滤料容积的计算，有关布水装置的计算与设计请参阅《给水排水设计手册》第5册《城市排水》二级处理——生物膜法有关章节。

普通生物滤池的滤料容积一般按负荷率进行计算。有两种负荷率：BOD_5容积负荷率和水力负荷率。

BOD_5容积负荷率：在保证处理水达到要求质量的前提下，$1m^3$滤料在1d内所能接受的BOD_5量，其表示单位为$gBOD_5/(m^3$滤料·d)。

水力负荷率：在保证处理水达到要求质量的前提下，$1m^3$滤料或$1m^2$滤池表面在1d内所能够接受的污水水量，其表示单位为$m^3/(m^2$滤料表面·d)。

当处理对象为生活污水或以生活污水为主体的城市污水时，BOD_5容积负荷率可按表3.18所列数据选用；而水力负荷值可取$1～4m^3/(m^2$滤池·d)。

表3.18 普通生物滤池BOD-容积负荷率

年平均气温/℃	BOD-容积负荷率/[$gBOD_5/(m^3·d)$]	年平均气温/℃	BOD-容积负荷率/[$gBOD_5/(m^3·d)$]
3～6	100	>10	200
6.1～10	170		

注 1. 本表所列负荷率适用于处理生活污水或以生活污水为主体的城市污水的普通生物滤池。
2. 若冬季污水温度不低于6℃，则本表所列负荷值应乘以$T/10$（T为污水在冬季的平均温度）。
3. 当处理工业废水含量较多的城市污水时，应考虑工业废水所造成的影响；适当降低本表所列举的负荷率值。

（3）普通生物滤池的适用范围和主要特点。普通生物滤池一般仅适用于处理污水量不高于$1000m^3$的小城镇污水或有机性工业废水。其主要优点是BOD_5的去除效率高，一般可达95%以上；工艺运行稳定、易于管理和节约能源。但也存在一定的缺点，表现在：负荷率低，占地面积大，不适于处理水量较大的污水；滤料易于堵塞，当预处理不够充分，含悬浮物较高的污水进入滤池或生物膜同时脱落，都有可能堵塞滤池；易产生滤池蝇，恶化环境卫生；喷嘴喷洒污水，散发臭味。

正是因为普通生物滤池具有以上的缺点，它在应用中受到不利影响，近年来已很少新建了，有日渐被淘汰的趋势。

2. 高负荷生物滤池

（1）高负荷生物滤池的特征：

1）工艺特征。高负荷生物滤池是在解决与改善普通生物滤池在净化功能和运行中存在问题的基础上而开发的工艺。首先，它大幅度地提高了滤池的负荷率，BOD_5容积负荷率高于普通生物滤池 6～8 倍，水力负荷则高达 10 倍。这样高的负荷率是通过限制进水 BOD_5 值和在运行上采取处理水回流等技术而达到的。处理水回流一般可以均化与稳定进水水质、降低冲刷过厚和老化的生物膜，从而使生物膜迅速更新并经常保持较高的活性，抑制滤池蝇的过度滋长，减轻散发的臭味。

回流污水量（Q_R）与污水水量（Q）的比值称为回流比 R，计算式如下：

$$R=\frac{Q_R}{Q} \tag{3.65}$$

回流比 R 常采用 0.5～3.0，但有时也高达 5～6 倍。采取处理水回流措施后，进入高负荷生物滤池的污水总量 Q_T 和经回流水稀释后的污水有机物浓度 S_a 分别计算如下：

$$Q_T=Q+QR=Q(1+R) \tag{3.66}$$

$$S_a=\frac{S_0+RS_e}{1+R} \tag{3.67}$$

式中：S_0 为原污水的有机物（BOD 或 COD）浓度，mg/L；S_e 为滤池处理水的有机物（BOD 或 COD）浓度，mg/L；S_a 为滤池进水的有机物（BOD 或 COD）浓度，若以 BOD_5 计，一般不应高于 200mg/L。

2）典型工艺流程。

初沉池：可去除 SS50％～60％、BOD20％～30％，防堵塞，减小滤池负荷。

回流水：Q 大、冲刷滤料。

二沉池：脱落沉降的污泥。

回流污泥：提高初沉效率，有利于生物膜的接种。

高负荷生物滤池采取处理水回流措施后，使其具有多种多样的流程系统。图 3.71 所示的便是一级高负荷滤池的典型工艺流程。图 3.71（a）中滤池出水直接向滤池回流，并由二

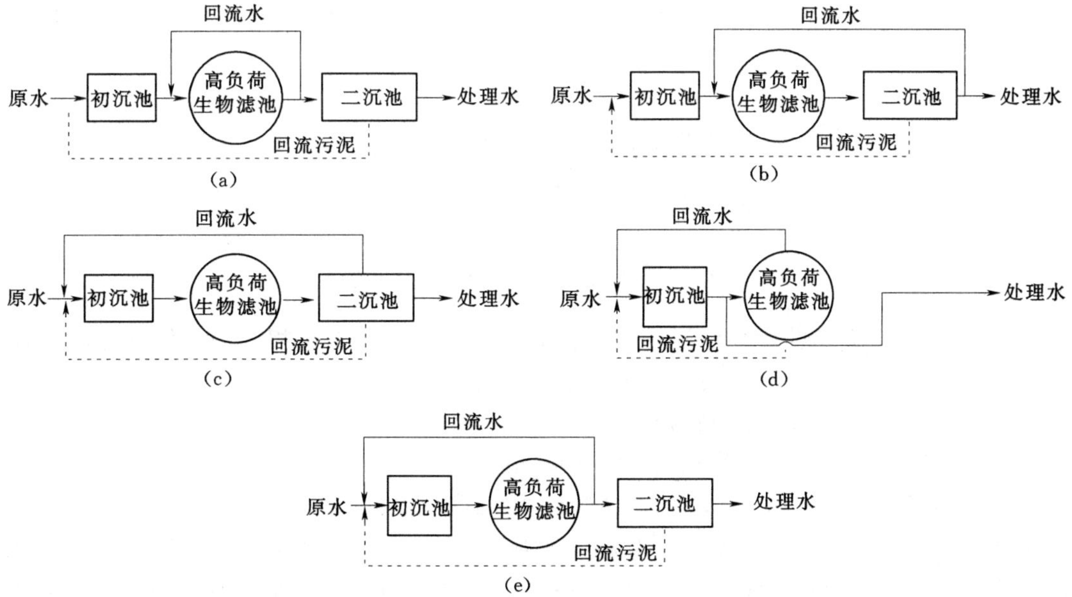

图 3.71　一级高负荷生物滤池的典型工艺流程

沉池向初沉池回流生物污泥，有助于生物膜的接种；图 3.71（b）中处理水回流至滤池前，可避免加大初沉池的容积；图 3.71（c）中处理水回流至初沉池，加大了滤池的水力负荷；图 3.71（d）中滤池出水直接回流至初沉池，初沉池的效果从而得到提高并兼做二沉池的功能；而图 3.71（e）中滤池出水回流至初沉池前，生物污泥由二沉池回流至初沉池。在上述多种流程中，以图 3.71（a）、（b）的应用最为广泛。

当原水有机物浓度较高、避免单个生物滤池的深度太大或者当处理后的污水水质要求较高时，可将 2 个高负荷生物滤池串联起来使用，形成二级生物滤池系统。图 3.72 所示的便是二级生物滤池的典型工艺流程，其中图 3.72（d）中设置中间沉淀池的目的是为了减轻第二级滤池的负荷，避免堵塞。另外，为了解决二级式系统负荷不均和前段生物膜量大、易于堵塞的问题，可以考虑用交替配水的二级生物滤池系统，如图 3.73 所示。

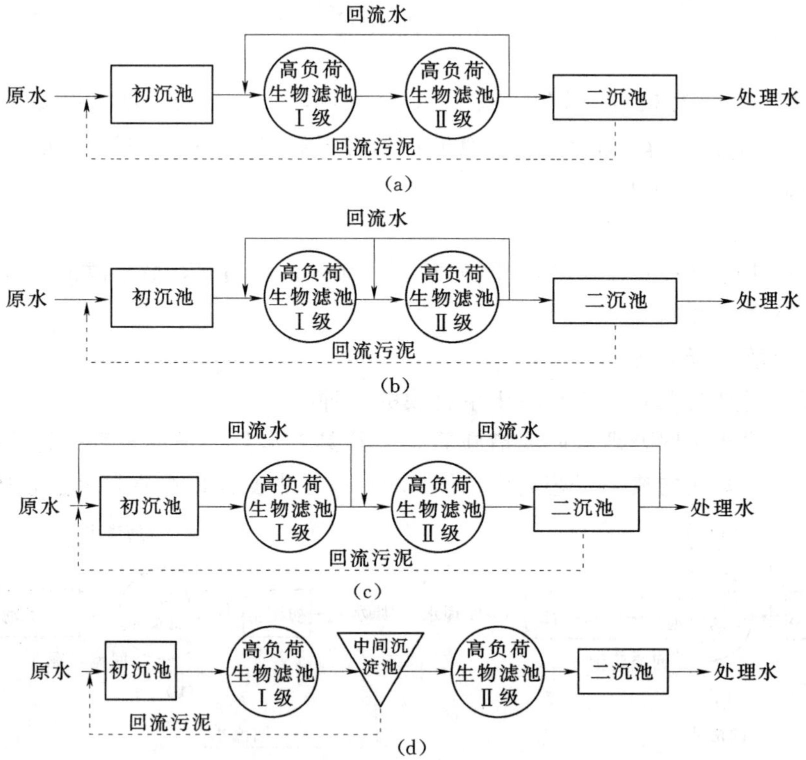

图 3.72 二级高负荷生物滤池的典型工艺流程

3）构造特征。高负荷生物滤池构造与普通生物滤池基本上是相同的，但其滤料粒径较大，一般为 40～100mm，滤料层高一般为 2.0m，滤料粒径和相应的层厚度为

工作层：层厚 1.80m，滤料粒径 40～70mm；

承托层：层厚 1.80m，滤料粒径 70～100mm。

当滤料层厚度超过 2.0m 时，一般应采用人工通风措施。

布水装置多用于旋转式布水器，其构造如图 3.74 所示。主要由固定不动的进水竖管、配水短管和可以转动的布水横管等组成，一般多用于圆形或多边形的生物滤池。横管距滤料表面为 0.15～0.25m，其数目多为 2～4 个；横管上一侧开着直径为 10～15mm 的小孔，小孔间距从池中心最大向池边逐渐减小，以保证均匀布水。污水从进水竖管进入配水短管，然后分配至各布水横管后，在一定水头（0.25～0.8m）的作用下喷出小孔并产生反作用力，从而推动布水横管向水流相反的方向转动，由此保证了向滤池的连续布水。

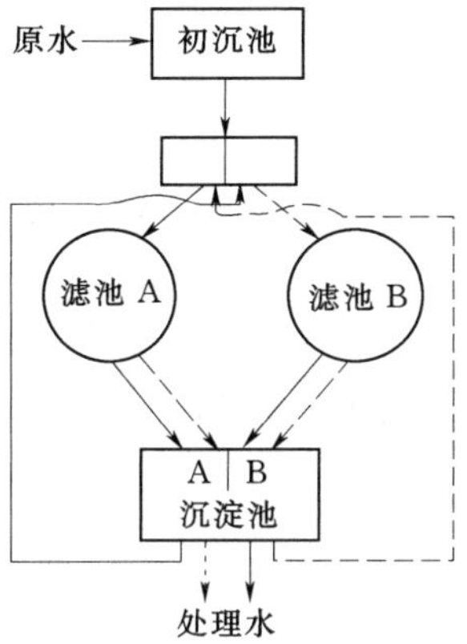

图 3.73 交替配水的二级高负荷生物滤池工艺流程

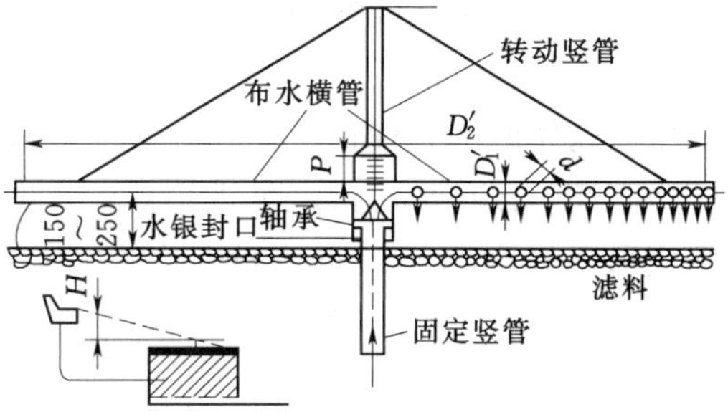

图 3.74 旋转布水器示意图

现代高负荷生物滤池已广泛采用由聚氯乙烯、聚苯乙烯和聚酰胺等材料制成的质轻、高强、耐腐蚀人工滤料，$1m^3$ 滤料重量仅 43kg 左右，表面积 $200m^2$，空隙率可高达 95%。

4）高负荷生物滤池的需氧与供氧：

a. 生物膜量。生物膜污泥量是难以精确计算的，除了原污水水质和负荷率等因素能影响生物膜污泥的数量外，活性生物膜（生物膜好氧层）厚度的不同和其沿滤池深度分布的不同，也给生物膜污泥数量的计算造成困难。因此，生物膜污泥量的数据，应通过实测取得，沿滤池的深度，按池上、下层分别测定，取其平均值作为设计与运行的数据。

生物膜好氧层的厚度，多数专家认为是在 2mm 左右，含水率按 98%考虑。

据休凯莱基安（Heukelekian）的实测，处理城市污水的普通生物滤池的生物膜污泥量是 $4.5\sim7.0kg/m^3$，高负荷生物滤池则是 $3.5\sim6.5kg/m^3$。

b. 需氧。生物滤池单位体积滤料的需氧量可按下式求定：

$$O_2=a'BOD_r+b'P[kg/(m^3 \text{ 滤料}\cdot d)] \tag{3.68}$$

式中：BOD_r 为在生物滤池上所去除的 BOD_5 值，$kg/(m^3$ 滤料 $\cdot d)$；a' 为 $1kgBOD_5$ 完全降解所需的氧量，kg，对城市污水，取 1.46 左右；P 为 $1m^3$ 滤料上覆盖着的活性生物膜量，kg/m^3 滤料；b'为单位重量活性生物膜的需氧量，此值大致是 0.18kg/kg。

如生物滤池中 $1m^3$ 滤料的 BOD 负荷率为 1.2kg/d，去除率为 90%，$1m^3$ 滤料上的活性生物膜量平均值 P 为 $2kg/m^3$，将各值代入式（3.68），可求得

$$O_2=1.46\times(1.2\times0.9)+0.18\times2=1.94kg/(m^3 \text{ 滤料}\cdot d)$$

c. 供氧。生物滤池的供氧是 O_2 在自然条件下通过池内外空气的流通而转移到污水中并进而扩散传递到生物膜内部而实现的。影响生物滤池通风状况的因素很多，主要有池内外温度差、风力、滤料类型及污水布置量等。

池内外温度差能决定空气在池内的流速和流向等，池内外温度差与空气流速之间的关系，可用下列经验关系式表达：

$$v=0.075\times\Delta T-0.15 \tag{3.69}$$

式中：v 为空气流速，m/min；ΔT 为滤池内外温差，℃。

由式（3.69）可见，当 $\Delta T=2$℃时，$v=0$，空气停止流通。在一般情况下，$\Delta T=6$℃，按式（3.69）可计算得 $v=0.3$m/min$=432$m/d，即 1m^3 滤料在 1d 内通过的空气量为 432m^3。又 1m^3 空气中 O_2 的含量为 0.28kg，则向生物膜提供的 O_2 量为 120.96kg，氧的利用率以 5%考虑，则实际上能够利用的 O_2 量为 6.048kg。这样，当 BOD-容积负荷率为 1.2kg/（m^3 滤料·d）时，O_2 是充足的。

（2）高负荷生物滤池的工艺计算与设计。高负荷生物滤池工艺计算与设计包括滤池与旋转布水器的设计计算。

滤池池体的工艺设计与计算。滤池池体的工艺计算有多种方法，其中以负荷率计算法使用较为广泛，按日平均污水量进行计算。进入滤池的污水，其 BOD_5 值一般低于 200mg/L，否则应采取处理水回流进入滤池的污水经回流水稀释后的 BOD_5 值可由式（3.70）进行计算：

$$S_a=\alpha S_e \tag{3.70}$$

式中：α 为系数，与污水冬季平均温度、年平均气温和滤料层高度有关，按表 3.19 所列数据选用。

表 3.19　　系数 α 值的选用

污水冬季平均温度/℃	年平均气温/℃	滤料层高度/m				
		2.0	2.5	3.0	3.5	4.0
8～10	<3	2.5	3.3	4.4	5.7	7.5
10～14	3～6	3.3	4.4	5.7	7.5	9.6
>14	>6	4.4	5.7	7.5	9.6	12.0

确定回流稀释倍数 n。由 S_0、S_e、S_a，对初沉池物料计算：

$$\alpha S_0+nQS_e=(\alpha+n\alpha)S_a \tag{3.71}$$

可进一步计算出回流稀释倍数

$$n=S_0-S_e/(S_a-S_e) \tag{3.72}$$

在求定经回流水稀释后 BOD_5 值与回流稀释倍数后，可按下列 3 种负荷率法进行池体的工艺计算。

a. 按 BOD-容积负荷率 N_v 计算。BOD 容积负荷率 N_v 是指 1m^3 滤料在 1d 内所接受的 BOD_5 量，以 gBOD_5/（m^3·d）表示，此值一般不宜高于 1200gBOD_5/（m^3·d）。由 N_v 可计算滤料容积 V 并进而计算出滤料表面积 A，计算公式分别如下：

$$V=Q(n+1)S_a/N_v \tag{3.73}$$

$$A=V/h \tag{3.74}$$

上二式中：Q 为原污水日平均流量，m^3/d；h 为滤料层高，m；

其他符号意义同前。

b. 按 BOD-面积负荷率 N_A 计算。BOD-面积负荷率 N_A 是指 1m^2 滤料在 1d 内所接受的 BOD_5 量，以 gBOD_5/(m^2·d) 表示，此值一般介于 1100～2000gBOD_5/(m^2·d) 之间。由 N_A 可计算滤池面积 A 并进而计算出滤料容积 V，计算公式分别如下：

$$A=Q(n+1)S_a/N_A \tag{3.75}$$

$$V=Ah \tag{3.76}$$

c. 按水力负荷率 N_q 计算。水力负荷率 N_q 是指 $1m^2$ 滤池表面在 1d 内所接受的污水量，以 $m^3/(m^2 \cdot d)$ 表示，此值一般介于 $10\sim30m^3/(m^2 \cdot d)$。由 N_q 可计算出滤池表面积 A，计算公式如下：

$$A=Q(n+1)S_a/N_q \tag{3.77}$$

实际应用时，一般按一种方法计算，另两种方法校核。上述各负荷率计算法应属经验计算法，所提出的各项负荷率的数据一般都是由对运行数据归纳整理后而确定的，具有一定的实用意义，但是在理论探讨方面还存在一定的不足。

3. 塔式生物滤池

塔式生物滤池属第三代生物滤池，是受到污水生物处理工程界重视和应用较广泛的一种滤池。

(1) 构造与工艺特征：

1) 构造。塔式生物滤池一般高达 8～24m，直径 1～3.5m，径高比介于 1∶(6～8)，呈塔状。主要由塔身、滤料、布水系统以及通风及排水装置所组成，在平面上多呈圆形，其构造如图 3.75 所示。

a. 塔身。一般用砖、钢筋混凝土或钢板等材料制成。塔身沿高度常分数层建造，在分层处设有格栅，格栅承托在塔身上，而其本身又承托着滤料，这样可使滤料荷重分层负担，每层高度以不大于 2.0m 为宜，以免将滤料压碎。每层还应设检修孔，以便更换滤料。还应设侧温孔和观察孔，用以测量池内温度和观察塔内滤料上生物膜的生长情况和滤料表面布水的均匀程度，并取样分析。塔顶上缘应高出最上层滤料表面 0.5m 左右，以免风吹影响污水的均匀分布。

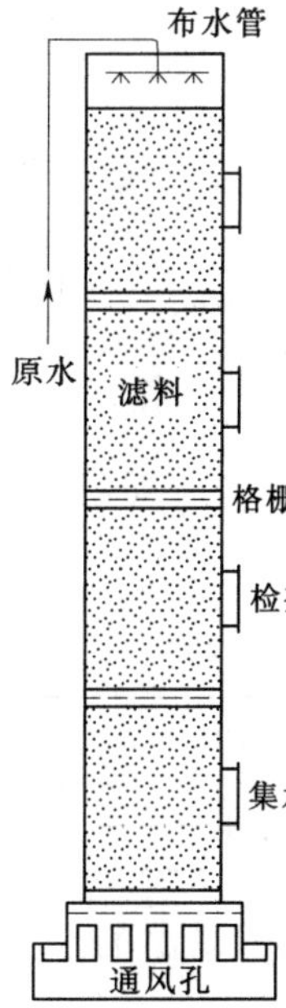

图 3.75 塔式生物滤池示意图

b. 滤料。一般采用质轻的人工滤料，在我国使用较多的是用环氧树脂固化的玻璃布蜂窝滤料，因为这种滤料具有比表面积大、结构比较均匀、有利于空气流通和均匀布水、流量调节幅度大、不易堵塞等优点。

c. 布水装置。一般与普通生物滤池及高负荷生物滤池的基本相同。对小型塔式生物滤池多采用固定式喷嘴布水系统，也可使用多孔管和溅水筛板等布水；对大、中型塔式生物滤池则多采用电机驱动或水流反作用力驱动的旋转布水器。

d. 通风。一般都采用自然通风，塔底设有高度为 0.4～0.6m 的空间，周围并留有通风孔，其有效面积不小于滤池面积的 7.5%～10%。因塔式生物滤池形状似塔，使得滤池内部形成了较强的拔风状态，故具有良好的通风条件。

2) 工艺特征。塔式生物滤池也属一种高负荷生物滤池，如其水力负荷可达 $80\sim200m^3/(m^2 \cdot d)$，为一般高负荷生物滤池的 2～10 倍，$BOD_5$ 容积负荷率达 $1000\sim3000gBOD_5/(m^3 \cdot d)$，为一般高负荷生物滤池的 2～3 倍。高额的有机负荷使其生物膜生长迅速，高额的水力负荷又使生物膜受到强烈的水力冲刷，从而使得生物膜不断地脱落与更新，并经常保持较好的活性。但生物膜如果生长过速，则易于产生滤料的堵塞现象。对此，一般将进水的 BOD_5 值控制在 500mg/L 以下，否则需采取处理水回流稀释措施。

由于塔内微生物存在分层的特点，所以能承受较大的有机物和有毒物质的冲击负荷；占地面积小，经常运行费用较低，但基建投资较大，BOD 去除率较低，适用于处理生活污水和城市污水，也适用于处理各种有机性的工业废水，但只适宜于处理少量污水，一般不宜超过 10000m^3/d。

(2) 设计与计算。塔式生物滤池的设计与计算与普通的生物滤池和高负荷生物滤池相近似。目前，塔式生物滤池主要按 BOD -容积负荷率（N_v）进行计算。对生活污水和城市污水可以参考国内外的运行数据选定。

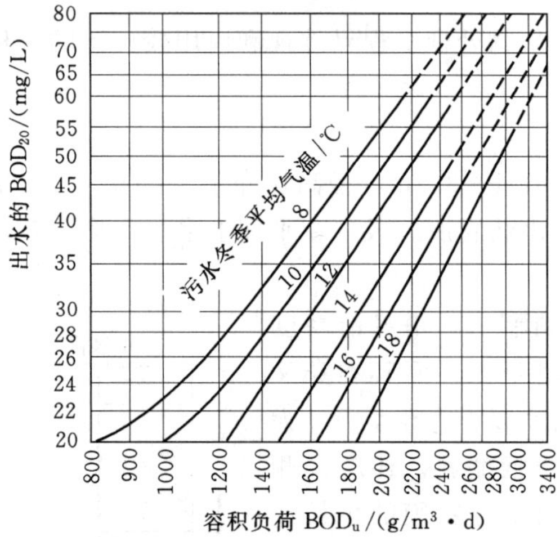

图 3.76 塔滤 BOD_u 允许负荷与处理水 BOD_u 及水温的关系曲线

N_v 这一参数取决于对处理水的 BOD_u（一般以 BOD_{20} 计）值的要求和污水在冬季的平均温度。如图 3.76 所示就是这三者之间的关系，曲线可供设计参考。

在 BOD -容积负荷率（N_v）值确定后，可根据下列公式进行计算：

1）滤料容积

$$V=QS_a/N_v \tag{3.78}$$

式中：V 为滤料容积，m^3；S_a 为进水 BOD_5（或 BOD_u），g/m^3；Q 为原污水日平均流量，m^3/d；N_v 为 BOD_5 -容积负荷率(或 BOD_u -容积负荷率)，gBOD_5/(m^3 · d)或gBOD_u/(m^3 · d)。

2）滤塔的表面面积

$$A=V/H \tag{3.79}$$

式中：A 为滤塔的表面面积，m^2；H 为滤塔的工作高度，m，其值可根据表 3.20 所列数据确定。

表 3.20　进水 BOD_u 与滤塔高度的关系

进水 BOD_u/(mg/L)	250	300	350	450	500
滤塔高度/m	8	10	12	14	>16

3）塔滤的水力负荷

$$q=Q/A \tag{3.80}$$

式中：q 为水力负荷，m^3/(m^2 · d)。

当有条件时，水力负荷 q 应由试验确定，并用式（3.80）进行校核，如通过试验所得到的水力负荷值 $q'=q$，说明设计是可行的；若 $q'>q$，则可考虑适当减小滤池高度；若 $q'<q$，可适当加大滤池高度，或者采用回流或多级滤池串联的运行方式。

3.4.2.3 生物转盘

生物转盘技术开创于20世纪五六十年代，也是利用生物膜净化污水的一种新型的处理设备。由于生物转盘具有净化效果好和能源消耗低等优点，因而在世界范围内皆得到了广泛的研究与应用，并在近几十年来取得了很大的进展，仍属于发展中的污水处理技术。我国从20世纪70年代初开展了生物转盘技术研究，在处理城市污水和工业废水方面，均取得了良好的效果。

1. 生物转盘的构造与净化原理

好氧生物转盘处理系统中，除核心装置——生物转盘外，还包括污水预处理设备和二沉池，二沉池的作用是去除经生物转盘处理后的污水所挟带的脱落生物膜。

（1）组成。好氧生物转盘是由盘片、接触反应槽、转轴及驱动装置等组成，如图3.77所示。盘片串联成组，其中心贯以转轴，转轴的两端安设在半圆形接触反应槽的支座上。转盘面积的45%左右浸没在槽内的污水中，转轴高出槽内水面10～25cm。

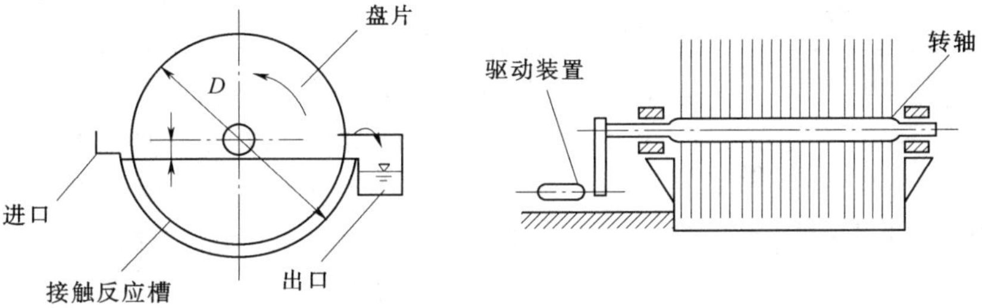

图3.77　生物转盘示意图

1）盘片。盘片是生物转盘的主要部件，一般多采用圆形平板或表面呈波纹状的圆板，直径介于2.0～3.6m之间；若采用现场组装，直径甚至可达5m。盘片间距主要取决于盘片直径和生物膜的最大厚度，一般为10～30mm，污水浓度高的取上限，以免生物膜堵塞；如采用多级转盘，则前数级的盘片间距为25～35mm，后数级为10～20mm。盘片应具备轻质高强、耐腐蚀、耐老化、易于挂膜、不变形，比表面积大，易于就地取材、便于加工安装等特点，一般多有塑料制成，平板盘片多为聚氯乙烯塑料，而波纹板盘片多用聚酯玻璃钢。

2）接触反应器。接触反应器可用钢板制作，也可用砖或钢筋混凝土建造，水泥砂浆抹面再涂以防水耐磨层。其断面形状呈与盘片外形基本吻合的半圆形，以免产生死角。接触反应器各部位尺寸和长度，应根据转盘直径和轴长决定，盘片边缘与槽内面应留有不小于150mm的间距。槽底应考虑设有放空管，槽的两个侧面设有锯齿形溢流堰式的进、出水设备。

3）转轴。转轴是支承盘片并带动其旋转的重要部件。一般采用实心或无缝钢管，直径介于50～80mm，两端安装在固定于接触反应器两端的支座上。转轴的长度一般在0.5～7.0m之间，不能太长，否则往往由于同心度加工欠佳，易于产生挠曲变形，发生磨断或扭转。

4）驱动装置。驱动装置包括动力设备、减速装置及传动链条等。转盘的转速一般控制在2.0～4.0r/min、线速度为15～19m/min为宜，转速过高将有损于设备的机械强度，消耗电能，还由于在盘片上产生较大的剪切力易使生物膜过早剥离。

（2）净化原理。由电机、变速器和传动链条等部件组成的传动装置驱动转盘以较低的线速度在接触反应槽内转动。接触反应槽内充满污水，转盘交替地和空气、污水相接触，经过一段时间后，在转盘上即将附着一层栖息着大量微生物的生物膜。

当盘片缓慢转动浸没在接触反应槽内缓缓流动的污水中时，污水中的有机物将被滋生在盘片上的生物膜吸附；当盘片离开污水时，盘片表面形成的薄水膜从空气中吸氧，同时在微生物酶的作用下被吸附的有机物进行氧化分解。在转盘上附着的生物膜与污水、空气之间进行着有机物、O_2、CO_2、NH_3 等的传递。

圆盘不断地转动，污水中的有机物不断分解。当生物膜厚度增加到一定厚度以后，其内部形成厌氧层并开始老化、剥落，脱落的生物膜由二沉池沉降去除。

2. 生物转盘的工艺流程

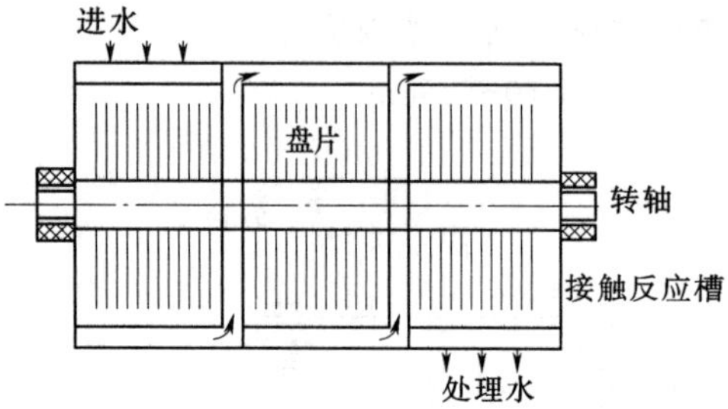

图 3.78 单轴多级生物转盘

根据转盘和盘片的布置形式，生物转盘可分为单轴单级式、单轴多级式（图 3.78）和多轴多级式（即单轴单级式串联布置的形式），级数多少主要取决于污水水量与水质、处理水应达到的处理程度和现场条件等因素。

实践证明，处理同一种污水，如盘片面积不变，将转盘分为多级串联运行能显著提高处理水水质和水中溶解氧（DO）的含量。对城市污水，一般多采用四级转盘进行处理。

对处理高浓度的有机废水，可采用两段生物转盘串联的两段或多段的处理流程，见图 3.79。从第一级到后续的各级中，原污水中有机物浓度逐渐降低，有时还可进行脱氮。

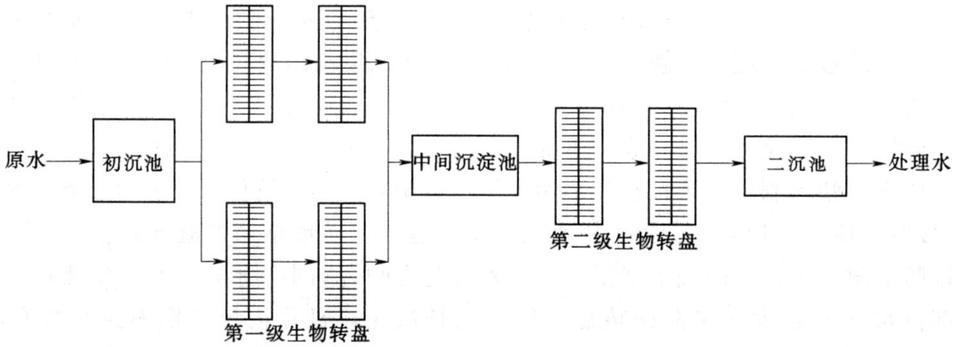

图 3.79 生物转盘两阶段处理流程

3. 生物转盘的设计与计算

生物转盘设计与计算的主要内容包括求定所需转盘的总面积、接触氧化槽总容积、转轴长度及污水在接触反应槽内的停留时间。

生物转盘所需面积按 BOD_5 面积负荷计算，以水力负荷或停留时间校核。

（1）转盘的总面积。转盘总面积的确定通常采用负荷率法，按照平均日污水流量进行计算。生物转盘的 BOD_5 -面积负荷率（N_A）是指单位盘片表面积在 1d 内所接受的并使转盘达到预期处理效果的 BOD_5 量，以 $gBOD_5/(m^2 \cdot d)$ 表示；水力负荷率 N_q 是指单位盘片表面积在 1d 内所能接受并使转盘达到预期处理效果的污水量，以 $m^3/(m^2 \cdot d)$ 表示。

一般来说，对于采用生物转盘处理城市污水时，BOD_5 -面积负荷率（N_A）值应当通过试验确定。对城市污水，BOD_5 -面积负荷率介于 $5 \sim 20g/(m^2 \cdot d)$，而首级转盘的面积负荷率一般不宜超过 30～40g/(m^2·d)。

水力负荷 N_q 在很大程度上取决于原污水的 BOD_5 值，对于一般城市污水，此值一般多介于 0.04～0.2m^3/(m^2·d) 之间。图 3.80 所示为在不同的原污水 BOD_5 浓度值的条件下，水力负荷率 N_q 与 BOD_5 去除率之间的关系，此图可供设计转盘时参考。

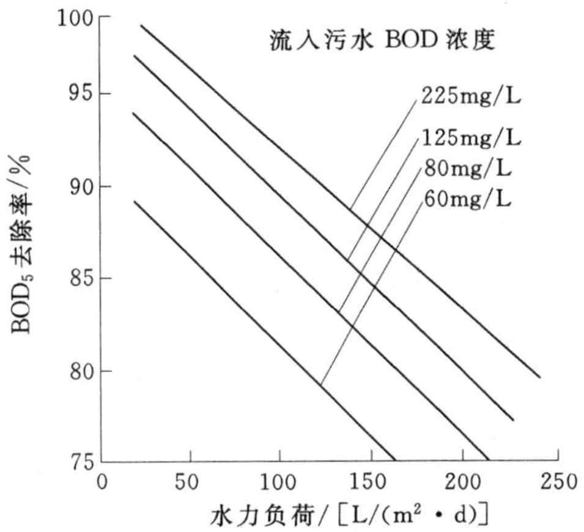

图 3.80　城市污水水力负荷与 BOD_5 去除率的关系

在确定了负荷率值后，转盘总面积可确定如下：

$$A=QS_a/N_A \tag{3.81}$$

$$A=Q/N_q \tag{3.82}$$

(2) 转盘总片数。当所采用的转盘为圆形时，转盘的总片数按下列公式计算：

$$M=\frac{4A}{2\pi D^2}=0.637\frac{A}{D^2} \tag{3.83}$$

对其他形式的转盘则可参照相关设计手册进行确定。

在确定转盘总片数后，可根据现场的具体情况并参照类似条件的经验，决定转盘的级数，并求出每级（台）转盘的盘片数 m。

(3) 每台转盘的转轴长度

$$L=m(d+b)K \tag{3.84}$$

式中：L 为每级（台）转盘的转轴长度，m；m 为每级（台）转盘盘片数；d 为盘片间距，m；b 为盘片厚度，与所采用的盘材有关，根据具体情况确定，一般取值为 0.001～0.013m；K 为考虑污水流动的循环沟道的系数，取值 1.2。

(4) 接触反应槽容积。此值与槽的形式有关，当采用半圆形接触反应槽时，其总有效容积（m^3）

$$V=(0.294\sim0.335)(D+2\delta)^2L \tag{3.85}$$

而净有效容积（m^3）

$$V'=(0.294\sim0.335)(D+2\delta)^2(L-mb) \tag{3.86}$$

式中：δ 为盘片边缘与接触反应槽内壁之间的净距。

当 $r/D=0.1$ 时，系数取 0.294；当 $r/D=0.06$ 时，系数取 0.335；r 为转轴中心距水面的高度；一般为 150～300mm。

(5) 转盘的旋转速度。为达到混合目的转盘的最小转速（r/min）公式为

$$n'_{\min}=\frac{6.37}{D}\left(0.9-\frac{1}{N_q}\right) \tag{3.87}$$

(6) 电机功率

$$N_p=\frac{3.85R^4n'_{\min}}{d\times10}m\alpha\beta \tag{3.88}$$

式中：R 为转盘半径，cm；m 为 1 根转轴上的盘片数；α 为同一电动机带动的转轴数；β 为生物膜厚度系数，参见表 3.21。

表 3.21 生物膜厚度系数

膜厚度/mm	β值	膜厚度/mm	β值
0～1	2	2～3	4
1～2	3		

（7）污水在接触氧化槽内的平均接触时间（停留时间）

$$t_a = V/Q \tag{3.89}$$

式中：t_a 为平均接触时间，d；V 为氧化槽有效容积，m^3；Q 为污水流量，m^3/d。

3.4.2.4 生物接触氧化法

生物接触氧化法，就是在池内设置填料，已经充氧的污水淹没全部填料，并以一定的速度流经填料。填料上长满生物膜，污水与生物膜相接触，在生物膜上微生物的作用下，污水得到净化，因此，该处理技术又称“淹没式生物滤池”。

生物接触氧化法，采用与曝气池相同的曝气方法，提供微生物所需的氧量，并起搅拌与混合作用，这样，此种技术又相当于在曝气池内充填供微生物栖息的填料，故又称“接触曝气法”。

由上述可见，生物接触氧化法是一种介于活性污泥法与生物滤池之间的生物处理技术，兼具二者的优点。近年来，该技术在国内外皆得到了广泛的研究与应用。特别是在日本、美国等国家得到了迅速的发展与应用，广泛应用于处理生活污水、城市污水和食品加工等工业废水，而且还应用于处理地表水源水的微污染。中国从 20 世纪 70 年代开始引进生物接触氧化工艺，除生活污水和城市污水外，还在石油化工、农业、纺织、印染、造纸等工业废水处理方面取得了良好的处理效果。

1. 生物接触氧化法的构造与布置形式

（1）构造。接触氧化池主要由池体、填料、支架、曝气装置、进出水装置以及排泥管道等组成。其构造如图 3.81 所示。

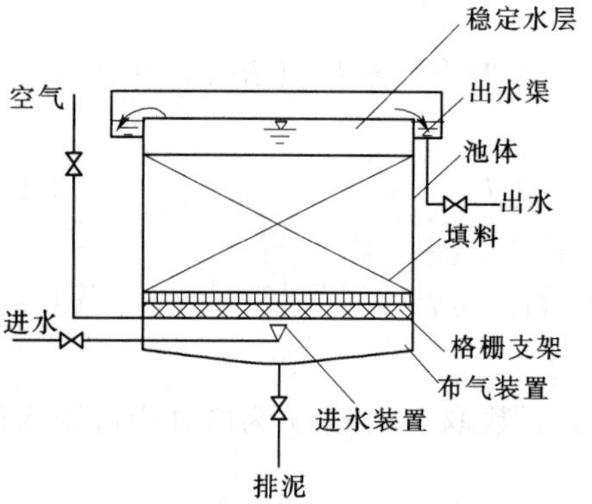

图 3.81 接触氧化池的基本构造

1）池体。在平面上多呈圆形、矩形或方形，一般用钢板焊制或钢筋混凝土浇筑而成。各部位的尺寸为：池内填料高度为 3.0～3.5m；顶部稳定水层为 0.5～0.6m；底部布气层为 0.6～0.7m；总高度约为 4.5～5.0m。

2）填料。是生物膜的载体和接触氧化法处理工艺的关键部位，将会直接影响处理效果；另外，它的费用在整个工艺系统的建设中占的比重较大。故对填料进行正确的选择是具有经济和技术意义的。

填料的选择一般要求其具备比表面积大、空隙率大、水力阻力小、性能稳定、经久耐用等特点。目前，在我国常用的填料有蜂窝状填料、波纹状填料、软性填料、半软性填料等。

（2）布置形式。生物接触氧化法的形式很多，根据水流形态可分为分流式和直流式，见图 3.82。

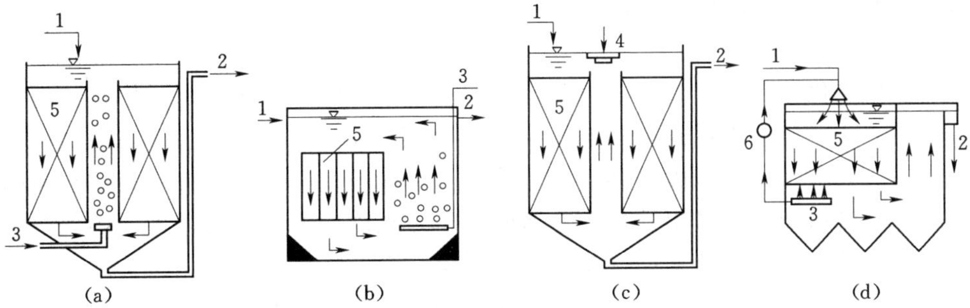

图 3.82　几种形式的接触氧化池

1—进水管；2—出水管；3—进气管；4—叶轮；5—填料；6—泵

1）分流式。污水充氧和同生物膜的接触是在不同的隔间内进行的，污水充氧后在池内进行单向循环［图 3.82(a)］或双向循环［图 3.82(b)］。这种结构形式能使污水在池内反复充氧，污水同生物膜接触时间长；但好气量较大，水穿过填料层的速度较小，冲刷力弱，生物膜只能自行脱落，更新速度慢，易于造成填料层堵塞，尤其处理高浓度的有机废水时。

2）直流式。国内一般多采用这种形式。直流式接触氧化池是直接从填料底部充氧的，填料内的水力冲刷依靠水流速度和气泡在池内碰撞、破碎形成的冲击力，只要水流及空气分布均匀，填料则不易堵塞。另外，生物膜受到气流的冲击、搅动，加速了脱落和更新，使得自身经常保持较高的活性。

2. 生物接触氧化法的工艺特征

(1) 本工艺使用多种形式的填料，有利于溶解氧的转移，适于微生物存活、增殖。附着的生物膜生物丰富，除细菌和多种属的原生、后生动物外，同时还生长着氧化能力较强的球衣菌属丝状菌，而无污泥膨胀之虑。

(2) 填料表面被生物膜布满，形成了生物膜的主体结构，由于丝状菌的大量滋生有可能形成呈立体结构的生物网，污水在其中通过，类似“过滤”作用，能够有效地提高净化效果。

(3) 曝气作用保持生物膜活性和高浓度生物量，因此能接受较高的有机负荷率，处理效率高，有利于缩小池容和减小占地面积。

(4) 抗冲击负荷能力较强，在间歇运行的条件下，仍能够保持良好的处理效果，对排放污水不均的企业，更具有一定的实际意义。

(5) 操作简单、运行方便，勿需污泥回流，无污泥膨胀，也不产生滤池蝇和臭味现象，污泥生成量少且颗粒大，有利于沉淀。

(6) 若设计或运行不当，填料可能堵塞，造成布水和曝气不易均匀，可能在局部部位出现死角。

3. 生物接触氧化法的基本流程

其基本流程如图 3.83 所示，也可根据处理要求设计成二段或多段式流程。

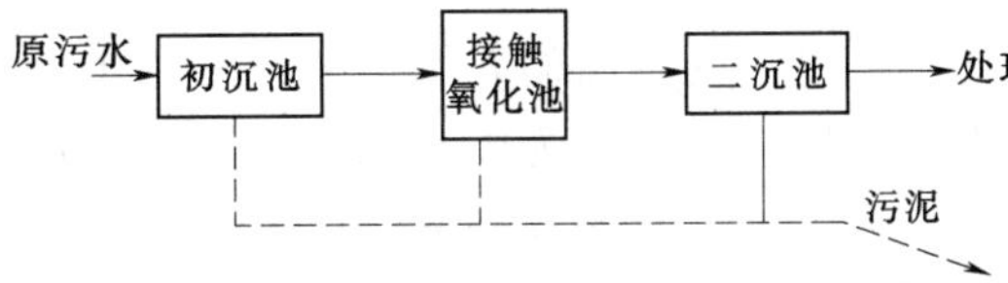

图 3.83　生物接触氧化法基本流程

3.4.3 污水的自然生物处理法处理

3.4.3.1 稳定塘

稳定塘又称氧化塘，是经过人工适当修整的土地、设围堤和防渗层的污水池塘，主要依靠自然生物净化功能使污水得到净化的一种污水处理技术。除其中个别类型的如曝气塘外，不采取实质性的人工强化措施提高其净化功能。污水在塘中的净化过程与自然水体的自净过程极其相近。有机污染物在塘中被微生物所降解，好氧微生物生理活动所需的溶解氧主要由塘内以藻类为主的光合作用及塘面的复氧作用提供。

稳定塘是一种较古老的污水处理技术。从19世纪末即开始使用，但是，在20世纪50年代后才得到较快的发展。据统计，当前在全世界已有几十个国家采用稳定塘处理污水。近几十年来，各国的实践证明，稳定塘能够有效地用于生活污水、城市污水和各种有机性工业废水的处理；能够适用各种气候条件，如热带、亚热带、温带甚至高纬度的寒冷地区。

稳定塘现多作为二级处理技术考虑，但它完全可以作为活性污泥法或生物膜法后的深度处理技术，也可作为一级处理技术。如将其串联起来，能够完成一级、二级以及深度处理全部系统的净化功能。

1. 稳定塘的分类

根据稳定塘内溶解氧和在净化中起作用的微生物种类，可将其主要分为好氧塘、兼性塘、厌氧塘和曝气塘四种。此外，还有水生植物塘、养鱼塘等生态塘。

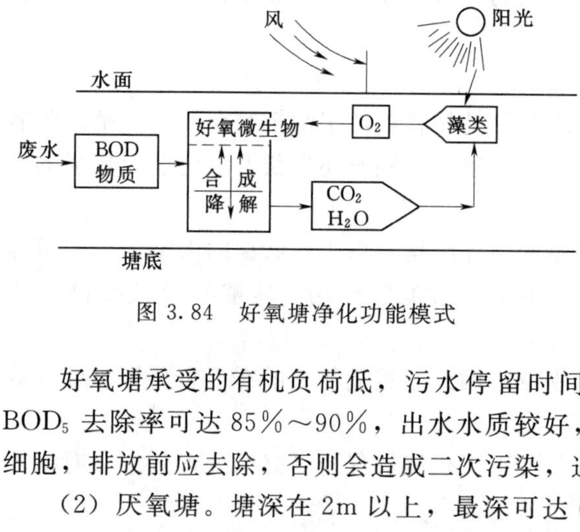

图3.84 好氧塘净化功能模式

（1）好氧塘。塘深一般在0.5m左右，阳光可透过水层到达塘底。其净化功能模式见图3.84，好氧层中生长着好氧微生物和植物性浮游微生物——藻类等。藻类利用透入水中的光能进行光合作用，向水中放出游离氧；好氧微生物则是利用这部分氧对有机物进行降解，所生成的CO_2又被藻类在光合作用中利用。此种菌藻共生体系是稳定塘内最基本的生态系统。

好氧塘承受的有机负荷低，污水停留时间一般在0.5～3d，比厌氧塘和兼性塘的短。BOD_5去除率可达85%～90%，出水水质较好，但占地面积大。处理后的水中含有大量的藻细胞，排放前应去除，否则会造成二次污染，通常可采用化学凝聚、砂滤、上浮等方法。

（2）厌氧塘。塘深在2m以上，最深可达6m。进水BOD_5负荷高，塘中仅有很薄的一层表面水呈好氧状态，好氧菌可在这层内活动，进行有机物的分解，并消耗水中的溶解氧。塘内的其余部分均呈厌氧状态，塘内几乎无藻类生长，主要靠厌氧微生物对有机物进行厌氧呼吸和发酵去除污染物。

厌氧塘可承受较高的有机负荷，常用于处理高浓度的有机废水。但由于处理水达不到排放标准，故厌氧塘常作为废水的预处理，处理之后的水经好氧塘处理后方能排放。

（3）兼性塘。其兼具好氧塘和厌氧塘二者的特点，塘深一般在1～2.5m。其净化功能模式见图3.85，在光线能通过的上部水层中，生长的藻类能进行光合作用，呈好氧状态。污水中的有机物在好氧水层中通过好氧微生物被氧化分解。塘底层水及底泥处于无氧状态，主要通过厌氧微生物的氧化分解作用降解有机污染物。在好氧层和厌氧层之间存在兼氧区，存在大量的兼性微生物。兼性塘的污水净化是由好氧、兼性和厌氧微生物协同完成的。

经兼性塘处理的出水中也含有藻类，虽浓度较低，但也应设法去除。目前，国内外氧化塘大部分属于兼性塘，且是城市污水处理最常用的一种稳定塘。

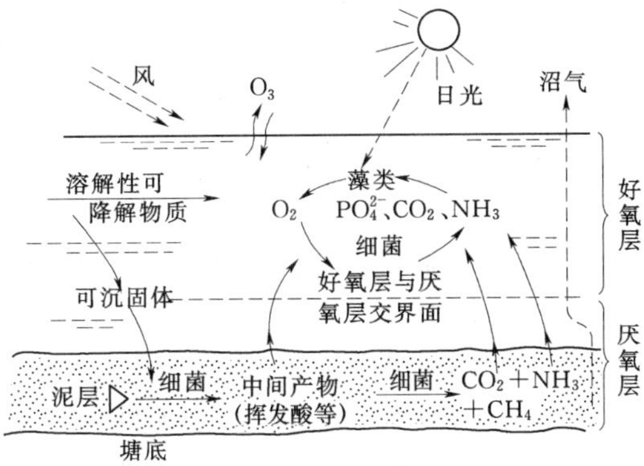

图 3.85 兼性塘净化功能模式

(4) 曝气塘。塘面上装有表面曝气设备，作为主要的供氧源。塘深一般都在 3～4m，最深达 5m，塘内全部水层都处于好氧状态，并基本上得到完全混合，能承受较高的有机负荷；污水在塘内停留时间较短，占地面积少，但机械费用相对较高。由于塘内污水的混合和机械搅动，阻止了藻类的生长，故塘内藻类极少，光合作用不强。由于供氧充足，微生物大量繁殖，可形成活性污泥絮体，故曝气塘是介于稳定塘和活性污泥延时曝气法之间的水处理方法。

曝气塘 BOD_5 去除率为 70%左右，出水 BOD_5 较高，主要是活性污泥絮体所致，提高出水水质的关键在于去除这些物质。

2. 稳定塘的特点

(1) 优点：

1) 能够充分利用地形、工程简单、建设投资省。建设稳定塘，可以利用农业开发利用价值不高的废河道、沼泽地、峡谷等地段，故能够起到整治国土、绿化、美化环境的效益。

2) 能够实现污水资源化，使污水处理与利用相结合。稳定塘处理后的污水，一般能够达到农业灌溉的水质标准，可用于农业灌溉，充分利用污水的水肥资源。稳定塘能够形成藻菌、水生植物、浮游生物、底栖动物以及虾、鱼、水禽等多级食物链，组成复合的生态系。利用稳定塘处理污水，具有比较明显的环境效益、社会效益和经济效益。

3) 污水处理能耗少、维护方便、成本低廉。稳定塘依靠自然功能处理污水，能耗低，便于维护，且运行费用低廉。

(2) 缺点：

1) 占地面积大，没有空闲的余地是不宜采用的。

2) 污水净化效果，在很大程度上受季节、气温、光照等自然因素的控制，在全年范围内不够稳定。

3) 防渗处理不当，地下水可能遭到污染。

4) 易于散发臭气和滋生蚊蝇等。

3.4.3.2 污水的土地处理——污水灌溉

近年来，污水土地处理系统在一些国家发展迅速，根据不同的目的、方式和自然条件(土壤、气候)，建设和运行一批多种形式的污水土地处理系统。

1. 污水土地处理系统的概念、组成与净化原理

(1) 概念。污水土地处理系统也属于污水自然处理范畴，即在人工控制的条件下，将污水投配在土地上，通过土壤-植物系统，进行一系列物理、化学、物理化学和生物化学的净化过程，使污水得到净化的一种污水处理工艺。

污水土地处理系统，能够经济有效地净化污水，还能充分利用污水中的营养物质和水，以满足农作物、牧草和林木对水、肥的两大需要；并能改良土壤，建立良好的生态系统。

（2）组成。污水土地处理系统由以下各部分组成：

1）污水的预处理设备。

2）污水的调节、储存设备。

3）污水的输送、配布及控制系统与设备。

4）土地净化田。

5）净化水的收集、利用系统。

其中，土地净化田是污水土地处理系统的核心环节。

（3）净化原理。土壤对污水的净化作用是一个十分复杂的综合过程，其包括：物理过程中的过滤、吸附；化学反应与化学沉淀；土壤微生物对有机物的降解能力等。

2. 污水土地处理系统工艺的类型

目前，在污水土地处理系统方面常用的有下列几种工艺：

（1）慢速渗滤系统是将污水投配到种有作物的土地表面，污水缓慢地在土地表面流动并向土壤中渗滤，一部分污水直接被作物吸收；另一部分则渗入土壤中，从而使污水得到净化的一种土地处理工艺。

本系统适用于渗水性能良好的土壤（如砂质土壤）和蒸发量小、气候润湿的地区。污水经布水后垂直向下缓慢渗滤，借土壤中微生物和农作物对污水进行净化。慢速渗滤系统对 BOD_5 的去除率一般可达 95%，氮（N）的去除率则在 80%～90%之间。

（2）快速渗滤系统是将污水有控制地投配到具有良好渗滤性能的土地表面，在污水向下渗滤的过程中，在过滤、沉淀、氧化、还原及生物氧化、硝化、反硝化等一系列物理、化学、生物的作用下，使污水得到净化处理的一种污水土地处理工艺。

本系统中污水是周期地向渗滤田灌水和休灌，使表层土壤分别处于淹水和干燥的状态，即处于厌氧、好氧的交替状态。在休灌期，表层土壤恢复好氧状态，在这里产生强有力的好氧降解反应，为土壤层所截留的有机物被微生物分解，休灌期土壤层脱水干化有利于下一个灌水周期水的下渗和排除。

本系统具有良好的处理效果：

1）BOD的去除率一般可达 95%；COD 去除率可达 91%。处理水 BOD$<$10mg/L；COD$<$40mg/L。

2）有较好的脱氮除磷功能：NH_4 去除率为 85%左右；TN 去除率为 80%；除磷率可达 65%。

3）去除大肠菌的能力也强，去除率可达 99.9%，出水含大肠菌不超过 40 个/mL。

进入快速渗滤系统的污水应当经过适当的预处理，一般经过一级处理即可，如场地面积有限，需加大滤速或需求较高质量的出水，则应以二级处理作为预处理。

（3）地表漫流系统。是将污水有控制地投配到多年生牧草、坡度和缓、土壤渗透性差的土地上，污水以薄层方式沿土地缓慢流动，在流动中得到净化（图 3.86）。净化出水大部分以地面径流汇集、排放或利用。

该系统一般需经适当的预处理，如格栅、筛滤等。其 BOD 的去除率一般可达 90%，TN 去除率为 70%～80%，SS 去除率较高，一般达 90%～95%。

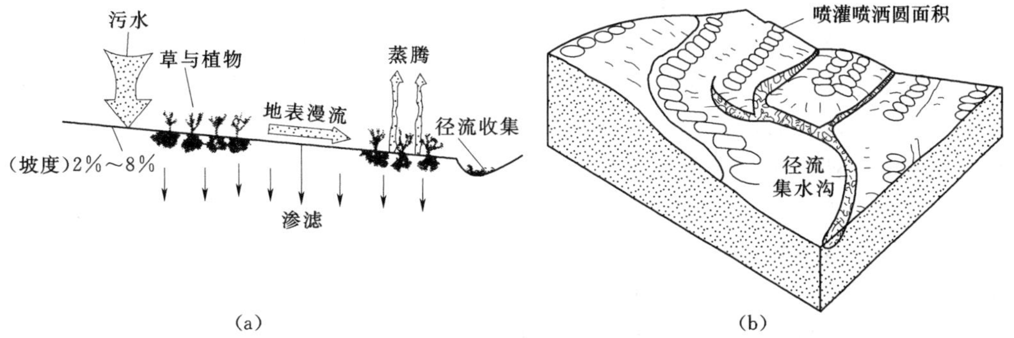

图 3.86 地表漫流处理系统

(4) 湿地处理系统。是将污水投配到土壤经常处于水饱和状态而且有芦苇、香蒲等耐水植物的沼泽地上，污水沿一定方向流动，在流动过程中，经过耐水植物和土壤的联合作用，污水得到净化的一种土地处理系统。

湿地处理系统对污水净化的作用机理是多方面的，主要有：物理的沉降作用；植物根系的阻截作用；某些物质的化学沉淀作用；土壤及植物表面的吸附与吸收作用；微生物的代谢作用等。另外，植物根系的某些分泌物对细菌和病毒有灭活作用；细菌和病毒也可能在对其不利的环境中自然死亡。

湿地处理系统既能处理污水，又能改善环境，近年来颇受一些国家的重视，得到了比较广泛的应用。

学习情境 3.5 城镇污水的厌氧生物处理

活性污泥法与生物膜法是在有氧的条件下，由好氧微生物降解污水中的有机物，最终产物是 CO_2 和 H_2O，被作为无害化和高效的方法推广应用。高浓度的有机废水和污泥中的有机污染物一般采用厌氧处理法，即在无氧的条件下，由兼性菌及专性厌氧细菌降解有机物，最终的主要产物是 CO_2 和 CH_4 等气体。

3.5.1 城镇污水的厌氧生物处理基础

3.5.1.1 废水处理工艺中的厌氧微生物

厌氧性消化是自然界中富营养的湖泊和被污染的河底所见到的一种现象。在自然界中，除细菌外，生物的种类还很多，但是消化池是以厌氧细菌为主而构成的微生物生态系统。厌氧细菌有两种，一种是只要有氧存在就不能繁殖的细菌，称为绝对厌氧菌；另一种是不论有氧存在与否都能增长的细菌，称为兼性厌氧菌（也称兼性菌）。当流入废水的 BOD 高，细菌在好氧状态下增长以后，由于缺氧而使各种厌氧细菌繁殖起来。一般情况下，流入的废水散发出的恶臭是由于厌氧细菌的不断增长，并进行生物作用产生了 H_2S、胺等所造成的。城市污水的进水中，1L 中约有 102～103 个属于绝对厌氧细菌的硫酸还原菌。通常，城市污水的进水中，溶解氧（DO）为 0～1.0mg/L，初沉池出水中溶解氧为 1.0～2.0mg/L，因此，在初沉池中去除的污泥是属于厌氧的。因而在沉淀污泥中绝对厌氧菌和兼性厌氧菌都有增长，如果在初沉池中，一旦厌氧发酵旺盛就会产生污泥上浮现象。活性污泥中几乎不存在绝对厌氧菌，但兼性厌氧菌相当多。正是由于这个原因，氧气越来越不足的情况下，这些细菌开始进行厌氧代谢，而成为在二沉池中出现污泥上浮等现象的原因。

由于生物膜内部处于厌氧条件，因而兼性菌和绝对厌氧菌大量存在。粪便中存在许多厌氧菌，除了大肠杆菌、肠球菌、韦氏梭菌等指标细菌以外的厌氧菌则更多。粪便从排泄到作为粪便污水得到处理为止，需要相当长的时间，所以一般认为它已经得到了相当程度的厌氧发酵。同样，污泥排出之后要经过浓缩等操作，因而在这一段时间里也处于厌氧条件。这种污泥和粪便一起加入消化池时，厌氧菌会处于充分增长的状态。

3.5.1.2 厌氧反应机理及影响因素

厌氧反应是一个极其复杂的过程，多年来厌氧消化被概括为两阶段过程，第一阶段是酸性发酵阶段，有机物在产酸细菌的作用下，分解成脂肪酸及其他产物，并合成新细胞；第二阶段是甲烷发酵阶段，脂肪酸在专性厌氧菌——产甲烷菌的作用下转化成 CO_2 和 CH_4。但是，事实上第一阶段的最终产物不仅仅是酸，发酵所产生的气体也并不都是从第二阶段产生的，所以上述阶段不太合理。与之相比，比较合适的提法是第一阶段的不产甲烷阶段与第二阶段称为产甲烷阶段。

随着对厌氧消化微生物研究的不断深入，厌氧消化中不产甲烷细菌和产甲烷细菌之间的相互关系更加明确，伯力特（Bryant）等人根据微生物的生理种群，提出的厌氧消化三阶段理论，是当前较为公认的理论模式。第一阶段是有机物在水解和发酵细菌作用下，分解成脂肪酸及其他产物；第二阶段是在产氢产乙酸细菌的作用下，进一步转化成氢（H_2）、二氧化碳（CO_2）和乙酸；第三阶段是甲烷（CH_4）发酵阶段，又称碱性发酵阶段，是通过两组不同的产甲烷菌的作用，一组把 H_2 和 CO_2 转化成 CH_4，另一组对乙酸脱羧产生 CH_4。产酸细菌有兼性的，也有厌氧的，而甲烷细菌则是严格的厌氧菌。甲烷细菌对环境的变化，如 pH 值、重金属离子、温度等的变化，较产酸细菌敏感得多，细胞的增殖和产 CH_4 的速度都慢得多。因此，厌氧反应的控制阶段是甲烷发酵阶段，甲烷发酵阶段的反应速度和条件决定了厌氧反应的速度和条件。实质上，厌氧反应的控制条件和影响因素就是甲烷发酵阶段的控制条件和影响因素。

厌氧反应的影响因素请参见本书中污泥处理的有关内容。

3.5.1.3 厌氧生物处理法的工艺及其主要特征

厌氧生物处理利用厌氧微生物的代谢过程，在无需提供氧气的情况下把有机污染物转化为无机物和少量的细胞物质，这些无机物主要包括大量的生物气（沼气）和水。沼气的主要成分是约 2/3 的 CH_4 和 1/3 的 CO_2，是一种可回收的能源。

厌氧废水处理是一种低成本的、并能将废水的处理和能源的回收利用相结合的技术。包括中国在内的大多数发展中国家面临严重的环境问题、能源短缺以及经济发展与环境治理所面临的资金不足，这些国家需要既有效、简单又经济的技术，因此，厌氧技术是特别适合中国国情的一种技术。厌氧废水处理技术同时可以作为能源生产和环境保护体系的一个核心部分，其产物可以被积极利用而产生经济价值。例如，处理过的洁净水能用于鱼塘养鱼和农田灌溉；产生的沼气可作为能源；剩余污泥可作为肥料并用于土壤改良。

厌氧处理法最早用于处理城市污水处理厂的沉淀污泥，即污泥消化，后来用于处理高浓度有机废水，采用的是普通厌氧生物处理法。普通厌氧处理法的主要缺点是水力停留时间长，沉淀污泥中温消化时，一般需 20～30d。因为水力停留时间长，所以消化池的容积大，基本建设费用和运行管理费用都较高，这个缺点长期限制了厌氧生物处理法在各种有机废水处理中的应用。

20 世纪 60 年代以后，由于能源危机导致能源价格猛涨，厌氧发酵技术日益受到人们的重视，对这一技术在废水领域的应用开展了广泛、深入的科学研究工作，开发了一系列高效率的厌氧生物处理工艺，如：厌氧接触法、厌氧生物滤池、升流式厌氧污泥床、厌氧生物转盘、厌氧挡板式反应器、复合厌氧法和两相厌氧法等。这些新型高效厌氧反应器工艺与传统消化池比较有一共同的特点：延长了污泥停留时间、提高了污泥浓度、改善了反应器内的流态。

目前，厌氧生物处理技术不仅用于处理有机污泥、高浓度有机废水，而且还能够有效处理类似于城市污水这样的低浓度污水。与好氧生物处理技术相比较，这些多效厌氧生物处理技术具有以下特点：

（1）厌氧处理的优点：

1）厌氧处理技术是非常经济的技术。在废水处理成本上比好氧处理要便宜得多，特别是对中等以上浓度（COD＞1500mg/L）的废水更是如此。厌氧法成本的降低主要由于动力的大量节省、营养物添加费用和污泥脱水费用的减少。

2）厌氧处理技术是节能的技术。厌氧处理不但能源需求很少而且能产生大量的能源。厌氧处理法耗能仅为好氧法的 1/10 左右，产生的沼气可作为能源，去除 1kgCOD 产沼气量约为 0.35m^3，沼气发热量为 21～23MJ/m^3。

3）高效性。厌氧反应器容积负荷比好氧法要高得多，单位反应器容积的有机物去除量也因此要高得多，特别是使用新一代的高速厌氧反应器更是如此。因此其反应器负荷高、体积小、占地少。厌氧法可直接处理高浓度有机废水和剩余污泥。

4）剩余污泥量少。好氧法处理污水，因为微生物繁殖速度快，剩余污泥生成率很高。

而厌氧法处理污水，由于厌氧菌世代时间很长、增殖缓慢，因而处理同样数量的废水仅产生相当于好氧法 1/10～1/6 的剩余污泥，且污泥的沉降性能好。

5）厌氧方法对营养物的需求量小。一般认为，若以可生物降解的 BOD 为计算依据，好氧方法氮和磷的需求量为 BOD：N：P＝100：5：1，而厌氧方法为(350～500)：5：1。有机废水一般已含有一定量的 N、P 及多种微量元素，可满足厌氧微生物的营养要求，因此厌氧方法可以不添加或少添加营养盐。而好氧法处理单一有机物的废水，往往还需投加其他营养物，如 N、P 等，这就增加了运行费用。

6）易管理。厌氧方法的菌种（如厌氧颗粒污泥）可以在停止供给废水与营养的情况下保留其生物活性与良好的沉淀性能至少 1 年以上。它的这一特性为其间断的或季节性的运行提供了有利条件，厌氧颗粒污泥因此可作为新建厌氧处理厂的种泥出售。

7）灵活性。厌氧系统规模灵活，可大可小，设备简单，易于制作，无需昂贵的设备。

8）水温适应范围大。好氧处理一般在 20～30℃，厌氧根据产甲烷菌最适宜生存的条件可分成 3 类：低温 10～30℃、中温 30～40℃、高温 50～60℃。

（2）厌氧处理的不足：

1）厌氧微生物对有毒物质较为敏感。因此，对于有毒废水的性质了解不足或操作不当，就可能导致反应器运行条件的恶化。近年来人们发现，厌氧菌经驯化后可以极大地提高自身对毒性物质的耐受力。

2）需要后处理。厌氧方法虽然负荷高、去除有机物的绝对量与进液浓度高，但其出水

COD浓度高于好氧处理，原则上仍需要后处理才能达到较严格的排放标准，一般在厌氧处理后串联好氧生物处理。

3）厌氧反应器初次启动过程缓慢。因为厌氧微生物增殖较慢，所以厌氧反应器初次启动过程缓慢，一般需要8～12周时间。另外，由于厌氧污泥可以长期保存，因此新建的厌氧系统在其初次启动时可以使用现有厌氧系统的剩余污泥接种，就可解决启动慢的问题。

3.5.2 污水的厌氧接触法处理

1. 工艺流程

Schropter在1955年开创了厌氧接触消化工艺。厌氧接触法以普通污泥消化为基础，受活性污泥系统启示而开发，工艺流程如图3.87所示。其主要特点是在厌氧反应器后设沉淀池来收集污泥，并将厌氧污泥回流到消化池内，使厌氧反应器内能够维持较高的污泥浓度（达10gVSS/L），大大降低水力停留时间，提高了消化速率，并使得反应器具有一定的耐冲击负荷能力。

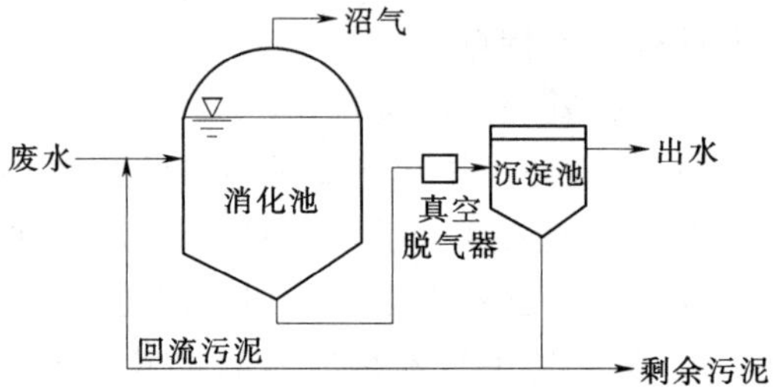

图3.87 厌氧接触法的工艺流程

对于无污泥回流的完全混合式普通厌氧法来说，其水力停留时间长于生物固体停留时间（污泥龄），即中温污泥消化，生物固体停留时间一般为20～30d，而普通厌氧法水力停留时间要求20～30d以上。

对于有污泥回流的完全混合式厌氧接触法来说，水力停留时间小于生物固体停留时间，混合液中微生物浓度越高和出水微生物浓度越小，即泥水分离越彻底，水力停留时间越短。与普通厌氧法相比较，本工艺的主要特点是提高了微生物浓度和减少出水微生物浓度，其处理效率和负荷显著提高。

厌氧接触法存在的问题是，从厌氧反应器排出的混合液中污泥由于附着大量气泡，在沉淀池中容易上浮到水面而被出水带走。此外，进入沉淀池污泥仍有产甲烷菌在活动，产生沼气，使得已下沉的污泥上翻，导致固、液分离不佳，出水中SS、BOD等各项指标浓度增高，回流污泥浓度下降，影响反应器内污泥浓度的提高。

对此，可采取下列措施：

（1）在反应器与沉淀池之间设冷却器或热交换器（利用出水加热进入反应器废水），抑制出水中甲烷菌的活动。

（2）在反应器与沉淀池之间设真空脱气器，可消除黏附在污泥上的气泡，改善污泥在沉淀池中的沉降性能。

（3）用超滤代替沉淀。

（4）投加混凝剂，提高沉淀效果。

2. 厌氧接触法的工艺设计

该法的工艺设计计算，主要是确定反应器容积V，对此可按水力停留时间t进行计算：

$$V=Qt \tag{3.90}$$

式中：Q为设计废水量，m^3/d；t为水力停留时间，d。

此外，厌氧反应器容积V还可以通过负荷率来求定：

$$V=\frac{QS_0}{N_v} \tag{3.91}$$

式中：S_0 为原废水中的 COD 或 BOD_5 值，mg/L；N_v 为容积负荷率（通过试验确定或参考同类工厂的运行数据），kgCOD/(m^3·d) 或 kgBOD_5/(m^3·d)。

3. 厌氧接触法在废水处理中的应用

国外某屠宰厂废水处理，处理工艺流程如图 3.88 所示，其各处理单元运行参数如下：

调节池：水力停留时间为 24h。

厌氧反应器：容积负荷（N_v）为 2.5kgBOD_5/(m^3·d)，水力停留时间 12～13h，反应温度 27～31℃，污泥浓度为 7000～12000mg/L，生物固体平均停留时间为 3.6～6d；脱气器真空度 666×10^2Pa。

沉淀池：水力停留时间 1～2h，表面负荷 14.7m^3/(m^2·d)，回流比 3∶1。

稳定塘：水深 0.91～1.22m。

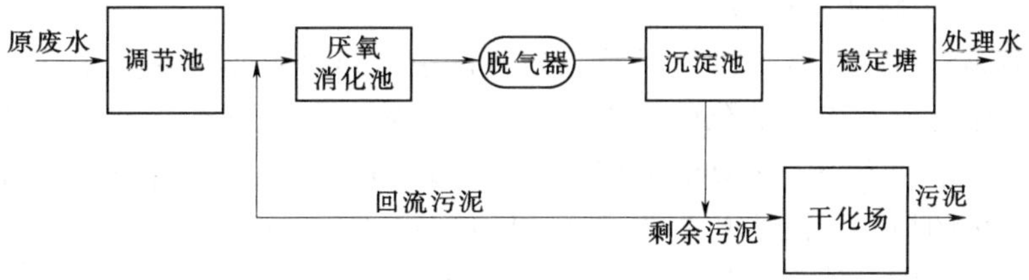

图 3.88　某屠宰厂废水处理流程

该处理系统对废水处理效果列举于表 3.22 中。

表 3.22　　某屠宰厂废水厌氧接触法处理数据

指标	原废水 /(mg/L)	沉淀池出水 /(mg/L)	稳定塘出水 /(mg/L)	厌氧反应去除率 /%	稳定塘去除率 /%	总去除率 /%
BOD_5	1381	129	26	90.6	79.8	98.1
SS	688	198	23	71.8	88.4	96.7

3.5.3　污水的厌氧生物滤池处理

1891 年在英格兰建成了世界上第一座厌氧生物滤池。经过半个多世纪的研究，目前厌氧生物滤池已逐步得以改进，效率有所提高，在世界范围内已得到广泛的应用。第一个突破性的发展出现在 20 世纪 60 年代末，Young 和 McCarty 发明了高速厌氧生物滤池（Anaerbic Filter，简称 AF）。

1. 厌氧生物滤池的构造和特点

厌氧生物滤池的构造类似于一般的生物滤池，滤料依然是生物滤池的主体部分，滤料具备的性能同好氧滤池。但其与好氧的普通生物滤池、高负荷生物滤池及塔式生物滤池的最大不同之处，是采用填充材料作为微生物载体而形成厌氧生物膜的一种高速厌氧反应器。当污水自下而上（升流式）或自上而下（降流式）通过载体时，厌氧菌在填充材料附着生长，将污水中的有机污染物吸附、分解，并产生沼气，形成厌氧生物膜。产生的沼气聚集于池顶部罩内，并从顶部引出，而处理水则由厌氧滤池旁侧流出。处埋水所挟带的生物膜，一般在滤池后设沉淀池进行分离。

按水流方向，厌氧生物滤池可分为升流式和降流式两种（图 3.89）。

升流式厌氧生物滤池中，生物量除大部分以生物膜的形式附着在滤料表面，还有少部分以厌氧活性污泥的形式存在于滤料间隙中，其生物总量比降流式的高，因此效率高，这是它的优点。但升流式的主要缺点是底部易于堵塞，污泥浓度沿深度分布不均，而降流式堵塞则相对较轻。

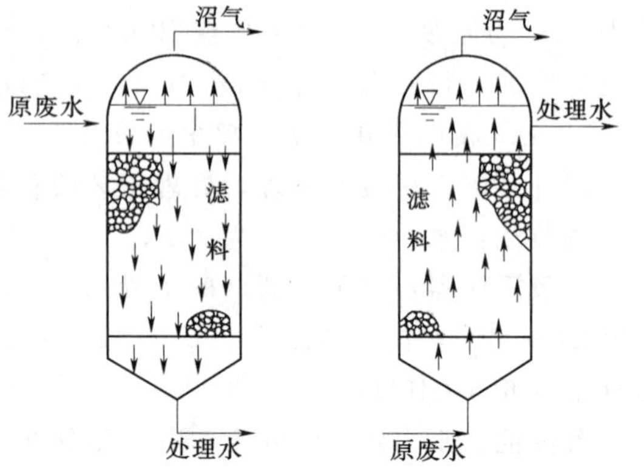

(a) 降流式厌氧生物滤池　(b) 升流式厌氧生物滤池

图 3.89　厌氧生物滤池

厌氧生物滤池的优点是微生物浓度较高，因此能够承受较高的有机负荷或水量、水质变化较大的冲击负荷；出水 SS 较低；不需搅拌和回流污泥；设备简单，操作方便，能耗低；缺点是滤料容易堵塞。所以，它主要适用于低分子量溶解性有机废水处理，悬浮物较高的废水容易引起堵塞。

另外，还应注意，对于未酸化的废水预酸化能有利于厌氧滤池的进行。Seyfried 在用厌氧滤池处理酒厂废水和小麦、土豆淀粉废水时，发现预酸化是非常有益的；Wheatly 等人在处理含碳水化合物的糖果厂废水中，发现 COD 负荷达到 7kgCOD/(m^3·d) 时，由于酸化引起反应器的恶化，影响处理效果。

2. 厌氧生物滤池的工艺设计

厌氧生物滤池的工艺设计计算主要是确定其容积 V，可采用容积负荷法，计算公式同式 (3.90)。

容积负荷率（N_v）可通过试验确定或参考同类工厂的运行数据。当反应温度为 30～35℃ 时，块状滤料负荷率采用 3～6kgCOD/(m^3·d)，塑料滤料采用 5～8kgCOD/(m^3·d)。

3.5.4　污水的其他厌氧生物处理法处理

1. 升流式厌氧污泥床（Upflow Anaerobic Sludge Blanket，简称 UASB）

20 世纪 70 年代以来，荷兰农业大学环境系 Lettinga 等人发明的 UASB 反应器，取得了显著的效果，引起人们的高度地注意，相继有很多国家对 UASB 进行了广泛深入的研究。目前已成为应用最广泛的高效污水的厌氧处理反应器。

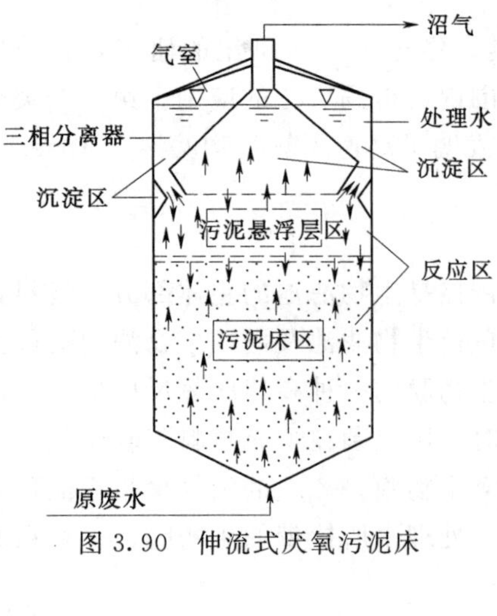

图 3.90　伸流式厌氧污泥床

（1）升流式厌氧污泥床（UASB）的构造。UASB 在构造上的特点是集生物反应、沉淀于一体，是一种结构紧凑的厌氧反应器，如图 3.90 所示。UASB 反应器主要由以下几个部分组成：

1）进水配水系统。起着均匀布水和搅拌作用，是 UASB 反应器高效运行的关键环节。

2）反应区。其中含有大量生物活性高且沉淀性能好的颗粒污泥，是 UASB 反应器的主要部位。

3）气、液、固三相分离区。由沉淀区、回流缝和气缝组成，其功能是将气体（沼气）、固体（污泥）和液体（废水）等三相进行分离。

4）气室，也称集气罩，其功能是收集反应过程中产生的沼气，并将其导出气室外送往沼气柜。

5）处理水排出系统与沉淀池出水堰相似。

此外，在 UASB 反应器根据需要还要设排泥和浮渣清除系统。在 UASB 反应器的下部是浓度很高的具有良好沉淀和絮凝性能的颗粒污泥层，形成污泥床，如图 3.90 所示。

（2）升流式厌氧污泥床（UASB）的工作原理。废水由反应器底部经布水系统进入污泥床，并与污泥床内污泥混合。污泥中的微生物分解废水中的有机污染物，把有机物转化成沼气。沼气以微小气泡形式不断放出，并在上升过程中不断地合并，逐渐形成较大的气泡。由于废水以一定流速自下而上流动以及厌氧过程产生的大量沼气的搅拌作用，污泥床上部的污泥处于浮动状态，因而不需外加搅拌系统，就能达到废水与污泥充分混合、有机物被充分吸附分解。一般浮动高度可达 2m 左右，该层污泥浓度较低，称为污泥悬浮层。升流式厌氧污泥床反应器的反应区高度一般为 3～6.5m。在反应器上部设有气、液、固三相分离器，其上部由双层圆锥组成，下部是反射锥。当消化器中气、液、固混合液流上升时，首先受到分离器底部的反射锥阻挡，向四周散开；此时气体被分离出来进入气室，沼气由导气管排出。消化液和污泥混合液经双层圆锥夹缝进入沉淀区，由于沼气已从废水中分离，沉降区不再受沼气搅拌作用的影响，废水在平稳上升过程中，其中沉淀性能良好的颗粒污泥在沉淀区沉降下来，沿着双层圆锥壁滑落又回到污泥床中，从而保证了反应器内高污泥浓度。上清液由溢流堰从出水管排出。

（3）升流式厌氧污泥床（UASB）的工作特点。与其他类型的厌氧反应器相比，UASB 具有如下优点：

1）污泥床内生物量浓度高，可达 20～30g/L。

2）容积负荷率高，中温达 10kgCOD/(m^3·d)，甚至高达 15～40kgCOD/(m^3·d)。

3）水力停留时间短。

4）设备简单，无需另设沉淀池和污泥回流装置，也不需设机械搅拌装置，造价相对较低。

5）无堵塞问题。

2. 厌氧生物转盘

（1）厌氧生物转盘的构造。厌氧生物转盘与好氧生物转盘相似，不同之处在于上部加盖密封，以收集沼气和隔绝空气。其由盘片、密封的反应槽、转轴、驱动装置等组成。盘片分为固定盘片（挡板）和转动盘片，相间排列，以防盘片间生物膜粘连堵塞，固定盘片一般设在起端，如图 3.91 所示。

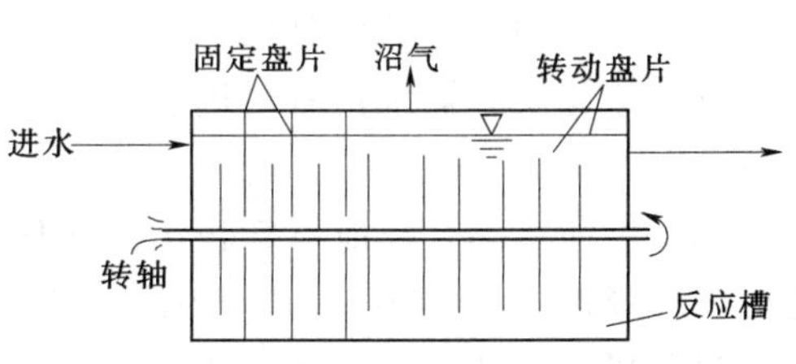

图 3.91 厌氧生物转盘构造图

（2）厌氧生物转盘的工作原理。厌氧生物转盘是在厌氧条件下运行，并把圆盘完全浸没在污水中。圆盘用一根水平轴串联起来，若干圆盘为一组，称为一级，一般分为 4～5 级，由转轴带动圆盘连续旋转。为了创造厌氧条件，整个生物转盘应安装在一个封闭的容器内。厌氧微生物附着在转盘表面，不断生长繁殖，形成生物膜。转盘不停地旋转，生物膜不断和污水中的有机污染物接触，在产酸菌和产甲烷菌等共同作用下，把有机污染物分解成沼气等。

（3）厌氧生物转盘的特点：

1）微生物浓度高，高负荷率，在中温发酵条件下，有机物面积负荷可达 0.04kgCOD/(m^2 盘体·d)，COD 去除率高（可达 90%），具有一定的抗冲击负荷能力，处理过程的稳定性强。

2）废水在反应器内按水平方向流动，勿需提升废水和进行回流，从这个意义上是节能的。

3）可处理含较多悬浮固体的废水，不存在堵塞问题。

4）由于转盘转动，不断使老化生物膜脱落，能保持生物膜的活性。

5）可采用多级串联，使得各级微生物处于最佳的生存条件下，运行管理方便。

6）厌气生物转盘主要缺点是盘片成本较高，使整个装置造价很高。

3. 复合式厌氧反应器

复合式厌氧反应器是由哈尔滨工业大学王宝贞等人发明的一种厌氧反应器。反应器底部是 UASB，其内部颗粒污泥生物量浓度平均高达 20～30g/L，而上部则是厌氧生物滤池，用以进一步去除有机物，并可防止处理水中携带大量悬浮物、纤维填料等（图 3.92）。该复合式厌氧反应器，利用 UASB 反应器和厌氧滤池的优点，不但可增加生物量，而且提高了反应区容积利用率，反应器总高度可大于 10m，从而减少了占地面积，处理能力也大有提高。

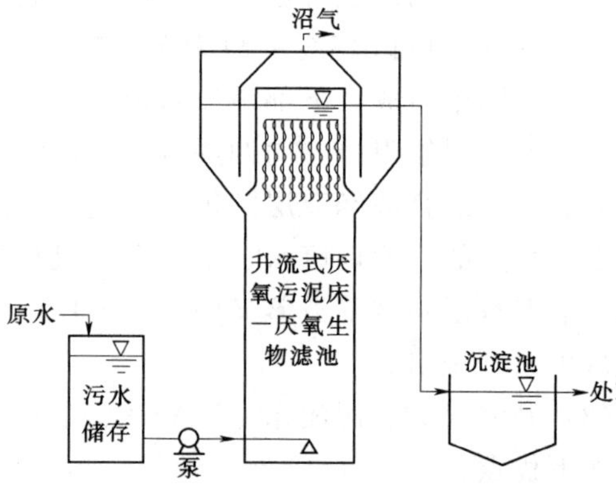

图 3.92 复合式厌氧反应器

复合式厌氧反应器可有效处理啤酒废水乳品废水和垃圾渗滤液等高浓度有机废水。

4. 两相厌氧消化工艺

我们知道，有机污染物的厌氧分解，在宏观上和工程上可以简单地分为产酸阶段和产甲烷阶段。在一个反应器内同时保持这两大类微生物的存活，并保持具有旺盛的生理活动功能和协调发展，对于这样反应器的维护管理是比较困难的。

Closh 和 Pohland 于 1971 年首次提出来两相厌氧消化的概念，即分别采用两个反应器，分别培养两类不同的细菌，通过对运行参数的控制，使得两个反应器分别保持最适合这两类细菌群生长的条件。将两个反应器——发酵产酸相和产甲烷相串联起来，即形成了两相厌氧消化工艺。

两相厌氧消化工艺所具备的特点如下：

（1）两段的反应条件分别比较容易控制在最佳条件。

（2）酸化反应器承担着对进水负荷的一定缓冲作用，给产甲烷阶段保持一个相对稳定的环境。

（3）负荷率高，反应器容积小，酸化阶段作为产甲烷反应器的预处理在甲烷化反应器外进行，既降低了其 COD 负荷（20%～50%左右），又减少了它的体积，一般产甲烷阶段条件控制愈严，单位容积的造价愈高。

（4）硫酸盐还原作用主要在产酸相反应器中进行，避免了硫化物对甲烷菌的毒害，且沼

气中 H_2S 含量较小，便于利用。

（5）两相厌氧消化工艺既适用于含较高悬浮物和纤维废水，也适用于高 COD、低悬浮物废水。

（6）对含有毒化合物的复杂可溶性废水，如含较高浓度硝酸盐、亚硫酸盐、硫酸盐、氮等时，采用两相厌氧法是一种去除毒物并提高厌氧发酵效率的方法。

学习情境 3.6 城镇污水处理工艺流程设计与布置

作为城镇污水处理工程的基本设施，在进行处理厂的工程设计时，应遵循一定的设计程序。城镇污水处理厂阶段技术复杂、处理规模大、重要的项目设计一般包括初步设计和施工图设计，技术程度、处理规模、重要性均小的项目一般只包括施工图设计。

在城镇污水处理系统及处理厂规划、设计开始前，必须明确任务，进行充分的调查研究，收集所需的原始资料。在采用新的处理工艺时，应进行小型和中型的试验，取得可靠的设计参数，才能使规划、设计建立在适用、经济、可靠资料的基础上。

3.6.1 设计资料准备

基本内容同学习项目 1 中学习情境 1.6.1 设计资料准备内容，只有一处需要单独列出的内容如下：

设计废水处理厂时，应着重调查工业污染源，了解企业的性质、规模、生产工艺、原料、产品及排出的废水量、水质、水温等情况及其变化规律。

3.6.2 城镇污水处理厂厂址选择

基本内容同学习项目 1 中学习情境 1.6.2 内容，只有一处需要单独列出的内容如下：

城镇污水处理厂占地面积大小与处理方法、水量的关系，列于表 3.23 中供选址时参考。

表 3.23 城镇污水处理厂占地面积 单位：亩/$10^4 m^3$

规模/($10^4 m^3$/d)	一级处理	二级处理		规模/($10^4 m^3$/d)	一级处理	二级处理	
		生物滤池	曝气池或高负荷滤池			生物滤池	曝气池或高负荷滤池
0.5	15～20	60～90	30～37	5	8～12	60～90	15～22
1	12～18	60～90	22～30	7.5	7.5～10	60～90	15～20
2	9～13	60～90	17～23	10	7.5～10	60～90	15～19

3.6.3 城镇污水处理工艺流程选择

污水处理工艺流程的选择指对污水处理所采用的一系列处理单元的组合形式。它的选择一般应与污水处理厂厂址的选择同时考虑，其最主要的选择依据是原污水的水质、处理应达到的程度与其他自然条件等。一般来说，废水处理工艺流程的选择应当主要考虑以下几个方面的问题。

1. 原污水水质

一般的生活污水水质相对比较固定，处理的主要目标是降低污水的生化需氧量（BOD）和悬浮固体，常用的处理方法包括拦截、沉淀、生物处理、消毒等，有典型流程可供参考。而工业废水水质复杂，无论是污水中的污染物种类还是浓度，差异都很大，因此，目前没有特别典型的流程可供参考。

在选择城市或区域性污水处理流程时，必须首先确定工业废水与生活污水是一并处理还是单独处理。通常的做法是：除水量较大的重点企业采用独立的污水处理系统外，大多数分散的中小型企业的一般污水，排入城市下水道，与生活污水一起送到城市污水处理厂统一处理。某些特殊工业废水，含有毒、有害物质，则要求在厂内经过处理，达到规定的标准后方能排到城市污水处理厂。

处理单元的排列顺序原则是先易后难，易于去除的悬浮物处理构筑物（如沉沙池、沉淀池等）排列在流程的前面；而以去除溶解性有机物为目的的生物处理构筑物（如曝气池或生物滤池等）则排列在流程的后面，消毒去除病原体的处理设施则排列在最后。如果二级出水用于回用，则在二级生物处理之后，再加一级混凝沉淀和过滤，进一步去除悬浮物、溶解性有机物，使其达到回用的目的。以去除悬浮颗粒为主的系统为一级处理，而以去除溶解性有机物为主的系统称为二级处理或生物处理，以回用为目的进一步降低悬浮物及溶解性有机物的系统称为深度处理。

工业废水种类繁多，需去除的污染对象庞杂，可以采用的处理工艺繁多，应根据不同的去除对象采用不同的处理工艺。

2. 污水的处理深度

污水的处理深度是污水处理工艺流程选择的重要因素之一，它主要取决于污水的污染状况、处理后水的去向、受纳水体的功能和污水所流入的水体的自净能力。

污水的污染状况，表现为污水中所含污染物的种类、形态、浓度及水量，它直接影响污水处理程度及工艺流程。

处理后水的去向，往往在某种程度上决定某一污水治理工程的处理深度，若处理水的出路是农田灌溉，则应使污水经二级生化处理后才能排放；如污水经处理后必须回用于工业生产，则处理深度和要求根据回用的目的不同而异。一般有以下两种类型：①处理后污水不再另经净化处理直接加以回用，例如用作循环冷却水；②处理后污水再经净化、深度处理后继续回用，例如直接回用于生产过程之中，这样对污水处理要求较高，使处理流程复杂化。

严格来说，设计人员应把水体自净能力作为确定污水处理工艺流程的根据之一，既能较充分地利用水体自净能力，使污水处理工程承受的处理负荷相对减轻，又能防止水体遭受新的污染，不破坏水体正常的使用价值。不考虑水体所具有的自净能力，任意采用较高的处理深度是不经济的。

3. 工程造价与运行费用

考虑工程造价与运行费用时，应以处理污水达到水质排放标准为前提条件。在此前提下，工程建设及运行费用低的工艺流程应得到重视。此外，减少占地面积也是降低建设费用的重要措施。

4. 当地的自然和社会条件

当地的地形、气候、水资源等自然条件也对污水处理流程的选择具有一定影响。如当地有废弃的旧河渠、池塘、洼地、河塘、沼泽地与山谷等地域，可优先考虑采用工程造价低廉的稳定塘自然净化技术。在寒冷地区，则应采取适当的技术措施，保证在低温季节也能够正常运行。

当地的社会条件如原材料、水资源与电力供应等也是流程选择应当考虑的因素。

5. 污水的水量及其变化动态

除污水水质外，污水水量变化的幅度也是工艺选择时应考虑的问题。对于水量、水质变化大的污水，应选用耐冲击负荷能力强的工艺，或考虑设立调节池等缓冲设备以尽量减少不利影响。

6. 运行管理与施工

运行管理所需要的技术条件与施工的难易程度也是在选择工艺流程时应考虑的问题，如采用技术密集、运行管理复杂的处理工艺，就需要有素质高、技术水平强的人员。因此在选择运行管理复杂的工艺时应在充分的可行性研究的基础上决定。工程施工的难易程度也是选择工艺流程的影响因素之一，如地下水位高，地质条件差的地方，就不适宜选用深度大、施工难度高的处理构筑物。

7. 处理过程是否产生新的矛盾

污水处理过程中应注意是否会造成二次污染问题。例如化肥厂造气污水在采用沉淀、冷却后循环利用过程中，在冷却塔尾气中会含有氰化物，对大气造成污染。农药厂乐果污水处理中，以碱化法降解乐果，如采用石灰做碱化剂，产生的污泥会造成二次污染。

应当注意，在工艺设计计算时，应考虑到平面布置的要求，如发现不妥，可根据情况重新调工艺设计。

总之，在工艺设计时，除应满足工艺设计上的要求外，还必须符合施工及运行上的要求。对于大、中型处理厂，还应作多方案比较，以便找出最佳方案。

3.6.4　城镇污水处理厂布置

3.6.4.1　平面布置

污水处理厂的建筑组成包括生产性处理构筑物、辅助建筑物和连接各建筑物的管渠。对其进行平面规划布置时，应考虑的原则有如下几条：

(1) 应尽量紧凑，以减少处理厂占地面积和连接管线的长度。

(2) 生产性处理构筑物作为处理厂的主体建筑物，在作平面布置时，必须考虑各构筑物的功能要求和水力要求，结合地形和地质条件，合理布局，以减少投资并使运行方便。

(3) 各单元处理构筑物的座（池）数，根据处理厂的规模、处理厂的平面尺寸、各处理设施的相对位置与关系、池型等因素来确定，同时考虑运行、管理机动灵活，在维护检修时不影响正常运行。每个单元处理构筑物不得少于两座（池），而且联系各处理构筑物的管渠布置应是各处理系统自成体系，以保证各处理单元能够独立运行，并设置必要的超越管线，当某一处理构筑物因故停止运行时，不至于影响其他单元构筑物的正常工作，以便发生事故或进行检修时，污水能越过该处理构筑物。

(4) 对于辅助建筑物，应根据安全、方便等原则布置。如泵房、鼓风机房应尽量靠近处理构筑物，变电所应尽量靠近最大用电户，以节省动力与管道；办公室、分析化验室等均应与处理构筑物保持一定距离，并处于它们的上风向，以保证良好的工作条件；贮气罐、贮油罐等易燃易爆建筑的布置应符合防爆、防火规程；污水处理厂内的道路应方便运输等。

(5) 在设计处理厂平面布置时，应考虑设置厂内各池的泄空管，此管可与场内污水管合一，将排出的污水和厂内污水一同回流至泵前水池回流处理。

(6) 厂区内给水管、空气管、蒸汽管以及输电线路的布置，应避免相互干扰，既要便于施工和维护管理，又要占地紧凑。当很难敷设在地上时，也可敷设在地下或架空敷设。

(7) 要考虑扩建的可能，留有适当的扩建余地，并考虑施工方便。

(8) 厂区应设置连通各构筑物和建筑物的道路；应有一定的绿化面积，其比例不小于全场总面积的30%。

（9）构筑物的布置应注意风向和朝向。将排放异味、有害气体的构筑物布置在居住与办公场所的下风向；为保证良好的自然通风条件，建筑物布置应考虑主导风向。

3.6.4.2 高程布置

1. 污水处理厂高程布置的任务

处理厂高程布置的任务是确定各处理构筑物和泵房的标高及水平标高、各种连接管渠的尺寸及标准，使水能按处理流程在处理构筑物之间靠重力自流，以减少运行费用。为此必须计算各处理构筑物之间水头损失，定出构筑物之间的水面相对高差。水头损失包括水流经过的各处理构筑物的损失、构筑物间的连接管渠中的沿程损失和局部损失以及水流经过计量设备等的水头损失等。各种处理构筑物的水头损失值（包括进、出水渠道的水头损失）可参见表3.24估算。

表3.24　　污水流经处理构筑物的水头损失

构筑物名称	水头损失/m	构筑物名称	水头损失/m
格栅	0.1～0.25	普通快滤池	2～2.5
沉沙池	0.1～0.25	压力池	5～6
平流沉淀池	0.2～0.4	通气滤池（工作高度为4m）	6.5～6.75
竖流沉淀池	0.4～0.5	生物滤池 （1）装有旋转布水器 （2）装有固定喷洒布水器	 2.7～2.8 4.50～4.75
辐流沉淀池	0.5～0.6	曝气池 （1）污水潜流入池 （2）污水跌流入池	 0.25～0.5 0.5～1
反应池	0.4～0.5	混合接触池	0.1～0.3

2. 污水处理厂高程布置的一般原则

（1）水力计算时，应选择一条距离最长、水头损失最大的流程进行计算，并适当留有余地，以防止淤积时水头不够而造成雍水现象，影响处理系统的正常运行。

（2）计算水头损失原则上应以最大设计流量计算（按远期最大流量考虑），对达到中型规模的处理厂，按设计的平均流量计算，按远期的最大流量来核算，留有充分的池面超高（最大流量时的水位不至于溢出池子）。同时作为各构筑物之间的连接管渠应按最大流量设计，当某座构筑物停运时，与其并联运行的构筑物与有关的连接管渠能通过全部流量。

（3）高程计算时，常以受纳水体的最高水位或下游用水的水位要求作为起点，由下游倒推向上游计算，以使处理后的污水在洪水季节也能自流排出，使污水处理厂的总提升泵房的扬程最小。如果下游水位较高，应抬高全处理厂的运行水位，使水泵扬程加大或在末端排出口设置泵站提升排水。当排水水位不受限制时，应以处理构筑物埋深限制来确定标高（应结合全厂的土方平衡）。高程的布置应进行充分的经济技术比较确定。

（4）在高程布置与平面布置时，都应注意污水处理流程与污泥流程的相互协调，应尽量减少提升的污泥量，并考虑污泥处理设施排出的污水能自流进泵站前池。

（5）为了确定处理厂的高程布置，绘制总的平面图的同时，必须绘制工艺流程的纵断面图。纵断面图上应该绘出构筑物和管渠的水面高程、尺寸和各节点底部高程，原地面和设计地面高程。纵断面图的比例尺一般采用纵向1：50～1：100，甚至1：10；横向1：500～1：1000，最好与总平面图比例尺相同。

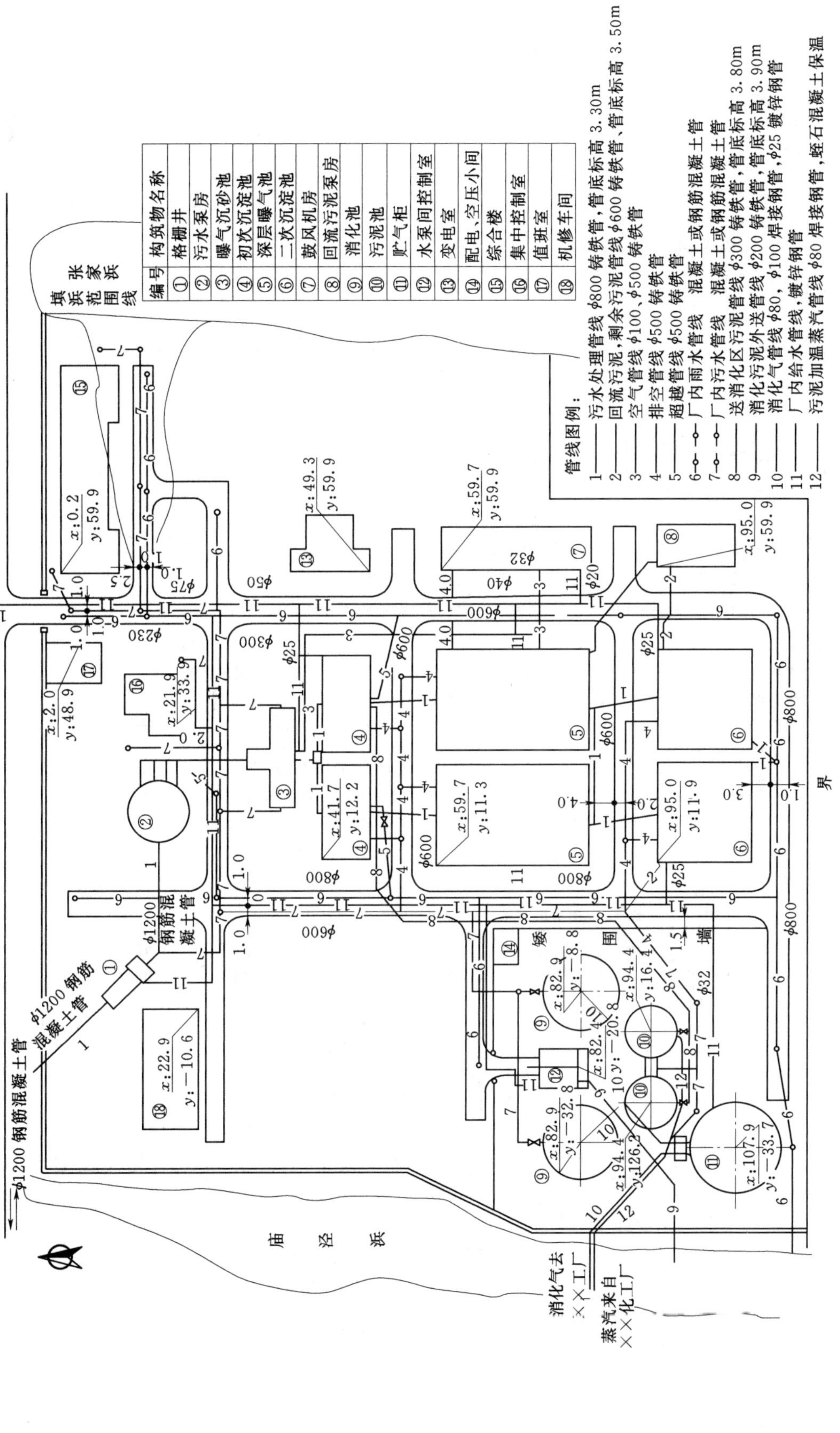

图3.93　甲市污水处理厂总平面布置

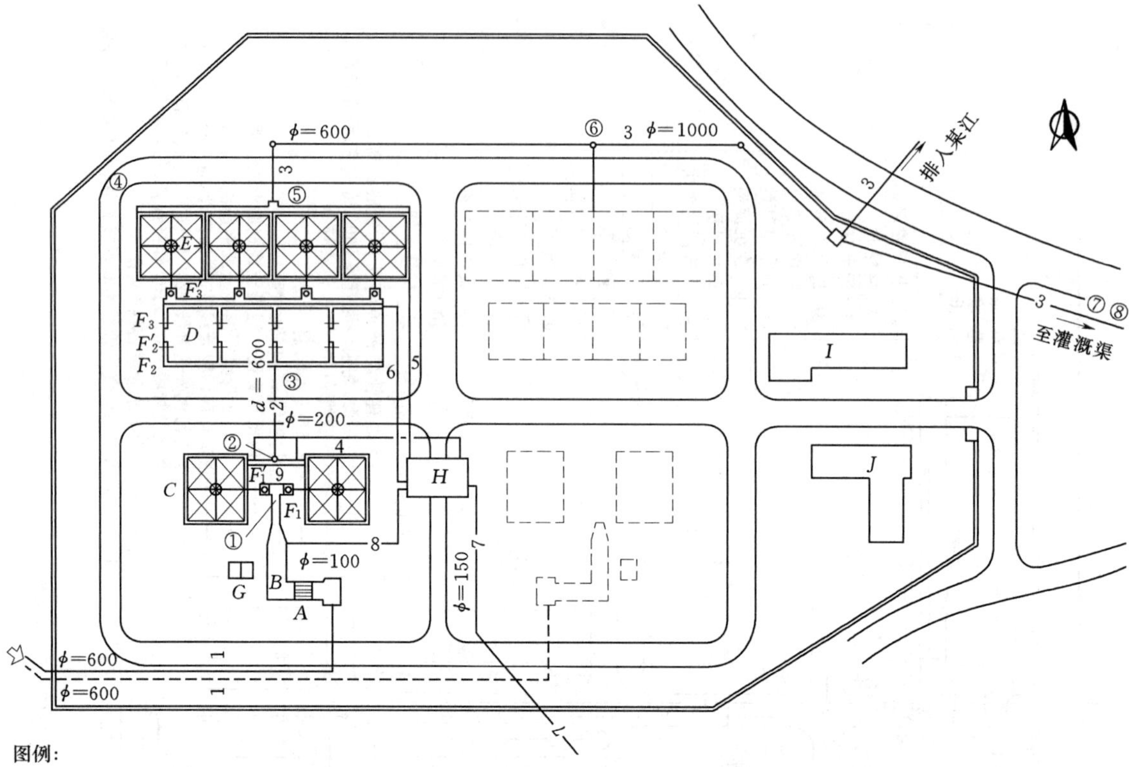

图例:

——1——进水压力总管　　——4——初次沉淀池排泥管　　——7——剩余污泥压力管

——2——初次沉淀池出水管　　——5——二次沉淀池排泥管　　——8——空气管

——3——出厂管　　——6——回流污泥管　　——9——超越管　　中 计量堰

图 3.94　乙市污水处理厂总平面布置

A—格栅；B—曝气沉砂地；C—初次沉淀池；D—曝气池；E—二次深沉池；F_1、F_2、F_3—计量堰；G—除渣池；H—污泥泵房；I—机修车间；J—办公及化验室等

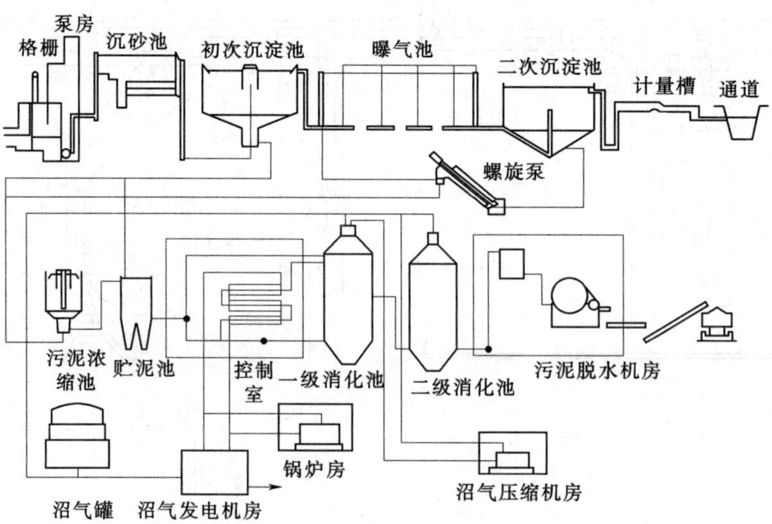

图 3.95　天津纪庄子污水处理厂污水污泥处理工艺流程

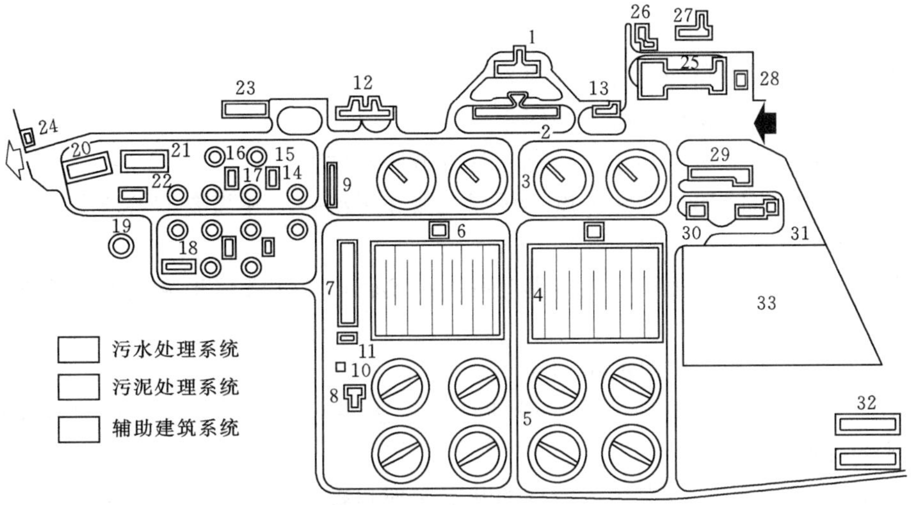

图 3.96　天津纪庄子污水处理厂平面布置图

1—污水泵房；2—沉沙池；3—初沉池；4—曝气池；5—二沉池；6—回流污泥泵房；7—鼓风机房；8—加氯间；9—计量槽；10—深井泵房；11—循环水池；12—总变电站；13—仪表间；14—污泥浓缩池；15—贮泥池；16—消化池；17—控制室；18—沼气压缩机房；19—沼气罐；20—污泥脱水机房；21—沼气发电机房；22—变电所；23—锅炉房；24—传达室；25—办公化验楼；26—浴室锅炉房；27—幼儿园；28—传达室；29—机修车间；30—汽车库；31—仓库；32—宿舍；33—试验厂

3.6.4.3 城镇污水处理厂的布置示例

图 3.93 为甲市污水处理厂总平面图。图中构筑物以坐标定位，这是平面布置设计中常用的一种定位方法。

图 3.94 为乙市污水处理厂总平面布置图。

天津市纪庄子污水处理厂是我国目前已建成、运行规模较大的污水处理厂之一，日处理污水量 $26\times10^4 m^3/d$。图 3.95 与图 3.96 分别为其处理工艺流程图和总平面布置图。

思考题与习题

1. 简要回答污水的来源及其分类。

2. 污水的水质指标按污染指标分哪几类？各类的主要特征？

3. BOD、COD、TOC、TOD 的含义是什么？BOD_5、BOD_{20}、COD_{Cr}的含义？怎样反应污水的可生化性？

4. 污水排放标准的含义？如何划分？

5. 什么叫水体的污染、水体的自净？简要回答水体自净的基本机理。

6. 简单回答水处理常有的处理方法。

7. 预处理在水处理工程中的作用是什么？

8. 格栅的主要作用是什么？按形状分为几种？

9. 格栅栅渣的清除方法有几种？各适用于什么情况？

10. 已知某城市的最大污水设计污水量 $Q_{max}=0.25m^3/h$，$K_{总}=1.5$，试计算格栅各部分的尺寸。

11. 试述废水好氧生物处理的基本原理、优缺点和适用条件？

12. 简述废水好氧生物处理的影响因素？

13. 什么是活性污泥法？其正常运行应具备哪些条件？

14. 什么是污泥沉降比、污泥浓度、污泥指数和污泥龄？并简要回答它们在活性污泥运行中的重要意义？

15. 活性污泥法常有的运行方式有哪几种？试比较推流式曝气池和完全混合曝气池的优缺点？

16. 简述活性污泥净化废水的机理。

17. 曝气方法和曝气设备的改进对于活性污泥法的运行有什么意义？有哪几种曝气设备？各有什么特点？

18. 什么叫充氧能力？试论述氧转移的基本原理和影响氧转移的主要因素？

19. 为什么多点进水活性污泥法的处理能力比普通活性污泥法高？试分别绘制普通法和多点进水法沿池长需氧量变化曲线，并进行比较。

20. 普通活性污泥法和延时曝气法的处理效率一般高于其他活性污泥法的运行方式？试就普通曝气池中微生物生长情况来说明。

21. 普通活性污泥法、吸附再生法和完全混合曝气法各有什么特点？在一般情况下，对于有机废水 BOD_5 的去除率如何？

22. 活性污泥法为什么需要污泥回流？如何确定回流比？回流比的大小决定于什么？其对处理效果有何影响？

23. 为什么活性污泥系统要在较低的 F/M 条件下运行？试说明两个主要理由。

24. 为什么活性污泥中主要去除有机物者是细菌而不是原生动物？

25. 对于吸附-再生曝气法，一般是如何确定它的污泥负荷率？

26. 活性污泥法曝气系统中，二沉池起什么作用？在设计上有些什么要求？

27. 什么叫污泥膨胀？产生污泥膨胀的原因有哪些？

28. 试简述生物膜法净化废水的基本原理。

29. 什么条件下适宜采用活性污泥法而不宜采用生物膜法？

30. 普通生物滤池、高负荷生物滤池和塔式生物滤池各自的适用条件是什么？

31. 高负荷生物滤池在什么条件下需要采用出水回流？回流的方式有哪两种？

32. 生物转盘的处理能力比生物滤池高，你认为关键在哪里？

33. 为什么高负荷生物滤池应该采用连续布水的旋转布水器？

34. 生物接触氧化法有哪些特点？其容积负荷率高的主要原因在哪里？

35. 稳定塘有哪几种？各自的适用条件和特点分别是什么？利用稳定塘处理废水有哪些优缺点？

36. 什么叫废水的土地处理系统？采用该系统处理废水有哪些优缺点？

37. 某造纸厂采用活性污泥法处理废水，废水量为 $24000m^3/d$，曝气池容积为 $8000m^3$，经初次沉淀，废水的 BOD_5 为 300mg/L，经处理 BOD_5 的去除率为 90%，曝气池混合液悬浮固体浓度为 4g/L，其中挥发性悬浮固体占 75%。试求：F/M、每日剩余污泥量、每日需氧量和污泥龄。

38. 如果从活性污泥曝气池中取混合液500mL，注入500mL的量筒内，半小时后沉淀污泥量为150mL，试求污泥沉降比。若MLSS浓度为3g/L，试求污泥指数。根据计算结果，你认为该曝气池的运行是否正常？

39. 已知曝气池的MLSS浓度为2.2g/L，混合液在1000mL量筒中经30min沉淀的污泥量为180mL，计算污泥指数、所需的污泥回流比及回流污泥的浓度。

40. 厌氧生物处理的对象是什么？

41. 厌氧微生物的特点是什么？

42. 试比较厌氧生物处理法与好氧生物处理法的优缺点。

43. 试简要回答厌氧生物处理的基本原理。

44. 如何估计有机物分解后沼气的产量？沼气的成分有哪些？

45. 试指出传统消化法与高速消化法的特点。

46. 试简要讨论影响厌氧生物处理的因素。

47. 碱度的大小对厌氧生物处理有何作用？

48. 最近以来废水厌氧生物处理有哪些发展？

49. 厌氧处理装置的运行管理应注意什么问题？

50. 工程设计一般分几个阶段？每个阶段的主要任务是什么？

51. 城镇污水处理厂规划设计时需要哪些基础资料？对确定设计方案有何影响？

52. 城镇污水处理厂厂址的选定应考虑哪些因素？

53. 城镇污水处理厂平面布置的原则有哪些？

54. 水处理厂高程布置的原则有哪些？其高程布置与平面布置有何关系？

55. 工业废水与城市污水是分散处理还是联合处理较好？各有何利弊？正确的方针是什么？

学习项目4　工 业 废 水 处 理

学习目标： 学生通过本学习项目的学习，能够根据不同工业废水的性质进行处理方法的选择，掌握不同工业废水处理方法、设备的选择和工艺的设计，理解工业废水综合排放标准。

项目描述： 以龙塘工业区某企业工业废水处理为项目载体，介绍工业废水的不同处理方法与工艺流程的选择。

工业企业各行业生产过程中排出的废水，统称工业废水，其中包括生产污水、生产废水和生活污水3种。

为了区分工业废水的种类，了解其性质，认识其危害，研究其处理措施，通常进行废水的分类，一般有3种分类方法：

（1）按行业的产品加工对象分类。如冶金废水、造纸废水、炼焦煤气废水、金属酸洗废水、纺织印染废水、制革废水、农药废水、化学肥料废水等。

（2）按工业废水中所含主要污染物的性质分类。含无机污染物为主的称为无机废水，含有机污染物为主的称为有机废水。例如，电镀和矿物加工过程的废水是无机废水，食品中石油加工过程的废水是有机废水。这种分类方法比较简单，对考虑处理方法有利。如对易生物降解的有机废水一般采用生物处理法，对无机废水一般采用物理、化学和物理化学法处理。不过，在工业生产过程中，一种废水往往既含无机物、也含有机物。

（3）按废水中所含污染物的主要成分分类。如酸性废水、碱性废水、含酚废水、含镉废水、含铬废水、含锌废水、含汞废水、含氟废水、含有机磷废水、含放射性废水等。这种分类方法的优点突出了废水的主要污染成分，可有针对性地考虑处理方法或进行回收利用。

除上述分类方法外，还可以根据工业废水处理的难易程度和废水的危害性，将废水中主要污染物分为3类：①易处理、危害性小的废水，如生产过程中产生的热排水或冷却水，对其稍加处理，即可排放或回用；②易生物降解无明显毒性的废水，可采用生物处理法；③难生物降解又有毒性的废水，如含重金属废水，含多氯联苯和有机氯农药废水等。

随着我国工业的发展，工业废水的排放量日益增加，达不到排放标准的工业废水排入水体后，会污染地表水和地下水。水体受到污染后，不仅会使其水质不符合饮用水、渔业用水的标准，还会使地下水中的有害化学物质和硬度增加，影响地下水的利用。我国水资源并不丰富，若按人口平均占有径流量计算，只相当于世界人均值的1/4。而地表水和地下水的污染，将进一步使可供利用的水资源数量日益减少，势必影响工农渔业的生产，直接或间接地给人民生活和身体健康带来危害。

1. 废水处理方法

废水处理过程是将废水中所含有的各种污染物与水分离或加以分解，使其净化的过程。废水处理法大体可分为：物理处理法、化学处理法、物理化学处理法和生物处理法。

选择废水处理方法前，必须了解废水中污染物的形态。一般污染物在废水中处于悬浮、胶体和溶解 3 种形态。通常根据它们粒径的大小来划分。悬浮物粒径为 1～100μm，胶体粒径为 1nm～1μm，溶解物粒径小于 1nm。一般来说，易处理的污染物是悬浮物，而胶体和溶解物则较难处理。悬浮物可通过沉淀、过滤等与水分离，而胶体和溶解物则必须利用特殊的物质使之凝聚或通过化学反应使其粒径增大到悬浮物的程度，或利用微生物或特殊的膜等将其分解或分离。

2. *废水处理方法的确定*

可参考已有的相同工厂的工艺流程确定。如无资料可参考时，可通过试验确定，简述如下：

（1）有机废水：

1）含悬浮物时，用滤纸过滤，测定滤液的 BOD_5、COD。若滤液中的 BOD_5、COD 均在要求值以下，这种废水可采取物理处理方法，在去除悬浮物的同时，也能将 BOD_5、COD 一道去除。

2）若滤液中的 BOD_5、COD 高于要求值，则需考虑采用生物处理方法。进行生物处理试验时，确定能否将 BOD_5 与 COD 同时去除。

好氧生物处理法去除废水中的 BOD_5 和 COD，由于工艺成熟，效率高且稳定，所以获得十分广泛的应用，但由于需供氧，故耗电较高。为了节能并回收沼气，常采用厌氧法去除 BOD_5 和 COD，特别是处理高浓度 BOD_5 和 COD 废水比较适用（BOD_5 浓度>1000mg/L），目前将厌氧法用于低 BOD_5、COD 废水的处理，亦获得成功。但是，从去除效率看，BOD_5 去除率不一定高，而 COD 去除率反而高些。这是由于难降解的 COD，经厌氧处理后转化为容易生物降解的 COD，使高分子有机物转化为低分子有机物。对于某些工业废水也存在此种现象。

如仅用好氧生物处理法处理焦化厂含酚废水，出水 COD 往往保持在 400～500mg/L，很难继续降低。如果采用厌氧作为第一级，再串以第二级好氧法，就可使出水 COD 下降到 100～150mg/L。因此，厌氧法常常用于含难降解 COD 工业废水的处理。

3）若经生物处理后 COD 不能降低到排放标准时，就要考虑采用深度处理。

（2）无机废水：

1）含悬浮物时，需进行沉淀试验，若在常规的静置时间内达到排放标准时，这种废水可采用自然沉淀法处理。

2）若在规定的静置时间内达不到要求值时，则需进行混凝沉淀试验。

3）当悬浮物去除后，废水中仍含有有害物质时，可考虑采用调节 pH 值、化学沉淀、氧化还原等化学方法。

4）对上述方法仍不能去除的溶解性物质，为了进一步去除，可考虑采用吸附、离子交换等深度处理方法。

（3）含油废水。首先做静置上浮试验分离浮油，再进行分离乳化油的试验。

学习情境 4.1 工业废水的物理处理

4.1.1 调节池处理

从工业企业和居民区排出的废水，其水量和水质都是随时间而变化的，工业废水的变化幅度一般比城镇污水大。为了保证后续处理构筑物或设备的正常运行，需对废水的水量和水质进行调节。调节水量和水质的构筑物称为调节池。

4.1.1.1 水量调节池

常用的水量调节池，如图 4.1 所示。进水为重力流，出水用泵抽升，池中最高水位不高于进水管的设计水位，有效水深一般为 2～3m。最低水位为死水位。

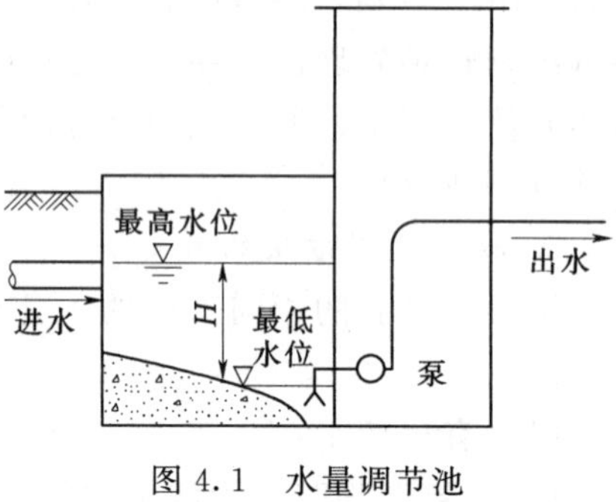

图 4.1 水量调节池

调节池的容积可用图解法计算。例如某工厂的废水在生产周期（T）内的废水流量变化曲线，如图 4.2 所示。曲线下在 T 小时内所围的面积，等于废水总量 W_T（m^3）。

$$W_T = \sum_{i=0}^{T} q_i t_i \tag{4.1}$$

式中：q_i 为在 t 时段内废水的平均流量，m^3/h；t_i 为时段，h。

在周期 T 内废水平均流量 $Q(m^3/h)$ 为

$$Q = \frac{W_T}{T} = \frac{\sum_{i=0}^{T} q_i t_i}{T} \tag{4.2}$$

根据废水量变化曲线，可绘制如图 4.3 所示的废水流量累积曲线。流量累积曲线与周期 T（本例为 24h）的交点 A 读数为 W_T（$1464m^3$），连接 OA 直线，其斜率为 $Q(61m^3/h)$。假设一台水泵工作，该线即为泵抽水量的累积水量。

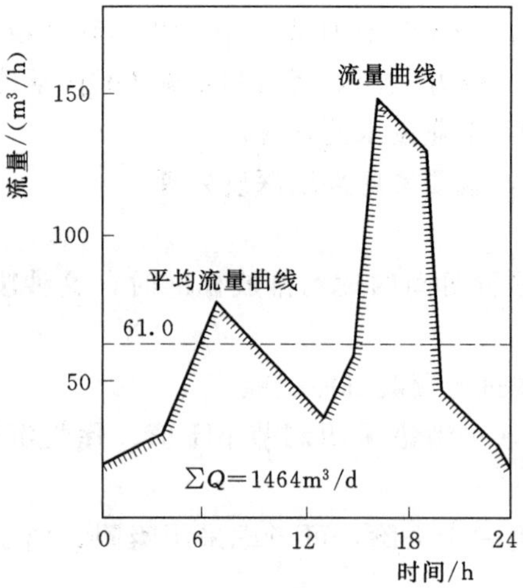

图 4.2 某厂废水流量曲线

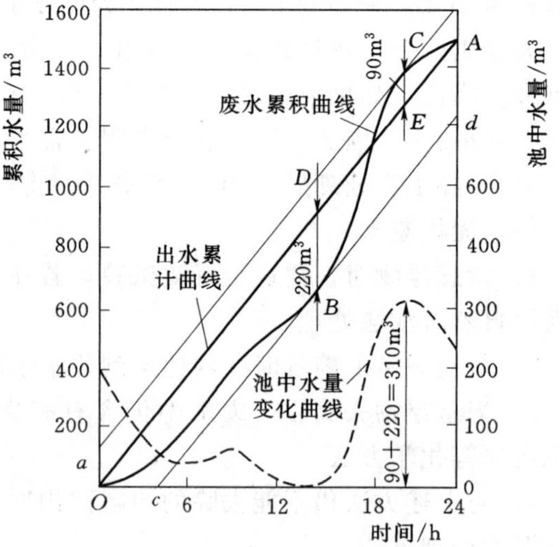

图 4.3 某厂废水流量累积曲线

对废水量累积曲线，作平行于 OA 的两条切线 ab、cd，切点为 B 和 C，通过 B 和 C，作平行于纵坐标的直线 BD 和 CE，此二直线与出水累积曲线分别相交于 D 和 E 点。从纵坐标可得到 BD 和 CE 的水量分别为 $220m^3$ 和 $90m^3$，两者相加即为所需调节池的容积为 $310m^3$。

图 4.3 中虚线为调节池内水量变化曲线。

4.1.1.2　水质调节池

1. 普通水质调节池

对调节池可写出物料平衡方程：

$$C_1QT + C_0V = C_2QT + C_2V \tag{4.3}$$

式中：Q 为取样间隔时间内的平均流量；C_1 为取样间隔时间内进入调节池污物的浓度；T 为取样间隔时间；C_0 为取样间隔开始时调节池内污物的浓度；V 为调节池容积；C_2 为取样间隔时间终了时调节池出水污物的浓度。

假设在一个取样间隔时间内出水浓度不变，将式（4.3）变化后，每一个取样间隔后的出水浓度

$$C_2 = \frac{C_1T + C_0V/Q}{T + V/Q} \tag{4.4}$$

当调节池容积已知时，利用式（4.4）可求出各间隔时间的出水污物浓度。

2. 穿孔导流槽式水质调节池

调节池如图 4.4 所示。同时进入调节池的废水，由于流程长短不同，使前后进入调节池的废水相混合，以此来调节水质。

水质调节池的型式除上述矩形的调节池外还有方形和圆形的调节池。同心圆形调节池如图 4.5 所示。

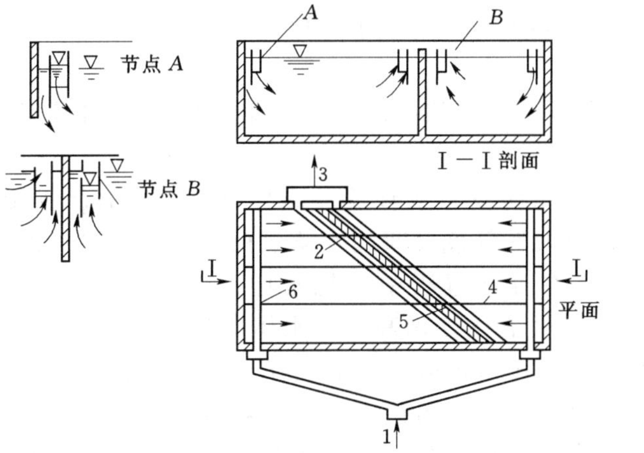

图 4.4　穿孔导流槽式调节池

1—进水；2—集水；3—出水；4—纵向隔墙；5—斜向隔墙；6—配水槽

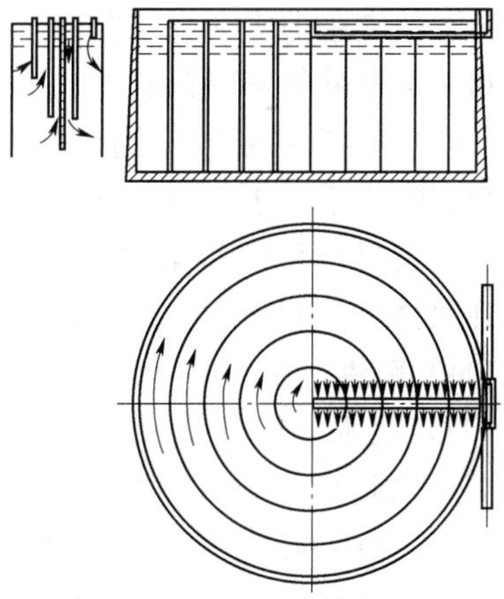

图 4.5　同心圆型调节池

4.1.1.3　分流贮水池

对于某些工业，如有偶然泄漏或周期性冲击负荷发生时，宜设分流贮水池。当废水浓度超过某一设定值时，将废水放进分流贮水池，如图 4.6 所示。

4.1.1.4　调节池的搅拌

为使废水充分混合和避免悬浮物沉淀，调节池需安装搅拌设备进行搅拌。

(1) 水泵强制循环搅拌如图 4.7 所示。这种方式在调节池底设穿孔管，穿孔管与水泵压水管相连，用压力水进行搅拌。优点是简单易行，但动力消耗较多。

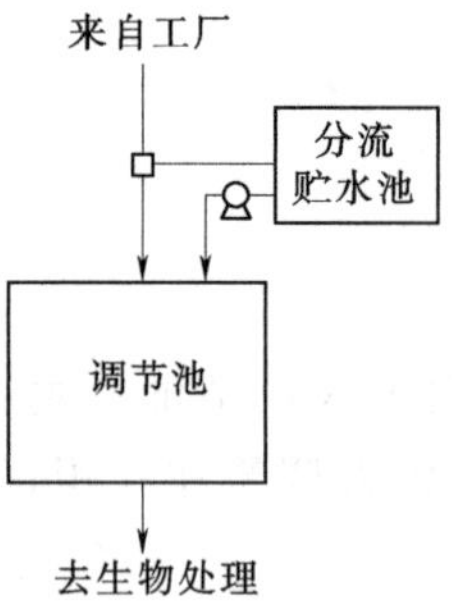

图 4.6 分流贮水池

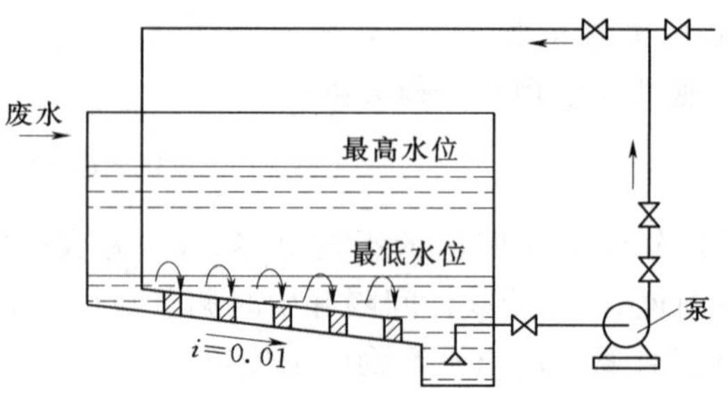

图 4.7 水泵强制循环搅拌

(2) 空气搅拌。在池底多设穿孔管，穿孔管与鼓风机空气管相连，用压缩空气进行搅拌。空气用量，采用穿孔管曝气时可取 2～3m^3/[h·m（管长）] 或 5～6m^3/[h·m^2（池面积)]。此方式搅拌效果好，还可起预曝气的作用，但运行费用也较高。

(3) 机械搅拌。在池内安装机械搅拌设备。机械搅拌设备有多种形式，如桨式、推进式、涡流式等。此方法搅拌效果好，但设备常年浸于水中，易受腐蚀，运行费用也较高。

4.1.2 除油处理

4.1.2.1 含油废水的来源及污染特征

含油废水主要来源于石油、石油化工、钢铁、焦化、煤气发生站、机械加工等工业企业。含油废水的含油量及其特征，随工业种类不同而异，同一种工业也因生产工艺流程、设备和操作条件等不同而相差较大。

废水中所含油类，除重焦油的比重可达 1.1 以上外，其余的比重都小于 1。本情境重点介绍含油比重小于 1 的含油废水处理。

油类对环境的污染主要表现在对生态系统及自然环境（水体、土壤）的严重影响。流到水体中的可浮油，形成油膜后会阻碍大气复氧，断绝水体氧的来源；而水中的乳化油和溶解油，由于需氧微生物的作用，在分解过程中消耗水中溶解氧（生成 CO_2 和 H_2O)，使水体形成缺氧状态，水体中二氧化碳浓度增高，使水体 pH 值降低到正常范围以下，以致鱼类和水生生物不能生存。含油废水流到土壤，由于土层对油污的吸附和过滤作用，也会在土壤形成油膜，使空气难于透入，阻碍土壤微生物的增殖，破坏土层团粒结构。含油废水排入城镇排水管道，对排水设备和城市污水处理厂都会造成影响，流入到生物处理构筑物混合污水的含油浓度，通常不能大于 30～50mg/L，否则将影响活性污泥和生物膜的正常代谢过程。

生产装置排出的含油废水，应按其所含的污染物性质和数量分类汇集处理。除油方法宜采用重力分离法除浮油和重油，采用气浮法、电解法、混凝沉淀法除去乳化油。本情境重点介绍浮油的处理方法和除油装置。

4.1.2.2 除油装置

目前常用的有平流隔油池和斜板隔油池。

(1) 平流隔油池。图 4.8 所示为传统的平流式隔油池，在我国得到较为广泛的应用。

废水从池的一端流入池内，从另一端流出。在隔油池中，由于流速降低，比重小于 1.0

而粒径较大的油珠上浮到水面上，比重大于 1.0 的杂质沉于池底。在出水一侧的水面上设集油管。集油管一般用直径为 200～300mm 的钢管制成，沿其长度在管壁的一侧开有切口，集油管可以绕轴线转动。平时切口在水面上，当水面浮油达到一定厚度时，转动集油管，使切口浸入水面油层之下，油进入管内，再流到池外。

刮油刮泥机由钢丝绳或链条牵引，移动速度不大于 2m/min。刮集到池前部污泥斗中的沉渣通过排泥管适时排出。排泥管直径不小于 200mm，管端可接压力水管进行冲洗。池底应有坡向污泥斗的 0.01～0.02 的坡度，污泥斗倾角为 45°。

隔油池宜设由非燃料材料制成的盖板，为了防火、防雨和保温。在寒冷地区集油管及油层内宜设加热设施。隔油池每个格间的宽度，由于刮泥刮油机跨度规格的限制，一般为 2.0m、2.5m、3.0m、4.5m 和 6m。采用人工清除浮油时，每个格间的宽度不宜超过 6.0m。这种隔油池的优点是构造简单，便于运行管理，除油效果稳定；但也存在一定的缺点主要表现为池体大、占地面积多。

根据国内外的运行资料，这种隔油池，可能去除的最小油珠粒径，一般为 100～150μm。此时油珠的最大上浮速度不高于 0.9mm/s。

某炼油厂废水处理站使用此种类型的隔油池，停留时间为 90～120min，原废水中的含油量为 400～1000mg/L，出水在 150mg/L 以下，除油效果达 70%以上。

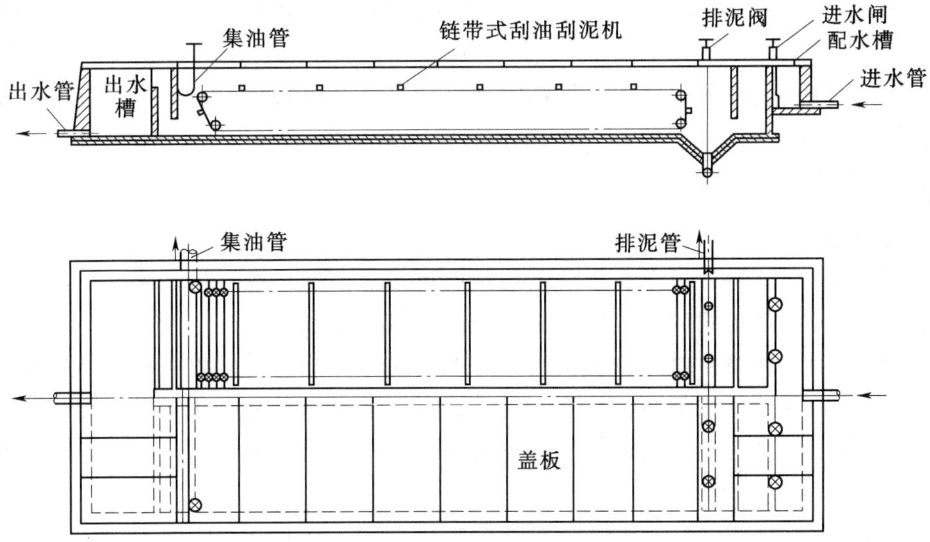

图 4.8 平流隔油池

(2) 斜板隔油池。此种隔油池（图 4.9）采用波纹形斜板，板间距宜采用 40mm，倾角不应小于 45°。废水沿板面向下流动，从出水管排出。水中油珠沿板的下表面向上流动，然后经集油管收集排出。水中悬浮物沉降到斜板上表面，滑下落入池底部经排泥管排出。实践表明，这种隔油池油水分离效率高，可除去粒径不小于 80μm 的油珠，表面水力负荷宜为 0.6～0.8$m^3/(m^2 \cdot h)$，停留时间短，一般不大于 30min，占地面积小。目前我国的一些新建含油废水处理厂（站），多采用这种形式的隔油池，斜板材料应耐腐蚀、不沾油和光洁度好，一般由聚酯玻璃钢制成。池内应设清洗斜板的设施。

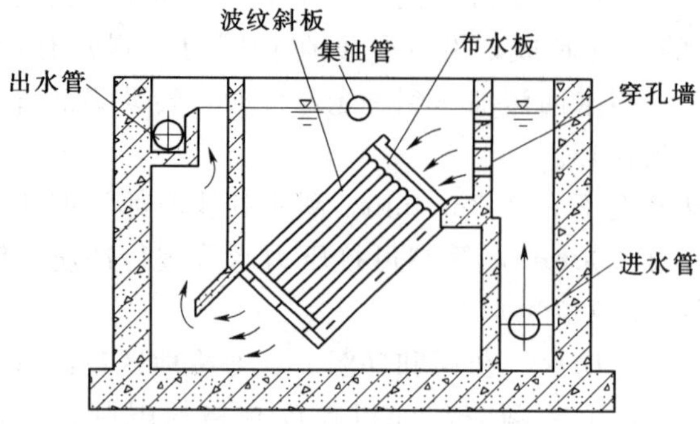

图 4.9 斜板隔油池

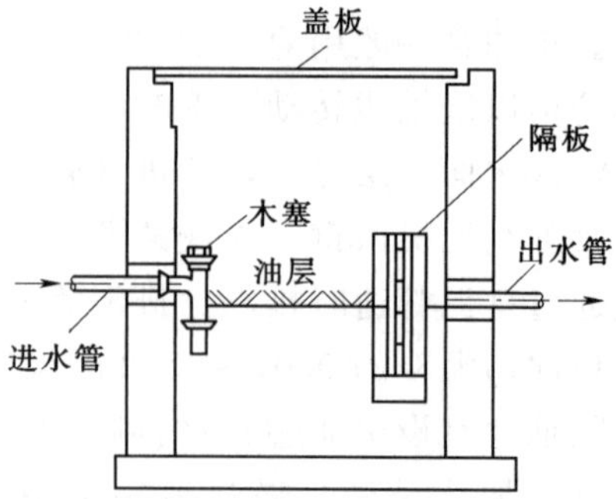

图 4.10 小型隔油池（一）

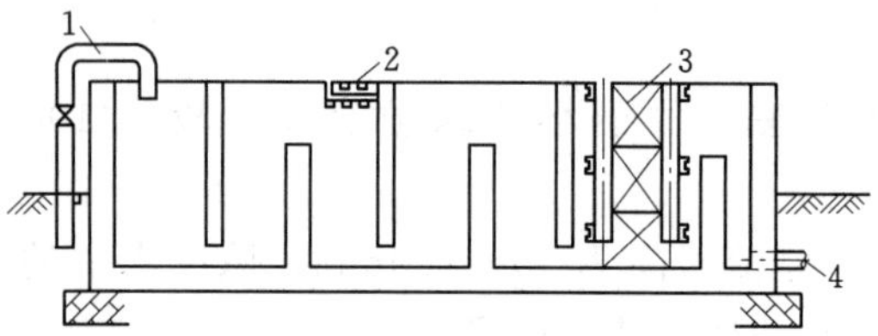

图 4.11 小型隔油池（二）
1—进水管；2—浮子撇油器；3—焦炭过滤器；4—排水管

（3）小型隔油池。用于处理小水量的含油废水，有多种池型，图 4.10 和图 4.11 是较常见的两种。前者一般用于公共食堂、汽车库及其他含有少量油脂的废水处理。这种形式已有标准图（全国通用给水排水标准图集 S217－8－6）。池内水流流速一般为 0.002～0.01m/s，食用油废水一般不大于 0.005m/s，停留时间为 0.5～1.0mim，废油和沉淀物定期采用人工清除。后者用于处理含汽油、柴油、煤油等废水。废水经隔油后，再经焦炭过滤器进一步除油，池内设有浮子撇油器排除废油。池内水平流速 0.002～0.01m/s，停留时间 2～10min，排油周期一般为 5～7d。

4.1.3 过滤处理

过滤是利用过滤材料分离废水中杂质的一种技术。根据过滤材料不同，过滤可分为颗粒材料过滤和多孔材料过滤两大类。这里重点介绍颗粒材料过滤。

在废水处理中，颗粒材料过滤主要用于经混凝或生物处理后低浓度悬浮物的去除。由于废水的水质复杂，悬浮物浓度高、黏度大、易堵塞，选择滤料时应注意以下几点：

（1）滤料粒径应大些。采用石英砂为滤料时，砂粒直径可取为 0.5～2.0mm，相应的滤池冲洗强度亦大，可达 18～20L/(m^2・s)。

（2）滤料耐腐蚀性应强些。滤料耐腐蚀的尺度，可用浓度为 1%的 Na_2SO_4 水溶液，将恒重后滤料浸泡 28d，重量减少值以不大于 1%为宜。

（3）滤料的机械强度好，成本低。滤料可采用石英砂、无烟煤、陶粒、大理石、白云石、石榴石、磁铁矿石等颗粒材料及近年来开发的纤维球、聚氯乙烯或聚丙烯球等。

由于废水悬浮物浓度高，为了延长过滤周期，提高滤池的截污量可采用上向流、粗滤料、原双层和三层多层滤料滤池；为了延长过滤周期，适应滤池频繁冲洗的要求可采用连续流过滤池和脉冲过滤池；对含悬浮物浓度低的废水可采用给水处理中常用的压力滤池、移动冲洗罩滤池等。

1. 上向流滤池

上向流滤池，如图 4.12 所示。废水自滤池下部流入，向上流经滤层，从上部流出。滤料通常采用石英砂，粒径根据进水水质确定，尽量使整个滤层都能发挥截污作用，并使水头损失缓慢上升。废水处理厂滤料的级配列于表 4.1。

由于上向流滤池过滤和冲洗时的水流方向相同，要求不同流量时能均匀布水，为此，在滤池下部设有安装了许多配水喷嘴的配水室。为防止气泡进入滤层引起气阻，需将进水中的气体分离出来，经排气阀排到池外。

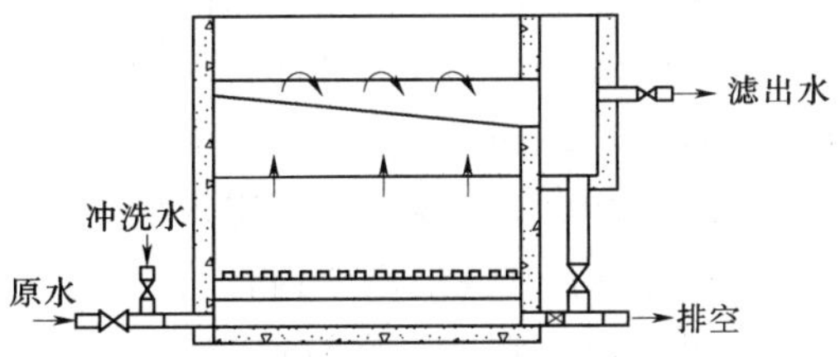

图 4.12 上向流滤池

表 4.1 **上向流滤池的滤料级配** 单位：mm

滤料层及承托层	粒 径	厚 度	滤料层及承托层	粒 径	厚 度
上部细砂层	1～2	1500	下部粗砂层	10～16	250
中部砂层	2～3	300	承托层	30～40	100

上向流滤池的特点如下：

(1) 滤池的截污能力强，水头损失小。污水先通过粗粒的滤层，再通过细滤层，这样能充分地发挥滤层的作用，可延长滤池的运行周期。

(2) 配水均匀、易于观察出水水质。

(3) 污物被截留在滤池下部，滤料不易冲洗干净。

2. 多层滤料滤池

多层滤料滤池，常用的有双层滤料滤池和三层滤料滤池，如图 4.13 所示。双层滤料滤池的滤料通常上层为无烟煤下层为石英砂。由于无烟煤的密度（1.4～1.6g/cm^3）比石英砂（2.6g/cm^3）的小，无烟煤的粒径可选择大一些。因此，上层的孔隙率大，可截留较多的污物，下层的孔隙率较小，可进一步截留污物，污物可穿透滤池的深处，能较好地发挥整个滤

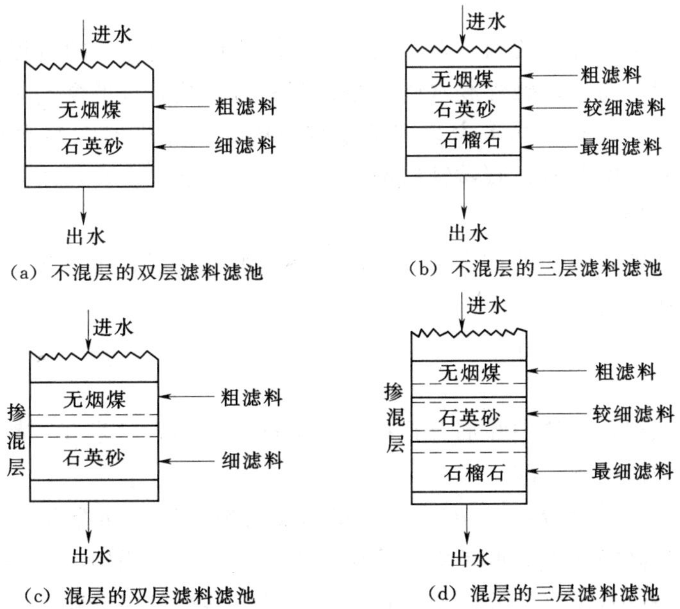

图 4.13 混层和不混层的双层滤料与三层滤料滤池

层的过滤作用。水头损失也增加的较慢。同样，在双层滤料的下面再加一层密度更大更细的石榴石（$4.2g/cm^3$）便构成了三层滤料滤池。我国的石榴石来源缺乏，可用磁铁矿石（密度为$4.7\sim4.8g/cm^3$）作为重滤料。

多层滤料滤池主要用于饮用水处理，现已推广到废水的深度处理中。双层滤料滤池，无烟煤粒径要求在其滤层高度内，将75%～90%的悬浮物去除。例如，要求滤池悬浮物的去除率为90%时，则悬浮物的60%～80%应由煤层去除，其余的由砂层去除。

学习情境4.2 工业废水的化学处理

4.2.1 中和

4.2.1.1 中和的作用及其在废水处理中的应用

1. 酸碱废水及其危害

工业生产中，很多工厂生产废水都属于酸碱废水，如化工厂、化纤厂、电镀厂、煤加工厂以及金属酸洗车间等都排出酸性废水。有的废水含有无机酸如硫酸、盐酸等；有的则含有蚁酸、醋酸等有机酸；有的则兼而有之。废水含酸浓度差别很大，从小于1%至10%以上。

酸具有强腐蚀性，能够腐蚀钢管、混凝土、纺织品、烧灼皮肤，还能改变环境介质的pH值；碱所造成的危害程度较小。将酸和碱随意排放不仅会造成污染、腐蚀管道、毁坏农作物，危害渔业生产，破坏生物处理系统的正常运行，而且也是极大的浪费。因此，对酸、碱废水首先应当考虑回收和综合利用。当酸、碱废水的浓度高时，例如达3%～5%以上，应考虑回用和综合利用的可能性，当浓度不高（例如小于3%），回收或综合利用经济意义不大时，才考虑中和处理。当必须排放时，需要进行无害化处理。

2. 中和

用化学法去除废水中过量的酸或碱，使其pH值达到中性左右的过程称为中和。处理含酸废水以碱为中和剂，而处理碱性废水则以酸作中和剂。被处理的酸与碱主要是无机酸或无机碱。对于中和处理，首先应当考虑以废治废的原则，例如将酸性废水与碱性废水互相中和，或者利用废碱渣（电石渣、碳酸钙碱渣等）中和酸性废水。在没有这些条件时，才采用药剂（中和剂）中和处理法。

在工业废水处理中，中和处理常常用在废水排入水体之前、排入城市排水管道之前和在化学或生物处理之前进行。

4.2.1.2 中和剂

1. 酸性废水处理

酸性废水中和处理采用的中和剂有石灰、石灰石、白云石、苏打、苛性钠等。碱性废水中和处理则通常采用盐酸和硫酸。

苏打（Na_2CO_3）和苛性钠（NaOH）具有组成均匀、易于储存和投加、反应迅速、易溶于水而且溶解度较高的优点，但是由于价格较贵，通常很少采用。

石灰来源广泛，价格便宜，所以使用较广。但是它具有较多的缺点，如石灰粉末极易飘扬，劳动卫生条件差；成分不纯，含杂质较多；沉渣量较多，不易脱水等。

石灰石、白云石（$MgCO_3 \cdot CaCO_3$）系开采的石料，在产地使用是便宜的。除了劳动卫生条件比石灰较好外，其他情况和石灰相同。

石灰的投加方法有干投和湿投两种。干投法系将石灰直接投入废水中。此法设备简单，但反应不易彻底，而且较慢，因此投量比理论值要多加 40%～50%，一般在处理水量少时采用。湿投法是将石灰消解并配制成一定浓度的溶液（通常是 5%～10%）后，经过投配器投加到废水中。此法设备较多，但是反应迅速，投量较少，为理论值的 1.01～1.05 倍。

2. 碱性废水处理

中和碱性废水所需的酸性中和剂的单位消耗量列于表 4.2 中。用硫酸作中和剂常常会生成不溶解的反应产物。使用盐酸虽然没有这个问题，但是由于反应产物易于溶解，会使废水中的溶解固体超过标准。用 CO_2 中和碱性废水的方法不经常使用，因为费用较贵。然而烟道气中含有一定体积的 CO_2（高者可达 14%），可以用来中和碱性废水，其缺点是杂质太多。

表 4.2　　酸性中和剂的单位消耗量

碱的名称	中和 1g 碱需要的酸的质量/g					
	H_2SO_4 浓度		HCl 浓度		HNO_3 浓度	
	100%	98%	100%	36%	100%	65%
NaOH	1.22	1.24	0.91	2.53	1.37	2.42
KOH	0.88	0.90	0.65	1.8	1.13	1.74
$Ca(OH)_2$	1.32	1.34	0.99	2.74	1.70	2.62
NH_3	2.88	2.93	2.12	5.9	3.71	5.7

4.2.1.3 中和法的类别

1. 酸性废水的中和法

酸性废水的中和法可分为三种：酸性废水与碱性废水混合、药剂中和和过滤中和。利用水流的缓冲能力也能够中和酸、碱废水。

（1）酸碱性废水中和法。这种中和方法是将酸性废水和碱性废水共同引入中和池中，并在池中进行混合搅拌。中和结果，应该使废水呈中性或弱碱性反应。

当酸、碱废水的流量和浓度经常变化，而且波动很大时，应该设调节池加以调节，中和反应则在中和池进行，其容积应按 1.52～2.0h 的废水量考虑。

（2）药剂中和法。以石灰作中和剂能够处理任何浓度的酸性废水。最常采用石灰乳法。氢氧化钙对废水杂质具有凝聚作用，因此它也适用于含杂质多的酸性废水。用石灰中和酸的反应：

$$H_2SO_4 + Ca(OH)_2 \longrightarrow CaSO_4 + 2H_2O$$
$$2HNO_3 + Ca(OH)_2 \longrightarrow Ca(NO_3)_2 + 2H_2O$$
$$2HCl + Ca(OH)_2 \longrightarrow CaCl_2 + 2H_2O$$

当废水中含有其他金属盐类例如铁、铅、锌、铜、镍等时，也能生成沉淀：

$$FeCl_2 + Ca(OH)_2 \longrightarrow Fe(OH)_2 + CaCl_2$$
$$PbCl_2 + Ca(OH)_2 \longrightarrow Pb(OH)_2 + CaCl_2$$

药剂法中和酸性废水在混合反应池中进行，其后设沉淀池并设有污泥干化床。在混合反应池中应进行搅拌，以防止石灰渣沉淀。废水在混合反应池中的停留时间一般不大于5min，在沉淀池中的停留时间一般为1～2h，产生的污泥容积大约是废水容积的10%～15%，含水率一般为90%～95%。

当废水流量和浓度在一天内呈剧烈变动时，设调节池或采用自动调节投加药量的设备，一般都是以废水的pH值作为调节参数，连续调节药量以保证中和池出水的pH值处于一定范围内。pH值与水中酸、碱浓度之间不一定是线性关系，对于一定的废水应通过试验确定，因为影响因素很多，理论计算只能作为参考。

(3) 过滤中和法。这种方法适用于含硫酸浓度不大于2～3g/L、生成易溶性盐的各种酸性废水的中和处理。

使废水通过具有中和能力的滤料，例如石灰石、白云石、大理石等，即产生中和反应。例如石灰石与酸的反应：

$$2HCl+CaCO_3 \longrightarrow CaCl_2+H_2O+CO_2\uparrow$$

$$H_2SO_4+CaCO_3 \longrightarrow CaSO_4+H_2O+CO_2\uparrow$$

$$2HNO_3+CaCO_3 \longrightarrow Ca(NO_3)_2+H_2O+CO_2\uparrow$$

白云石与硫酸的反应：

$$2H_2SO_4+CaCO_3+MgCO_3 \longrightarrow CaCO_4+MgSO_4+2H_2O+2CO_2\uparrow$$

白云石含有碳酸镁，生成溶解度较大的$MgSO_4$不致造成中和上的困难，产生的$CaSO_4$量仅为石灰石反应的一半，影响较小，所以可以提高进水的硫酸浓度，但是白云石的反应速度较石灰石为小。

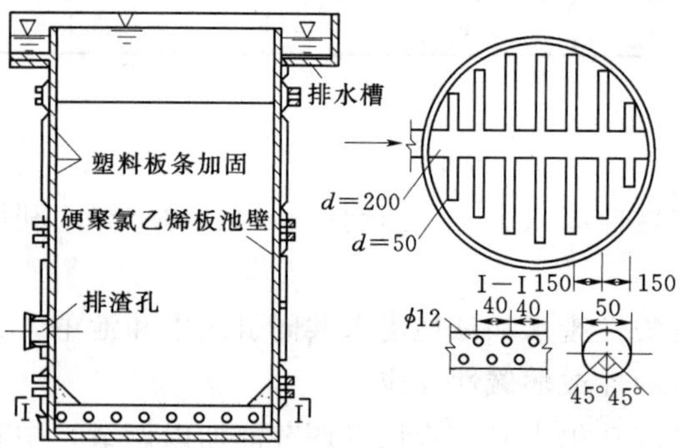

图4.14　恒速式升流膨胀滤池

中和滤池有两种类型：普通滤池和升流膨胀滤池。普通滤池为重力式，由于滤速低（小于1.4mm/s），滤料粒径在3～8cm，当进水硫酸浓度较大时，极易在滤料表面结垢而且不易冲掉，阻碍中和反应进程。实践表明这种滤池的中和效果较差，目前已很少采用。升流膨胀式滤池采用高流速（8.3～19.4mm/s）、小粒径（0.5～3mm，平均约1.5mm），水流由下向上流动，加上产生的CO_2气体的作用，使滤料互相碰撞摩擦，表面不断更新，所以效果良好。这种滤池的构造如图4.14所示，滤池分为四部分：底部为进水装置，可采用大阻力或小阻力进水系统；滤料层下部为卵石垫层，上部为石灰石滤料，滤层厚1.0～1.2m；其上设高为0.5m的清水区，使水和滤料分离，在此区内流速逐渐减慢。

如果将装填滤料部分的筒体做成圆锥状，则成为变速膨胀式中和滤池，其构造如图4.15所示。这种池子底部滤速较大，上部滤速较小。具有等断面的筒体称为等速膨胀式中和滤池。与等速滤池相比，变速滤池具有滤料反应更完全、能防止小滤料被水挟走，滤料表面不易结垢等优点。这种变速滤池目前已有工厂定型生产，处理流量1.5～45mm^3/h，滤池最大外径为550～1500mm，最大高度可达3.5mm，滤料为石灰石。

滤池出水中的CO_2应该加以排除，因为含有CO_2的废水呈酸性，具有腐蚀性，对混凝土构筑物和生物处理都会产生不利影响，去除 CO_2 的方法通常采用吹脱法。

酸性废水具有腐蚀性，因此处理构筑物都应该采取相应的防腐措施。

过滤中和法的优点是操作简单，出水 pH 值较稳定，不影响环境卫生，沉渣少，只有废水的 0.1%左右。缺点是进入的硫酸浓度受到限制；需要定期倒床，劳动量较大等。

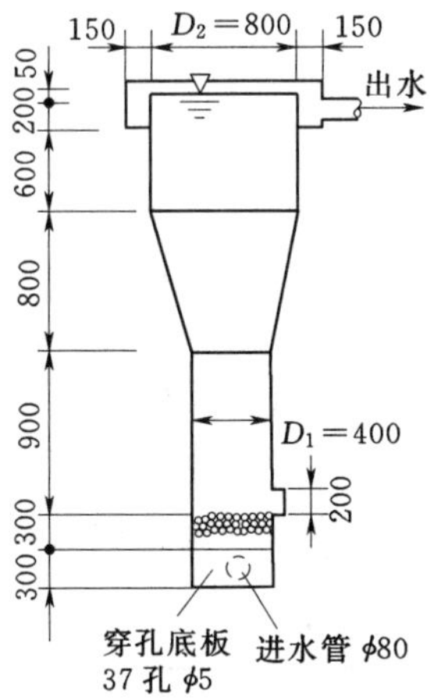

图 4.15　变速膨胀式中和滤池

2. 碱性废水的中和处理

碱性废水的中和处理法有用酸性废水中和、投酸中和和烟道气中和等三种。由于成本高，投酸中和法使用得很少。

4.2.2　化学沉淀处理

向水中投加化学物质，使它和水中某些溶解物质产生反应，生成难溶性盐沉淀下来，这种方法称为化学沉淀法。在给水中一般用于去除水中钙、镁离子，降低水的硬度；在废水处理中一般用以去除金属离子。

水中的难溶性盐服从溶度积原则，即在一定温度下，在含有难溶盐 M_mN_n（固体）的饱和溶液中，各种离子浓度的乘积为一常数，称为溶度积常数，记为 $L_{M_mN_n}$：

$$\left.\begin{aligned} M_mN_n &= mM^{n+} + nN^{m-} \\ L_{M_mN_n} &= [M^{n+}]^m[N^{m-}]^n \end{aligned}\right\} \tag{4.5}$$

式中：M^{n+} 为金属阳离子；N^{m-} 为阴离子；[] 为摩尔浓度，mol/L。

式（4.5）对各种难溶性盐都是成立的。而当 $[M^{n+}]^m[N^{m-}]^n > L_{M_mN_n}$ 时，溶液过饱和，超过饱和那部分将析出沉淀，直到符合式（4.5）时为止。如果 $[M^{n+}]^m[N^{m-}]^n < L_{M_mN_n}$，溶液不饱和，难溶盐将溶解，也直到符合式（4.5）时为止。

这是简化了理想情况，实际上由于许多因素的影响，情况要复杂得多，但它仍然有实际的指导意义。

根据这种原理，用它来去除废水中的重金属离子 M^{n+}。为了去除废水中的 M^{n+} 离子，向其中投加具有 N^{m-} 离子的某种化合物，使 $[M^{n+}]^m[N^{m-}]^n > L_{M_mN_n}$，形成 M_mN_n 沉淀，从而降低废水中的 M^{n+} 离子的浓度。通常称具有这种作用的化学物质为沉淀剂。

从式（4.5）可以看出，为了最大限度地使 $[M^{n+}]$ 值降低，也就是使 M^{n+} 离子更完全地被去除，可以考虑增大 $[N^{m-}]$ 值，也就是增大沉淀剂的用量，但是沉淀剂的用量也不宜加得的过多，否则会导致相反的作用，一般不超过理论用量的 20%～50%。

根据使用的沉淀剂的不同，化学沉淀法可分为石灰法或氢氧化物法、硫化物法、钡盐法等。

4.2.2.1　氢氧化物沉淀法

废水中的许多重金属离子可以生成氢氧化物沉淀而得以去除。另外，有些金属氢氧化物沉淀（例如 Zn、Cr、Sn、Al 等的氢氧化物）具有两性，即它们既具有酸性，又具有碱性；既能和酸作用，又能和碱作用。以 Zn 为例，在 pH 值等于 9 时，Zn 几乎全部以 $Zn(OH)_2$ 的形式沉淀。但是当碱加到某一数量，使 pH>11 时，生成的 $Zn(OH)_2$ 又能和碱起作用，溶于碱中，生成 $Zn(OH)_4^{2-}$ 或 ZnO_2^{2-} 离子，反应如下：

$$Zn(OH)_2\downarrow + 2OH^- \longrightarrow Zn(OH)_4^{2-}$$

或

$$Zn(OH)_2\downarrow + 2OH^- \longrightarrow H_2ZnO_2$$

$$H_2ZnO_2 + 2OH^- \longrightarrow ZnO_2^{2-} + 2H_2O$$

因此，利用该方法时一定要控制好 pH 值。

4.2.2.2 硫化物沉淀法

许多重金属能形成硫化物沉淀。由于大多数金属硫化物的溶解度一般比其氢氧化物的要小得多，采用硫化物可使重金属得到更完全地去除。

各种金属硫化物的溶度积 L_{MS} 见表 4.3。

表 4.3　金属硫化物的溶度积

离子	电离反应	L_{MS}	离子	电离反应	L_{MS}
Mn^{2+}	$MnS \longrightarrow Mn^{2+} + S^{2-}$	16	Cd^{2+}	$CdS \longrightarrow Cd^{2+} + S^{2-}$	28
Fe^{2+}	$FeS \longrightarrow Fe^{2+} + S^{2-}$	18.8	Cu^{2+}	$CuS \longrightarrow Cu^{2+} + S^{2-}$	36.3
Ni^{2+}	$NiS \longrightarrow Ni^{2+} + S^{2-}$	21	Hg^{2+}	$Hg_2S \longrightarrow 2Hg^{2+} + S^{2-}$	45
Zn^{2+}	$ZnS \longrightarrow Zn^{2+} + S^{2-}$	24	Hg^{2+}	$HgS \longrightarrow Hg^{2+} + S^{2-}$	52.6
Pb^{2+}	$PbS \longrightarrow Pb^{2+} + S^{2-}$	27.8	Ag^{2+}	$Ag_2S \longrightarrow 2Ag^{2+} + S^{2-}$	49

硫化物沉淀法常用的沉淀剂有硫化氢、硫化钠、硫化钾等。

以硫化氢为沉淀剂时，硫化氢在水中分两步离解：

$$H_2S \longrightarrow H^+ + HS^-$$

$$HS^- \longrightarrow H^+ + S^{2-}$$

硫化物法比氢氧化物能更完全地去除重金属离子，但是由于它的处理费用较高，硫化物沉淀困难，常常需要投加凝聚剂以加强去除效果。因此，采用并不广泛，有时作为氢氧化物沉淀法的补充法。

4.2.2.3 钡盐沉淀法

这种方法主要用于处理含六价铬的废水，采用的沉淀剂有碳酸钡、氯化钡、硝酸钡、氢氧化钡等。以碳酸钡为例，它与废水中的铬酸根进行反应，生成难溶盐铬酸钡沉淀：

$$BaCO_3\downarrow + CrO_4^{2-} \longrightarrow BaCrO_4\downarrow + CO_3^{2-}$$

碳酸钡也是一种难溶盐，它的溶度积（$L_{BaCO_3} = 8.0\times10^{-9}$）比铬酸钡的溶度积要大。在碳酸钡的饱和溶液中，钡离子的浓度比铬酸钡饱和溶液中钡离子的浓度大约 6 倍。这就是说，对于 $BaCO_3$ 为饱和溶液的钡离子浓度对于 $BaCrO_4$ 溶液已成为饱和了。因此，向含有 CrO_4^{2-} 离子的废水中投加 $BaCO_3$，Ba^{2+} 就会和 CrO_4^{2-} 生成 $BaCrO_4$ 沉淀，从而使［Ba^{2+}］和［CrO_4^{2-}］下降，$BaCO_3$ 溶液未被饱和，$BaCO_3$ 就会逐渐溶解，这样直到 CrO_4^{2-} 离子完全沉淀。这种由一种沉淀转化为另一种沉淀的过程称为沉淀的转化。

为了提高除铬效果，应投加过量的碳酸钡，反应时间应保持 25～30min。投加过量的碳酸钡会使出水中含有一定数量的残钡。在把这种水回用前，需要去除其中的残钡。残钡可用石膏法去除：

$$CaSO_4\downarrow + Ba^{2+} \longrightarrow BaSO_4 + Ca^{2+}$$

4.2.3　氧化还原处理

投加某些化学物质和溶解于水中的有毒有害物质发生氧化还原反应，使这些有毒有害物质转化为无毒无害的物质，这种方法称为水的氧化还原处理法。

在水的氧化还原处理中，若水中有毒有害物质失去电子，投加的物质得到了电子，则称氧化法，投加的物质称氧化剂；相反，水中有毒有害物质得到电子，投加的物质失去电子，则称还原法，投加的物质称还原剂。

在水处理中常用的氧化剂有：空气中的氧、纯氧、臭氧、氯气、漂白粉、次氯酸钠、三氯化铁等；常用的还原剂有硫酸亚铁、亚硫酸盐、氯化亚铁、铁屑、锌粉、二氧化硫、硼氢化钠等。

4.2.3.1　氧化法

向水中投加氧化剂，氧化水中的有毒物质，使其变为无毒的或毒性小的新物质的方法称为氧化法。

1. 氯氧化法

在废水处理中氯氧化法主要用于氰化物、硫化物、酚、醇、醛、油类的氧化去除及脱色、脱臭、杀菌、防腐等。下边重点介绍氯氧化法在含氰废水处理中的应用。

（1）碱性氯氧化法处理含氰废水：

1）基本原理。含氰废水多来源于电镀车间和某些化工厂，废水中含有氰基的氰化物。氰化钠、氰化钾、氰化铵等简单氰盐易溶于水，离解为氰离子 CN^-。氰的络盐溶于水以氰的络合离子形式存在，如 $[Zn(CN)_4]^{2-}$、$[Ag(CN)_2]^-$、$[Fe(CN)_6]^{4-}$、$[Fe(CN)_6]^{3-}$ 等。一般所谓的游离氰是指 CN^- 而言，氰化物的毒性与氰基的形态有关。络合牢固的铁氰化物和亚铁氰化物，由于不易析出 CN^-，所以表现为低毒性，而氰化钠、氰化钾等易析出 CN^-，表现为剧毒性。

低浓度含氰废水的处理方法有硫酸亚铁石灰法、电解法、吹脱法、生化法、碱性氯化法等。其中碱性氯化法在国内外已有较成熟的经验，采用的比较广，其工艺流程如图 4.16 所示，使用的氧化剂有漂白粉、液氯（加氢氧化钠或氧化钙）等。如使用液氯为氧化剂，在碱性条件下，把液氯投加在废水中，氰化物的氧化过程可分为两个阶段。第一阶段，向含氰废水投加液氯和氢氧化钠后，发生的化学反应如下：

$$NaCN + Cl_2 \longrightarrow CNCl + NaCl$$

$$CNCl + 2NaOH \longrightarrow NaCNO + NaCl + H_2O$$

上述的第一个反应的速度很快，而与 pH 值无关，但第二个反应则不同，pH 值越高，反应速度也越快。因此，第一阶段的 pH 值，一般都控制在 10～11 之间。第一阶段总反应式为

$$NaCN + 2NaOH + Cl_2 \longrightarrow NaCNO + 2NaCl + H_2O$$

在第二阶段，加氯使第一阶段生成的氰酸盐进一步氧化为无毒的氮和二氧化碳，反应如下：

$$2NaCNO + 4NaOH + 3Cl_2 \longrightarrow 6NaCl + 2CO_2 + N_2 + 2H_2O$$

第二阶段，pH 值在 8～9 范围内，反应速度最快。

第一阶段所需氯和碱的理论用量（以重量计）CN：Cl：NaOH 为 1：2.73：3.10，处

理到第二阶段为 1：6.83：6.20。因为废水中含有其他耗氯物质，所以实际用量比理论用量为高。

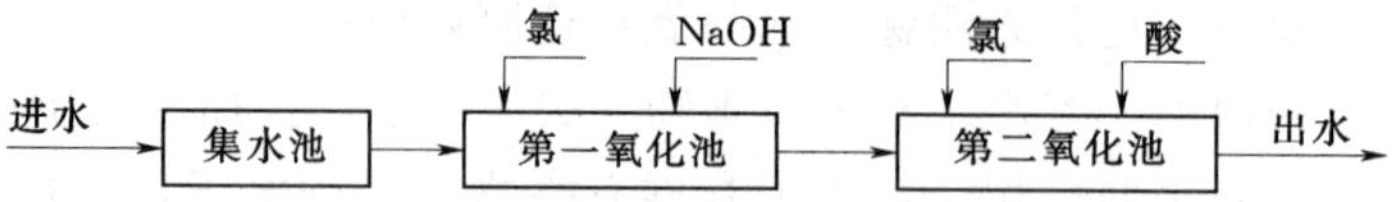

图 4.16 含氰电镀废水碱性氯化法处理流程

pH 值：10～11，停留时间：10min 以上；pH：8～9，停留时间：30min 以上

2）处理方法及处理流程。一般采用两种处理方法，一种是间歇式处理法，一种是连续处理法。

（2）氯化法除硫和脱色：

1）除硫。用氯化法处理含硫废水时，由于投药量和 pH 值不同，而有不同的反应，如

$$H_2S+Cl_2 \longrightarrow S+2HCl$$

$$H_2S+3Cl_2+2H_2O \longrightarrow SO_2+6HCl$$

$$S+3HClO+H_2O \longrightarrow H_2SO_4+3HCl$$

2）脱色。氯可以氧化破坏发色官能团，能去除有机物引起的色度。

氯脱色效果与 pH 值有关，一般发色有机物在碱性条件下易被破坏，因此碱性脱色效果好。pH 值相同时，用次氯酸钠比氯更为有效。

2. 空气氧化法处理含硫废水

含硫废水多来源于石油炼厂和某些工厂。含硫废水浓度高时应回收利用，低浓度的含硫废水可用空气氧化法处理。

所谓空气氧化法就是以空气中的氧做氧化剂来氧化分解废水中有毒有害物质的一种方法。石油炼厂含硫废水中的硫化物，一般以钠盐（$NaHS$、Na_2S）或铵盐［NH_4HS、$(NH_4)_2S$］的形式存在。废水中的硫化物与空气中的氧发生的氧化反应如下：

$$2HS^-+2O_2 \longrightarrow S_2O_3^{2-}+H_2O$$

$$2S^{2+}+2O_2+H_2O \longrightarrow S_2O_3^{2-}+2OH^-$$

$$S_2O_3^{2-}+2O_2+2OH^- \longrightarrow 2SO_4^{2-}+H_2O$$

从上述反应可知，在处理过程中，废水中有毒的硫化物和硫氢化物被氧化为无毒的硫代硫酸盐和硫酸盐。

空气氧化脱硫设备多采用脱硫塔，脱硫的工艺流程如图 4.17 所示。废水、空气及蒸汽经射流混合器混合后，送至空气氧化脱硫塔，通蒸汽是为了提高温度，加快反应速度。脱硫塔用拱板分为数段，拱板上安装喷嘴。当废水和空气以较高的速度冲出喷嘴时，空气被粉碎为细小的气泡，增大气液两相的接触面积，使氧化速度加快。在气液并流上升的过程中，气泡的上升速度较快，并不断产生破裂与合并，当

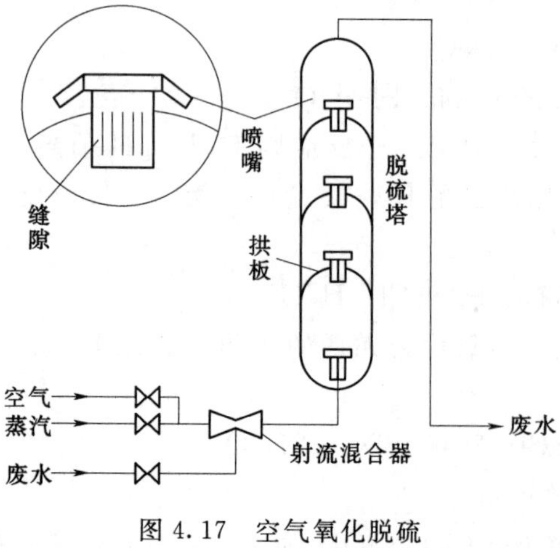

图 4.17 空气氧化脱硫

气泡上升到段顶拱板时，就会产生气液分离现象。喷嘴底部缝隙的作用就是使气体能够再度均匀地分布在废水中，然后经过喷嘴进一步混合，这样就消除了气阻现象，使塔内压力稳定。

4.2.3.2 还原法

向水中投加还原剂，还原水中的有毒物质，使其变为无毒的或毒性小的新物质的方法称为还原法。还原法目前主要用于含铬、汞等废水的处理。

1. 还原法处理含铬废水

含铬废水是指含六价铬和三价铬的废水。电镀工业排出的含铬废水主要含有以铬酸根离子（CrO_4^{2-}）和重铬酸根离子（$Cr_2O_7^{2-}$）形式存在的六价铬和以重金属离子（Cr^{3+}）形式存在的三价铬。重铬酸根与铬酸根含量的比例与废水的 pH 值有关。pH 值高时，铬酸根占优势；pH 值低时，重铬酸根占优势，平衡关系如下：

$$2CrO_4^{2-}+2H^+ \rightleftharpoons Cr_2O_7^{2-}+H_2O$$

$$Cr_2O_7^{2-}+2OH^- \rightleftharpoons 2CrO_4^{2-}+H_2O$$

含铬废水多采用还原法处理。根据使用的还原剂不同，含铬废水还原处理法可分为硫酸亚铁石灰法、亚硫酸氢钠法、焦亚硫酸盐法、二氧化硫法、铁屑法等。

（1）硫酸亚铁石灰法。用此法处理含铬废水时，介质要求酸性（pH 值不大于 4），此时废水中的六价铬均以重铬酸根离子状态存在。重铬酸根离子具有很强的氧化能力，向酸性废水中投加硫酸亚铁便发生氧化还原反应，结果六价铬被还原成三价铬的同时，亚铁离子被氧化为三价铁离子。反应如下：

$$H_2Cr_2O_7+6H_2SO_4+6FeSO_4 \longrightarrow 3Fe_2(SO_4)_3+Cr_2(SO_4)_3+7H_2O$$

然后再向废水中投加石灰，调整 pH 值，因氢氧化铬在水中的溶解度与 pH 值有关，当 pH=7.5～9.0 时，生成难溶于水的氢氧化铬沉淀。其反应如下：

$$Cr_2(SO_4)_3+3Fe_2(SO_4)_3+12Ca(OH)_2 \longrightarrow 2Cr(OH)_3\downarrow+6Fe(OH)_3+12CaSO_4$$

（2）亚硫酸氢钠法。在酸性条件下，向废水中投加亚硫酸氢钠，将废水中的六价铬还原为三价铬后，投加石灰或氢氧化钠，生成氢氧化铬沉淀物。将此沉淀物从废水中分离出去，即可达到除铬的处理目的。其化学反应如下：

$$2H_2Cr_2O_7+6NaHSO_3+3H_2SO_4 \longrightarrow 2Cr_2(SO_4)_3+3Na_2SO_4+8H_2O$$

$$2Cr_2(SO_4)_3+3Ca(OH)_2 \longrightarrow 2Cr(OH)_3+3CaSO_4$$

$$2Cr_2(SO_4)_3+6NaOH \longrightarrow 2Cr(OH)_3+3Na_2SO_4$$

重铬酸的还原反应，在 pH<3 时，反应速度很快，但是为了生成氢氧化铬沉淀，pH 值应控制在 7.5～9.0 之间。

2. 金属还原法处理含汞废水

汞和汞的化合物都有毒，含汞废水的处理方法有化学还原法和活性炭吸附法等。化学还原法又可分为硼氢化钠法、金属还原法等。本节只简单介绍金属还原法。

使废水与金属还原剂相接触，废水中的汞离子还原为金属汞而析出，金属本身被氧化为离子而进入水中。可用于还原汞的金属有铁、锌、铋、锡、锰、镁、铜、锑等。今以铁屑为例，发生的化学反应如下：

$$Fe+Hg^{2+} \longrightarrow Fe^{2+}+Hg\downarrow$$

$$2Fe+3Hg^{2+} \longrightarrow 2Fe^{3+}+3Hg\downarrow$$

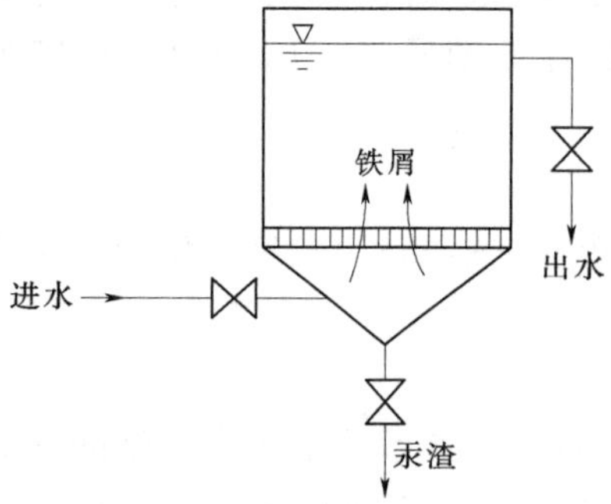

图 4.18 铁屑过滤池

铁屑还原的效果主要是与废水的 pH 值有关。当 pH 值低时，由于铁的电极电位比氢的低，所以废水中的氢离子也被还原为氢而逸出。其反应如下：

$$Fe + 2H^+ \longrightarrow Fe^{2+} + H_2 \uparrow$$

反应结果使铁屑耗量增大，另外，由于有氢析出，它会包围在铁屑表面而影响反应的进行。因此，当废水的 pH 值较低时，应先调整 pH 值后再进行处理，反应温度一般控制在 20～30℃范围内。

铁屑还原法除汞的处理装置如图 4.18 所示。池中填以铁屑，废水以一定的速度自下而上通过铁屑滤池，经一定的接触时间后从滤池流出，铁屑还原产生的铁汞渣可定期排放，铁汞渣可用溶烧炉加热回收金属汞。

4.2.4 臭氧氧化处理

4.2.4.1 臭氧的物理化学性质

臭氧是氧的同素异形体，它的分子由 3 个氧原子组成。臭氧在室温下为无色气体，具有一种特殊的臭味。在标准状态下，容重为 2.144g/L，其主要物理化学性质如下。

1. 氧化能力

臭氧是一种强氧化剂，其氧化能力仅次于氟，比氧、氯及高锰酸盐等常用的氧化剂都高。

2. 在水中的溶解度

生产中多以空气为原料制备臭氧化空气（含臭氧的空气）。臭氧在水中的溶解度符合亨利定律：

$$C = K_H P \tag{4.6}$$

式中：C 为臭氧在水中的溶解度，mg/L；P 为臭氧化空气中臭氧的分压，kPa；K_H 为亨利常数，mg/(L·kPa)。

臭氧化空气中，臭氧只占 0.6%～1.2%（体积比），根据气态方程和道尔顿定律，臭氧的分压也只有臭氧化空气压力的 0.6%～1.2%，因此，当水温为 25℃时，将臭氧化空气注入水中，臭氧的溶解度只有 3～7mg/L。

3. 臭氧的分解

臭氧在空气中会自行分解为氧气，其反应为

$$O_3 \longrightarrow 3/2O_2 + 144.5kJ$$

由于分解时放出大量热量，当浓度在 25%以上时，很易爆炸，但一般臭氧化空气中臭氧的浓度不超过 10%，因此不会发生爆炸。臭氧在空气中的分解速度，随温度升高而加快。浓度为 1%以下的臭氧，在常温常压下，其半衰期为 16h 左右，所以臭氧不易储存，需边生产边用。臭氧在纯水中的分解速度比在空气中快得多。水中臭氧浓度为3mg/L，在常温常压下，其半衰期仅为 5～30min。臭氧在水中的分解速度随 pH 值的提高而加快，一般在碱性条件下分解速度快，在酸性条件下比较慢。

4. 臭氧的毒性和腐蚀性

臭氧是有毒气体。空气中臭氧浓度为 0.1mg/L 时，眼、鼻、喉会感到刺激；浓度为1～

10mg/L 时，会感到头痛，出现呼吸器官局部麻痹等症；浓度为 15～20mg/L 时，可能致死。其毒性还和接触时间有关。一般从事臭氧处理工作人员所在的环境中，臭氧浓度的允许值定为 0.1mg/L。

臭氧具有强的氧化能力，除金和铂外，臭氧化空气几乎对所有金属都有腐蚀作用。不含碳的铬铁合金，基本上不受臭氧腐蚀，所以生产上常采用含 25%Cr 的铬铁合金（不锈钢）来制造臭氧发生设备、加注设备及臭氧直接接触的部件。

4.2.4.2 臭氧的制备

臭氧的制备有多种方法，在水处理中多采用无声放电法。无声放电法制备臭氧的原理是：在一对高压交流电极之间隔以介电体（又称诱电体，一般用玻璃制成），通电后就发生无声放电，如图 4.19 所示。当空气或氧气通过无声放电间隙时，发生如下的化学反应：

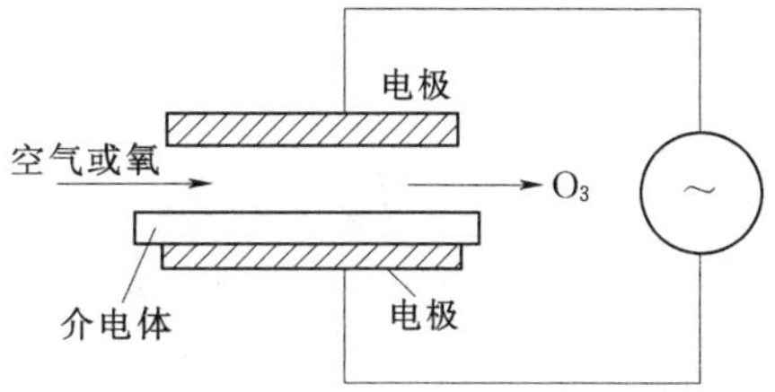

图 4.19　无声放电法制备臭氧原理图

$$3O_2 = 2O_3 - 288.9\text{kJ}（或\ 144.4\text{kJ/mol}）$$

在反应过程中，氧分子被分解为氧原子，然后三个氧原子或一个氧原子与一个氧分子碰撞时均可产生臭氧。通过放电区的空气只有一小部分变为臭氧，一般仅占 1%～2%（以重量计）。我们把这种含有少量臭氧的气体称为臭氧化（空）气。因为所谓臭氧处理，实际上是指用含一定浓度臭氧的臭氧化气进行处理。利用无声放电法制备臭氧时，电能的有效利用率比较低，只有百分之几的电能用来产生臭氧，而 90%以上的电能转化为热量，结果电极温度逐渐增高。为了保证臭氧发生器的正常工作，常用水冷却。

臭氧是一种强氧化剂。它的氧化能力在天然元素中仅次于氟。臭氧在水处理中可用于除臭、脱色、杀菌、除铁、除氰化物、除有机物等。

4.2.4.3 臭氧氧化法在废水处理中的应用

臭氧氧化法在废水处理中主要是使污染物氧化分解，用于降低 BOD_5、COD，脱色、除臭、除味，杀菌、杀藻，除铁、锰、氰、酚等，现举例如下。

1. 印染废水处理

臭氧氧化法处理印染废水，主要用来脱色。一般认为，染料的颜色是由于染料分子中有不饱和原子团存在，能吸收一部分可见光的缘故。这些不饱和的原子团称为发色基团。重要的发色基团有：乙烯基、偶氮基、氧化偶氮基、羧基、硫羧基、硝基、亚硝基等。它们都有不饱和键，臭氧能将不饱和键打开，最后生成有机酸和醛类等分子较小的物质，使之失去显色能力。采用臭氧氧化法脱色，能将含活性染料、阳离子染料、酸性染料、直接染料等水溶性染料的废水几乎完全脱色，对不溶于水的分散染料也能获得良好的脱色效果。

某印染厂废水处理工艺流程如图 4.20 所示。

该厂使用的染料主要是活性、分散、还原、可溶性还原和涂料。其中，活性染料占 40%，分散染料占 15%。废水主要来源于退浆、煮炼、染色、印花和整理工段。废水经生物处理后进行臭氧氧化法脱色处理。脱色处理水量为 $600m^3/d$。

臭氧发生器选三台，臭氧总产量 2kg/h，电压 15kV，变压器容量 50kVA。反应塔两座，填聚丙烯波纹板，填料层高 5m，底部进气，顶部进水，水力停留时间 20min，臭氧投加量 $50g/m^3$ 水，塔径 1.5m，高 6.2m，采用硬聚氯乙烯板制成。尾气吸收塔两座，塔径

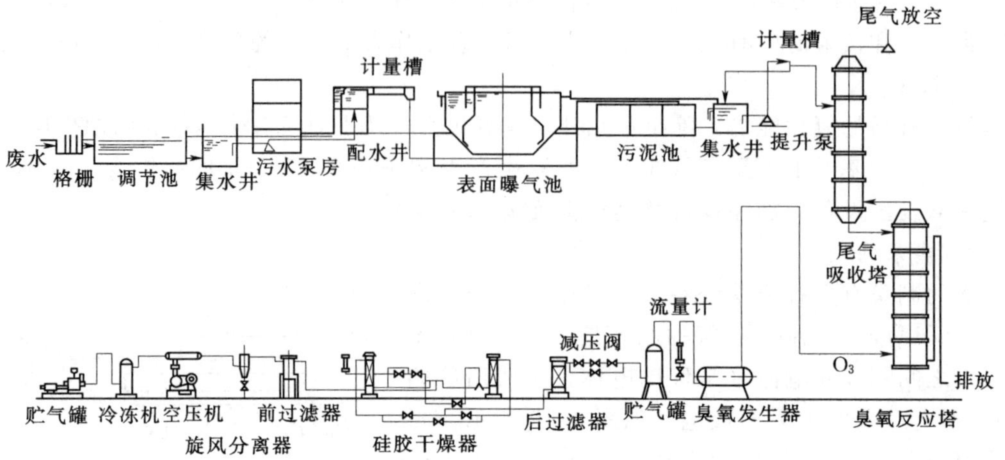

图 4.20 某印染厂废水处理工艺流程

1.0m，高 6.8m，硬聚氯乙烯板制，内装聚丙烯波纹板填料，层高为 4m，活性炭层高 1m。进水 pH=6.9，COD=201.51mg/L，色度 66.2（倍）、悬浮物 157.9mg/L，经臭氧氧化处理后 COD、色度、悬浮物的去除率分别为 13.6%、80.9%和 33.9%。印染废水的色度，特别是水溶性染料，用一般方法难于脱色。采用臭氧氧化法可得到较高的脱色率，设备虽复杂，但废水处理后没有二次有害物质产生。

2. 含氰废水处理

在电镀铜、锌、镉过程中会排出含氰废水。氰与臭氧的反应为

$$2KCN+3O_3 \longrightarrow 2KCNO+2O_2\uparrow$$

$$2KCNO+H_2O+3O_3 \longrightarrow 2KHCO_3+N_2+3O_2\uparrow$$

按上述反应，处理到第一阶段，每去除 1mgCN 需臭氧 1.84mg，生成的 CNO^- 的毒性为 CN^- 的 1%。

氧化到第二阶段的无害状态时，每去除 1mgCN 需臭氧 4.61g。应用臭氧、活性炭同时处理含氰废水，活性炭能催化臭氧的氧化，可降低臭氧消耗量。向废水中投加微量的铜离子，也能促进氰的分解。臭氧处理含氰废水工艺流程，如图 4.21 所示。在前处理装置内把废水中的六价铬还原成三价铬而除去，第一氧化塔用过的臭氧化空气继续送入第二氧化塔进行反应。

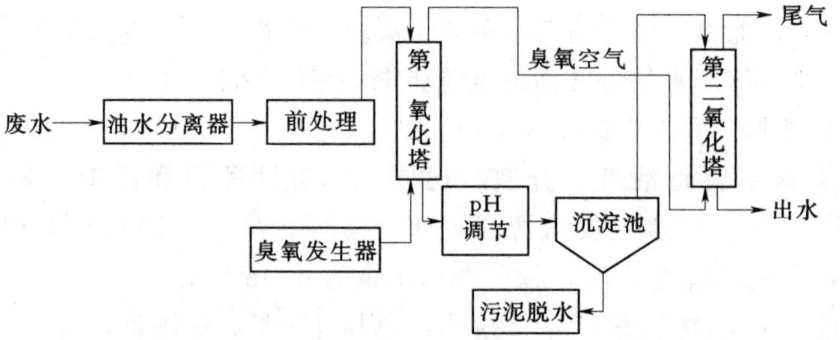

图 4.21 臭氧氧化法处理含氰废水工艺流程

臭氧用于含氰废水处理，不加入其他化学物质，所以处理后的水质好，操作简单，但由于臭氧发生器电耗较高，设备投资较大等原因，目前应用相对较少。但从总体的综合经济效益，臭氧氧化法优于碱性氯化法。

4.2.5 光氧化处理

光氧化法是一种化学氧化法，它是利用光和氧化剂产生很强的氧化作用来氧化分解废水中的有机物和无机物。氧化剂有臭氧、氯、次氯酸盐、过氧化氢气及空气加催化剂等。其中常用的为氯气。在一般情况下，光源多用紫外光，但它对不同的污染物有一定的差异，有时某些特定波长的光对某些物质最有效。光对氧化剂的分解和污染物的氧化分解起着催化剂的作用。下边介绍以氯为氧化剂的反应过程。

氯和水作用生成的次氯酸吸收紫外光后，被分解产生初生态氧［O］，这种初生态氧很不稳定且具有很强的氧化能力。初生态氧在光的照射下，能把含碳有机物氧化成二氧化碳和水。简化后反应过程如下：

$$Cl_2+H_2O \longrightarrow HOCl+HCl$$

$$HOCl \longrightarrow HCl+[O]$$

$$[H\cdot C]+[O] \longrightarrow H_2O+CO_2$$

式中：［H·C］为含碳有机物。

实践证明，光氧化的氧化能力比只用氯氧化高 10 倍以上，处理过程一般不产生沉淀物，不仅可处理有机物，也可以处理能被氧化的无机物。此法用于废水深度处理中，COD、BOD_5 可处理到接近于零。光氧化法除对分散染料的一小部分外，其脱色率可达 90%以上。对含有表面活性剂的废水具有很强的分解能力。如对含有阴离子系的代表性洗涤剂十二苯磺酸钠（DBS）等废水均有效。光氧化法还可用于除微量油、水的消毒和除臭味等。

学习情境 4.3 工业废水的物理化学处理

4.3.1 混凝处理

混凝是水处理的一个重要方法，用以去除水中细小的悬浮物和胶体污染物质。

混凝法可用于各种工业废水（如造纸、钢铁、纺织、煤炭、选矿、化工、食品等工业废水）的预处理、中间处理或最终处理及城市污水的三级处理和污泥处理。它除用于去除废水中的悬浮物和胶体物质外，还用于除油和脱色。

有关工业废水混凝处理的影响因素、操作程序、混凝设备、常用的混凝剂和助凝剂等相关知识与地表水的净水混凝处理内容相似，在此不再赘述。

4.3.2 气浮处理

4.3.2.1 气浮和气浮的基本原理

1. 气浮

气浮是通过一定的设备向水中通入空气（有时还需加入浮选剂或混凝剂）或通过电解的方法产生大量气泡，使水中密度与水接近的固体或液体微粒黏附在气泡上，形成密度小于水的气浮体，在浮力的作用下上浮到水面形成浮渣，从而使水中杂质得到去除。气浮在工业废水处理中应用较多，也可以用于污泥的浓缩。

2. 气浮的基本原理

气浮的基本原理就是利用微细颗粒可以与通入水中的气泡黏附，形成密度小于水的结合物上浮水面，从而使颗粒杂质去除，净化水质。气浮的必要条件是被去除物质能够黏附在气泡上，水中的杂质能否与气泡黏附，取决于该物质的润湿性，即该物质能够被水润湿的程度。易被水润湿的物质称为亲水性物质，否则称为疏水性物质。

根据实验，一般规律是疏水性颗粒易与气泡黏附，而亲水性颗粒难以与气泡黏附。在水处理中，对于亲水性颗粒，必须进行处理，使颗粒表面变为疏水性，并能与气泡黏附才能用气浮的方法进行去除。疏水性处理一般利用浮选剂进行，同时浮选剂还有促进起泡作用，可以使水中空气形成小气泡，有利于气浮进行。

浮选剂种类很多，常用的浮选剂有松香、甲醛等。分离洗煤废水中煤粉时所采用的浮选剂为脱酚轻油、中油、柴油、煤油或松油等。

4.3.2.2 气浮方法

1. 溶气气浮

溶气气浮是使空气在一定压力作用下，溶解于水中，并达到饱和状态，然后再突然使污水减到常压，这时溶解的空气便以微小气泡的形式从水中逸出，以进行气浮过程的方法。溶气气浮形成的气泡粒度很小，其初粒度再 80μm 左右，气泡与水接触时间可以人为控制，因此溶气气浮的效果较好。在废水处理领域，特别是对含油废水的处理，具有较好的效果。

根据气泡在水中析出时压力的不同，溶气气浮又分为加压溶气气浮和溶气真空气浮两种类型。前者是在加压条件下空气溶入水中，在常压下析出，后者是空气在常压或加压条件下溶入水中，而在负压条件下析出。其中加压溶气气浮最为常用。

(1) 加压溶气气浮。加压溶气气浮装置如图 4.22 所示。

废水由水泵加压提升，一般加压到 20～40kPa，同时通入一定量的空气，水气混合体在溶气罐内压力条件下停留一段时间，进行空气溶解，然后通过减压阀进入常压气浮池，溶解在水中的空气析出形成微小气泡进行气浮。

水泵的作用，一方面是提升废水，另一方面是使介质——水、气受到压力作用，受压空气按照亨利定律提高了在水中的溶解度。

加压溶气气浮处理的流程除前述的基本流程（全加压）外，还有部分加压和部分回流加压系统，如图 4.23 和图 4.24 所示。

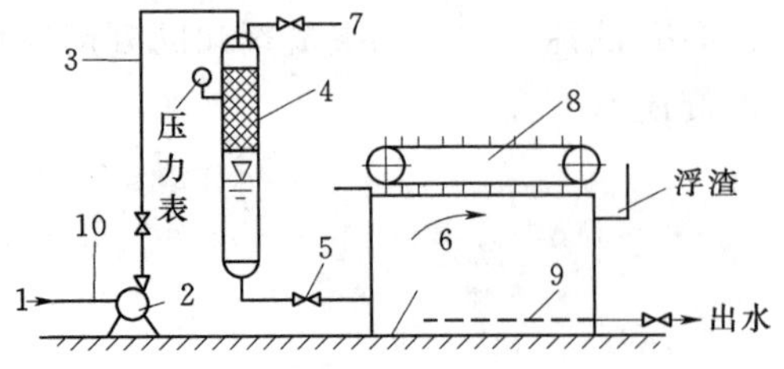

图 4.22 加压溶气气浮工艺流程

1—原水；2—加压泵；3—空气；4—压力溶气罐；5—减压阀；6—气浮池；7—放气阀；8—刮渣机；9—集水系统；10—化学药剂

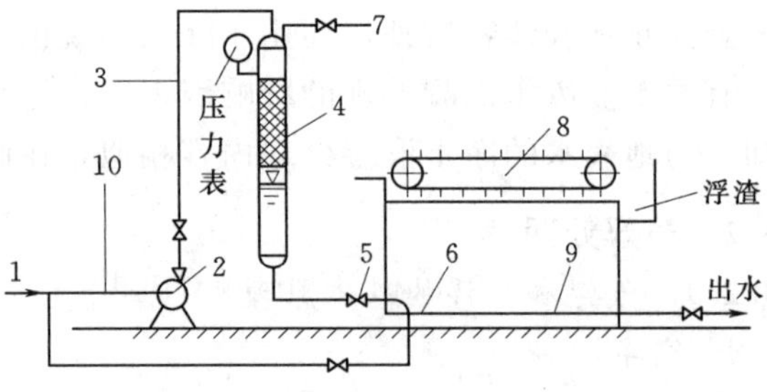

图 4.23 部分加压溶气气浮工艺流程

1—原水；2—加压泵；3—空气；4—压力溶气罐；5—减压阀；6—气浮池；7—放气阀；8—刮渣机；9—集水系统；10—化学药剂

一般来说，部分加压和部分回流加压优于全加压流程。在这种流程中，用于加压水量只占总处理水量的 30%～50%，可以节省电能，并使在水中形成的微细小气泡得到充分利用。此外，在混凝气浮时，能够充分利用混凝剂，少投药，并可使絮体不遭受破坏。

加压溶气气浮常采用的构筑物是气浮池，气浮池采用平流式或竖流式。平流式气浮池容积可以按停留时间或表面负荷计算。废水在气浮池的停留时间一般为 10～20min，池中水深为 1.5～2.0m，长宽比一般为 1∶1～1∶1.5。池底可不设刮泥设备。当进行混凝气浮时，池前端增加 10min 流量的反应室容积。采用负荷计算时，负荷值可取 5～10$m^3/(m^2 \cdot h)$。

(2) 溶气真空气浮。溶气真空气浮的主要特点是气浮池是在负压（真空）状态下运行的（图 4.25）。至于空气的溶解，可在常压下进行，也可以在加压下进行。

由于是负压（真空）条件下运行，因此，溶解在水中的空气易于呈现过饱和状态，从而大量的以气泡形式从水中析出，进行气浮。至于析出的空气数量，取决于水中的溶解空气量和真空度。

溶气真空气浮的优点是空气溶解所需压力比压力溶气低，动力设备和电能消耗较少，它的最大缺点就是气浮在负压条件下运行，一切设备部件，如除泡沫的设备，都要密封在气浮池内，这就使气浮池的构造复杂，给维护运行和维修带来很大困难。此外，这种方法只适用于处理污染物浓度不高的废水（不高于 300mg/L），因此在生产中使用不多。

溶气真空气浮池，平面多为圆形，池面压力多取 29.9～39.9kPa，废水在池内的停留时间为 5～20min。

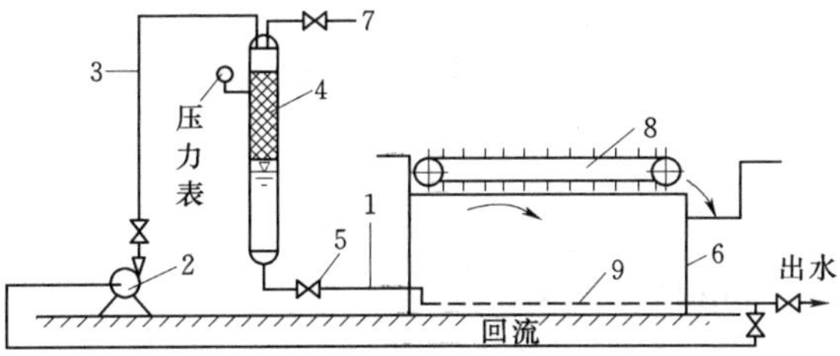

图 4.24　部分回流加压溶气气浮工艺流程

1—原水；2—加压泵；3—空气；4—压力溶气罐；5—减压阀；6—气浮池；7—放气阀；8—刮泥机；9—集水系统

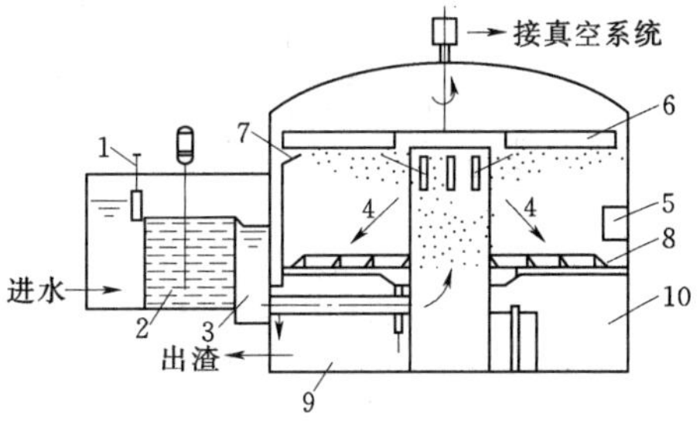

图 4.25　溶气真空气浮工艺

1—入流调节器；2—曝气器；3—消气井；4—分离区；5—出水槽；6—刮渣板；7—集渣槽；8—池底刮泥板；9—出渣室；10—操作室

2. 散气气浮

散气气浮是利用机械剪切力，将通入水中的空气粉碎成细小的气泡，并分散以进行气浮的方法。按粉碎气泡方法不同，散气气浮又分为：水泵吸水管吸气气浮、射流气浮、扩散板曝气气浮和叶轮气浮四种，应用较多的有扩散板曝气气浮和叶轮气浮。

散气气浮的优点是设备简单、易于实现；主要缺点是空气气泡被粉碎的不够充分，形成的气泡粒度较大，根据实验测定，一般不小于 1000μm，使得在供气量一定的条件下，气泡的表面积小，而且由于气泡直径大，运动速度快，气泡与被去除物质的接触时间短促，导致去除率不高。

扩散板曝气气浮是使压缩空气通过具有微细空隙的扩散板或微孔管，使空气以细小气泡的形式进入水中，进行气浮过程。这种方法简单易行，但空气扩散装置的微孔容易堵塞，气泡较大，效率不高。

叶轮气浮设备如图 4.26 所示。在气浮池的底部装置由叶轮叶片，由转轴与池上部的电动机相连接，并由后者驱动叶轮转动，在叶轮的上部装有导向叶片的固定盖板，叶片与直径成 60°角，盖板与叶轮间有 10mm 的间距，导向叶片与叶轮之间有 5～8mm 的间距，在盖板上开有孔径为 20～30mm 的空洞 12～18 个，盖板外侧的底部空间装设有整流板。叶轮在电机的驱动下高速旋转，在盖板下形成负压，从空气管吸入空气，废水由盖板上的小孔进入，在叶轮的驱动搅动下，空气被粉碎成细小的气泡，并与水充分混合为水气混合体甩出导向叶片外面，导向叶片使水流阻力减小，经过整流板稳流后，在池内平稳垂直上升，进行气浮，形成的泡沫不断被缓慢旋转的刮板刮出槽外。

叶轮气浮设备不易堵塞，适用于处理水量不大、污染物质浓度高的污水，缺点是产生的气泡较大，气浮效率较低。例如用于从洗煤废水中回收煤渣粉以及含油废水除油，除油率可达到 80%左右。

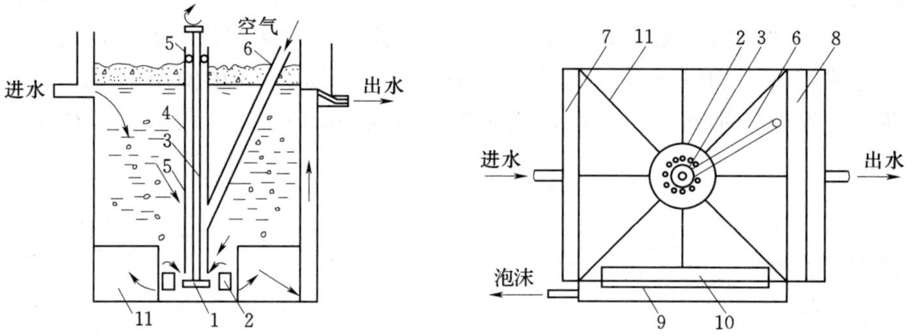

图 4.26 叶轮气浮装置

1—叶轮；2—盖板；3—转轴；4—轴套；5—轴承；6—进气管；7—进水槽；8—出水槽；9—泡沫槽；10—刮沫板；11—整流板

3. 电解气浮

电解气浮是将含有电解质的废水作为可电解的介质，通过正负电极导以电流进行电解。产生氢和氧的微细气泡进行气浮。

这种方法设备简单、管理方便、运行条件易于控制、装置紧凑、效果良好，对水中一些金属离子和某些溶解的有机物也具有净化效果。

4.3.2.3 气浮法在工业废水处理中的应用

某炼油厂经平流式隔油池处理后的含油废水量为 250m³/h，主要污染物含量：石油类 80mg/L、硫化物 5.45mg/L、挥发酚 21.9mg/L、COD400mg/L、pH 值 7.9，废水处理采用回流加压溶气流程，如图 4.27 所示。

含油废水经平流式隔油池处理后，在进水管线上加入 20mg/L 的聚氯化铝，搅拌混合后流入气浮池。气浮处理出水，部分送入生物处理构筑物进一步处理，部分用泵进行加压溶气后送入溶气罐，进罐前加入 5%的压缩空气，在 0.3MPa 压力下使空气溶于水中，从顶部减压后从释放器进入气浮池。浮在池面的浮渣用刮渣机刮至排渣槽。

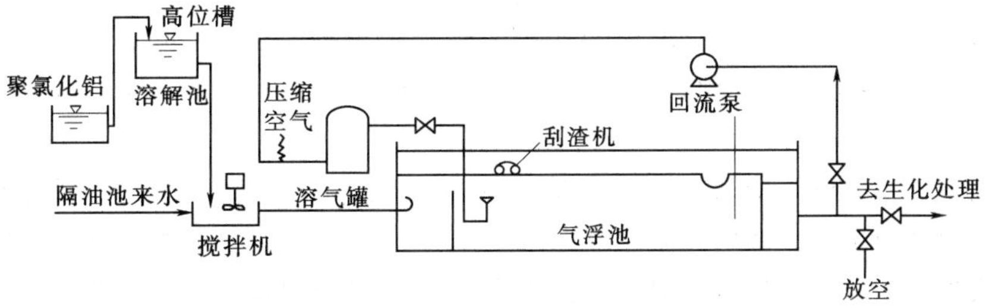

图 4.27　回流加压溶气工艺流程

主要构筑物的设计参数和实际运转参数见表 4.4。

表 4.4　　设计及运转参数

设备	设计参数			实际运转参数		
	流速 /(m/min)	停留时间 /min	回流量 /%	流速 /(m/min)	停留时间 /min	回流量 /%
气浮池	0.55	53	100	0.21	148	80
溶气罐	—	3.2	—	—	9.6	—

出水水质：石油类 17mg/L、硫化物 2.54mg/L、挥发酚 18.4mg/L、COD250mg/L、pH 值 7.5。

主要构筑物和设备，见表 4.5。

表 4.5　　构筑物和设备一览表

名称	尺寸、规格或型号	数量	名称	尺寸、规格或型号	数量
气浮池	31m×4.5m×3m	4 座	空气压缩机	3L－10/8	2 台
溶气罐	ϕ1.6×4.76m	4 个	释放器		4 个
回流泵	6SH－9A	2 台	刮泥机		4 台
搅拌机	C60－368	1 台			

学习情境 4.4　工业废水的生物处理

4.4.1　工业废水的可生化性分析

从理论上分析，几乎所有的有机污染物都能被微生物所降解，但从废水生物处理角度来看，根据微生物对有机物的降解能力和有机物对微生物的毒害或抑制作用，可把有机物分为 4 大类：第Ⅰ类，易降解的有机物，且无毒害或抑制作用；第Ⅱ类，可降解有机物，但有毒害或抑制作用；第Ⅲ类，难降解有机物，但无毒害或抑制作用；第Ⅳ类，难降解有机物，并有毒害或抑制作用。评价废水中有机物的生物降解性和毒害或抑制性的方法通常有水质标准法、微生物好氧速度法、脱氢酶活性法等，在此学习情境重点介绍水质标准法。

以废水中有机物的某些综合水质指标评价其可生化性。长期以来，人们习惯采用 BOD_5 与 COD 作为废水有机污染的综合指标，两者都反映废水中有机物在氧化分解时所耗用的氧量。BOD_5 是有机物在微生物作用下氧化分解所需的氧量，它代表废水中可生物降解的那部分有机物；COD是有机物在化学氧化剂作用下氧化分解所需的氧量，它代表废水中可被化学氧化剂分解的有机物，当采用重铬酸钾为氧化剂时，一般可近似认为COD测定值代表了废水中的全部有机物。

工业废水的生物处理，通常以COD为设计和运行的水质指标，这是因为COD测定方法简便，并能迅速判断废水的水质。但由于COD值包括可生物降解的和不可降解的有机物。因此，根据废水的COD值，还不能判断能否采用生物处理法进行处理。采用 BOD_5：COD的值评价废水中有机物的可生化性是简单易行的。一般认为 BOD_5：COD大于0.45时，该废水适于生物处理，如比值在0.2左右，说明这种废水中含有大量难降解的有机物，这种废水可否采用生物处理法处理，尚需看微生物驯化后，能否提高此比值才能判定，此比值接近于零时，采用生物处理法是比较困难的。

4.4.2 工业废水好氧生物处理

4.4.2.1 活性污泥法

1. 营养和混合液温度对活性污泥处理工艺的影响

关于对活性污泥反应的各种影响因素，在学习项目3已做了详细介绍，本学习情境只详细地阐述其中对工业废水生物处理影响常见的两项因素。

（1）营养。在废水生物处理过程中，为了有效地去除有机物，微生物除了需要氮和磷外，还需要有微量的其他营养物，以保证形成良好的污泥絮体。微生物对痕量营养的需求如表4.6所示。以自来水为水源的工业废水，一般都含有足够的上述微量营养物。只有少部分高浓度有机废水或由去离子水产成的工业废水，才需要投加少量的铁或其他微量金属元素，以保证活性污泥法的正常运行。

表4.6 生物氧化过程所需要的痕量营养物

营养物	需要量	营养物	需要量	营养物	需要量	营养物	需要量
Mn	10×10^{-5}	Mo	43×10^{-5}	Co	13×10^{-5}	K	45×10^{-4}
Cu	14.6×10^{-5}	Se	14×10^{-10}	Ca	62×10^{-4}	Fe	12×10^{-3}
Zn	16×10^{-5}	Mg	30×10^{-4}	Na	5×10^{-5}	CO_3	27×10^{-4}

注 表中需要量的单位是mg/mgBOD。

当废水中氮源不足时，去除单位质量有机物合成的细胞物质质量会有所增加，增加的原因是由于在细胞内发生多糖类的积累。当积累超过一定限度时，会影响有机物的去除率，还会刺激丝状微生物生长。易被微生物利用的氮源形式为铵（NH_4^+）或硝酸根（NO_3^-）。废水中以蛋白质或氨基酸形式存在的有机氮化合物，必须先通过微生物水解产生铵，才能被微生物利用。所以，对以有机氮为主要氮源的工业废水，必须通过试验来确定有机氮被微生物利用的有效性，因为某些芳香族氨基化合物或脂肪族叔氨基化合物不易被水解为 NH_4^+。

废水中的磷必须以溶解性正磷酸盐的型式才能被微生物利用，所以含磷无机物和有机物必须先被微生物水解为正磷酸盐。

活性污泥法对N和P的需要量与被处理废水BOD浓度有关，一般BOD：N：P为100：5：1。N和P不足时，会造成BOD去除率下降，并促进丝状菌的生长。

（2）混合液温度。温度对活性污泥处理反应速度的影响与废水中有机物特性和所处的状态（即悬浮状态、胶体状态或溶解状态）有关。

混合液温度在 4～31℃范围内，反应速度常数 K 与混合液温度 T 的关系可用式（4.7）表示：

$$K_T = K_{20}\theta^{(T-20)} \tag{4.7}$$

式中：T 为混合液温度,℃；K_{20} 为混合液温度为 20℃时的反应速度常数，d^{-1}；K_T 为混合液温度为 T℃时的反应速度常数，d^{-1}；θ 为温度修正系数。

生活污水的 θ 值为 1.015，K 值受温度影响较小。工业废水的 K 值一般受温度影响较大。对浓度较高的溶解性有机废水，θ 值为 1.03～1.1。对工业废水的 θ 值应通过试验确定。

混合液的温度对出水水质也有影响。当温度超过 35℃时，生物絮体的质量会有所下降，与废水的特性有关。

2. 活性污泥法的选择

关于活性污泥法的运行方式，已在学习项目 3 做了详细的介绍。对工业废水处理可概括为三种运行方式，如图 4.28 所示。

（1）推流式活性污泥法。在曝气池进水端有机物浓度高，在流向池末端的过程中，由于生物降解有机物浓度逐渐减少，所以有机物变化梯度大，这有利于菌胶团细菌生长，而不利于丝状微生物的生长。结果活性污泥絮凝性能好、易沉淀。

推流式曝气池本身的稀释能力小。当废水中所含的毒性或抑制性有机物等超过允许值时，废水进入曝气池前，须将其除去或进行水质调节。推流式活性污泥法适于处理易降解的工业废水和生活污水。

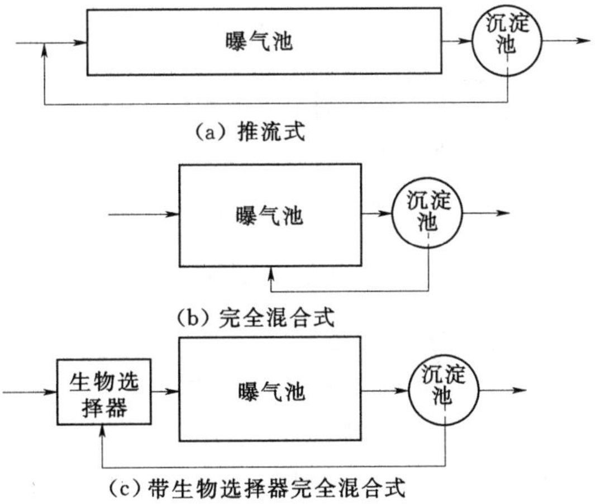

图 4.28　活性污泥法工艺构型

（2）完全混合活性污泥法。该法适应于难降解有机废水的处理，对废水流量和水质变化抵抗能力较强。不适于易降解有机废水的处理，因为在完全混合条件下，丝状菌易于生长繁殖而导致活性污泥膨胀。

完全混合活性污泥法最大的特点是具有中和、调节和稀释能力。活性污泥法的最佳 pH 值为 6.5～8.5，超过这个范围时，对推流式活性污泥法，废水进入曝气池前需进行中和处理，但对完全混合活性污泥法来说是否需要进行中和处理应根据该废水的水质确定。例如，pH 值大于 10 的较高浓度的纺织废水，经完全混合活性污泥法处理后，pH 值可降至 8.0 左右，这样的废水在进入曝气池前则不需进行中和处理。这是因为废水中的氢氧根离子与生物降解过程中产生的二氧化碳发生反应生成具有缓冲作用的重碳酸根离子（HCO_3^-）。每千克 BOD 能够中和 0.5kgOH^-碱度（以 $CaCO_3$ 计）。又如，合成纤维和有机化工厂排出含乙酸废水，其 pH 值低于 4.0。对这种废水采用完全混合活性污泥法处理也不需要进行中和预处理。废水中的有机酸在生物处理过程被氧化为 CO_2，CO_2 能够通过曝气而从水中被吹脱出去，结果使水中 CO_2 处于平衡状态。

3. 出水悬浮物的控制

用活性污泥法处理城镇污水时，出水悬浮物可低于20mg/L。用该法处理工业废水时，由于以下原因出水悬浮物浓度往往很高。

（1）废水总溶解固体（TDS）浓度高，导致污泥絮凝体分散，使出水悬浮物增高。TDS增高一般会使不可沉降的悬浮物增多。TDS高也会增大液体的相对密度，降低污泥的沉降速度。

（2）曝气池混合液温度变化，会造成絮体分散。

（3）污泥负荷过低或过高，都会使活性污泥的絮凝性能变差。

（4）废水含有机分散剂过高，会使出水悬浮物浓度随表面张力的提高而有所上升。

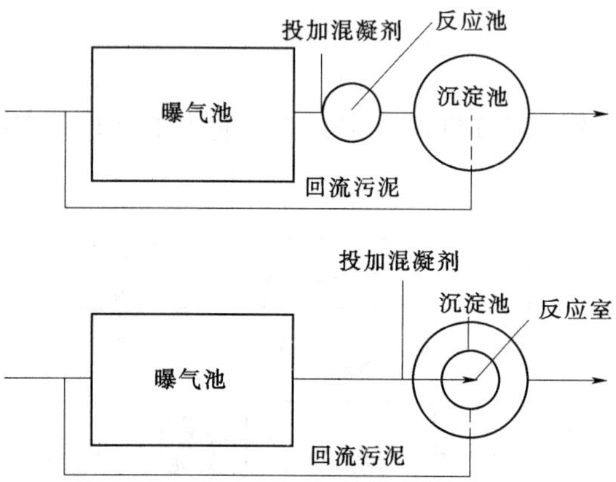

图4.29 加入混凝剂以控制悬浮固体

此外，造成二沉池出水悬浮物浓度高的原因还有多种。例如，由于泵型或机械表面曝气装置产生的剧烈混合搅拌，造成对絮体的剪切破碎，使出水悬浮物浓度增高。

另外，可能因二沉池设计不当导致出水悬浮物浓度超标。例如表面水力负荷和出水堰负荷过大等。

为降低出水中的悬浮物，可在二沉池前投加混凝剂。为了保证有足够的反应时间，可在曝气池和二沉池之间设反应池或在沉淀池内设反应室，如图4.29所示。

4.4.2.2 生物膜法

1. 生物接触氧化法

（1）生物接触氧化法的特点。生物接触氧化法是目前工业废水生物处理采用广泛的一种方法，它具有以下特点：

1）具有较高的处理效率。这种处理方法一方面具有活性污泥法和生物膜法的特点，另一方面，单位体积生物量比活性污泥法多，因而有机负荷较高，接触停留时间短，处理效率高，有利于缩小处理构筑物容积，减少占地面积，节省基建投资。

2）污泥不需回流，不会发生污泥膨胀，运行管理简便。

3）耐冲击负荷能力强。这种方法由于在填料上生长着大量生物膜，对负荷的变化适应性强。在间歇运行条件下，也有一定的处理效果，因此，对于排水不均匀或生产不稳定的工厂以及电力供应不足的地区更有实用意义。

4）挂膜培菌简单。一般2～3d就可挂膜，再经20d左右驯化便可投入运行。

（2）生物接触氧化法的设计：

1）生物接触氧化法的处理流程的选择。如前所述，生物接触氧化法有多种处理流程，应根据废水类型、处理程度、管理水平、基建投资和地方条件等因素来确定。在处理工业废水时，一般处理水量小，要求操作管理简便、运行稳定成为重要因素。由于一段法比二段法或多段法简单，因此在工业废水处理中常采用。但是为了适应在不同负荷下的微生物生长，提高总的处理效率，多采用推流式或多格的一段法，这样在高负荷和低负荷各格的填料密度和曝气强度等不一定相同，使装置的设计更加合理。在处理城市污水时，由于处理污水量大，因此停留时间的长短是选择处理流程的重要因素。若停留时间短，则构筑物容积小，一次投资省。在达到相同处理程度下，二段法或多段法的接触时间比一段小，因此处理城市污水常采用二段法流程。

2）填料的选择。它不仅关系到处理效果，而且影响着建设投资。填料的比表面积、生物附着性、是否易于堵塞无疑是重要条件，而经济性也是重要因素。由于填料在氧化池的投资中占的比重比较大，所以选填料时，往往首先考虑价格问题，不宜单纯追求技术上的高性能。

3）接触停留时间的确定。接触停留时间越长，处理效果越好，但所需池容积和填料量多；反之，接触时间短，则对难降解物质来说，氧化不完全会影响处理效果。接触停留时间应根据水质、处理程度要求、填料的种类，通过试验或同类工厂的运行资料来确定。当处理生活污水或与其水质类似的工业废水时，由于污水浓度低，可生化性高，可采用较短的接触停留时间，一般为 0.8～1.2h。而处理工业废水，由于废水成分复杂，浓度差异大，可生化性不一，应采用不同的接触停留时间。处理一般浓度（COD 为 500mg/L 左右）的工业废水时，例如印染废水、含酚废水，接触停留时间一般采用 3～4h。处理浓度较高（COD 为 1000mg/L 左右）工业废水，例如纺织废水、石油化工废水等，接触停留时间宜取 10～14h。

4）气水比的确定。确定气水比时应留有余地。特别是处理 BOD 浓度较高的工业废水时，一方面由于 BOD 负荷高，生物膜数量多，耗氧速度快；另一方面由于进水不均匀，有机负荷变化大，以及鼓风机使用年限和电力供应等因素的影响，气水比应留有适当余地，增加运行上的灵活性。

5）防止填料堵塞的措施：

a. 选择填料时要同被处理废水相适应。在处理高浓度有机废水时，可选用不易堵塞的填料，如软性纤维填料、半软性填料。一般印染、啤酒、石化、农药废水处理中多选用此种填料。城镇污水 BOD 浓度低，可选用蜂窝填料或不规则的粒状填料（如矿渣填料）。

b. 定期反冲洗。在一个生产班次中，定期加大气量反冲洗填料，每次反冲 5～10min。这对于填料上衰老生物膜的脱落，防止填料堵塞是有效的。

c. 填料分层设置。设计时如采用蜂窝填料时，每层填料厚度为 0.8～1.0m，层间留有 0.25～0.30m 的空隙，以防止堵塞，同时又具有重新整流作用。

2. 生物转盘

（1）生物转盘的设计。生物转盘是由装在水槽横轴上的许多塑料圆盘组成。盘转动较慢，约有 40%的表面积浸在水下。盘上生长有 1～4mm 厚的生物膜，随着盘的旋转，盘上附着水层通过空气时，由空气供氧。转盘上附着的生物膜上生长有大量毛发状的短丝状菌，对有机物进行降解。盘转动时产生的剪切力使过厚的生物膜从盘面剥落，脱落的生物膜由沉淀池去除。

目前转盘的盘片材料主要有聚乙烯、聚苯乙烯、聚丙烯、硬聚氯乙烯和纤维增强塑料等。盘片直径 2.0～5.0m，轴断面为圆形或正方形；盘片间距为 10～45mm，高密度型为 10～15mm，标准型为 20～30mm；盘片厚度为 0.6～2.0m；每轴盘总面积 500～15000m^2；接触反应槽与盘片总面积参比一般为 5～9L/m^2。

影响处理性能的主要参数有转速、废水停留时间、反应槽的级数、盘浸没深度和温度等。

对BOD不超过300mg/L的低浓度废水，转速在18m/min以内时，处理性能随转速增大而提高，超过18m/min后，转速再快也不会有进一步改善。对BOD浓度较高的废水，增加转速就等于增加了接触、曝气和搅拌，因而能提高效率。但是，转速的提高使能耗急剧增大，所以应对增加能耗与增大面积两者作充分经济比较。

当废水组分较多时，不同级上的微生物可能专对某种组分有降解能力，较后的 n 级BOD浓度较低，盘片上繁殖有硝化菌，有可能产生硝化作用。对BOD浓度较高或反应速度慢的工业废水，也许需采用四级以上。对高浓度废水为保持好氧条件可以将第一级扩大。如果有大量固体产生，可以采用中间沉淀池，避免接触反应池出现厌氧状态。

(2) 应用举例（草浆造纸中段废水处理）。以稻、麦、草、废麻为原料，采用碱法蒸煮工艺生产化学浆，废水主要是洗涤浆料的中段排放水。废水量 $2400m^3/d$，COD为1000～1500mg/L，BOD_5 为300～500mg/L，SS800～1500mg/L。

其工艺流程如图4.30所示。废水经泵提升依次进入初沉池、生物转盘、二沉池，出水排入河流。

生物转盘面积负荷 $0.08m^3/(m^2 \cdot d)$，停留时间3h，转盘转速20m/min，转盘直径3m，单轴200片，盘片面积 $2500m^2$/台，盘片间隙20mm，每台电机3kW，每组4台串联。

出水COD浓度为406mg/L，BOD_5 浓度为548mg/L，SS浓度为104mg/L。

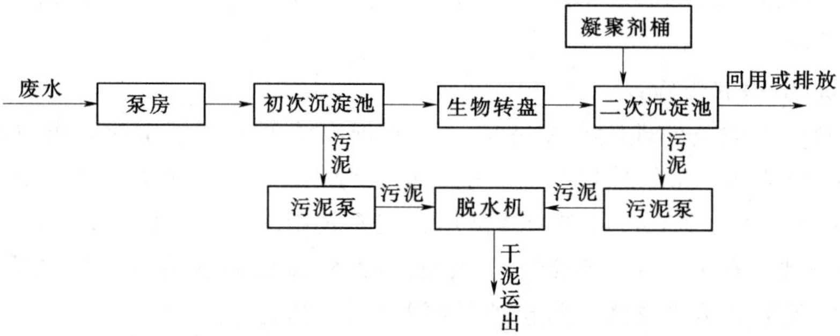

图4.30 草浆中段废水处理流程

3. 生物滤池

生物滤池常用塑料填料，有效高度可达12m，水力负荷可达 $230m^3/(m^2 \cdot d)$。对某些工业废水，根据水力负荷及填料深度的不同，BOD去除率可达90%。为避免滤池蝇的滋生，要求最小水力负荷为 $29m^3/(m^2 \cdot d)$。为避免滤池堵塞，当处理含碳废水时，建议填料比表面积最大为 $100m^2/m^3$。比表面积大于 $320m^2/m^3$ 的滤料可用于硝化，此时污泥产率低。在多数情况下，由于溶解性工业废水的反应速度比较低，所以对这类废水进行高去除率的处理。

选用生物滤池在经济上是不可行的。但塑料填料滤池已用于高浓度废水的预处理。例如水力负荷为 $230m^3/(m^2 \cdot d)$，有机负荷大于 $8.0kg/(m^2 \cdot d)$，BOD去除率为50%左右。

思考题与习题

1. 气浮和上浮有什么区别？气浮有哪几种类型？

2. 为什么要处理酸碱废水？中和法有哪几种类型？
3. 氧化还原法的原理是什么？氧化法常用的有哪几种？
4. 化学沉淀原理是什么？化学沉淀法取出含金属离子废水有何优缺点？
5. 工业废水生物处理的类型有哪些？
6. 工业废水的可生化性分析方法有哪几种？最常用的是哪种？

学习项目5　污泥的处理与处置

学习目标： 学生通过本学习项目的学习，能够根据不同生物污泥的性质进行污泥处理方法的选择，掌握生物污泥的处理方法，能进行污泥处理工艺的选择与组合。

项目描述： 以某污水处理厂城镇污泥处理与处置为项目载体，重点介绍污泥处理与处置的主要方法和工艺流程。

水处理的过程中，会产生一定数量的污泥，它来自于原水中的杂质和在处理中投加的物质，其成分与原水及其处理方法有关，原水中的杂质是有机的，则产生的污泥一般含有有机成分；原水中的杂质是无机的，产生的污泥一般也是无机的；物理处理法产生的污泥与原水中的杂质相同，化学及物化处理法产生的污泥一般与原水中的杂质不同。如以地下水为水源的净化处理中产生的是含铁、锰等无机污泥；以地面水为水源的净化处理中产生的主要是含铝或含铁的无机污泥；在生活污水物理处理中产生的是非生物性的有机污泥；在生活污水生物化学处理中产生的是生物性的有机污泥。

污泥中含有很多有毒有害物质，如细菌、病原微生物、寄生虫卵以及重金属离子等，如不及时地从处理系统中排出，会影响水处理系统的正常运行，难以保证水处理的效果与质量；但如不经过处理而直接排放到环境中，又会造成二次污染，故在排入自然环境前需要某种形式的处理。另外，污泥中含有大量的有用物质，通过一定的处理后并加以回收利用，可以节省宝贵资源，达到变害为利、保护环境的目的。因此，污泥的处理受重视的程度越来越高。

学习情境5.1　污泥处理与处置的基础知识

5.1.1　污泥的分类与特性

按其所含主要成分的不同，分为污泥和沉渣。

以有机物为主要成分的称污泥。污泥的特性是有机物含量高，容易腐化发臭，颗粒较细，比重较小，含水率高且不易脱水，是呈胶状结构的亲水性物质，便于用管道输送。如初沉池与二沉池排出的污泥。

以无机物为主要成分的称沉渣，沉渣的特性是颗粒较粗，比重较大，含水率较低且易于脱水，但流动性较差，不易用管道输送。如沉沙池和某些工业废水处理沉淀池所排出的污泥。

污泥按产生的来源可分为：

初次沉淀污泥：来自初次沉淀池，其性质随污水的成分，特别是随混入的工业废水性质而异。

腐殖污泥与剩余活性污泥：来自生物膜法与活性污泥法后的二次沉淀池。前者称腐殖污泥，后者称剩余活性污泥。

熟污泥：初次沉淀污泥、腐殖污泥、剩余活性污泥经消化处理后，即成为熟污泥或称消化污泥。

1. 污泥含水率 p

污泥中所含水分的重量与污泥总重之比的百分数称为含水率。污泥含水率一般都很高，密度接近于 1。不同污泥，含水率有很大差别。污泥的体积、重量、所含固体物浓度及含水率之间的关系，污泥体积与含水率之间的关系可表示为

$$\frac{V_1}{V_2}=\frac{W_1}{W_2}=\frac{100-p_2}{100-p_1}=\frac{C_2}{C_1} \tag{5.1}$$

式中：V_1、W_1、C_1 为污泥含水率为 p_1 时的污泥体积、重量与固体物浓度；V_2、W_2、C_2 为污泥含水率为 p_2 时的污泥体积、重量与固体物浓度。

污泥的含水率从 99％降低到 96％时，求污泥体积：

$$V_2=V_1\frac{100-p_1}{100-p_2}=V_1\frac{100-99}{100-96}=\frac{1}{4}V_1$$

污泥体积可减少原来污泥体积的 3/4。

2. 湿污泥比重与干污泥比重

湿污泥重量等于其中所含水分重量与干固体重量之和。湿污泥的比重等于湿污泥重量与同体积水重量的比值。由于水的比重等于 1，湿污泥比重可用式（5.2）计算：

$$\gamma=\frac{p+(100-p)}{p+\dfrac{(100-p)}{\gamma_s}}=\frac{100\gamma_s}{p\gamma_s+(100-p)} \tag{5.2}$$

式中：γ 为湿污泥比重；p 为污泥含水率，％；γ_s 为污泥中干固体物质的平均比重，即干污泥比重。

干固体包括有机物（即挥发性固体）和无机物（即灰分）两种成分，其中有机物所占百分比及其比重分别用 p_v、γ_v 表示，无机物的比重用 γ_a 表示，则污泥中干固体物质的平均比重 γ_s 可用式（5.3）和式（5.4）计算：

$$\frac{100}{\gamma_s}=\frac{p_v}{\gamma_v}+\frac{100-p_v}{\gamma_a} \tag{5.3}$$

即

$$\gamma_s=\frac{100\gamma_a\gamma_v}{100\gamma_v+p_v(\gamma_a-\gamma_v)} \tag{5.4}$$

有机物相对密度一般等于 1，无机物相对密度约为 2.5～2.65，如以 2.5 计，则式（5.4）可简化为

$$\gamma_s=\frac{250}{100+1.5p_v} \tag{5.5}$$

湿污泥密比重的最终计算式：

$$\gamma=\frac{25000}{250p+(100-p)(100+1.5p_v)} \tag{5.6}$$

确定湿污泥比重和干污泥比重，对于浓缩池的设计、污泥运输及后续处理，都有很实用的价值。

3. 挥发性固体和灰分

挥发性固体（VS）能近似代表污泥中有机物含量，又称灼烧减量，灰分则表示无机物

含量，又称灼烧残渣。初沉池污泥 VS 的含量约占污泥总重的65%左右，活性污泥和生物膜 VS 的含量约占污泥总重量的 75%左右。

4. 污泥的肥分

污泥含有氮、磷（P_2O_5）、钾（K_2O）和植物生长所必需的其他微量元素。污泥中的有机腐殖质，是良好的土壤改良剂。

5. 污泥的细菌组成

污泥中含有大量细菌及各种寄生虫卵，为了防止在利用污泥的过程中传染疾病，因此必须进行寄生虫卵的检查与处理。

5.1.2 污泥量

1. 初次沉淀污泥量

可根据污水中悬浮物浓度、污水流量、沉淀效率及污泥的含水率用式（5.7）计算：

$$V=\frac{100C\eta Q}{10^3(100-P)\rho} \tag{5.7}$$

式中：V 为初次沉淀污泥量，m^3/d；Q 为污水流量，m^3/d；η 为沉淀效率，%；C 为污水中悬浮物浓度，mg/L；P 为污泥含水率，%；ρ 为初次沉淀污泥密度，以 $1000kg/m^3$ 计。

2. 剩余活性污泥量

剩余活性污泥量取决于微生物增殖动力学及物质平衡关系。

$$Q_s=\frac{\Delta X}{f} \tag{5.8}$$

式中：Q_s 为挥发性剩余活性污泥量，kg/d；ΔX、f 在本书学习项目 3 中已作介绍。

5.1.3 污泥处理与处置基本方法

污泥处理分一般方法与流程的选择决定于当地条件、环境保护要求、投资情况、运行费用即维护管理等多种因素。可供选择的方案大致如下：

（1）生污泥→浓缩→自然干化→堆肥→农肥。

（2）生污泥→浓缩→消化→自然干化→最终处置。

（3）生污泥→浓缩→机械脱水→干燥焚烧→最终处置。

（4）生污泥→浓缩→消化→机械脱水→最终处置。

（5）生污泥→浓缩→消化→最终处置。

（6）生污泥→湿污泥地→农用。

（7）生污泥→浓缩→消化→机械脱水→干燥焚烧→最终处置。

上述生污泥是指未经消化处理的污泥。

学习情境5.2 污泥的浓缩处理

初次沉淀污泥的含水率介于95%～97%之间，剩余活性污泥的含水率达99%以上。因此污泥的体积非常大，对污泥的后续处理造成很大的困难。污泥浓缩的目的在于减容。

污泥中所含水分大致分为四类：①颗粒间的空隙水，约占污泥水分的 70%；②毛细水

——污泥颗粒间的毛细管水，约占20%；③颗粒的吸附水及颗粒内部水，约占10%，如图5.1所示。

浓缩脱水的对象是颗粒间的空隙水，浓缩是缩小污泥体积的第一道工序，这种方法简单、易行，不需要消耗大量的能量。浓缩的目的在于缩小污泥的体积，减少后续处理构筑物的容积及运行费用，如进行厌氧消化，则可以缩小消化池的有效容积，减少加热和保温的费用；另外，重力浓缩法在水处理和泥处理之间达到了一个“缓冲”的效果。如进行机械脱水，则可减少混凝剂投加量与脱水设备的数量。由于剩余活性污泥的含水率（99%以上）很高，一般都应进行浓缩处理。

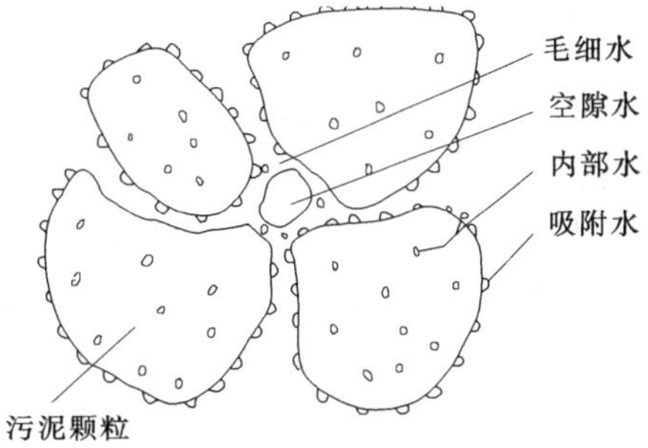

图5.1 污泥所含水分示意图

浓缩的方法主要有三种，即重力浓缩、气浮浓缩和离心浓缩法。

5.2.1 重力浓缩法

利用污泥自身的重力将污泥间隙的液体挤出，从而使污泥的含水率降低的方法称为重力浓缩法。其处理构筑物为污泥浓缩池，一般常采用类似沉淀池的构造。如竖流式或辐流式污泥浓缩池。浓缩池可以连续运行，也可以间歇运行。前者用于大型污水处理厂，后者用于小型污水处理厂（站）。

图5.2为间歇式浓缩池，当浓缩二沉池污泥时，如停留时间过短，将达不到浓缩的目的，如停留时间过长（超过24h）污泥容易腐败变质。

停留时间一般不超过24h，常采用9～12h，浓缩池的有效容积也以此确定，池数2个以上轮换操作。不设搅拌设备，在浓缩池不同高度设上清液排放管。当间歇式浓缩池运行时，先放掉上清液和排放浓缩污泥，然后再投入污泥。

图5.3为带刮泥机与搅拌装置的连续流浓缩池。池底坡度一般采用1/100～1/12，浓缩后污泥从池中心通过排泥管排出。刮泥机附设竖向栅条，随刮泥机转动，起搅动作用，可加快污泥浓缩过程。污泥分离液，含悬浮物200～300mg/L以上，BOD_5也较高，应回流到初沉池重新处理。

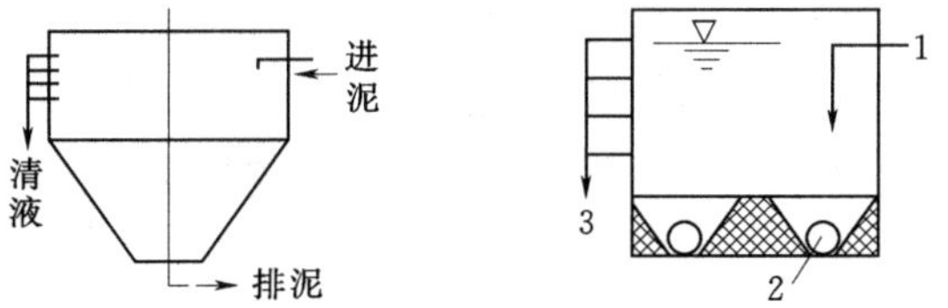

图5.2 间歇式浓缩池

1—进泥管；2—排泥管；3—上清液排放管

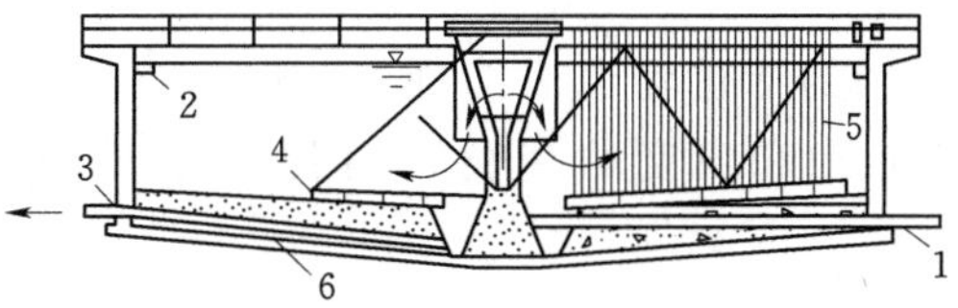

图5.3 连续流浓缩池

1—中心进泥管；2—上清液溢流堰；3—底泥排除管；4—刮泥机；5—搅动栅；6—钢筋混凝土

连续流污泥浓缩池污泥浓缩面积应按污泥沉淀曲线决定的固体负荷率计算。当无试验资料时，对于含水率为95%～97%的初沉池污泥浓缩至含水率为90%～92%，一般可采用固体负荷率为80～120kgSS/(m^2·d)，对于含水率为99.2%～99.6%的活性污泥浓缩至含水率为97.5%左右，一般可采用固体负荷率为20～30kgSS/(m^2·d)。浓缩池的有效水深一般采用4.0m，当采用竖流式浓缩池时，其水深可按沉淀部分的上升流速不大于0.1mm/s进行核算。浓缩池容积应按污泥停留时间为10～16h进行核算，不宜过长。

重力浓缩法主要用于浓缩初沉污泥及初沉污泥与剩余活性污泥或初沉污泥与腐殖污泥的混合液。

初沉池污泥的介入有利于浓缩过程。因为初沉池污泥颗粒较大，较密实，这些颗粒在沉淀过程中对下层的压缩效果较亲水的生物絮凝体要好得多。

重力浓缩法的缺点是使有机污泥产生不良的气味，气味的问题可以采用在浓缩前加石灰的办法来克服。在浓缩池内加适量的石灰不影响后续处理，在实际运行过程中新鲜污泥直接脱水或在厌氧消化池启动时常常需要投加石灰。另外，将浓缩池加盖，使密闭的池内形成负压，并将抽出的污染气体进行处理。

5.2.2　气浮浓缩法

气浮浓缩法与重力浓缩法相反，通过压力溶气罐溶入过量空气，然后突然减压释放出大量的微小气泡，并附着在污泥颗粒周围，使其比重减小而强制上浮。因此气浮法适用于比重接近于1的活性污泥的浓缩，气浮浓缩的工艺流程（图5.4），基本上与污水的气浮处理相同，其中加压溶气气浮是污泥浓缩最常用的方法。

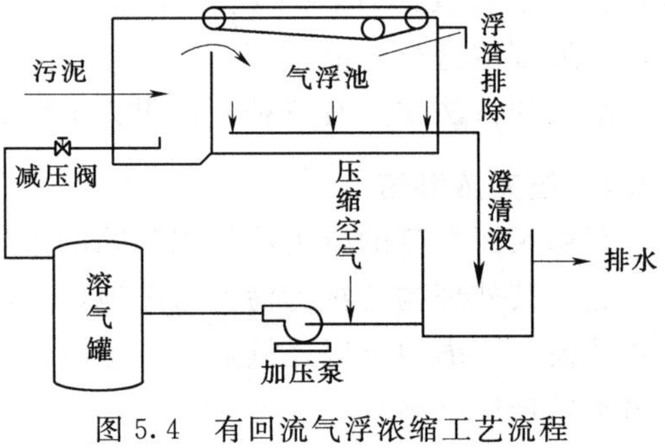

图5.4　有回流气浮浓缩工艺流程

污泥气浮浓缩的主要设计参数为（未加化学混凝剂）：

固体负荷率：	1.8～5.0kgSS/(m² · h)
水力负荷率：	1～3.6m³/(m² · h)
气/固：	0.03～0.04kg空气/kgSS
回流比：	Q_R/Q=40%～70%
加压溶气罐压力：	0.3～0.5MPa

预先投加高分子聚合电解质时，其负荷率可提高50%～100%，浮渣浓度可提高1%，分离效率可提高5%，化学混凝剂的投量为污泥干重的2%～3%。

气浮一般用于浓缩活性污泥，也有用于生物膜的。该方法能把含水率为98.5%～99.3%的活性污泥浓缩到94%～96%，其浓缩效果比重力浓缩法好，浓缩时间短；耐冲击负荷和温度的变化；污泥处于好氧环境，基本没有气味的问题。缺点是运行费用高。

5.2.3　离心浓缩法

污泥中的固体颗粒和水的密度不同，在高速旋转的离心机中，所受离心力大小不同从而使二者分离，污泥得到浓缩。被分离的污泥和水分别由不同的通道导出机外。用于污泥浓缩的离心机种类有转盘式离心机、篮式离心机和转鼓式离心机等。各种离心浓缩的运行效果（所处理污泥为剩余活性污泥）见表5.1。

离心浓缩法的优点是效率高、需时短、占地少。因为比重力大几千倍，它能在很短的时间内就完成浓缩工作，同时离心浓缩法对于轻质污泥，也能获得较好的处理效果。此外，离心浓缩工作场所卫生条件好，这一切都使得离心浓缩法的应用越来越广泛。离心浓缩法的缺点是：一方面是在浓缩剩余活性污泥时，为了取得好的浓缩效果，得到较高的出泥含固率（74%）和固体回收率（>90%），一般需添加 PFS 聚合硫酸铁、PAM 聚丙烯酰胺等助凝剂，使运行费提高；另一方面是电耗高。

表 5.1　各种离心浓缩的运行效果

离心机	入流污泥量 /(L/S)	污泥浓缩前含固率 /%	污泥浓缩后含因率 /%	固体回收率 /%
转盘式	9.5	0.75～1.0	5.0～5.5	90
转盘式	3.2～5.1	0.7	5.0～7.0	93～87
篮式	2.1～4.4	0.7	9.0～1.0	90～70
转鼓式	4.75～6.30	0.44～0.78	5～7	90～80
转鼓式	6.9～10.1	0.5～0.7	5～8	65 85（加少混凝剂）

另外一种常用的离心设备是离心筛网浓缩器（图 5.5）。它是将污泥从中心分配管输入浓缩器。在筛网笼低速旋转下，隔滤污泥。浓缩污泥由底部排出，清液由筛网从出水集水室排出。

离心筛网浓缩器可以为活性污泥法混合液的浓缩用，能减少二沉池的负荷和曝气池的体积，浓缩后的污泥回流到曝气池，分离液因固体浓度较高，应流入二沉池作沉淀处理。离心筛网浓缩器因回收率较低，出水浑浊，不能作为单独的浓缩设备。

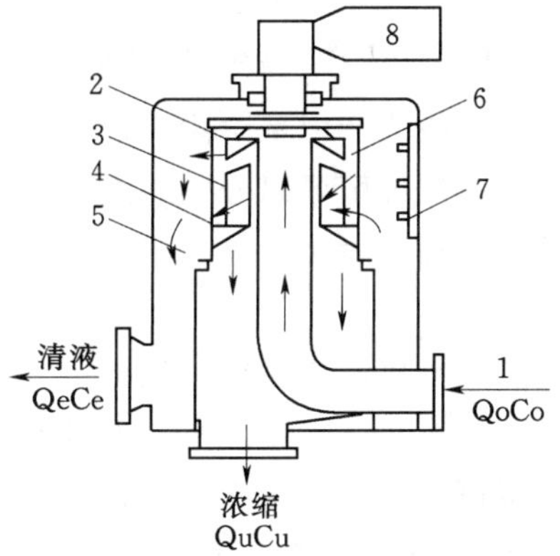

图 5.5　离心筛网浓缩器

1—中心分配管；2—进水布水器；3—排出器；4—旋转筛网笼；5—出水集水室；6—调节流量转向器；7—反冲洗系统；8—电动机

5.2.4　污泥浓缩方法的选择

污泥浓缩方法选择要综合处理厂的规模，占地大小、周边环境的要求，污泥性质等多方面因素考虑，表 5.2 列出了各种浓缩方法的优缺点，供选择时参考。

表 5.2　各种浓缩方法的优缺点

方　法	优　点	缺　点
重力浓缩法	储存污泥的能力高，操作要求不高，运行费用低（尤其是耗电少）	占地大，且会产生臭气，对于某些污泥工作不稳定，经浓缩后的污泥非常稀薄
气浮浓缩法	比重力浓缩的泥水分离效果好，所需土地面积少，臭气问题小，污泥含水率低，可使砂砾不混于浓缩污泥中，能去除油脂	运行费用较重力浓缩法高，占地比离心机浓缩法多，污泥储存能力小
离心机浓缩法	占地少，处理能力高，没有或几乎没有臭气问题	要求专用的离心机，耗电大，对操作人员要求高

学习项目 5.3 污泥的消化处理

5.3.1 污泥的厌氧消化处理

5.3.1.1 厌氧消化的机理

有机物在厌氧条件下的消化降解过程可分为三个阶段，即水解酸化阶段（酸性发酵）、产氢产乙酸阶段和产甲烷阶段（碱性发酵），如图 5.6 所示。

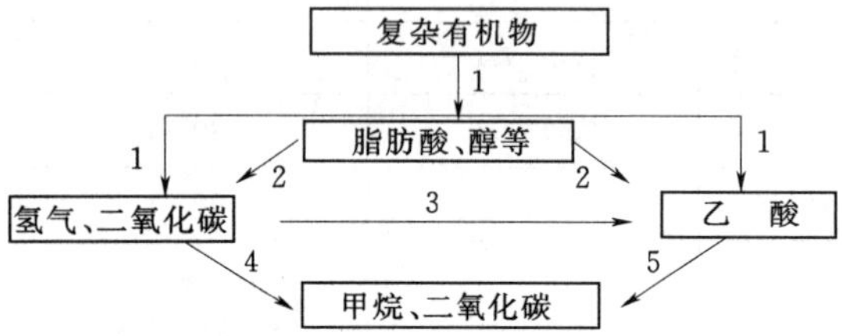

图 5.6 有机物厌氧分解产甲烷过程

1—产酸细菌；2—产氢产乙酸细菌；3—同型产乙酸细菌；4—利用 H_2 和 CO_2 产甲烷菌；5—分解乙酸的产甲烷菌

第一阶段为水解酸化阶段。复杂的大分子、不溶性有机物先在细胞外酶的作用下水解为小分子、溶解性有机物，然后渗入细胞体内分解产生挥发性有机酸、醇、醛类等，同时产生氢气和二氧化碳。

第二阶段为产氢产乙酸阶段。在产氢产乙酸细菌的作用下，第一阶段产生的各种有机酸被分解转化成乙酸和 H_2，在降解有机酸时还形成 CO_2。

第三阶段为产甲烷阶段。产甲烷细菌将乙酸、乙酸盐、CO_2 和 H_2 等转化为 CH_4。此过程中，产甲烷细菌可以分别通过下列两种途径之一生成甲烷。

其一是在二氧化碳存在时，利用氢气生成甲烷：

$$H_2 + CO_2 \longrightarrow CH_4 + 2H_2O$$

其二是利用乙酸生成甲烷：

$$CH_3COOH \longrightarrow CH_4 + CO_2$$

据报道，在一般的厌氧发酵过程中，CH_4 的产量约 70%由乙酸分解而来，30%由 H_2 和 CO_2 而得到。由于含氮有机物（如蛋白质）的厌氧分解，最后的沼气中会有少量的 H_2S 和 NH_3 存在。产酸菌有兼性的，也有厌氧的；而产甲烷菌则是严格的厌氧菌。产甲烷菌的世代长，生长缓慢，对环境的变化如 pH 值、温度、重金属离子等较其他两种菌敏感得多。所以，在厌氧发酵过程中，以上三个阶段要同时进行，并保持某种程度的动态平衡。由于甲烷的形成速度较慢，对环境的要求高，所以甲烷发酵控制了整个系统的反应速度，因此整个发酵过程必须维持有效的甲烷发酵条件。

5.3.1.2 消化工艺

1. 一级消化工艺

最早使用的消化池叫传统消化池（又称低速消化池），是一个单级过程，称为一级消化工艺，污泥的消化和浓缩均在单个池内同时完成。这种消化池内一般不设搅拌设备，因而池内污泥有分层现象，仅一部分池容积起有机物的分解作用，池底部容积主要用于储存和浓缩熟污泥。由于微生物不能与有机物充分接触，消化速率很低，消化时间很长，一般为 30～60d，虽然池子的容积很大，但池子的有效利用率低。因此一级消化工艺仅适用于小型装置，目前已很少用，其构造原理如图 5.7 所示。

图 5.8 为一座典型的单级浮动盖式消化池的断面图。生污泥从池的中心或集气罩内投入

消化池，从集气罩内进入的污泥能打碎在消化池液面形成的浮渣层。已消化过的污泥在池底排出，通过从消化池抽出的污泥经热交换器加热后再送回消化池，进行消化池的加热。池内由于不设搅拌设备，消化池内出现了分层现象，顶部为浮渣层，消化了的熟污泥在池底浓缩，中间层包括一层清液（污泥水）和起厌氧分解的活性层。污泥水根据具体水层厚度从池子不同高度的抽出管排出。浮盖由液面承托，可以上下移动。单级浮动盖消化池的功能为：挥发性有机物的消化、熟污泥的浓缩和储存。其特点是提供的储存容积约等于池子体积的1/3。

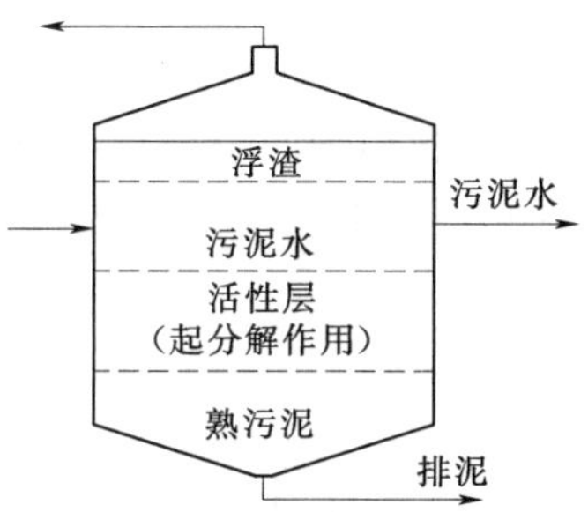

图5.7 传统消化池构造原理图

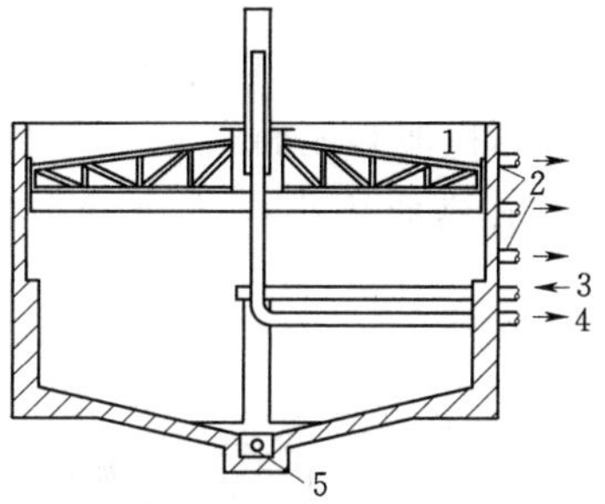

图5.8 单级浮动盖消化池

1—浮盖；2—污泥水管；3—进泥管；4—出气管；5—排泥管

2. 二级消化工艺

二级消化池系统示意图如图5.9所示，二级消化工艺为两个消化池串联运行，生污泥连续或分批投入一级消化池中并进行搅拌和加热，使池内的污泥保持完全混合状态。温度一般维持中温34℃左右。由于搅拌使池内有机物浓度、微生物分布、温度、pH值等都均匀一致，微生物得到了较稳定的生活环境，并与有机物均匀接触，因而提高了消化速率，缩短了消化时间。污泥中有机物的分解主要在一级消化池中进行，产气量占总产气量的80%，因此该系统中的一级消化池也称之为高速消化池。一级消化池的污泥靠重力排入二级消化池中。二级消化池勿需搅拌和加热，而是利用一级消化池排出的污泥的余热继续消化，其消化温度可保持在20～26℃。二级消化池上设有集气管和上清液排出管，产气量占总产气量的20%。二级消化池起着污泥浓缩的作用。

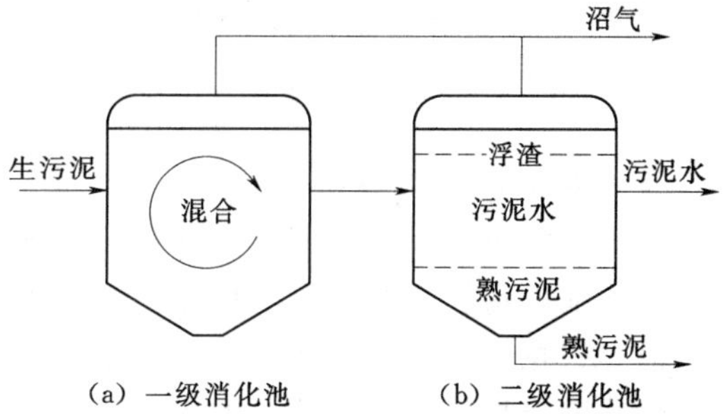

图5.9 二级消化池系统示意图

二级消化工艺中第一级消化池容积通常按污泥投配率为5%来计算，而第一级与第二级消化池的容积比为1∶1或2∶1或3∶2，但最常用的是2∶1，即第二级消化池的容积按污泥投配率为10%来计算。

二级消化工艺比一级消化工艺总的耗热量少，并减少了搅拌的能耗，熟污泥含水率低，上清液固体含量少。

污泥消化过程中排出的上清液（污泥水）有机物有含量较多（BOD_5浓度为500～1000mg/L），不能任意排放，必须送回到污水生物处理构筑物内作进一步处理。

5.3.1.3 消化池的构造

消化池的主体是由集气罩、池盖、池体及下锥体等四部分组成，并附设新鲜污泥投配系统、熟污泥的排出系统、溢流系统、沼气的排出收集及储存系统和加温及搅拌设备。

1. 消化池的池型

消化池的基本池型有圆柱形和蛋形两种，图5.10为圆柱形，池径一般为6～35m，柱体部分的高度约为直径的一半，总高度与池径之比为0.8～1.0，池底、池盖倾角一般取15°～20°，为检修方便，池盖上设置1或2个ϕ0.7m的人孔，池顶集气罩直径取2～5m，高1～3m；图5.11为蛋形，其侧壁为圆弧形，直径远小于池高，大型消化池可采用蛋形，容积可做到10000m^{3}以上，蛋形消化池在工艺与结构方面有如下优点：①搅拌充分、均匀，可以有效地防止池底积泥和泥面结壳；②因池体接近球形，在池容相等的条件下，池子总表面积比圆柱形小，散热面积小，故热量损失小，可节省能源。国内建造的大型消化池多为圆柱形。

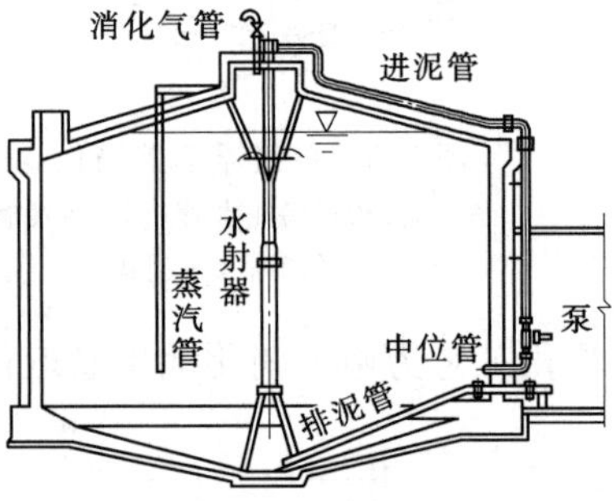

图5.10 圆柱形消化池

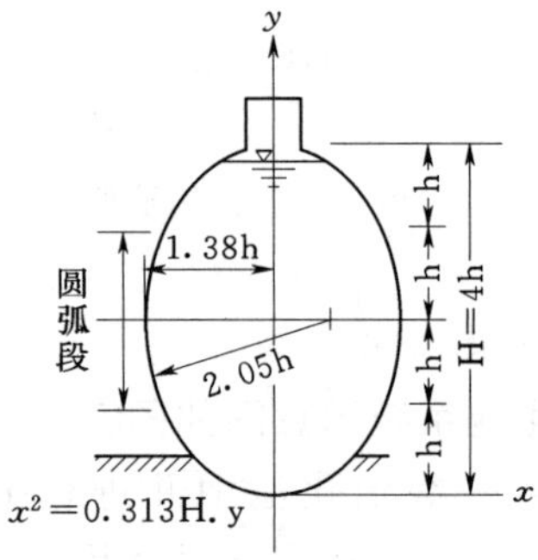

图5.11 蛋形消化池

2. 投配、排泥与溢流系统

(1) 污泥投配。生污泥（包括初沉污泥、腐殖污泥及经过浓缩的剩余活性污泥），需先排入消化池的污泥投配池，然后用污泥泵抽送至消化池。污泥投配池一般为矩形、至少设两个，池容根据生污泥量及投配方式确定，常用12h的储泥量设计。投配池应加盖、设排气管、上清液排放管和溢流管。如果采用消化池外加热生污泥的方式，则投配池可兼作污泥加热池，一般消化池的进泥口布置在泥位上层，其进泥点及进泥口的形式应有利用搅拌均匀和破碎浮渣的需要。

(2) 排泥。消化池的排泥管设在池底，出泥口布置在池底中央或在池底分散数处，排空管可与出泥管合并使用，也可单独设立。依靠消化池内的静水压力将熟污泥排至污泥的后续处理装置。

污泥的投配管和排泥管的直径一般为150～200mm，一般排泥管与放空管合并使用。污泥管的最小直径为150mm，为了能在最适当的高度除去上清液，可在池子的不同高度设置若干个排出口，最小管径为75mm。

此外，还设取样管，一般取样管设置在池顶，最少为两个，一个在池子中部，一个在池边。取样管的长度最少应伸入最低泥位以下0.5m，最小管径为100mm。还备有清洗水或蒸汽的进口及清理污泥管道的设备。

(3) 溢流装置。消化池的污泥投配过量、排泥不及时或沼气产量与用气量不平衡等情况发生时，沼气室内的沼气压缩，气压增加甚至可能压破池顶盖。因此消化池必须设置溢流装置，及时溢流，以保持沼气室压力恒定。溢流管的溢流高度，必须考虑是在池内受压状态下工作。在非溢流工作状态时或泥位下降时，溢流管仍需保持泥封状态，溢流装置必须绝对避免集气罩与大气相通，也避免消化池气室与大气连通。溢流装置常用形式有倒虹管式、大气压式及水封式等3种。

倒虹管式如图5.12（a）所示，倒虹管的池内端必须插入污泥面，保持淹没状，池外端插入排水槽也需保持淹没状，当池内污泥面上升，沼气受压时，污泥或上清液可从倒虹管排出。

大气压式如图5.12（b）所示，当池内沼气受压，压力超过 Δh（Δh 为U形管内水层厚度）时，即产生溢流。

水封式如图5.12（c）所示，水封式溢流装置由溢流管、水封管与下流管组成。溢流管从消化池盖插入设计污泥面以下，水封管上端与大气相通，下流管的上端水平轴线标高，高于设计污泥面、下端接入排水槽。当沼气受压时，污泥或上清液通过溢流管经水封管、下流管排入水槽。

溢流装置的管径一般不小于200mm。

排出的上清液及溢流出泥，应重新导入初次沉淀池进行处理。设计沉淀池时，应计入此项污染物。

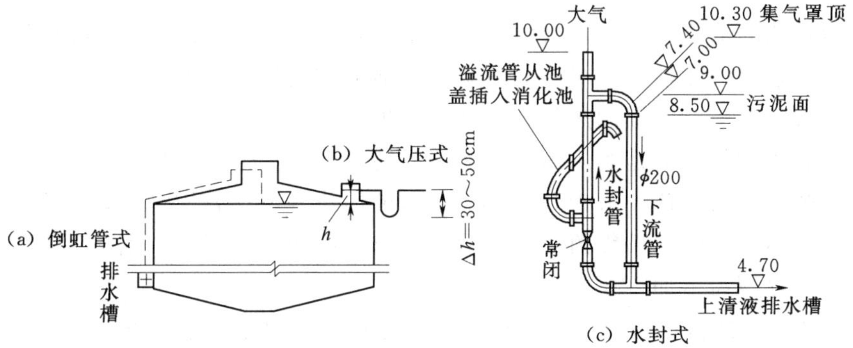

图5.12　消化池的溢流装置

3. 沼气的收集与储存设备

由于产气量与用气量常常不平衡，所以必须设贮气柜进行调节。沼气从集气罩通过沼气管输送到贮气柜。沼气管的管径按日平均产气量计算，管内流速按7～15m/s计，当消化池采用沼气循环搅拌时，则计算管径时应加入搅拌循环所需沼气量。管道坡度应与气流方向一致，其坡度为0.5%，在最低点应设置凝结水罐。并可及时排除积水。为了减少凝结水量，防止沼气管被冻裂，沼气管应该保温。另外，应采取防腐措施，一般采用防腐蚀镀锌钢管或铸铁管。在沼气输送管道的适当地点设置必要的水封罐，以便调整和稳定压力，并在消化池、贮气柜、压缩机、锅炉房等设备之间起隔绝作用，确保安全。

消化池的气室及沼气管道均应在正压下工作，通常压力为2～3kPa，消化池不允许出现负压。

沼气中由于 H_2S 和饱和蒸汽的存在，对消化池顶集气罩有腐蚀作用，必须对气室进行防腐处理。

贮气柜有低压浮盖式与高压球形罐两种，如图 5.13 所示。贮气柜的容积一般按平均日产气量的 25%～40%，即 6～10h 的平均产气量计算。

低压浮盖式的浮盖重量决定于柜内气压，柜内气压一般为 1177～1961Pa，最高可达 3432～4904Pa。气压的大小可用盖顶加减铸铁块的数量进行调节。浮盖的直径与高度比一般采用 1.5：1，浮盖插入水封柜以免沼气外泄。

当需要长距离输送沼气时，可采用高压球形罐。贮气柜中的压力决定了消化池气室和输气管道的压力，此压力一般保持在 2～3kPa，不宜太高。

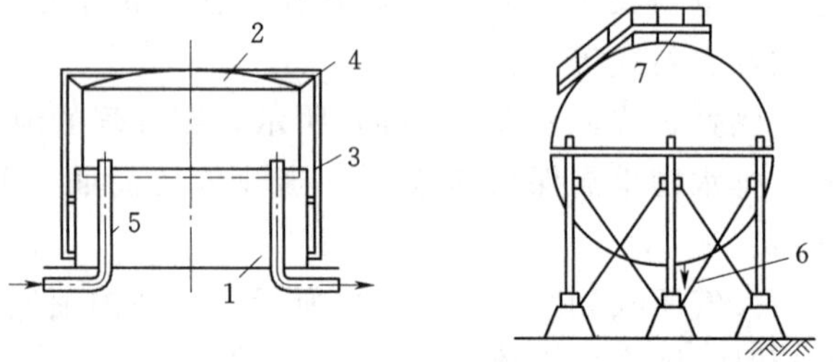

(a) 低压浮盖式　　(b) 高压球形罐

图 5.13 贮气柜

1—水封柜；2—浮盖；3—外轨；4—滑轮；5—导气管；6—导气管；7—安全阀

由于沼气中含有少量 H_2S，一般含量在 0.005%～0.01%之间，在有水分条件下，当沼气中 H_2S 含量超过 $1.1/10^6$ 浓度时，对沼气发动机有很强的腐蚀性。根据煤气燃烧规定，H_2S 的容许含量应小于 $20mg/m^3$。如果沼气中含硫量太高，必须进行沼气脱硫。

4. 消化池的加热方法

为了使消化池的消化温度恒定（中温或高温消化），必须对新鲜污泥进行加热和补偿消化池池体及管道系统的热损失。加热的热源可用锅炉或其他生产设备的余热。

加热方法有池内蒸汽直接加热与池外预热两种。

池内蒸汽直接加热法就是利用插在消化池内的蒸汽竖管，直接向消化池送入蒸汽，加热污泥。蒸汽在竖管中的流速一般为 3～5m/s。这种加热方法比较简单，热效率高。但竖管周围的污泥易被过热，影响甲烷细菌的正常活动。由于增加了冷凝水，消化污泥的含水率稍有提高，消化池的容积需增加 5%～7%。

池外预热法，是把新鲜污泥预先加热后，投配到消化池中。这种方法的优点是预热的污泥，只是新鲜污泥且数量较少，易于控制，预热达到的温度较高，有利于杀灭寄生虫卵，以提高消化污泥的卫生条件，不会使消化池中的甲烷细菌受到过热的影响，因此是一种较好的加温方法。缺点是加温设备比较复杂。池外预热法，可分为热交换器预热与投配池内预热两种。

(1) 热交换器预热法。在消化池外，用热交换器将新鲜污泥预热后，送入消化池。热交换器可采用套管式，以热水为热媒。热交换器预热法如图 5.14 所示。

新鲜污泥从内管通过，流速为 1.5～2.0m/s，热水从套管通过，流速为 1.0～1.5m/s。可用逆流或顺流交换。内管直径一般为 150mm，套管直径一般为 200mm。

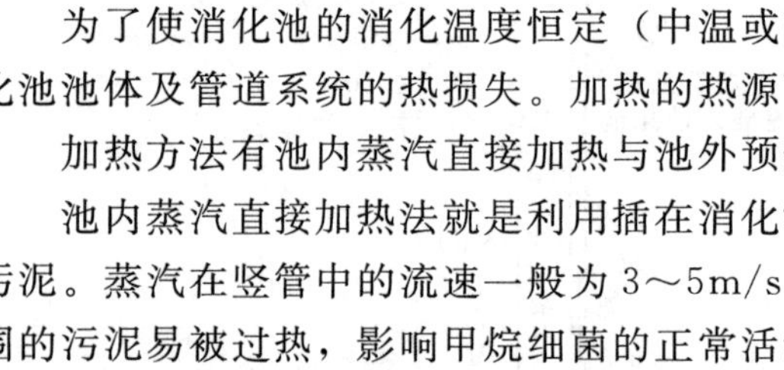

图 5.14 热交换器预热法

(2) 投配池内预热法。即在投配池内，用蒸汽把新鲜污泥预热到所需温度后，一次投入消化池。投配池预热法如图 5.15 所示。

此外，为减少热量损失，还应对消化池采取保温措施，常用的保温材料有：泡沫混凝土、

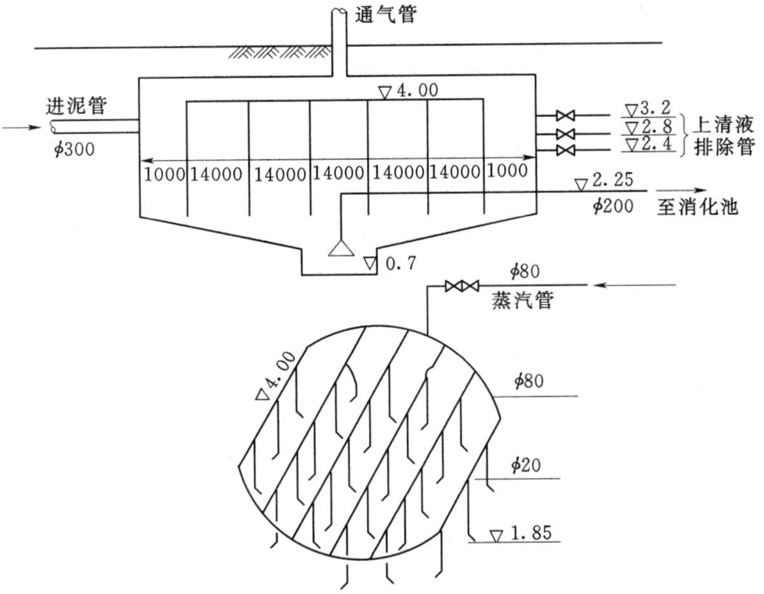

图5.15　投配池内预热法示意图

膨胀珍珠岩、聚苯乙烯泡沫塑料和聚氨酯泡沫塑料等。

5. 消化池的搅拌方法

新投入生污泥与原有成熟污泥的充分混合对消化池的正常运行有很大影响，因此搅拌设备也是消化池的重要组成部分，消化池的常用的搅拌方法有：泵加水射器搅拌、沼气搅拌及联合搅拌等。搅拌设备至少应在2～5h内将全池污泥搅拌一次。一般当池内各处污泥浓度变化范围不超过10%时，即可认为符合搅拌要求。

（1）泵加水射器搅拌。生污泥用污泥泵加压后，射入水射器。水射器顶端浸没在污泥面以下0.2～0.3m，污泥泵压力应大于0.2MPa，生污泥量与吸入水射器的污泥量之比为1∶3～1∶5。消化池池径大于10m时，可设2个或2个以上的水射器。根据需要，加压后的污泥也可从中位管压入消化池进行补充搅拌。这种方法搅拌可靠，但效率较低。

（2）联合搅拌法。联合搅拌法的特点是把生污泥加温、沼气搅拌联合在一个装置内完成，如图5.16所示。经空气压缩机加压后的沼气以及经污泥泵加压后的污泥分别从热交换器（兼作生、熟污泥与沼气的混合器）的下端射入，并把消化池内的熟污泥抽吸出来，共同在热交换器中加热混合，然后从消化池的上部污泥面下喷入，完成加温搅拌过程。

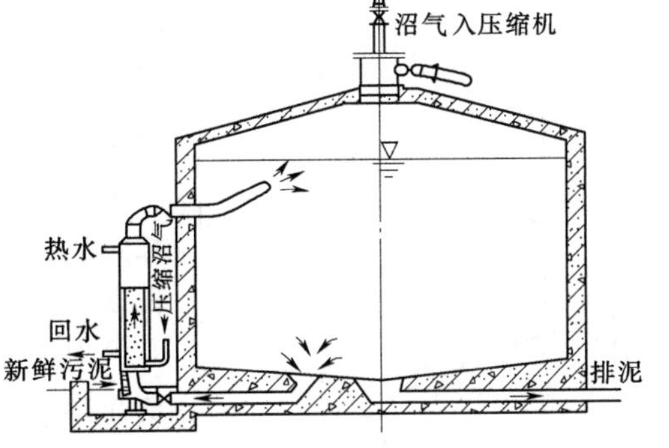

图5.16　联合搅拌示意图

加热混合器污泥管直径用150mm，外套管用250mm，加热所需接触面积可以用热交换量计算。消化池直径9m以下，可用一个热交换器，直径在15m以上可用三个热交换器均匀分布在池外。

（3）沼气搅拌。沼气搅拌的优点是没有机械磨损，故障少，搅拌力大，不受液面变化的影响，并可促进厌氧分解，缩短消化时间，沼气搅拌装置如图5.17所示，用空压机将贮气罐中的一部分消化气抽出，经稳压罐送入消化池进行搅拌。消化气通过消化池顶盖上面的配气环管，进入每根立管，立管数量根据搅拌气量及立管内的气流速度决定。搅拌气量按每$1000m^3$池容$5 \sim 7m^3/min$计，气流速度按$7 \sim 15m/s$计。立管末端在同一平面上，距池底$1 \sim 2m$，或在池壁与池底连接面上。

其他搅拌方法如螺旋桨式搅拌，现已不常用。

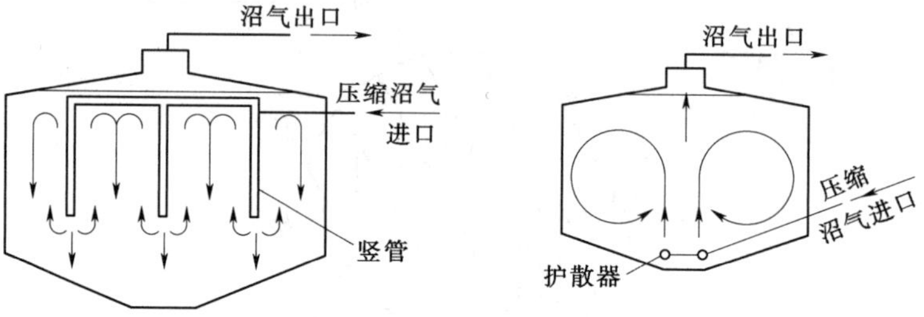

图5.17　采用沼气循环搅拌示意图

5.3.1.4　消化池有效容积的计算

污泥消化池有效容积的确定，我国是按每天加入的新鲜污泥量及污泥投配率进行计算的。计算式如下：

$$V=\frac{V'}{p}\times 100 \tag{5.9}$$

式中：V为消化池有效容积，m^3；V'为污泥量，m^3/d；p为污泥投配率（每日投加的新鲜污泥量占消化池有效容积的百分比）。

消化污泥的投配率，最好通过试验或调研确定。当无资料时，对于生活污水污泥，中温高速消化池p可采用5%～12%，传统消化池p可采用2%～3%。

当采用高速消化池时，二级消化池容积可按池中停留10～60d计算，一般采用20～30d或与一级消化池相同的停留时间。

由污泥投配率的定义知道，污泥在消化池中的停留时间T(d)为

$$T=\frac{100}{p} \tag{5.10}$$

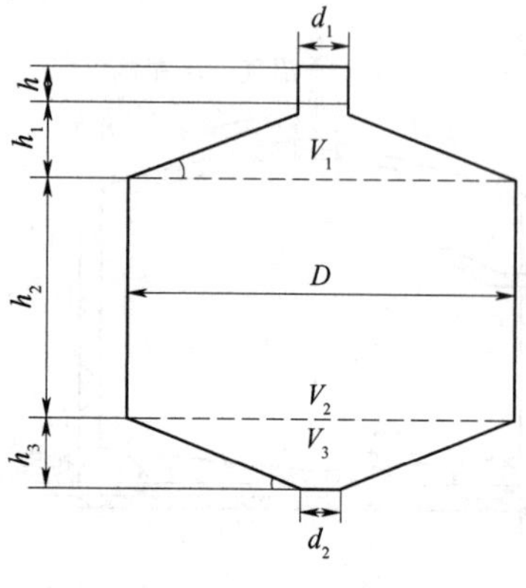

图5.18　消化池计算草图

用投配率确定消化池的有效容积，方法虽简单，但是并不理想，因为在消化池中进行分解的只是有机物，而各种污泥中的有机物含量是不相同的，即使是同一种污泥由于含水率不同，有机物的浓度也不同，有机物愈多，消化时间就愈长，反之亦然。所以用有机物的投加量计算比较合理。美国长期以来是按污泥的挥发分计算，下列数据可供参考：

对于生活污水污泥，中温消化和传统消化的挥发性固体负荷率p'可采用$0.5 \sim 1.6kgVSS/(m^3 \cdot d)$，高速消化的负荷率$p'$可采用$1.6 \sim 6.5kgVSS/(m^3 \cdot d)$。

固定盖式消化池的计算草图如图5.18所示。

【例题】 某市污水厂污水量为30000m^3/d，其中生活污水水量为10000m^3/d，其余为工业废水，原污水悬浮固体（SS）浓度为240mg/L，经初沉后BOD_5为200mg/L，初沉池SS去除率为40%，用普通活性污泥法处理，曝气池有效容积为5000m^3，MLSS浓度为4g/L，VSS/SS=0.75，曝气池BOD_5去除率为95%。污水厂的污泥现决定采用中温（35℃）厌氧消化处理，投配率为7%，试确定消化池有效容积计算消化池的主要尺寸。

解 （1）新鲜污泥量的计算。初次沉淀池污泥体积（以含水率96.5%计）为

$$V_1=\frac{240\times0.4\times30000}{(1-0.965)\times1000\times1000}=82\ (m^3/d)$$

剩余污泥体积（取$a=0.5$，$b=0.1$）为

$$\begin{aligned}\Delta X&=aQS_a-bXY\\&=0.5\times200\times0.95\times30000/1000-0.1\times4\times0.75\times5000\\&=1350\ (kgVSS/d)\end{aligned}$$

每日剩余污泥量为1350/0.75=1800（kgVSS/d）

当浓缩至含水率为96.5%，其体积为

$$V_2=\frac{1800}{(1-0.965)\times1000}=51\ (m^3/d)$$

污泥总体积为

$$V'=V_1+V_2=82+51=133\ (m^3/d)$$

（2）消化池有效容积的计算。已知投配率为7%，根据式（6.1），消化池有效容积为

$$V=\frac{V'}{p}\times100=\frac{133}{7}\times100=1900\ (m^3)$$

为了考虑检修，采用2座消化池，则每个消化池的有效容积为950m^3。

（3）消化池主要尺寸计算。采用消化池直径近似地等于柱体部分高度2倍计算。消化池的直径可近似地按下式计算：

$$D=\sqrt[3]{\frac{V}{0.485}}=\sqrt[3]{\frac{950}{0.485}}=12.5\ (m)$$

消化池集气罩直径d_1采用2m，高h_1采用1m，下锥底直径d采用1m。

池顶盖高： $h_2=\left(\frac{D}{2}-\frac{d_1}{2}\right)\tan20°=\left(\frac{12.5}{2}-\frac{2}{2}\right)\times0.364=1.9\ (m)$

柱体高： $h_3=\frac{D}{2}=6.25\ (m)$

下锥体高： $h_4=\left(\frac{D}{2}-\frac{d_2}{2}\right)\tan30°=\left(\frac{12.5}{2}-\frac{1}{2}\right)\times0.577=3.3\ (m)$

消化池总高： $H=h_1+h_2+h_3+h_4=1+1.9+6.25+3.3=12.45\ (m)$

5.3.1.5 消化池的启动、运行与管理

1. 消化池的启动

（1）试漏、气密性检查、气体的置换。向池内灌满清水，检查消化池和污泥管道有无漏

水现象，接着对消化池和输气管路进行气密试验。把内压加到约 3432.33Pa，稳定 15min 后，测后 15min 的压力变化。当气压降小于 98Pa，可认为池体气密性符合要求；否则应采取补救措施，再按上述方法试验，直至合格为止。为防止发生爆炸事故，在投泥前应使用惰性气体（氮气）将输气管路系统中的空气置换出去，以后再投污泥，产生沼气后，再逐渐把氮气置换出去。

（2）消化污泥的培养与驯化。新建的消化池，需要培养消化污泥。培养方法有两种：

1）逐步培养法。将每天排放的初次沉淀污泥和浓缩后的活性污泥投入消化池，然后加热，使每小时温度升高 1℃，当温度升到预定消化温度时，维持温度，然后逐日加入新鲜污泥，直至设计泥面，停止加泥，维持消化温度，使有机物水解、液化，约需 30～40d，待污泥成熟、产生沼气后，方可投入正常运行。

2）一次培养法。在消化池中投入一定数量的接种污泥，数量应占消化池有效容积的 1/10，再投入新鲜污泥至设计泥面，然后加热，升温速度为 1℃/h，直至预定温度。并投加一定碱（或石灰），使 pH 值保持 6.8～7.2 之间，稳定一段时间（3～5d），污泥成熟并产气后，便可投入试运行。如当地已有消化池，则可取消化污泥更为简便。

（3）消化池启动过程中的注意事项和遇到的问题：

1）当取池塘中的陈腐污泥、人、畜粪便或初沉池污泥作种泥时，首先要对其进行淘洗，过滤以去无机杂物，再通过静止沉淀，去除部分上清液后，混合均匀，配制成含固体浓度为 3%～5%的污泥，投入消化池，且最小投加量应占消化池有效容积的 10%。

2）消化池加热至预定温度（比如中温消化的 35℃）后，要维持消化池的恒温条件。

3）消化池混合液 pH 值维持在 6.8～7.2 之间，一旦 pH 值下降，立即投加石灰，直到 pH 值稳定在 6.8 为止，投加量可通过简单试验即可获得。

4）投配污泥尽可能保持有规律性，而且高速消化池中一次投配量不要超过额定负荷的 30%。

5）污泥消化池启动过程中，经常会遇到泡沫问题，当消化过程开始时，随着 CO_2 气体的形成而出现大量的污泥泡沫，泡沫的出现有时很突然，当污泥中存在蛋白质或某些没有完全分解的表面活性剂时，这一现象会更加严重，严格地控制消化池温度条件以及严格监控生污泥的营养比，可以克服这一问题。成熟的污泥呈深灰或黑色并略带有焦油味。pH 值在 7.0～7.5 之间时，污泥易脱水和干化。

2. 正常运行的化验指标

正常运行的化验指标有：投配污泥含水率为 94%～96%，有机物含量为 60%～70%，脂肪酸以醋酸计为 2000mg/L 左右，总碱度以重碳酸盐计大于 2000mg/L，氨氮为 500～1000mg/L，有机物分解程度为 45%～55%，产气率正常，沼气成分（CO_2 与 CH_4 所占百分比）正常。

3. 正常运行的控制指标

（1）投配率，新鲜污泥投配率需严格控制。

（2）温度，消化温度需严格控制。

（3）搅拌，采用沼气循环搅拌可全日工作。采用水力提升器搅拌时，每日搅拌量应为消化池容积的两倍，间歇进行，如搅拌 0.5h，间歇 1.5～2h。

（4）排泥，有上清液排除装置时，应先排上清液再排泥。否则应采用中、低位管混合排泥或搅拌均匀后排泥，以保持消化池内污泥浓度不低于30g/L，而且进泥和排泥必须做到有规律，否则消化很难进行。

(5) 沼气气压。消化池正常工作所产生的沼气气压在1177～1961Pa之间，最高可达3432～4904Pa，过高或过低都说明池组工作不正常或输气管网中有故障或操作失误。

4. 消化池运转时的异常现象及解决办法

(1) 产气量下降。产气量下降的原因与解决办法主要有：

1) 投加的污泥浓度过低，导致微生物的营养不足，应设法提高投配污泥的浓度。

2) 消化污泥排量过大，使消化池内微生物量减少，破坏微生物与营养的平衡，应减少排泥量。

3) 消化池温度降低，可能是由于投配的污泥过多或加热设备发生故障。解决办法是减少投配量与排泥量，检查加温设备，保持消化温度。

4) 采用蒸汽竖管直接加热，若搅拌配合不上，造成局部过热，使部分甲烷菌活性受到抑制，导致产气量下降，及时检查搅拌设备，保证搅拌效果。

5) 消化池的容积减少，由于池内浮渣与沉沙量增多，使消化池容积减小，应检查池内搅拌效果及沉沙池的沉沙效果，并及时排除浮渣与沉沙。

6) 有机酸积累，碱度不足，解决办法是减少投配量，继续加热，观察池内碱度的变化，如不能改善，则应投加碱度，如石灰、$CaCO_3$ 等。

(2) 上清液水质恶化。上清液水质恶化表现在 BOD_5 和 SS 浓度增加，原因可能是排泥量不够，固体负荷过大，消化程度不够，搅拌过度等。解决办法是分析上列可能原因，分别加以解决。

(3) 沼气的气泡异常。沼气的气泡异常有三种表现形式：

1) 连续喷出像啤酒开盖后出现的气泡，这是消化状态严重恶化的征兆。原因可能是排泥量过大，池内污泥量不足，或有机物负荷过高，或搅拌不充分。解决办法是减少或停止排泥，加强搅拌，减少污泥投配。

2) 大量气泡剧烈喷出，但产气量正常，池内由于浮渣层过厚，沼气在层下集聚，一旦沼气穿过浮渣层，就有大量沼气喷出，对策是破碎浮渣层充分搅拌。

3) 不起泡，可暂时减少或中止投配污泥，充分搅拌一级消化池；打碎浮渣并将其排除；排除池中堆积的泥沙。

5. 消化池的维护与管理

(1) 消化池中的浮渣与沉沙应定期清除，最长3～5年清除一次。

(2) 由于沼气中往往带有水蒸气，在沼气输送过程中遇冷变成凝结水，为了保证沼气管道畅通，在沼气输送管道的最低点都设有凝结水罐，应及时或定期排除凝结水。

(3) 沼气、污泥及蒸汽管道都采取保温措施，溢流管，防爆装置的水封在冬季应加入食盐以降低冰点，避免结冰而失灵。同时，要经常检查水封高度，保证其在要求的高度范围内。

(4) 当采用蒸汽直接加热时，污泥会充满灼热的蒸汽竖管，容易结成污泥壳而使管道堵塞，可用大于0.4MPa的蒸汽冲刷。

(5) 消化池的所有仪表（压力表、真空表、温度表、pH计等）应定期检查，随时保证完好。

(6) 在运行中必须充分注意安全问题，因为沼气为易燃易爆气体，CH_4 在空气中的含量达到 5%～16%时，遇明火即爆炸，故消化池、贮气罐、沼气管道等部位必须绝对密闭，周围严禁明火或电气火花。检修消化池时，必须完全排除消化池内的消化气。

5.3.2 污泥的好氧消化

污泥的好氧消化是通过长时间的曝气使污泥固体稳定，好氧消化常用于处理来自无初沉池污水处理系统的剩余活性污泥。通过曝气使活性污泥进行自身氧化从而使污泥得到稳定。挥发性固体可去除约 40%～50%（一般认为，当污泥中的挥发性固体的量降低 40%左右即可认为已达到污泥的稳定），延时曝气和氧化沟排出的剩余污泥已经稳定，不必再进行厌氧或好氧消化。

参与污泥好氧消化的微生物是好氧菌和兼性菌。它们利用曝气鼓入的氧气，分解生物可降解有机物及细胞原生质，并从中获得能量。消化池内微生物处于内源呼吸期，污泥经氧化后，产生挥发性物质（CO_2、NH_3 等），使污泥量大大减少。如以 $C_5H_7NO_2$ 表示细菌细胞分子式，好氧消化反应为

$$C_5H_7NO_2+5O_2 \longrightarrow 5CO_2+NH_3+2H_2O$$

污泥的好氧消化需要供给足够的氧气以保证污泥中 DO 的含量至少为 1～2mg/L，并有足够的搅拌使污泥中的颗粒保持悬浮状态。污泥含水率大于 95%左右，否则难于将污泥搅拌起来。

污泥好氧消化池的构造与曝气池基本相同，有曝气设备，没有加温设备，池子不必加盖。当采用圆形池与矩形池时，由于好氧消化在运行过程中泡沫现象较多（尤其在启动初期较严重），所以超高应采用 0.9～1.2m。

污泥好氧消化时间最好通过试验确定，对于生活污水污泥好氧消化的一些设计参数如下：当消化温度为 15℃以上时，消化时间为活性污泥需 15～20d，初沉池污泥加活性污泥需 20～25d；当采用鼓风曝气时，其空气用量为活性污泥需 0.02～0.04$m^3/(m^3 \cdot min)$，初沉污泥加活性污泥需 0.06$m^3/(m^3 \cdot min)$；当污泥浓度大于 8g/L、池深大于 3.5m 时，曝气器应置于池底，以免搅不起污泥；当采用机械曝气时，其所需功率为 0.03～0.04$kW/10^3m^3$。

与厌氧消化处理比较，好氧消化的主要优点是：①消化温度相同时，所需消化时间较短；②出水的 BOD_5 浓度较低；③无臭气；④污泥的脱水性能较好；⑤运行较方便；⑥设备费用少。

好氧消化的缺点是：①需要供氧，动力费用一般较高；②无沼气产生；③去除寄生虫卵和病原微生物的效果较差；④冬季低温时运行效果极差。污泥好氧消化法一般仅适用于中小型污水厂，我国目前尚无污水厂的污泥处理采用此方法。

学习情景 5.4　污泥的自然干化处理

污泥自然干化法常通过污泥干化场（或称晒泥场）完成污泥干化，是利用天然的蒸发、渗滤、重力分离等作用，使泥水分离，达到脱水的目的，是污泥脱水中最经济的一种方法。排入污泥干化场的城市污水厂的污泥含水率，来自初沉池的为 95%～97%，生物滤池后二沉池为 97%，曝气池后二沉池活性污泥为 99.2%～99.6%，污泥消化池消化污泥为 97%。通过自然干化，污泥的含水率可降低到 75%左右。污泥体积大大缩小。干化后的污泥压成

饼状，可以直接运输。

5.4.1　污泥干化场的构造

污泥干化场的四周筑有土围堤，中间则用围堤或木板将其分成若干块（常不小于 3 块）。为了便于起运污泥，每块干化场的宽度应不大于 10m。围堤高度可采用 0.5～1.0m，顶宽采用 0.5～0.7m。围堤上设输泥槽，坡度取 0.01～0.03。在输泥槽上隔一定距离设放泥口，以便往干化场上均匀分布污泥，输泥槽和放泥口一般可用木板或钢筋混凝土制成。

干化场应设人工排水层。人工排水层的填料可分为两层，层厚各为 0.2m，上层用细矿渣或砂等，下层用粗矿渣、砾石或碎石。排水层下可设不透水层，不透水层宜用 0.2～0.4m 厚的黏土做成。在不透水层上敷设排水管，如果污泥干化场需要设置顶盖，还需要支柱和透明顶盖，若采用混凝土做成时，其厚度取 0.10～0.15m 或用三七灰土夯实而成厚 0.15～0.30m，应当有 0.01～0.02 的坡度倾向排水设施。

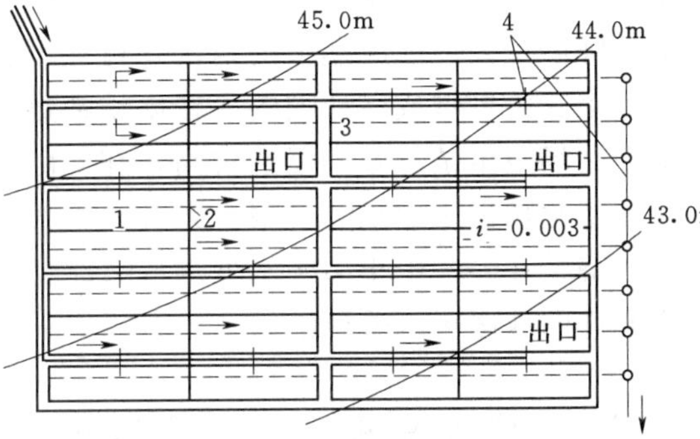

（a）平面图

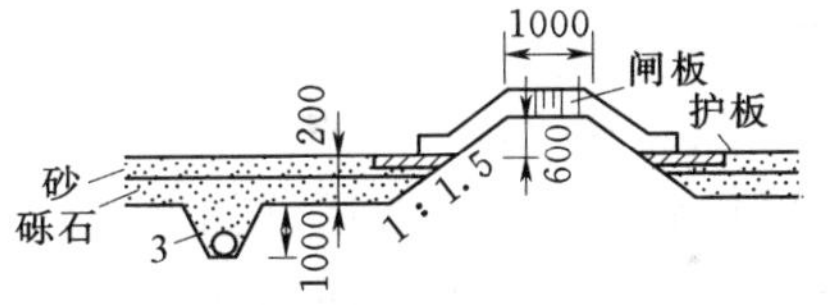

（b）Ⅰ-Ⅰ剖面图（单位：mm）

图 5.19　污泥干化场

1—输泥槽；2—隔墙；3—排水管；4—排水管线

图 5.19 为污泥干化场，排水管可采用不上釉的陶土管，直径 100～150mm，为了接纳下渗的污泥水，各节管子相连处不打口，相邻两管的间距取决于土壤的排水能力，一般可采用 4～10m，坡度采用 0.002～0.005，排水管最小埋深为 1～1.2m。收集污泥水的排水管干管，也可采用不上釉的陶土管，其坡度采用 0.008。从排水管排出的污泥水，卫生情况不好，应送至污水厂再次进行处理。

5.4.2　干化场脱水的影响因素

影响污泥在干化场上脱水的因素如下：

（1）气候条件。由于污泥中占很大比例的水分是靠自然蒸发而干化的，因此气候条件，包括降雨量、蒸发量、相对湿度、风速及年冰冻期对干化场的脱水有很大的影响，研究证明，水分从污泥中蒸发的数量约等于从清水中直接蒸发量的 75%，降雨量的 57%左右要被污泥所吸收，因此，在干化场的蒸发量中必须加以考虑。由于我国幅员广大，上述有关数据不能作为定论，必须根据各地条件，加以调整或通过试验决定。

（2）污泥性质。污泥性质对干化效果的影响很大。例如消化污泥在消化池中，承受着比大气压高的压力，并含有很多消化气泡，排到干化场后，压力降低，体积膨胀，气体迅速释出，把固体颗粒挟带到泥层表面，降低水的渗透阻力，提高了渗透性能。对脱水性能差的污泥，水分不易从稠密的污泥层中渗透过去，往往会形成沉淀，分离出上清液，这种污泥主要依靠蒸发进行脱水，并可在围堤或围墙的一定高度上开设撇水窗，撇除上清液，以加速脱水过程，对雨量多的地区，也可利用撇水窗，撇除污泥面上的雨水。

5.4.3 污泥干化场面积的确定

干化场所需的面积随污泥性质，地区的平均降雨量及空气湿度等不同而异。一般来说，对生活污水的消化污泥而言，每1.5～2.5人应设置0.4m^2，当未消化的污泥不得不在干化场上干化时，则需比消化污泥提供更大的面积。一次送来的污泥集中放在一块干化场上，其所需的面积可根据一次排放在污泥量按每次放泥厚度30～50cm计算。

近年来，出现一种由沥青或混凝土浇筑，不用滤水层的干化场，这种干化场特别适用于蒸发量大的地区，其主要优点是泥饼容易铲除。

对于降雨量大或冰冻期长的地区，可在干化场上加盖。加盖后的干化场，能够提高污泥的干化效率。盖可做成活动式的，在雨季或冰冻期盖上，而在温暖季节、蒸发量大时不盖。加盖式干化场卫生条件好，但造价高，在实际工程中较少使用。

污泥干化场占地面积大，卫生条件差，大型污水处理厂不宜采用。但污泥自然干化比机械脱水经济，在一些中小型污水处理厂，尤其是气候比较干燥、有废弃土地可资利用以及环境卫生允许的地区可以采用。

学习情景5.5 污泥的脱水、干燥与焚烧处理、最终处置

5.5.1 污泥脱水处理

1. *污泥机械脱水的基本原理*

污泥机械脱水是以过滤介质（如滤布）两面的压力差为推动力，使污泥中的水被强制地通过过滤介质，称为过滤液，而固体则被截留在介质上，称为滤饼，从而使污泥达到脱水的目的。机械脱水的推动力，可以是在过滤介质的一面形成负压（如真空过滤机），或在过滤介质的一面加压污泥把水压过过滤介质（如压滤）或造成离心力（如离心脱水）等。

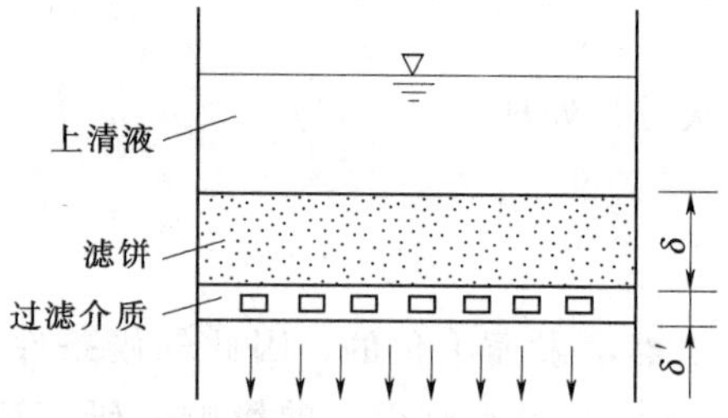

图5.20 过滤过程示意图

机械脱水的基本过程为：过滤刚开始时，滤液仅需克服过滤介质（滤布）的阻力。当滤饼层形成后，滤液要通过不仅要克服过滤介质的阻力而且要克服滤饼的阻力，这时的过滤层包括了滤饼层与过滤介质。过滤过程的示意图如图5.20所示。

2. *污泥脱水前的预处理*

机械脱水前的预处理，也称污泥调质。其目的是改善污泥的脱水性能，提高脱水设备的生产能力。预处理的方法有化学混凝法、淘洗法、热处理法及冷冻法等，其中加药絮凝法功能可靠，设备简单，操作方便，被长期广泛采用。

（1）化学混凝法。化学混凝法是通过向污泥中投加混凝剂、助凝剂等使污泥凝聚和絮凝（参阅学习项目3），提高污泥的脱水性能。

混凝剂有两大类：一类是无机混凝剂，包括铝盐和铁盐两大类。一类是高分子聚合电解质，包括有机高分子聚合电解质（如聚丙烯酰胺PAM）和无机高分子混凝剂（如聚合氯化铝PAC）。一般情况下，无机药剂更适合于真空过滤和压滤，而有机药剂则适合于离心脱水

或带式压滤。

1）无机混凝剂。最有效、最便宜的无机混凝剂是铁盐：氯化铁（$FeCl_3 \cdot 6H_2O$）、硫酸铁［$Fe_2(SO_4)_3 \cdot 9H_2O$］、硫酸亚铁（$FeSO_4 \cdot 7H_2O$）等；另外，比较次要的是各种铝盐：三氯化铝（$AlCl_3$）、碱式氯化铝［$Al(OH)_2Cl$］等。实践证明，铁盐（主要是三价铁盐）和石灰（以5%～10%的石灰乳形成）联合使用，往往会取得很好的絮凝效果。在这里，加入石灰的作用是获得合适的絮凝pH值、形成多种钙盐沉淀、降低亲水污泥的结合水，相当于加入了稠密的无机填料使胶态介质得以稀释。

混凝剂的投加量以占污泥干固体重量的%计，就亲水的氢氧化物污泥，单加石灰就可以，加量约为干固体重量的50%；对亲水性的有机污泥，石灰和铁盐结合使用，一般情况下 $FeCl_3$ 为3%～12%，CaO为6%～30%，具体数值取决于污泥的性质。

氯化铁是使用最广泛的药剂，但有时可根据具体情况及为了节省运转费用，有时可能采用硫酸亚铁，Fe^{2+} 投量为 Fe^{3+} 投量的一倍，同时对有机物浓度高和较亲水的污泥，效率有限，但是这种药剂费用低，因为它是钢铁酸洗副产品。

2）高分子聚合电解质。有机高分子调理剂种类很多，按聚合度分为低聚合度和高聚合度两种；按离子型分有阳离子型、阴离子型、非离子型、阴阳离子型等。用于污泥调理的主要是高聚合度的聚丙烯酰胺系列的絮凝剂，该药剂调理效果好，但价格昂贵，同济大学研究开发的阴离子聚丙烯酰胺-石灰法，是一种经济有效的联用调理剂，有时也有其他结合方式，其投加量一般在1%以下。

影响调理效果的因素，通过严密的试验，选择合适的调理药剂及其投加量是很重要的，除此之外，药剂配制条件和药剂与污泥的混合方式也很重要。比如，污泥调理在10℃以上进行效果更好。药剂的配制浓度影响调理效果，对有机高分子絮凝剂更应注意这一点，一般来说，配制浓度越低，药剂用量则越少，调理效果越好。无机絮凝剂则很少受配制浓度影响，实践证明，有机高分子絮凝剂配制浓度在0.05%～0.1%范围内较合适，也有的研究报告提出 $FeCl_3$ 配制浓度10%为最佳，铝盐配制浓度在4%～5%较适宜。药剂与污泥必须完全充分混合，而且为了避免破坏形成的絮体，应限于在短距离内通过重力作用来输送絮凝后的污泥，或者在必要时，可用慢速活塞泵或用间歇气压来输送絮凝污泥。

（2）淘洗——化学混凝法。化学混凝法所消耗的混凝剂是消耗在污泥的固相组分与液相组分上的。以投加铁盐为例，污泥中的重碳酸盐作用，产生氢氧化铁絮凝体而下沉：

$$FeCl_3 + 3(NH_4)_2CO_3 \longrightarrow Fe(OH)_3 \downarrow + 3NH_4Cl + 3CO_2 \uparrow$$

$$2FeCl_3 + 3Ca(HCO_3)_2 \longrightarrow 2Fe(OH)_3 \downarrow + 3CaCl_2 + 6CO_2 \uparrow$$

由反应式可知，污泥中的重碳酸盐碱度越高，由此消耗的混凝剂也越多。所谓淘洗法，就是用河水或处理水洗涤污泥，降低污泥中的碱度，以节省混凝剂用量，一般可节省50%～80%。所以淘洗调节法，一般仅适用于消化污泥。

但由于淘洗法需增设淘洗池等构筑物，造价的增加值与节约的混凝剂费用，两者差不多抵消，故陶洗法在实际中已被淘汰。

3. 机械脱水设备

（1）过滤法脱水设备：

1）真空过滤机。真空过滤是目前使用较为广泛的一种污泥脱水机械方法，使用的机械是真空转鼓过滤机，也称转鼓式真空滤机。其国内使用较多的是GP型，转鼓真空过滤机，其构造如图5.21所示。其主要部件是空心转鼓和下部污泥贮槽。

在空心转鼓的表面上覆盖有过滤介质，并浸在污泥贮槽内。转鼓用径向隔板分隔成许多扇形间格。每格有单独的连通管，管端与分配头相接。分配头由两片紧靠在一起的转动部件和固定部件组成。固定部件由缝与真空管路相通。孔与压缩空气管路相通。转动部件有一系列小孔，每孔通过连通管与各扇形间格相连。转鼓旋转时，由于真空的作用，将污泥吸附在过滤介质上，液体通过过滤介质沿管流到气水分离罐。吸附在转鼓上的滤饼转出污泥槽的污泥面后，若扇形间格的连通管在固定部件的缝范围内，则处于滤饼形成区与吸干区，继续吸干水分。当管孔与固定部件的缝相通时，便进入反吹区，与压缩空气相通，滤饼被反吹松动，并进行剥落。剥落的滤饼用皮带输送器运走。转鼓每旋转一周，依次经过滤饼形成区、吸干区、反吹区和休止区。

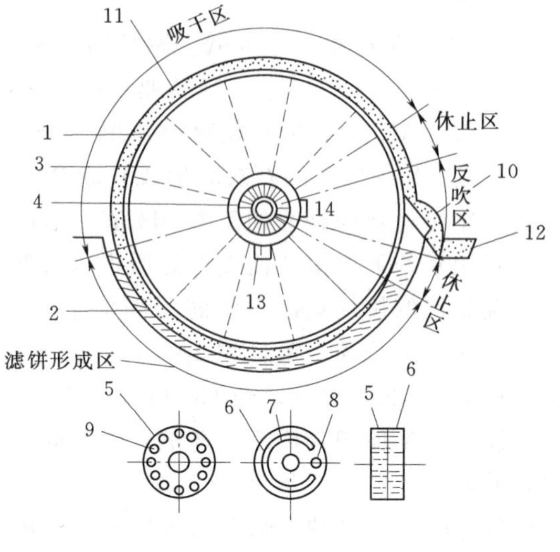

图5.21 转鼓式真空过滤机

1—空心转鼓；2—污泥贮槽；3—扇形间格；4—分配头；5—转动部件；6—固定部件；7—缝；8—孔；9—一系列小孔；10—反吹区；11—吸干区；12—皮带输送器；13—管；14—压缩空气管路

GP型转鼓真空滤机的缺点是滤布紧包在转鼓上，清洗不充分，容易堵塞。滤饼的卸除采用刮刀，滤饼不能太薄，至少要3～6mm。图5.22为链带式真空过滤机。这种真空过滤机主要是把滤布从转鼓上引申过来，通过冲洗槽进行清洗，这样就可以避免滤布堵塞，滤饼的卸除靠小直径的排除辊的曲率变化，易于剥离，滤饼厚度1～2mm时也可排出。这样就可减少混凝剂的用量。

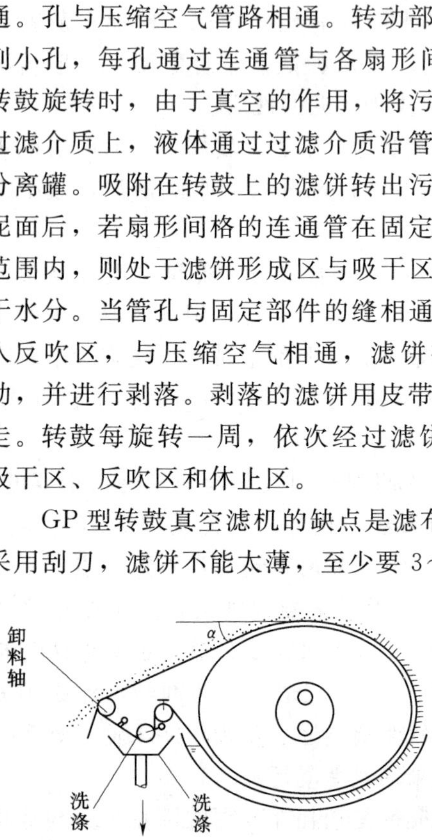

图5.22 链带式转鼓真空过滤机

真空过滤机目前主要用于初次沉淀污泥和消化污泥的脱水。其特点是能够连续操作，运行平稳，可以自动控制。缺点是过滤介质紧包在转鼓上，再生与清洗不充分，容易堵塞，影响生产效率，附属设备多，工序复杂，运行费用高。

2）板框压滤机。压滤脱水使用的机械称为板框压滤机，板框压滤机的基本构造如图5.23所示，由滤板和滤框（图5.24）相间排列而成。在滤板的两面覆有滤布（图5.25），滤框是接纳污泥的部件。滤板的两侧面覆上凸条和凹槽相间，凸条承托滤布，凹槽接纳滤液。凹槽与水平方向的底槽相连，把滤液引向出口。滤布目前多采用合成纤维织布，有多种规格。

在过滤时，先将滤框和滤板相间放在压滤机上，并在它们之间放置滤布，然后开动电机，通过压滤机上的压紧装置，把板、框、布压紧，这样，在板与板之间构成压滤室。在板与框的上端相同部位开有小孔。压紧后，各孔连成一条通道，待脱水的污泥经加压后由通道进入压滤室。滤液在压力作用下，通过滤布背面的凹槽收集，并由经过各块板的通道排走，达到脱水的目的，排出的水回到初沉池进行处理。

压滤机可分为人工板框压滤机与自动板框压滤机（图5.26）两种。

人工板框压滤机，需一块一块地卸下，剥离泥饼并清洗滤布后，再逐块装上。劳动强度大、效率低。自动板框滤机，上述过程都是自动的，效率较高，劳动强度低，是一种有前途的脱水机械。自动板框压滤机有水平式与垂直式两种。

板框压滤机的过滤能力随污泥性质、泥饼厚度、过滤压力、过滤时间和滤布的种类等因素有关。

处理城市污水厂污泥时，过滤能力一般为 2～10kg 干泥/(m^2 · h)。当消化污泥投加 4%～7%的 $FeCl_3$、11%～22.5%的 CaO 时，过滤能力一般为 2～4kg 干泥/(m^2 · h)。过滤周期一般只需 1.5～4h。

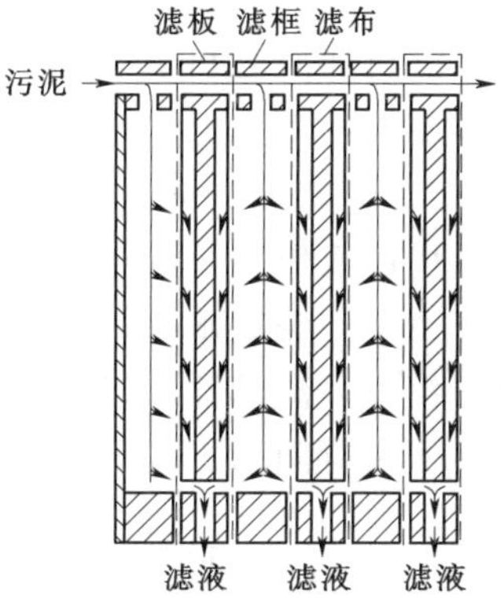

图 5.23　滤框、滤板和滤布组合后的工作状况示意图

滤布选得适当对压力过滤装置的运行有显著的影响。在某些情况下，滤布不是直接装在板上，而是加在较粗的底层滤布上，以改善整个过滤表面的压力分配，便于排除滤液，并保证洗涤滤布有较高的效率。

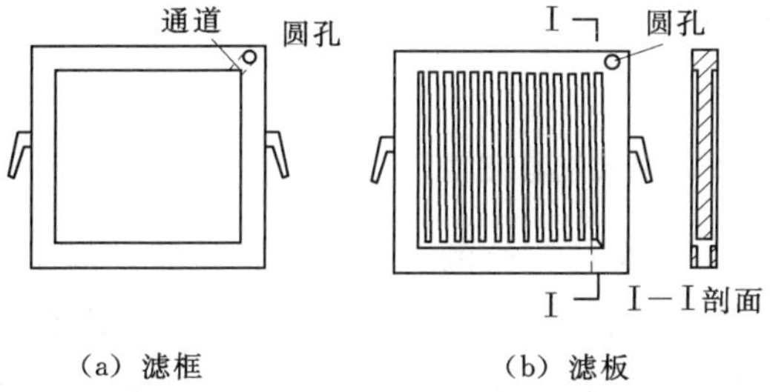

图 5.24　滤板和滤框

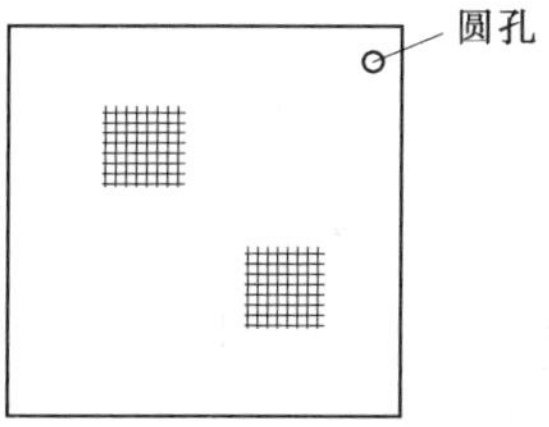

图 5.25　滤布

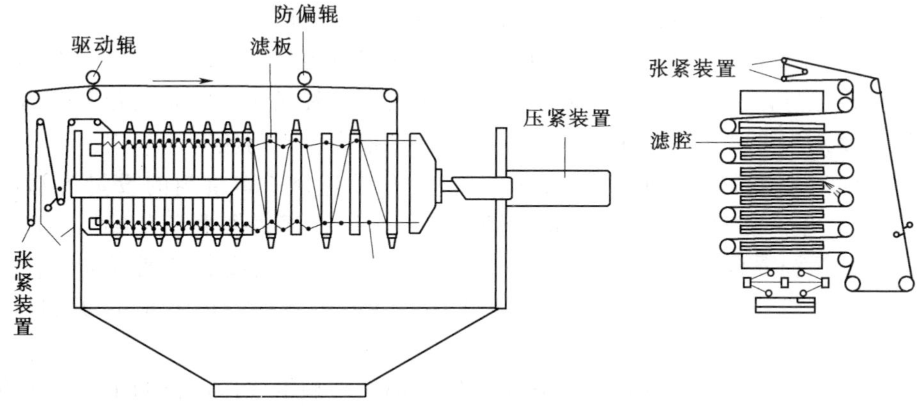

图 5.26　自动板框机压滤机

板框压滤机几乎可以处理各种性质的污泥，对预处理的混凝剂以简单无机的无机絮凝剂

为主，而且对其质量要求亦不高，由于它使用了较高的压力和较长的加压时间，脱水效果比真空滤机和离心机好，压滤过的污泥含水率可降至50%～70%。缺点是：不能连续运行，操作麻烦，产率低。

3）带式压滤机。滚压脱水使用的机械是带式压滤机，其构造如图5.27所示，滚压带式过滤机由滚压轴及滤布带组成。带式压滤机的特点是：把压力施加在滤布上，用滤布的压力或张力使污泥脱水，而不需要真空或加压设备。污泥先经过浓缩段（主要依靠重力过滤），使污泥失去流动性，以免在压榨段被挤出滤布，时间约为10～20s，然后进入压榨段压榨脱水，压榨时间为1～5min。

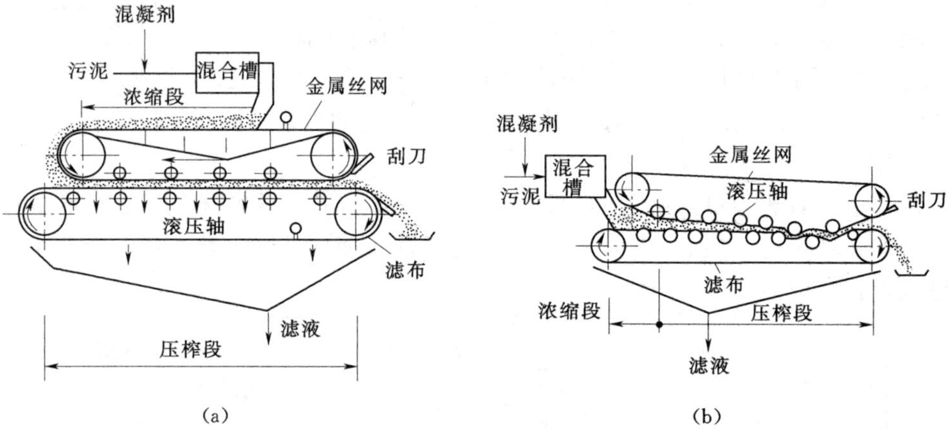

图5.27 带式压滤机

滚压的方式有两种：一种是滚压轴上下相对，压榨的时间几乎是瞬时，但压力大，如图5.27（a）所示；另一种是滚压轴上下错开，见图5.27（b）所示，依靠滚压轴施于滤布的张力压榨污泥，因此压榨的压力受滤布的张力限制，压力较小，压榨时间较长，但在滚压的过程中，滤饼的弯曲度的交替改变，对污泥有一种剪切力的作用，可促进泥饼的脱水。

带式压滤机的成功开发是滤带的开发和合成有机高分子絮凝剂发展的结果，带式压滤机的滤带是以高黏度聚酯切片生产的高强度低弹性单丝原料，经过纺织、热定型、接头加工而成。它具有抗拉强度大、耐折性好、耐酸碱、耐高温、滤水性好、质量轻等优点。预处理用药剂效果最好的是高分子有机絮凝剂聚丙烯酰胺。就城市污水厂污泥的调理，采用阳离子型聚丙烯酰胺效果最好，也可以采用石灰和阴离子聚丙烯酰胺或无机混凝剂和聚丙烯酰胺联合使用。无机混凝剂很少被单独使用，只有污泥中含有很多纤维物质时才采用。

对于初沉池的生污泥（含水率90%～95%），有机高分子絮凝剂的投量为污泥干重的0.09%～0.2%，生产能力为250～400kg干泥/（m^2·h），泥饼含水率为65%～75%；初沉污泥与二沉活性污泥混合生污泥（含水率92%～96.5%），有机高分子絮凝剂的投量为污泥干重的0.15%～0.5%，其生产能力为130～300kg干泥/（m^2·h），泥饼含水率为70%～80%。

另外，滤带行走速度（简称带速）和压榨压力都会影响带式压滤机的生产能力和泥饼的含水率。对不同的污泥有不同的最佳带速。带速过快，则压榨时间短，滤饼含水率高；带速过慢，又会降低滤饼产率。因此，必须选择合适的速度，带速一般为1～2.5m/min；压榨压力直接影响滤饼的含水率，在实际运行中，为了与污泥的流动性相适应，压榨段的压力是逐渐增大的。特别是在压榨开始时，如压力过大，污泥就要被挤出，同时滤饼变薄，剥离也困难；如压力过小，滤饼的含水率会增加。

带式压滤机不能用于处理含油污泥，因为含油污泥易使滤布产生“防水”作用，而且容易使滤饼从设备侧面被挤出。

(2) 污泥的离心脱水设备。离心脱水设备主要是离心机，离心机的种类很多，适用于污泥脱水的一般为卧式螺旋卸料离心脱水机。离心机是根据泥粒与水的比重不同而进行分离脱水。常速离心机是污泥脱水常用的设备，其转筒转速约为 1000～2000r/min。近年来，对于活性污泥，也有认为采用较高转速（5000～6000r/min）的离心机更好。

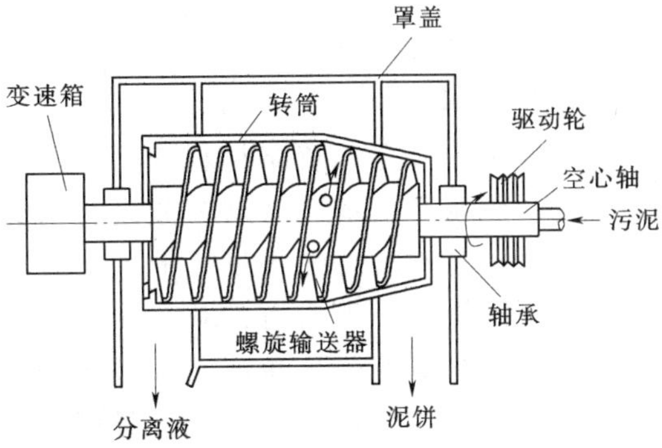

图 5.28 卧式螺旋离心机

卧式螺旋离心机的构造如图 5.28 所示。它主要由转筒、螺旋输送器及空心轴所组成。螺旋输送器与转筒由驱动装置传动，向同一个方向转动，但两者之间有一个小的速差，依靠这个速差的作用，使输送器能够缓缓地输送浓缩的泥饼。

离心脱水可以连续生产，操作方便，可自动控制，卫生条件好，占地面积小，但污泥预处理的要求较高，必须使用高分子聚合电解质作絮凝剂，投加量一般为污泥干重的 0.1%～0.5%。通过离心机脱水后的泥渣含水率为 70%～85%，离心机动力约为 1.7W/(m^3 · h)。

5.5.2 污泥的干燥与焚烧处理

1. 污泥的干燥处理

脱水后的污泥，仍含有大量水分。其重量与体积仍较大，并仍可能继续腐化（根据污泥的性质而定）。如用加热烘干法进一步处理，则污泥含水率可降至 10%左右，这时污泥的体积很小，包装运输也很方便。加热至 300～400℃时，可杀死残留的病原菌如寄生虫卵，用这种方法，污泥肥分损失会很少。

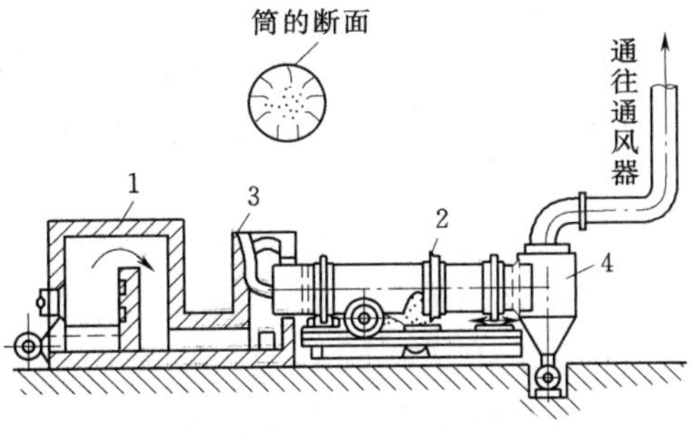

图 5.29 转筒式烘干机
1—火室；2—干燥室；3—加泥室；4—卸料室

图 5.29 为一转筒式烘干机，又称回转炉，它由火室、干燥室、加泥室、卸料室和抽气管等组成。

火室位于加泥室的进口一侧，以便热烟气能从加泥室向卸料室移动。加泥室位于干燥室的起端，干燥室呈圆筒形，外面有轮箍，用齿轮带动干燥室转动，转动速度为 0.5～4r/min，干燥室倾斜放置，起端高，末端低。当污泥被加热时，它由始端移至末端，最后出卸料室。

污泥烘干，加热所用的燃料可以是煤、干污泥或污泥消化过程中产生的沼气，烟气用过后用抽气机抽出。总之，污泥烘干要消耗大量能源，费用很高，只有当干污泥作为肥料、所回收的价值能补偿烘干处理运行费用或有特殊要求时，才有可能考虑此法。

2. 污泥的焚烧处理

污泥含有大量的有害污染物质，如含有大量重金属或有毒有机物，不能作为农肥利用，而任意堆放或填埋均可对自然环境造成很大的危害，这时往往考虑采用焚烧法处理。焚烧后，含水率可降至0，体积更小，可用于填地或充作筑路材料使用。污泥焚烧前凡是能够进行脱水干化的，必须首先进行污泥的脱水和干化。这样可节省所需的热量。干污泥焚烧所需的热量可以由干污泥自身所含有的热量提供，如用干污泥所含的热量供燃烧有余，尚可回收一部分热量，只有当干污泥自身所含热值不能满足自身燃烧时才要外界提供辅助燃料。

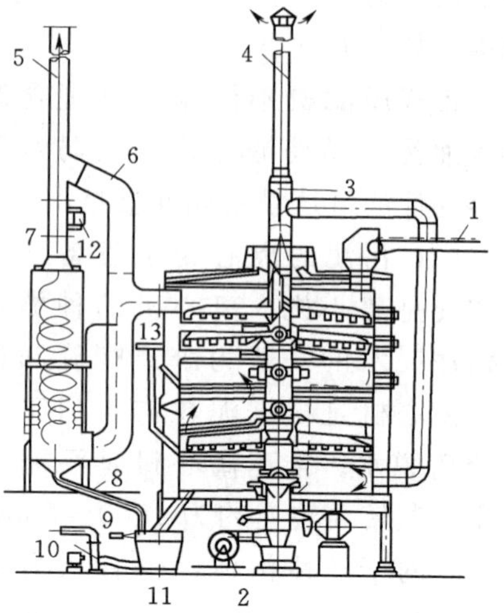

图 5.30　立式多段焚烧炉

1—泥饼；2—冷却空气鼓风机；3—浮动风门；4—废冷却气；5—清洁气体；6—无水时旁通风道；7—旋风喷射洗涤器；8—灰浆；9—分离水；10—砂浆；11—灰桶；12—感应鼓风架；13—轻油

常用的污泥焚烧炉有回转焚烧炉、立式焚烧炉和流化床焚烧炉等。回转焚烧炉的构造与转筒烘干机相似，图5.30为常用的立式多段焚烧炉。污泥由炉子顶部（如上两层内）进一步干化，而中间部分进行焚烧，炉灰则在底层用空气冷却，焚烧产生的气体应引入气体净化器，以免大气受到污染。

5.5.3　污泥的最终处置与综合利用

污泥经过消化、干化和脱水后，还存在最终处置问题。其方法决定于污泥的性质及当地条件。目前，在利用方面污泥主要用于充作农业肥料和生产建筑材料。

1. 充作农业肥料

污泥的肥分及有机物含量大致见表5.3。由此可见，污泥是可以作为肥料的，但必须满足卫生要求，即不得含有致病微生物和寄生虫卵；有毒物质含量也必须在限量以内，应满足作为农业用的有关规定。有毒物质包括有机成分（如油脂、烷基苯磺酸钠ABS及酚等）与无机成分（如重金属离子）等。

污泥肥料与化学肥料比较，其中氮、磷、钾含量虽较低，但有机物含量高，肥效持续时间长，可以改善土壤结构，所以以污泥作为肥料应该受到充分的重视。

未经消化处理的脱水泥饼用作农田绿地施肥时，由于所含有机物较多，易于腐化，又由于含水率仍较高（约为70%～80%），难于进行施肥操作，一般应在野外做长期堆放，再进行施肥。

表5.3　污泥的肥分

污泥种类		总氮/%	磷（P_2O_5）/%	钾/%	有机物/%	脂肪酸（以乙酸计）/(mg/L)
初次沉淀污泥		2.0	1.0～3.0	0.1～0.3	50～60	960～1200
消化污泥	初次沉淀污泥	1.6～3.14	0.55～0.77	0.24	25～30	240～300
	消化后腐殖污泥	2.8～3.14	1.03～1.98	0.11～0.79	50～60	
活性污泥	城市污水的	3.51～7.15	3.3～4.97	0.22～0.44	50～60	
	印染废水的	5.9	1.8	0.13	50～60	

2. 生产建筑材料

污泥的建筑材料利用主要有制砖、生化纤维板材等。

污泥制生化纤维板，主要是利用活性污泥中所含粗蛋白与球蛋白酶，可溶解于水、稀酸、稀碱及中性盐溶液。在碱性条件下，加热、干燥、加压后，会发生一系列的物理、化学性质的改变，称为蛋白质的变性作用，从而制成活性污泥树脂（又称蛋白胶），使与经漂白、脱脂处理的废纤维（主要是棉、毛纺厂的下脚料）压制成板材，即生化纤维板。

污泥制砖的方法有两种：一种是用干污泥直接制砖；另一种是用污泥焚烧灰制砖。用干污泥直接制砖时，应对污泥的成分作适当调整，使其成分与制砖用黏土的化学成分相当；利用污泥焚烧灰制砖时，焚烧灰的化学成分与制砖黏土的化学成分应是比较接近的，制坯时应加入适量的黏土与硅砂。污泥砖的一般物理性能见表 5.4。

表 5.4　污泥砖的一般物理性能

污泥：黏土（重量比）	平均抗拉强度 /(kg/cm^2)	抗折强度 /(kg/cm^2)	成品率 /%	鉴定标号
0.5：10	82	21	83	75
1：10	106	45	90	75

思考题与习题

1. 污泥如何进行分类？表示污泥性质的指标有哪些？
2. 为什么要进行污泥处理？
3. 污泥浓缩的方法和原理？
4. 厌氧消化和好氧消化各有什么特点？
5. 简述污泥干化场的类型与构造。
6. 污泥机械脱水的基本原理是什么？常用的污泥机械脱水方法有哪些？
7. 污泥为什么要进行稳定处理？
8. 影响污泥厌氧消化的因素有哪些？
9. 污泥含水率从 98%降至 95%，计算其体积的变化。
10. 某城市的城市污水为 $60000m^3/d$，污水中悬浮物浓度为 235mg/L，拟采用以活性污泥法为主体的两级处理。经一级沉淀处理后悬浮物去除率为 35%，出水 BOD_5 约为 200 mg/L；曝气池容积为 $10000m^3$，MLSS 为 4.5g/L，MLVSS 为 3g/L，BOD_5 去除率为 90%，试确定消化池的尺寸。

学习项目6　水处理综合实训

学习目标： 学生通过本学习项目的学习，能够掌握给水处理、污水处理过程中各个实验实训程序和实验数据的分析与处理方法，以进一步提高自己的动手能力、分析问题和解决问题的能力，培养自己独立解决工程实践中一些实验技术问题的能力。同时通过一些实验现象和实验数据改进现有工艺、设备和研究新工艺、新设备。

项目描述： 以某城镇真实的地表水净水处理和污水处理为项目载体，详细介绍与分析水处理的各种实验实训技术和方法。

学习情境6.1　水处理实训基础知识

6.1.1　水处理实验技术的作用

给水排水工程本身就不是一个纯理论性学科，因而实验实训技术更为重要，不仅一些现象、规律、理论，就是工程设计、运行管理中的很多问题，也都离不开实验实训。例如，给水处理工程中的混凝沉淀，其药剂种类的选择及生产运行适宜条件的确定；又如废水处理工程中活性污泥系统沉淀池的设计，其污泥沉速与极限固体通量等重要设计参数都要通过实验测定，才能正确地选择。同时，水处理实验可应用于指导水处理规律的研究，改进现有工艺、设备以及研究新工艺、新设备。因此在学习给水排水工程有关专业课程的同时，必须有意识地加强水处理实验技术课程的学习，注意培养自己独立解决工程实践中一些实验技术问题的能力。

水处理实验实训技术课程的教学目的与任务如下：

（1）通过对实验的观察、分析，加深对水处理基本概念、现象、规律与基本原理的理解。

（2）掌握一般水处理实验实训技能和仪器、设备的使用方法，具有一定的解决实验技术问题的能力。

（3）学会设计实验实训方案和组织实验的方法。

（4）学会对实验数据进行测定、分析与处理，从而能得出切合实际的结论，以培养学生分析问题、解决问题的能力。

（5）培养学生实事求是的科学态度和勤奋严谨的工作作风。

6.1.2　水处理实验过程

水处理实验过程一般分为：实验准备工作、实验、实验数据分析与处理三个步骤。

1. 实验准备工作

实验前的准备工作，不仅关系到实验的进度，而且直接影响实验的质量和成果。其准备工作大致如下：

（1）理论准备工作：

1）搞清实验原理和实验目的。实验前搞清实验目的及实验原理，才能更好地指导实验、进行实验并得到满意的结果。例如，在研制生化处理中使用的曝气设备时，当搞清充氧原理和实验目的后，就可以通过清水充氧实验，分析产品的特点、存在问题和改进方向，以期得到一个更佳的新产品及适宜的运行条件。

2）进行实验方案的优化设计。如何较经济地、迅速圆满地得到正确的实验结论，关键在于实验方案的设计。所以在掌握实验原理和实验目的之后，要利用行学实验设计的知识及专业知识进行实验方案设计，从而正确地制订实验内容，合理地指导实验。

3）查阅有关文献资料。了解当前技术发展情况，掌握研究现状。

（2）实验设备、测试仪器的准备。设备、仪器是完成实验必不可少的工具，水处理问题的复杂性以及当前测试设备、仪器还不够完备，给水处理实验带来了一定的困难。

1）一般设备、仪器的准备。为了保证实验顺利进行并有足够的精度，对所使用的设备、仪器要求做到：事先熟悉其性能、使用条件，并正确地选择仪器的精度；检查设备、仪器的完好度；记录各种必要的数据；备用相关易损易耗的设备和仪表。

2）专用实验设备的准备。为了进行某项水处理实验而选用专用设备时，必须注意这些设备的可靠性、使用条件和性能。当某些专用设备和某种工艺流程所需各种构筑物需自己设计加工时，除了从理论上要符合水处理、水力学等要求外，还应考虑到实验条件与今后生产运行条件的一致性，以使实验成果具有良好的实用价值。在没有运行前，一般要先经清水调试修改至正常运行为止。

（3）测试步骤与记录表格的准备：

1）步骤。整个实验分几步或几个工况完成，每一步或每一工况操作的内容、解决的问题、使用的设备、仪表、取样与化验项目、观察与记录内容、人员分工、注意事项、要求等，测试人员都要熟悉有加。

2）记录表格。设计记录表格是一项重要的工作，实验前应认真地设计出各件测试所需的记录表格。对于某些新开实验则应根据实验过程中发现的问题，立即进行修改、调整。要求记录表格正规化，便于记录、便于整理。其内容包括：参加人员、测试条件、仪器设备名称、型号、精度、观察现象、测试原始数据等。

（4）人员分工。水处理实验，一般均需多人同时配合进行，因此要事先共同制订出实验方案，使每一个参加测试的人员对实验原理、目的、测试步骤，从整体上做到心中有数，同时清楚每人负责的工作，如：操作、取样、化验、观察、记录等，以便保证实验有条不紊地进行。

2. 实验

（1）仪器设备的安装与调试。使用各种仪器、设备进行实验时，必须满足仪器、设备的正常运行要求。安装调整后要认真检查，确认一切符合要求后方能开始实验，否则会影响实验的效果，这一点应引起足够的重视。一般要注意，仪器设备安装位置应便于观察、读数和记录。条件允许时，最好通过试做以达到对整个实验的了解并检查全部准备工作。

（2）实验。在上述各项工作结束后，即可进入实验阶段，按人员分工，分别完成各项工作。

1）取样与分析。取样一定要注意要求，例如，时间、地点、高度等，以便能正确地取出所需的样品，提供分析。样品分析，一般可参照水质分析要求进行。

2）观察。实验中某些现象只能通过肉眼观察并加以描述，因此要求观察时一定要集中精力，排除外界干扰，边观察，边记录，用图与文字加以描述。例如做悬浮物絮凝沉淀时，对颗粒絮凝作用及絮凝体形成和凝聚变大、下沉过程的描述；曝气设备清水充氧实验时，各类曝气设备所形成的池内气泡分布，气泡大小变化的观察描述等。

3）记录。记录是实验中一项经常性的工作，它们记下的数据是今后整个实验计算、分析的依据，是整个实验的宝贵资料。一般要求如下：

a. 应在记录纸或记录本上做记录，不得随便乱记，更不得记后再整理抄写而丢掉原始记录。记错改动不得乱涂，而应打叉后重写，以便今后分析时参考。

b. 记录就是如实地记下测试中所需要的各种数据，要求清楚、工整，便于实验数据处理与分析。

c. 记录的内容要尽可能地详尽。一般分为，一般性内容：如实验日期、时间、地点、气温等；与实验有关的内容：如实验组号、参加人员、实验条件、测试仪表名称、型号、精度等；实验原始数据，即由仪表或其他测试方法所得，未经任何运算的数值。读出后马上记录，不要过后追记，尽可能减少差错；实验中所发现的问题及观测到的一些现象或某些特殊现象等，也应随时详细记录。

3. 实验数据分析处理与实验报告

（1）实验数据的分析处理。实验数据的分析处理是整个实验过程中的一个重要组成部分。实验过程中应随时进行数据整理分析，一方面可以看出实验效果是否能达到预期目的；另一方面又可以随时发现问题，修改实验方案，指导下一步实验的进行。整个实验结束后，要对数据进行分析处理，从而确定因素主次，最佳生产运行条件，建立经验式，得出事物内在规律等。其内容大致分为实验数据的误差分析、实验数据的分析整理和实验数据的处理。

（2）实验报告。实验报告是对整个实验的全面总结。要求全篇报告文字通顺、字迹端正、图表整齐、结果正确、讨论认真。一般报告由以下几部分组成：①实验名称；②实验目的；③实验原理；④实验装置仪表；⑤实验数据及分析处理；⑥结论；⑦问题讨论。

6.1.3 水处理实验设计

实验是解决水处理问题必不可少的一个重要手段，通过实验可以得出三方面结论：

（1）找出影响实验结果的主要因素及各主要因素的主次顺序，揭示水处理方法的内在规律，建立水处理实验的理论基础。

（2）寻找各主要因素的最佳量，以使水处理实验在最佳条件下实施，达到高效、节能及节省费用的目的。

（3）确定某些数学公式中的参数，建立起经验表达式，以解决工程实际中的问题。

在实验安排中，如果实验设计得好，实验次数不多，就能获得有用信息，通过实验数据的分析，可以掌握内在规律，得到满意结论；如果实验设计得不好，实验次数较多，也摸索不到其中的变化规律，得不到满意的结论。

实验设计的几个基本概念如下。

1. 实验方法

通过做实验获得大量的自变量与因变量间的对应数据，以此为基础来分析整理并得到客观规律的方法，称为实验方法。

2. 实验设计

根据实验中不同问题，在实验前利用数学原理科学合理编排实验的过程，以求迅速找到最佳实验条件，揭示出事物内在规律，达到节省人力、物力和财力的目的。

3. 指标

在实验设计中用来衡量实验效果好坏所采用的标准称为实验指标或简称指标。例如，天然水中存在大量胶体颗粒，使水浑浊，为了降低浑浊度需往水中投放混凝剂，当实验目的是求最佳投药量时，水样中剩余浊度即作为实验指标。

4. 因素

对实验指标有影响的条件称为因素。例如，在水中投入适量的混凝剂可降低水的浊度，因此水中投加的混凝剂即作为分析的实验因素，简称其为因素。有一类因素，在实验中可以人为地加以调节和控制，如水质处理中的投药量，称为可控因素。另一类因素，由于自然条件和设备等条件的限制，暂时还不能人为地调节，如水质处理中的气温，称为不可控因素。在实验设计中，一般只考虑可控因素。因此，今后说到因素，凡没有特别说明的，都是指可控因素。

5. 水平

因素在实验中所处的不同状态，可能引起指标的变化，因素变化的各种状态称为因素的水平。某个因素在实验中需要考察它的几种状态，就称它是几水平的因素。因素的各个水平有的能用数量来表示，有的不能用数量来表示。例如：有几种混凝剂可以降低水的浑浊度，现要研究哪种混凝剂较好，各种混凝剂就表示混凝剂这个因素的各个水平，不能用数量表示。凡是不能用数量表示水平的因素，称作定性因素。在多因素实验中，经常会遇到定性因素。对定性因素，只要对每个水平规定具体含义，就可与通常的定量因素一样对待。

6. 因素间交互作用

在一个实验里，如果不仅考虑各个因素在起作用，而且还考虑因素之间联合起来影响实验指标，这种作用称为交互作用。

学习情境6.2 城镇净水处理实验

6.2.1 混凝搅拌实验

混凝搅拌实验是给水处理的基础实验之一，被广泛地用于科研、教学和生产中。通过混凝搅拌实验，不仅可以选择投加药剂种类、数量，还可确定其他混凝最佳条件。

1. 目的

(1) 通过本实验，确定某水样的最佳投药量。

(2) 观察矾花的形成过程及混凝搅拌效果。

2. 原理

天然水中存在大量胶体颗粒，是使水产生浑浊的一个重要原因，胶体颗粒靠自然沉淀是不能除去的。

水中的胶体颗粒，主要是带负电的黏土颗粒。胶粒间的静电斥力、胶粒的布朗运动及胶粒表面的水化作用，使得胶粒具有分散稳定性，三者中静电斥力影响最大。向水中投加混凝剂能提供大量的正离子，压缩胶团的扩散层，使电位降低，从而减小静电斥力。此时，布朗运动由稳定因素转变为不稳定因素，也有利于胶粒的吸附凝聚。水化膜中的水分子与胶粒有固定联系，具有弹性和较高的黏度，把这些水分子排挤出去需要克服特殊的阻力，阻碍胶粒直接接触。有些水化膜的存在决定于双电层状态，投加混凝剂降低ξ电位，有可能使水化作用减弱。混凝剂水解后形成的高分子物质或直接加入水中的高分子物质一般具有链状结构，在胶粒与胶粒间起吸附架桥作用，即使ξ电位没有降低或降低不多，胶粒不能相互接触，通过高分子链状物吸附胶粒，也能形成絮凝体。

消除或降低胶体颗粒稳定因素的过程称为脱稳。脱稳后的胶粒，在一定的水力条件下，才能形成较大的絮凝体，俗称“矾花”。直径较大且较密实的矾花容易下沉。

自投加混凝剂直至形成较大矾花的过程称为混凝。混凝离不开投加混凝剂。混凝过程见表6.1。

表6.1　　混凝过程

阶段	凝聚				絮凝
过程	混合	脱稳		异向絮凝为主	同向絮凝为主
作用	药剂扩散	混凝剂水解	杂质胶体脱稳	脱稳胶体聚集	微絮凝体的进一步碰撞聚集
动力	质量迁移	溶解平衡	各种脱稳机理	分子热运动（布朗扩散）	液体流动的能量消耗
处理构筑物	混合设备				反应设备
胶体状态	原始胶体	脱稳胶体		微絮凝体	矾花
胶体粒径	0.1～0.001μm	约5～10μm			0.5～2mm

由于布朗运动造成的颗粒碰撞絮凝称为异向絮凝；由机械运动或液体流动造成的颗粒碰撞絮凝称为同向絮凝。异向絮凝只对微小颗粒起作用，当粒径大于1～5μm时，布朗运动基本消失。

从胶体颗粒变成较大的矾花是一连续的过程，为了研究的方便可划分为混合和反应两个阶段。混合阶段要求浑水和混凝剂快速均匀混合，一般说来，该阶段只能产生用肉眼难以看见的微絮凝体；反应阶段则要求将微絮凝体形成较密实的大粒径矾花。

混合和反应均需消耗能量，而速度梯度G值能反应单位时间水耗能值的大小，混合的G值应在700～1000s^{-1}，时间一般不超过30s，G值大时混合时间宜短。水泵混合是一种较好的混合方式，本实验水量小可采用机械搅拌混合。由于粒径大的矾花抗剪强度低，易破碎，而G值与水流剪力成正比，故反应开始至反应结束，随着矾花逐渐增大，G值宜逐渐减小。从理论上说反应开始时的G值宜接近混合设备出口的G值，反应终止时的G值宜接近沉淀设备进口的G值，但这样会带来一些问题，例如反应设备构造较复杂，在沉淀设备前产生沉淀。在实际设计中，G值在反应开始时可采用100s^{-1}左右，反应结束时可采用10s^{-1}左右。整个反应设备的平均G值约为20～70s^{-1}，反应时间15～30min，本实验采用机械搅拌反应，G值及反应时间T值应符合上面要求。近年来出现的若干高效反应设备，由于能量利用率高，反应时间小于15min。

混合或反应的速度梯度

$$G=\sqrt{\frac{P}{\mu V}} \tag{6.1}$$

式中：P 为混合或反应设备中水流所耗功率，W，1W＝1J/s＝1N·m/s；V 为混合或反应设备中水的体积，m^3；μ 为水的动力黏度，Pa·s，1Pa·s＝1N·s/m^2。

不同温度水的动力黏度 μ 值见表6.2。

表6.2　不同温度水的动力黏度 μ 值

温度/℃	0	5	10	15	20	25	30	40
$\mu/(10^{-3}N\cdot s/m^2)$	1.781	1.518	1.307	1.139	1.002	0.890	0.798	0.653

本实验搅拌设备垂直轴上装设两块浆板，如图6.1所示，浆板绕轴旋转时克服水的阻力所耗功率

$$P=\frac{C_D\rho L\omega}{4g}(r_2^4-r_1^4) \tag{6.2}$$

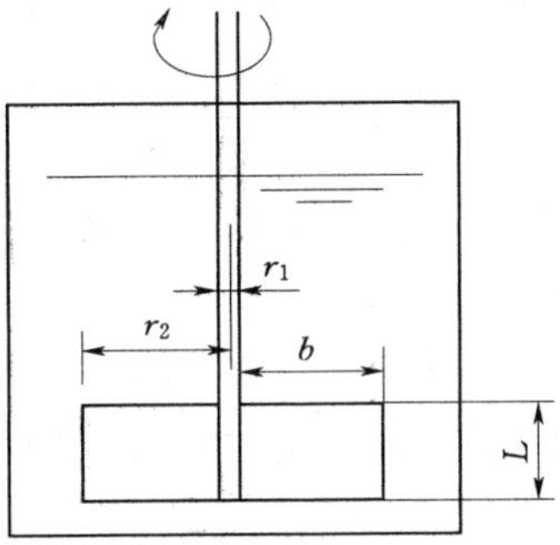

图6.1　搅拌设备示意图

式中：L 为浆板长度，m；r_2 为浆板外缘旋转半径，m；r_1 为浆板内缘旋转半径，m；ω 为相对于水的浆板旋转角速度，可采用0.75倍轴转速，rad/s；ρ 为水的容重，N/m^3；g 为重力加速度，9.81m/s^2；C_D 为阻力系数，取决于浆板长宽比，见表6.3。

表6.3　阻力系数 C_D 值

b/L	<1	1～2	2.5～4	4.5～10	10.5～18	>18
C_D	1.10	1.15	1.19	1.29	1.40	2.00

当 C_D＝1.10（即 $b/L<1$），$\rho=9810m/s^3$，$g=9.81m/s^2$ 及转速为 n(r/min)（即 $\omega=\frac{2\pi r}{60}\times0.75=0.00785n$，rad/s）时：

$$P=0.133Ln^3(r_2^4-r_1^4) \tag{6.3}$$

式中：P、L、r_2、r_1 符号意义及单位同前。

3. 设备及用具

(1) 无极调速六联搅拌机1台，如图6.2所示。

(2) 1000mL烧杯12个。

(3) 200mL烧杯14个。

(4) 100mL注射器2个，移取沉淀水上清液用。

(5) 1mL洗耳球1个，配合移液管移药用。

(6) 1mL移液管1根。

(7) 5mL移液管1根。

(8) 10mL移液管1根。

(9) 温度计1个，测水温用。

(10) 秒表1块，测转速用。

(11) 1000mL量筒1个，量取原水体积。

(12) 1%浓度硫酸铝（或其他混凝剂溶液）溶液1瓶。

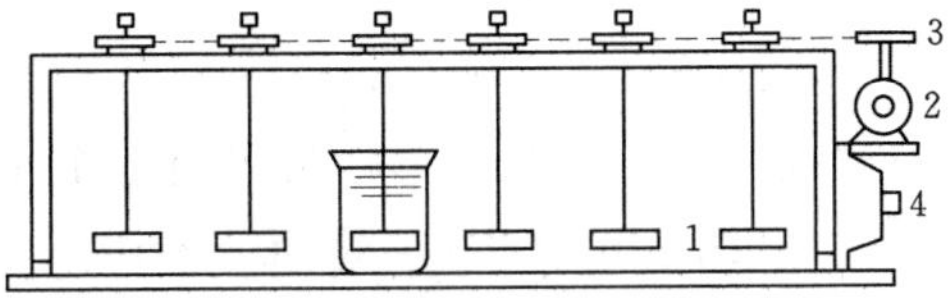

图6.2　六联搅拌机示意图

1—搅拌叶片；2—变速电动机；3—传动装置；4—控制装置

（13）酸度计1台。

（14）浊度仪1台。

4. 步骤及记录

（1）测原水水温、浑浊度及pH值。

（2）用1000mL量筒量取12个水样至12个1000mL烧杯中。

（3）设最小投药量和最大投药量，利用均分法确定第一组实验其他4个水样的混凝剂投加量。

（4）将第一组水样置于搅拌机中，开动机器，调整转速，中速运转数分钟，同时将计算好的投药量，用移液管分别移取至加药试管中。加药试管中药液少时，可掺入蒸馏水，以减小药液残留在试管上产生的误差。

（5）将搅拌机快速运转（例如300～500r/min，但不要超过搅拌机的最高允许转速），待转速稳定后，将药液加入水样杯中，同时开始计时，快速搅拌30s。

（6）30s后，迅速将转速调到中速运转（例如120r/min）。然后用少量（数毫升）蒸馏水洗加药试管，并将这些水加到水样烧杯中。搅拌5min后，迅速将转速调至慢速（例如80r/min）搅拌10min。

（7）搅拌过程中，注意观察并记录矾花形成的过程、矾花外观、大小、密实程度等，并记入表6.4中。

表6.4　混凝搅拌观察记录

实验组号	观察记录		小　结
	水样编号	矾花形成及沉淀过程的描述	
Ⅰ	1		
	2		
	3		
	4		
	5		
	6		
Ⅱ	1		
	2		
	3		
	4		
	5		
	6		

（8）搅拌过程完成后，停机，将水样杯取出，放置一旁静沉15min，并观察记录矾花沉淀的过程。与此同时，再将第Ⅱ组6个水样置于搅拌机下。

（9）第Ⅱ组6个水样，静沉15min后，用注射器每次吸取水样杯中上清液约100mL（以够测浊度、pH值即可），置于6个洗净的100mL烧杯中，测浊度及pH值并记入表6.5中。

（10）比较第Ⅰ组实验结果。根据6个水样所分别测得的剩余浊度，以及水样混凝搅拌时所观察到的现象，对最佳投药量的所在区间做出判断。缩小实验范围（加药量范围）重新设定第Ⅱ组实验的最大和最小投药量值 a 和 b，重复上述实验。

表 6.5　　　　实验数据记录表

实验组号	混凝剂名称：		原水浑浊度：		原水温度/℃：		原水 pH 值：	
Ⅰ	水样编号		1	2	3	4	5	6
	投药量	mL						
		mg/L						
	剩余浊度							
	沉淀 pH 值							
Ⅱ	水样编号		1	2	3	4	5	6
	投药量	mL						
		mg/L						
	剩余浊度							
	沉淀 pH 值							

5. 注意事项

（1）电源电压应稳定，并有安全保护装置。

（2）取水样时，所取水样要搅拌均匀，要一次量取以尽量减少所取水样浓度上的差别。

（3）移取烧杯中沉淀水上清液时，要在相同条件下取上清液，不要把沉下去的矾花搅起来。

6. 成果整理

以投药量为横坐标，以剩余浊度为纵坐标，绘制投药量-剩余浊度曲线，从曲线上可求得不大于某一剩余浊度的最佳投药量值。

7. 思考题

（1）根据实验结果以及实验中所观察到的现象，简述影响混凝的几个主要因素。

（2）为什么最大投药量时，混凝效果不一定好？

（3）测量搅拌机搅拌叶片尺寸，计算中速、慢速搅拌时的 G 值及 GT 值。计算整个反应器的平均 G 值。

（4）参考本实验写出测定最佳 pH 值实验过程。

6.2.2 过滤实验

过滤是给水处理的基础实验之一，被广泛地用于科研、教学、生产之中，通过过滤实验不仅可以研究新型过滤工艺，还可研究滤料的级配、材质、过滤运行最佳条件等，本实验包括三个内容：滤料筛分及孔隙率测定；过滤实验；滤池冲洗实验。

6.2.2.1 滤料筛分及孔隙率测定实验

1. 目的

（1）测定天然河砂的颗粒级配。

（2）绘制筛分级配曲线，求 d_{10}、d_{80}、K_{80}。

（3）按设计要求对上述河砂进行再筛选。

（4）求定滤料孔隙率。

2. 滤料筛分实验

（1）原理。滤料级配是指将不同大小粒径的滤料按 定比例加以组合，以取得良好的过滤效果。滤料是带棱角的颗粒，其粒径是指把滤料颗粒包围在内的假想球体直径。

在生产中简单的筛分方法是用一套不同孔径的筛子筛分滤料试样，选取合适的粒径级配。我国现行规范是以筛孔孔径0.5mm及1.2mm两种规格的筛子过筛，取其中段。这虽然简便易行，但不能反映滤料粒径的均匀程度，因此还应考虑级配情况。

能反映级配状况的指标是通过筛分级配曲线求得的有效粒径 d_{10} 以及 d_{80} 和不均匀系数 K_{80}。d_{10} 是表示通过滤料重量10%的筛孔孔径，它反映滤料中细颗粒尺寸，即产生水头损失的"有效"部分尺寸；d_{80} 系指通过滤料重量80%的筛孔孔径，它反映粗颗粒尺寸。$K_{80}=d_{80}/d_{10}$。K_{80} 越大表示粗细颗粒尺寸相差越大，滤料粒径越不均匀，这样的滤料对过滤及反冲均不利。尤其是反冲时，为了满足滤料粗颗粒的膨胀要求就会使细颗粒因过大的反冲强度而被冲走；反之，若为满足细颗粒不被冲走的要求而减小反冲强度，粗颗粒可能因冲不起来而得不到充分清洗。故滤料需经过筛分级配。

（2）设备及用具：

1）圆孔标准筛1套，直径0.177～1.68mm，筛孔尺寸见表6.6。

2）托盘天平，称量300g，感量0.1g。

3）烘箱。

4）标准振筛机，如没有标准振筛机应人工手摇。

5）浅盘和毛刷。

6）量筒1000mL。

（3）步骤及记录：

1）取样：取天然河沙300g，取样时要先将取样部位的表层铲去，然后取样。将取样器中的砂样洗净后放在浅盘中，将浅盘置于105℃恒温箱中烘干，冷却至室温备用。

2）称取冷却后的砂样100g，选用一组筛子过筛。筛子按筛孔大小顺序排列，砂样放在最上面的一只筛中（即1.68mm筛）。

3）将该组套筛装入摇筛机，摇筛约5min，然后将套筛取出，再按筛孔大小顺序在洁净的浅盘上逐个进行手筛，直至每分钟的筛出量不超过试样总量的0.1%时为止。通过的砂颗粒并入下一筛号一起过筛，这样依次进行直至各筛号全部筛完。若无摇筛机，可直接用手筛。

4）称量在各个筛上的筛余试样的重量（精确至0.1g）。所有各筛余重量与底盘中剩余试样重量之和与筛分前的试样总重相比，其差值不应超过1%。

上述所求得的各项数值填入表6.6。

表6.6　筛分记录表

筛号	筛孔/mm	留在筛上的砂量		通过该号筛的砂量	
		重量/g	%	重量/g	%
10	1.68				
12	1.41				
14	1.19				
16	1.00				
24	0.71				
32	0.50				
60	0.25				
80	0.177				

（4）注意事项：

1）试样在各号筛上的筛余量均不得超过50g，如超过则应将试样分成两份再次筛分，筛余量应是两份筛余之和。

2）筛分实验最好取两次试样分别进行，并以其实验结果的算术平均值作为测定值。

（5）成果整理：

1）分别计算留在各号筛上的筛余百分率，即各号筛上的筛余量除以试样总重量的百分率（精确至0.1%）。

2）计算通过各号筛的砂量百分率。

3）根据表6.6的数值，以通过筛孔的砂量百分率为纵坐标，以筛孔孔径（mm）为横坐标，绘制滤料筛分级配曲线，如图6.3所示。

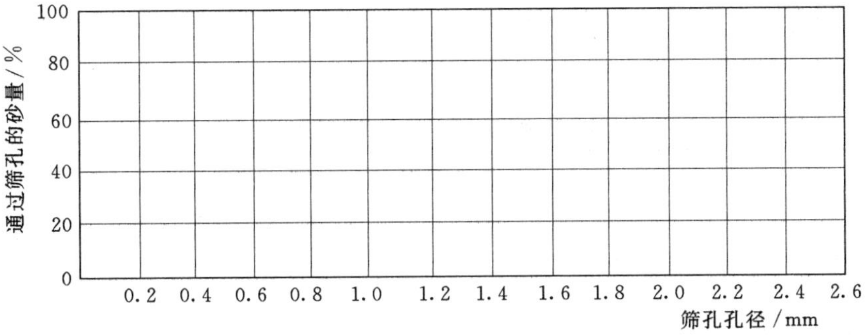

图6.3　滤料筛分级配坐标图

由图6.3中所绘筛分曲线上可求得d_{10}、d_{80}、K_{80}。如求得的不均匀系数K_{80}大于设计要求，则需根据设计要求筛选滤料。

4）滤料的再筛选：滤料的再筛选是根据在筛分级配曲线上作图求得的数值进行，方法如下：

例如设计要求，$d_{10}=0.60$mm，$K_{80}=1.80$时，则$d_{80}=1.80\times0.60=1.08$mm。按此要求筛选。

a. 先自横坐标0.60mm和1.08mm两点各作一垂线与筛分曲线相交，自两交点作与横坐标相平行的两条线与右边纵坐标轴线相交于上、下两点。

b. 再以上面之点作为新的d_{80}，下面之点作为新的d_{10}，重新建立新坐标。

c. 找出新坐标原点和100%点，由此两点向左方作平行于横坐标的直线，并与筛分曲线相交，在此两条平行线内所夹面积即是所选滤料，其余全部筛除。

3. 孔隙率测定实验

（1）原理。滤料孔隙率大小与滤料颗粒的形状、均匀程度和级配等有关。均匀的或形状不规则的颗粒孔隙率大，反之则小。对于石英砂滤料，要求孔隙率为42%左右，如孔隙率太大将影响出水水质，孔隙率太小则影响滤速及过滤周期。

孔隙率为滤料体积内孔隙体积所占的百分数。孔隙体积等于自然状态体积与绝对密实体积之差。孔隙率的测定要先借助于密度瓶测出绝对密度，然后经过计算求出孔隙率。

（2）设备及用具：

1）电子天平，称量100g，感量0.001g。

2）李氏密度瓶，容量250mL。

3）烘箱。

4）烧杯，容量500mL。

5）浅盘、干燥器、料勺、温度计等。

（3）步骤及记录：

1）试样制备：将试样在潮湿状态下用四分法[1]缩至120g左右，在105±5℃的烘箱中烘干至恒重，并在干燥器中冷却至室温，分成两份备用。

2）向密度瓶中注入冷开水至一定刻度，擦干瓶颈内部附着水，记录水的体积（V_1）。

3）称取烘干试样50g(g_0)徐徐装入盛水的密度瓶中，直至试样全部装入为止，瓶中水不宜太多，以免装入试样后溢出。

4）用瓶内水将黏附在瓶颈及瓶内壁上的试样全部洗入水中，摇转密度瓶以排除气泡。静置24h后记录瓶中水面升高后的体积（V_2）。至少测两个试样，取其平均值，记录表见表6.7。

表6.7　　用密度瓶测滤料绝对密度记录表

瓶上刻度体积/cm^3	试样			
	1	2	3	平均值
V_1				
V_2				

（4）成果整理：

1）求定滤料绝对密度$\gamma(g/cm^3)$，按式（6.4）计算：

$$\gamma=\frac{g_0}{V_2-V_1} \tag{6.4}$$

式中：g_0为试样烘干后质量，g；V_1为水的原有体积，cm^3；V_2为投入试样后水和试样的体积，cm^3。

2）求孔隙率：将测定绝对密度之后的滤料放入过滤柱中，用清水过滤一段时间，然后量测滤料层体积，并按式（6.5）求出滤料孔隙率

$$m=1-\frac{G}{\gamma V} \tag{6.5}$$

式中：G为烘干后滤料的重量，g；V为滤料体积，cm^3；γ为滤料绝对密度，g/cm^3。

4. 思考题

（1）为什么d_{10}称“有效粒径”？K_{80}过大或过小各有何利弊？

（2）我国用$d_{\min}$、$d_{\max}$衡量滤料，与用d_{10}、d_{80}相比，有什么优缺点？

（3）孔隙率大小对过滤有什么影响？

---

[1] 所谓四分法是将试样堆成厚2cm之圆饼，用木尺在圆饼上划一十字分为4份，去掉不相邻的两份，剩下的两份试样混合重拌、再分。重复上述步骤，直至缩分后的重量略大于实验所要求的重量为止。

6.2.2.2 过滤实验

1. 目的

（1）熟悉普通快滤池过滤、冲洗的工作过程。

（2）加深对滤速、冲洗强度、滤层膨胀率、初滤水浊度的变化、冲洗强度与滤层膨胀率关系以及滤速与清洁滤层水头损失关系的理解。

2. 原理

快滤池滤料层能截留粒径远比滤料孔隙小的水中杂质，主要通过接触絮凝作用，其次为筛滤作用和沉淀作用。要想使过滤出水水质好，除了滤料组成须符合要求外，沉淀前或滤前投加混凝剂也是必不可少的。

当过滤水头损失达到最大允许水头损失时，滤池需进行冲洗。少数情况下，虽然水头损失未达到最大允许值，但如果滤池出水浊度超过规定要求，也需进行冲洗。冲洗强度需满足底部滤层恰好膨胀的要求。根据运行经验，冲洗排水浊度降至10～20NTU以下可停止冲洗。

快滤池冲洗停止时，池中水杂质较多且未投药，故初滤水浊度较高。滤池运行一段时间（约5～10min或更长）后，出水浊度才符合要求。时间长短与原水浊度、出水浊度要求、药剂投量、滤速、水温以及冲洗情况有关。如初滤水历时短，初滤水浊度比要求的出水浊度高不了多少，或者说初滤水对滤池过滤周期出水平均浊度影响不大时，初滤水可以不排除。

为了保证滤池出水水质，常规过滤的滤池进水浊度不宜超过10～15NTU。本实验采用投加混凝剂的直接过滤，进水浊度可以高达几十NTU以至几百NTU以上。因原水加药较少，混合后不经反应直接进入滤池，形成的矾花粒径小，密度大，不易穿透，故允许进水浊度较高。

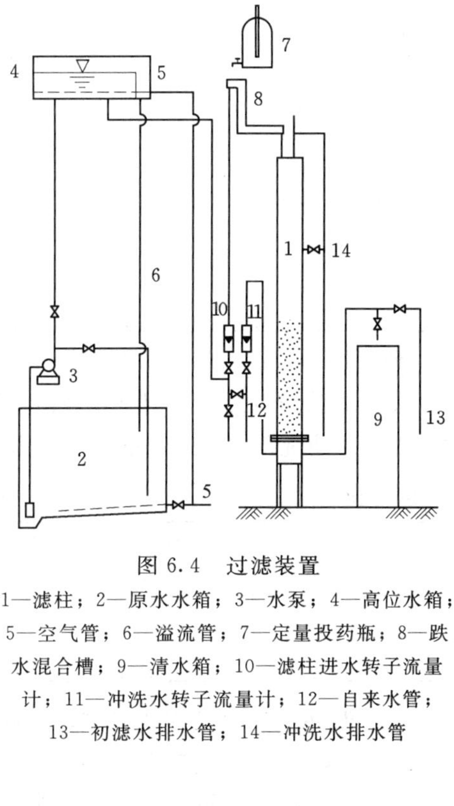

图6.4 过滤装置

1—滤柱；2—原水水箱；3—水泵；4—高位水箱；5—空气管；6—溢流管；7—定量投药瓶；8—跌水混合槽；9—清水箱；10—滤柱进水转子流量计；11—冲洗水转子流量计；12—自来水管；13—初滤水排水管；14—冲洗水排水管

3. 设备及用具

（1）过滤装置1套，如图6.4所示。

（2）光电式浊度仪1台。

（3）200mL烧杯2个，取水样测浊度用。

（4）20mL量筒1个，秒表1块，测投药量用。

（5）2m钢卷尺1个，温度计1个。

4. 步骤及记录

（1）将滤料进行一次冲洗，冲洗强度逐渐加大到12～15L/（s·m^2），持续几分钟，以便去除滤层内的气泡。

（2）冲洗完毕，开初滤水排水阀门，降低柱内水位。将滤柱有关数据记入表6.8。

（3）调整定量投药瓶投药量，使滤速8m/h时投药量符合要求，开始投药。

（4）测进水浑浊度和水温，通入浑水，开始过滤，滤速8m/h。开始过滤后的1min、3min、5min、10min、20min及30min测出水浑浊度。

表 6.8　　滤柱有关数据

滤柱内径 /mm	滤料名称	滤料粒径 /cm	滤料层厚度 /cm

（5）调整定量投药量，使滤速 16m/h 时投药量仍符合要求。

（6）加大滤速至 16m/h，加大滤速后的 10min、20min、30min 测出水浑浊度并测进水浑浊度。

（7）将步骤（3）、（4）、（5）、（6）有关数据记入表 6.9。

表 6.9　　过滤过程记录

滤速 /(m/h)	流量 /(L/h)	投药量 /(mg/L)	过滤历时 /min	进水浑浊度 /度	出水浑浊度 /度
8			1		
			3		
			5		
			10		
			20		
			30		
16			10		
			20		
			30		

注　混凝剂：__________；原水水温：__________℃。

（8）提前结束过滤，用设计规范规定的冲洗强度、冲洗时间进行冲洗，观察整个滤层是否均已膨胀。冲洗将结束时，取冲洗排水测浊度、测冲洗水温。将有关数据记入表 6.10。

表 6.10　　冲洗过程记录

冲洗强度 /[L/(s·m²)]	冲洗流量 /(L/h)	冲洗时间 /min	冲洗水温 /℃	滤层膨胀情况

（9）做冲洗强度与滤层膨胀率关系实验。测不同冲洗强度 [3L/(s·m²)、6L/(s·m²)、9L/(s·m²)、12L/(s·m²)、14L/(s·m²)、16L/(s·m²)] 时滤层膨胀后的厚度，停止冲洗，测滤层厚度。将有关数据记入表 6.11。

表 6.11　　冲洗将结束时冲洗排水浊度、冲洗强度和滤层膨胀率关系

冲洗强度 /[L/(s·m²)]	冲洗流量 /(L/h)	滤层膨胀后厚度 /mm	滤层膨胀率

注　冲洗水温：__________℃；滤层厚度：__________mm。

（10）做滤速与清洁滤层水头损失的关系实验。通入清水，测不同滤速（4m/h、6m/h、8m/h、10m/h、12m/h、14m/h、16m/h）时滤层顶部的测压管水位和滤层底部附近的测压管水位、测水温。将有关数据记入表 6.12。停止冲洗，结束实验。

表 6.12　滤速与清洁滤层水头损失的关系

滤速 /(m/h)	流量 /(L/h)	清洁滤层顶部的测压管水位 /cm	清洁滤层顶部的测压管水位 /cm	清洁滤层的水头损失 /cm

注　冲洗水温：＿＿＿＿＿＿℃。

5. 注意事项

（1）滤柱用自来水冲洗时，要注意检查冲洗流量，因给水管网压力的变化及其他滤柱进行冲洗都会影响冲洗流量，应及时调节冲洗水来水阀门开启度，尽量保持冲洗流量不变。

（2）加药直接过滤时，不可先开来水阀门后投药，以免影响过滤水质。

6. 成果整理

（1）根据表 3～9 实验数据，以过滤历时为横坐标，出水浊度为纵坐标，绘滤速 8m/h 时的初滤水浊度变化曲线。设出水浊度不得超过 1NTU，问滤柱运行多少分钟出水浊度才符合要求？绘滤速 16m/h 时的出水浊度变化曲线。

（2）根据表 6.11 中实验数据，以冲洗强度为横坐标，滤层膨胀率为纵坐标，绘冲洗强度与滤层膨胀率关系曲线。

（3）根据表 6.12 中实验数据，以滤速为横坐标，清洁滤层水头损失为纵坐标，绘滤速与清洁滤层水头损失关系曲线。

7. 思考题

（1）滤层内有空气泡时对过滤、冲洗有何影响？

（2）当原水浊度一定时，采取哪些措施能降低初滤水出水浊度？

（3）冲洗强度为何不宜过大？

6.2.2.3　滤池冲洗实验

1. 目的

（1）验证水反洗理论，加深对教材内容的理解。

（2）了解并掌握气-水反冲洗方法，以及由实验确定最佳气-水反冲洗强度与反冲洗时间的方法。

（3）通过水反洗及全气-水联合反冲洗加深对气-水反冲洗效果的认识。

（4）观察反冲洗全过程，加深感性认识。

2. 水反洗强度验证实验

（1）原理。当滤池的水头损失达到预定极限（一般为 2.5～3.0m）或水质恶化时，就需要进行反冲洗。滤层的膨胀率对反洗效果影响很大，对于给定的滤层，在一定水温下的滤层膨胀率决定于冲洗强度。滤层的冲洗强度一般可按式（6.6）求出：

$$q=28.7\frac{d_0^{1.31}}{\mu^{0.54}}\cdot\frac{(e+m_0)^{2.31}}{(1+e)^{1.77}(1-m_0)^{0.54}} \tag{6.6}$$

式中：q 为冲洗强度，$L/(s\cdot m^2)$；d_0 为滤层的校准孔径，cm；μ 为动力黏度（见表 6.2），$N\cdot s/m^2$；e 为滤层膨胀率，%；m_0 为滤层膨胀前的孔隙率。

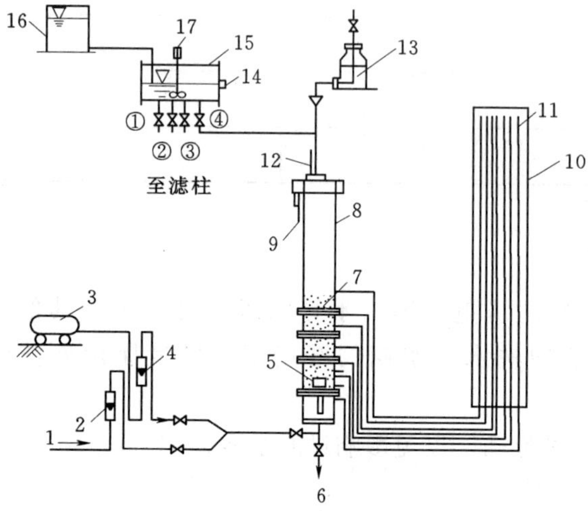

图 6.5 气-水反冲洗实验装置

1—自来水；2—转子流量计；3—空压机；4—气转子流量计；5—滤头；6—过滤出水；7—滤料；8—滤柱；9—反洗排水；10—测压板；11—测压管；12—排气管；13—高分子助滤剂；14—溢流管；15—投配槽；16—混凝剂；17—搅拌机；①～④—阀门

（2）设备及用具。气-水反冲洗的成套设备和空压机等（图 6.5）。

（3）步骤：

1）反冲洗实验开始前 4～6h，在 4 个滤柱中开始过滤作业，以便为反洗实验做好准备，使反洗效果更好地体现出来。

过滤中所用硫酸铝与助滤剂聚丙烯酰胺的投量，是根据对原水水样的过滤性试验得出：当浊度为 30NTU 的原水直接过滤时，其最佳投药量为 14mg/L；浊度为 100NTU 的原水投药量为 18mg/L；300NTU 的原水投药量为 30mg/L；聚丙烯酰胺助滤剂的投量为 0.1～0.5mg/L（最大不超过 1mg/L）均可取得较好效果。如实验原水由水库底泥加自来水配制而成一般可用上述数值，但如实验所用原水性质不同，投药量应通过实验调整。

2）当滤柱水头损失达 2.5～3.0m 时，开始反冲洗。打开反洗进水阀门，调整水量至膨胀率 e 与式（6.6）计算 q 所选用的 e 相等时，稳定 1～2min，然后读反洗水量并计入表 6.13 中。

表 6.13 水反冲洗记录表

滤柱号	反洗时间 /min	反洗水量 /(L/h)	滤层膨胀度 e/%		反洗强度		
			计算 e	实验 e	计算 q /[L/(s·m²)]	实验 q /[L/(s·m²)]	二者差值 /%
1							
2							
3							
4							

（4）成果整理：

1）根据表 6.13 及原始数据，计算反洗强度和膨胀率。

2）计算实验时反冲洗强度与计算值的差值及百分数。

3）分析反洗强度的计算值与实际值相差的原因。

3. 气-水反冲洗实验

（1）原理。气-水反冲洗是从浸水的滤柱下送入空气，当其上升通过滤层时形成若干气泡，使周围的水产生紊动，促使滤料反复碰撞，将黏附在滤料上的污物搓下，再用水冲出黏附污物。紊动程度的大小随气量及气泡直径大小而异，紊动越强烈则滤层搅拌也越强烈。

气-水反冲洗的优点是可以洗净滤料内层，较好地消除结泥球现象且省水。当用于直接过滤时，优点更为明显，这是由于在直接过滤的原水中，一般都投加高分子助滤剂，它在滤层中所形成的泥球，单纯用水反洗较难去除。

气-水反冲洗的方法一般是先气后水；也可气-水同时反洗，但此种方法滤料容易流失。本实验采用先气后水方式。

（2）设备及用具：

1）有机玻璃柱：d=150mm，H=2.5～3.0m，4 根。柱内装填煤、砂滤料，规格为煤滤料粒径 d=1～2mm，厚 30cm；砂滤料粒径 d=0.5～1.0mm，厚 40～50cm。

2）长柄滤头：4 只。

3）水箱：规格 100cm×75cm×35cm，1 只。

4）混合槽：规格 D=200mm，H=160mm，1 只。

5）混凝剂溶液槽：规格 40cm×40cm×45cm，1 只。

6）投配槽：容积以 1min 流量为准，1 只。

7）助滤剂投配瓶：容积 500mg/L，1 个。

8）空气压缩机：1 台。

9）1000mL 量筒：1 个。

10）50mL 移液管：1 根。

11）200mL 烧杯：15 个。

12）浊度仪 1 台。

13）气体、水转子流量计各 1 只。

14）秒表 1 只。

15）压力表：水压表、气压表各 1 只。

（3）水样及药剂：

1）水样。用自来水及水库底泥人工配制成浑浊度 300NTU 左右的原水：水量原则上应维持 4 个滤柱 4h 左右的一次过滤所需量。如无水库底泥也可以其他泥代替（若条件允许，可一次配足，全部用水量应为 3 次过滤水量之和）。

2）药剂：

a. 硫酸铝：浓度 1%。

b. 聚丙烯酰胺：浓度 0.1%。

（4）实验步骤：

1）用正交法安排气-水反冲洗实验。影响气-水反冲洗实验结果的因素很多，如气反冲洗时间、气反冲洗强度、水反冲洗时间、水反冲洗强度等。本实验采用正交表 $L_9(3^4)$ 安排实验，见表 6.14。

表 6.14 滤柱先气后水冲洗正交分析表

序号 \ 因素	气反冲洗时间 t /min	水反冲洗膨胀率 e /%	实验结果评价指标	
			冲洗水强度 /[L/(s·m²)]	剩余浊度（反洗 5min 后）
1	(1) 1	(1) 20		
2	(2) 3	(1) 20		
3	(3) 5	(1) 20		
4	(1) 1	(2) 35		
5	(2) 3	(2) 35		
6	(3) 5	(2) 35		
7	(1) 1	(3) 50		
8	(2) 3	(3) 50		
9	(3) 5	(3) 50		
K_1				
K_2				
K_3				
$\overline{K}_1$				
$\overline{K}_2$				
$\overline{K}_3$				
R				

表 6.14 中的因素为气反洗时间 t 及水反洗膨胀率 e，e 可通过滤柱上的刻度测定，e 也反映出反冲洗水量的大小，因为 e 的大小与反冲洗强度 q 的大小有直接关系。

所取的三个水平是：气反洗时间 1min、3min、5min；水反洗膨胀率 20%、35%、50%。这些因素及水平组成九个不同组合，按顺序做下去为一个周期。

例如，1 号滤柱中气洗 1min，水反洗膨胀率 $e=20\%$；2 号滤柱中气洗 3min，e 仍为 20%；3 号滤柱中气洗 5min，e 仍不变，4 号滤柱作为对比柱，只用水反洗，也是 $e=20\%$。反洗结束后重新进行过滤。按正交表中的 4、5、6 三个序号的安排进行第二轮反洗。反洗结束后再次重新进行过滤。最后再按正交表中安排进行 7、8、9 三个序号的气-水反冲洗。到此为一个周期。

气-水反冲洗操作步骤如下：

a. 当滤柱水头损失达 2.5～3.0m 时，关闭原水来水阀，停止进水，待水位下降至滤料表面以上 10cm 位置时，打开空压机阀门，向滤柱底部送气。注意气量要控制在 $1m^3/(min·m^2)$ 以内，以滤层表面均具有紊流状态，看似沸腾开锅，滤层全部冲动为准。此时记录转子流量计上的读数并计时，气洗至规定时间，关进气阀门。气洗时注意观察滤料互相摩擦的情况，并注意保持水面高于滤层 10cm，以免空气短路。

b. 气洗结束立即打开水反洗进水阀，开始水反洗。注意要迅速调整好进水量，以滤层的膨胀率保持在要求的数值上为准。当趋于稳定后，开始以秒表记录反冲时间，水反洗进行 5min。

c. 反冲水由滤柱上部排水管排出，读转子流量计指示值，并用量筒取样校核。在水反洗的 5min 内，至少取 5 个水样测定浊度并填入表 6.15 中。最后一个水样的浊度还应记入正交表。

d. 4 号对比柱与三个实验柱同步运行，但只用水反洗。对比的指标是：冲洗水用量的多少、反洗时间的长短及剩余浊度的大小。

表 6.15　　反 洗 记 录

标号 \ 剩余浊度 \ 反洗时间/min	1	2	3	4	5	备 注
1 号						
2 号						
3 号						
对比柱 4 号						
水流量计读数						
反洗水强度/[$L/(s \cdot m^2)$]						

（5）成果整理：

1）将气-水反冲洗时所记录的表 6.15 中的数值，在半对数坐标纸上以浊度为纵坐标，以时间 t 为横坐标，绘出浊度与时间关系曲线，并加以评价比较。

2）进行正交分析，判断因素主次、显著性、并找出滤料的最佳膨胀率、反洗用水量及气反洗时间。

3）将气-水反洗结果与水反洗对比。

4. 思考题

（1）根据在反冲洗过程中的观察，叙述气-水反冲洗法与水反冲洗法各有什么特点？

（2）气-水反冲洗法可以有几种不同的形式？

（3）根据气-水反冲洗结果，试从理论上分析其优于单独用水反冲洗的原因。

6.2.3 消毒实验

6.2.3.1 折点加氯消毒实验

氯消毒广泛用于净水处理和污水处理。由于不少水源受到不同程度的污染，水中含有一定浓度的氨氮，掌握折点加氯消毒的原理及其实验技术，对解决受污染水源的消毒问题很有必要。

1. 目的

（1）掌握折点加氯消毒的实验技术。

（2）通过实验，探讨某含氨氮水样与不同氯量接触一定时间（2h）的情况下，水中游离性余氯、化合性余氯及总余氯与投氯量的关系。

2. 原理

水中加氯作用主要有以下 3 个方面：

（1）当原水中只含细菌不含氨氮时，向水中投氯能够生成次氯酸（HOCl）及次氯酸根（OCL^-），反应式如下：

$$Cl_2 + H_2O \longrightarrow HOCl + H^+ + Cl^-$$

$$HOCl \longrightarrow H^+ + OCl^-$$

次氯酸及次氯酸根均有消毒作用，但前者消毒效果较好，因细菌表面带负电，而 HOCl 是中性分子，可以扩散到细菌内部破坏细菌的酶系统，阻碍细菌的新陈代谢，导致细菌的死亡。

水中 HOCl 及 OCl^- 称游离性氯。

(2) 当水中含有氨氮时，加氯后能生成次氯酸和氯胺，它们都有消毒作用，反应式如下：

$$Cl_2 + H_2O \longrightarrow HOCl + HCl$$
$$NH_3 + HOCl \longrightarrow NH_2Cl + H_2O$$
$$NH_2Cl + HOCl \longrightarrow NHCl_2 + H_2O$$
$$NHCl_2 + HOCl \longrightarrow NCl_3 + H_2O$$

从上述反应得知：次氯酸（HOCl）、一氯胺（NH_2Cl）、二氯胺（$NHCl_2$）和三氯胺（NCl_3，又名三氯化氮），水中都可能存在。它们在平衡状态下的含量比例取决于氨氮与氯的相对浓度、pH 值和温度。

当 pH＝7～8，反应生成物不断消耗时，1mol 的氯与 1mol 的氨作用能生成 1mol 的一氯胺，此时氯与氨氮（以 N 计，下同）的重量比为 71：14≈5：1。

当 pH＝7～8，2mol 的氯与 1mol 的氨作用能生成 1mol 的二氯胺，此时氯与氨氮的重量比约为 10：1。

当 pH＝7～8，氯与氨氮重量比大于 10：1 时，将生成三氯胺（三氯胺很不稳定）和出现游离氯。随着投氯量的不断增加，水中游离性氯将越来越多。

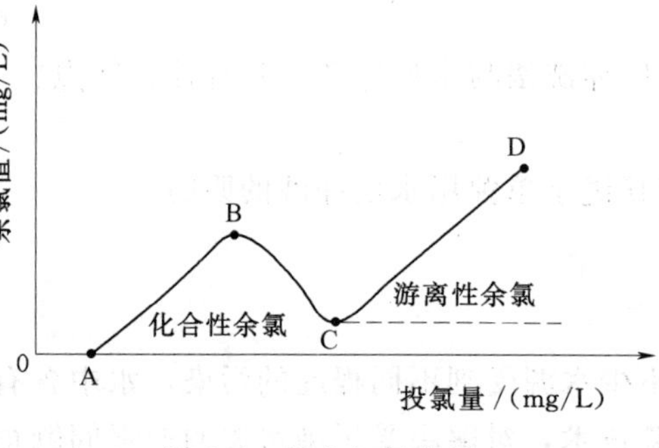

图 6.6 折点加氯曲线

水中有氯胺时，依靠水解生成次氯酸起消毒作用，从上述化学反应式可见，只有当水中 HOCl 因消毒或其他原因消耗后，反应才向左进行，继续生成 HOCl。因此当水中余氯主要是氯胺时，消毒作用比较缓慢。氯胺消毒的接触时间不应短于 2h。

水中 NH_2Cl、$NHCl_2$ 和 NCl_3 称化合性氯。化合性氯的消毒效果不如游离性氯。

(3) 氯还能与含碳物质、铁、锰、硫化氢以及藻类等起氧化作用。水中含有氨氮和其他消耗氯的物质时，投氯量与余氯量的关系如图 6.6 所示。

图 6.6 中 0A 段投氯量太少，故余氯量为 0，AB 段的余氯主要为一氯胺，BC 段随着投氯量的增加，一氯胺与次氯酸作用，部分成为二氯胺，反应如下：

$$2NH_2Cl + HOCl \longrightarrow N_2 + 3HCl + H_2O$$

反应的结果，BC 段一氯胺及余氯（即总余氯）均逐渐减少，二氯胺逐渐增加。C 点余氯值最少，称为折点。C 点后出现三氯胺和游离性氯。按大于出现折点的量来投氯称折点加氯。折点加氯的优点：①可以去除水中大多数产生臭和味的物质；②有游离性余氯，消毒效果较好。

图 6.6 曲线的形状和接触时间有关，接触时间越长，氧化程度深一些，化合性余氯则少

一些，折点的余氯有可能接近于0。此时折点后加氯的余氯几乎全是游离性余氯。

3. 设备及用具

(1) 水箱或水桶1个，能盛水几十升。

(2) 20L玻璃瓶1个。

(3) 50mL比色管20多根。

(4) 100mL比色管40多根。

(5) 1000mL烧杯10多个。

(6) 1mL及5mL移液管。

(7) 10mL及50mL量筒。

(8) 1000mL量筒。

(9) 温度计1支。

4. 步骤及记录

(1) 药剂制备：

1) 1%浓度的氨氮溶液100mL。称取3.819g干燥过的无水氯化铵，其氨氮浓度为1%即10g/L。

2) 氨氮标准溶液1000mL。吸取上述1%浓度氨氮溶液1mL，用蒸馏水稀释至1000mL，其氨氮含量为10mg/L。

3) 酒石酸钾钠溶液100mL。称取50g化学纯酒石酸钾钠（$KNaC_4H_4O_6 \cdot 4H_2O$）溶于100mL蒸馏水中，并进行煮沸，使约减少20mL或到不含氨为止。冷却后，用蒸馏水稀释至100mL。

4) 碘化汞钾溶液1L。溶解100g分析纯碘化汞（HgI_2）和70g分析纯碘化钾（KI）于少量蒸馏水中，将此溶液加到500mL已冷却的含有160g氢氧化钠（NaOH）的溶液中，并不停搅拌，用蒸馏水稀释至1L，储于棕色瓶中，用橡皮塞塞紧，遮光保存。

5) 1%浓度的漂白粉溶液500mL。称取漂白粉5g溶于100mL蒸馏水中调成糊状，然后稀释至500mL即可。其有效氯含量约为2.5g/L。取漂白粉溶液1mL，用蒸馏水稀释至200mL，参照本实验所述测余氯方法可测出余氯量。

6) 邻联甲苯胺溶液1L。称取1g邻联甲苯胺，溶于5mL20%盐酸中（浓盐酸1mL稀释至5mL），将其调成糊状，投加150～200mL蒸馏水使其完全溶解，置于量筒中补加蒸馏水至505mL，最后加入20%盐酸495mL，共1L。此溶液放在棕色瓶内置于冷暗处保存，温度不得低于0℃，以免产生结晶影响比色，也不要使用橡皮塞，该溶液最多能使用半年。

7) 亚砷酸钠溶液1L。称取5g亚砷酸钠溶于蒸馏水中，稀释至1L。

8) 磷酸盐缓冲液4L。将分析纯的无水磷酸氢二钠（Na_2HPO_4）和分析纯无水磷酸二氢钾（KH_2PO_4）放在105～110℃烘箱内，2h后取出放在干燥器内冷却，前者称取22.86g，后者取46.14g。将此二者同溶于蒸馏水中，稀释至1L。至少静置4d，等其中沉淀物析出后过滤。取滤液800mL。加蒸馏水稀释至4L，即得磷酸盐缓冲液4L。此溶液的pH值为6.45。

9) 铬酸钾-重铬酸钾溶液1L。称取4.65g分析纯干燥铬酸钾（$K_2Cr_2O_4$）和1.55g分析纯干燥重铬酸钾（$K_2Cr_2O_7$）溶于磷酸盐缓冲液中，并用磷酸盐缓冲液稀释至1L即得。

10) 余氯标准比色溶液。按表6.16所需的铬酸钾-重铬酸钾溶液，用移液管加到

100mL。比色管中，再用磷酸盐缓冲液稀释至刻度，记录其相当于氯的数量（mg/L），即得余氯标准比色溶液。

表 6.16 余氯标准比色溶液的配制

氯 /(mg/L)	铬酸钾-重铬酸钾溶液 /mL	缓冲液 /mL	氯 /(mg/L)	铬酸钾-重铬酸钾溶液 /mL	缓冲液 /mL
0.01	0.1	99.9	0.70	7.0	93.0
0.02	0.2	99.8	0.80	8.0	92.0
0.05	0.5	99.5	0.90	9.0	91.0
0.07	0.7	99.3	1.00	10.0	90.0
0.10	1.0	99.0	1.50	15.0	85.0
0.15	1.5	98.5	2.00	19.7	80.3
0.20	2.0	98.0	3.00	29.0	71.0
0.25	2.5	97.5	4.00	39.0	61.0
0.30	3.0	97.0	5.00	48.0	52.0
0.35	3.5	96.5	6.00	58.0	42.0
0.40	4.0	96.0	7.00	68.0	32.0
0.45	4.5	95.5	8.00	77.5	22.5
0.50	5.0	95.0	9.00	87.0	13.0
0.60	6.0	94.0	10.00	97.0	3.0

（2）水样制备。取自来水 20L 加入 1%浓度氨氮溶液 2mL 混匀，即得实验用原水，其氨氮含量约 1mg/L。

（3）测原水水温及氨氮含量，记入表 6.17。测氨氮用直接比色法，测氨氮步骤：

1）于 50mL 比色管中加入 50mL 原水。

2）另取 50mL 比色管 18 支，分别注入氨氮标准溶液 0mL、0.2mL、0.4mL、0.7mL、1.0mL、1.1mL、1.7mL、2.0mL、2.5mL、3.0mL、3.5mL、4.0mL、4.5mL、5.0mL、5.5mL、6.0mL、7.0mL 及 8.0mL，均用蒸馏水稀释至 50mL。

3）向水样及氨氮标准溶液管内分别加入 1mL 酒石酸钾钠溶液摇匀，再加 1mL 碘化汞钾溶液，混匀后放置 10min，进行比色。

$$\text{氨氮(以 N 计)} = \frac{\text{相当于氨氮标准液用量(mL)} \times 10}{\text{水样体积(mL)}} \quad (\text{mg/L}) \tag{6.7}$$

（4）进行折点加氯实验：

1）在 12 个 1000mL 烧杯中盛原水 1000mL。

2）当加氯量为 1mg/L、2mg/L、4mg/L、6mg/L、8mg/L、10mg/L、12mg/L、14mg/L、16mg/L、18mg/L、20mg/L 时，计算 1%浓度的漂白粉溶液的投加量（mL）。

3）将 12 个盛有 1000mL 原水的烧杯编号（1、2、…、12），依次投加 1%浓度的漂白粉溶液，其投氯量分别为 0mg/L、1mg/L、2mg/L、4mg/L、6mg/L、8mg/L、10mg/L、12mg/L、14mg/L、16mg/L、18mg/L 和 20mg/L，快速混匀 2h 后，立即测各烧杯水样的游离氯、化合氯及总余氯的量。各烧杯水样测余氯方法相同，均采用邻联甲苯胺亚砷酸盐比色法，可分组进行。以 3 号烧杯水样为例，测定步骤如下：

a. 100mL 比色管三支，标注 $3_{\text{甲}}$、$3_{\text{乙}}$、$3_{\text{丙}}$。

b. 吸取 3 号烧杯 100mL 水样投加于 $3_{\text{甲}}$ 管中，立即投加 1mL 邻联甲苯胺溶液，立即混匀，迅速投加 2mL 亚砷酸钠溶液，混匀，越快越好；2min 后（从邻联甲苯胺溶液混匀后算起）立刻与余氯标准比色溶液比色，记录结果 A，A 表示该水样游离余氯与干扰性物质迅速混合后所产生的颜色。

c. 吸取 3 号烧杯 100mL 水样投加于 $3_{\text{乙}}$ 管中，立即投加 2mL 亚砷酸钠溶液、混匀，迅速投加 1mL 邻联甲苯胺溶液、混匀，2min 后立刻与余氯标准比色溶液比色，记录结果 B_1。待相隔 15min 后（从加入邻联甲苯胺溶液混匀后算起），再取 $3_{\text{乙}}$ 管水样与余氯标准比色溶液比较，记录结果 B_2。B_1 代表干扰物质迅速混合后所产生的颜色。B_2 代表干扰物质于混合 15min 所产生的颜色。

d. 吸取 3 号烧杯 100mL。水样投加于 $3_{\text{丙}}$ 管中，并立即投加 1mL 邻联甲苯胺溶液，立即混匀，静置 15min，再与余氯标准比色溶液比色，记录结果 D。D 代表总余氯与干扰性物质于混合 15min 后所产生的颜色。

表 6.17　　折点加氯实验记录

原水水温：________℃；氨氮含量________ mg/L；
漂白粉溶液含氯量________ mg/L

水样编号		1	2	3	4	5	6	7	8	9	10	11	12
漂白粉溶液投加量/mL													
加氯量/(mg/L)													
比色测定结果/(mg/L)	A												
	B_1												
	B_2												
	C												
余氯计算	总余氯/(mg/L) $D=C-B_2$												
	游离性余氯/(mg/L) $E=A-B_1$												
	化合性余氯/(mg/L) $D-E$												

5. 注意事项

(1) 各水样加氯的接触时间应尽可能相同或接近，以利互相比较。

(2) 比色测定应在光线均匀的地方或灯光下，不宜在阳光直射下进行。

(3) 所用漂白粉的存放时间，最好不要超过几个月。漂白粉应密闭存放，避免受热受潮。

6. 成果整理

根据比色测定结果进行余氯计算，绘制游离余氯、化合余氯及总余氯与投氯量的关系曲线。

7. 思考题

(1) 水中含有氨氮时，投氯量与余氯量关系曲线为何出现折点？

(2) 有哪些因素影响投氯量？

(3) 本实验原水如采用折点后加氯消毒，应有多大的投氯量？

6.2.3.2 臭氧消毒实验

1. 目的

(1) 了解臭氧制备装置，熟悉臭氧消毒的工艺流程。

(2) 掌握臭氧消毒的实验方法。

(3) 验证臭氧杀菌效果。

2. 原理

臭氧呈淡蓝色，由3个氧原子（O_3）组成，具有强烈的杀菌能力和消毒效果，作为给水消毒剂的应用在世界上已有数十年的历史。

臭氧杀菌效力高的原因主要是：①臭氧氧化能力强；②穿透细胞壁的能力强；③由于臭氧破坏细菌有机链状结构，导致细菌死亡。

臭氧处理饮用水作用快、安全可靠。随着臭氧处理过程的进行，空气中的氧也充入水中，因此水中溶解氧的浓度也随之增加。臭氧只能在现场制取，不能储存。这是臭氧的性质决定的，但可在现场随用随产。臭氧消毒所用的臭氧剂量与水的污染程度有关，通常在0.5～4mg/L之间。臭氧消毒不需很长的接触时间，不受水中氨氮和pH值的影响，消毒后的水不会产生二次污染。

臭氧的缺点是电耗大、成本高。臭氧易分解，尤其温度超过200℃以后，因此不利使用。

对臭氧性质产生影响的因素有：露点（－50℃）、电压、气量、气压、湿度、电频率等。

臭氧的工业制造方法采用无声放电原理。空气在进入臭氧发生器之前要经过压缩、冷却、脱水等过程，然后进入臭氧发生器进行干燥净化处理。并在发生器内经高压放电，产生浓度为10～12mg/L的臭氧化空气，其压力为0.4～0.7MPa。将此臭氧化空气引至消毒设备应用。臭氧化空气由消毒用的反应塔（或称接触塔）底部进入，经微孔扩散板（布气板）喷出，与塔内待消毒的水充分接触反应，达到消毒目的。反应塔是关键设备，直接影响出水水质。

臭氧消毒后的尾气还可引至混凝搅拌池加以利用。这样，不仅可降低臭氧耗量，还可降低运转费用。因为原水中的胶体物质或藻类可被臭氧氧化，并通过混凝沉淀去除，提高过滤水质。

3. 设备及用具

实验装置包括气源处理装置、臭氧发生器、接触投配装置、检测仪表等部分。

国产臭氧成套处理装置（上海环保设备仪器厂生产）的流程如图6.7所示。

为便于实验对比，该装置之反应塔应设两个，图6.7中装置1、2、3也可以不用，而代之以氧气瓶，纯O_2直接进入臭氧发生器，产生的臭氧质纯，且操作简便，更适于实验室条件应用。O_3消毒装置流程图如图6.8所示。

4. 步骤及记录

(1) 将滤池来水（或自配水样）装满低水箱。然后启动微型泵将水送至高水箱（此时开阀门1）。

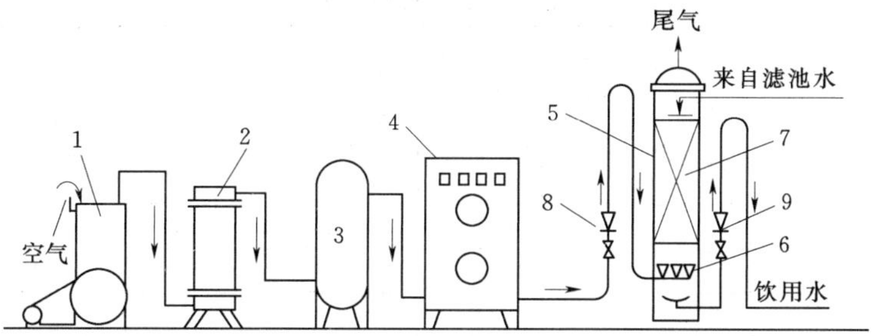

图 6.7 XY-T 型臭氧成套装置工艺流程示意图

1—无油润滑空压机（可以压缩到 0.6～0.8MPa）；2—冷却器；3—贮气罐；4—XY 型臭氧发生器；5—反应塔；6—扩散板；7—瓷环填料层；8—气体转子流量计；9—水转子流量计

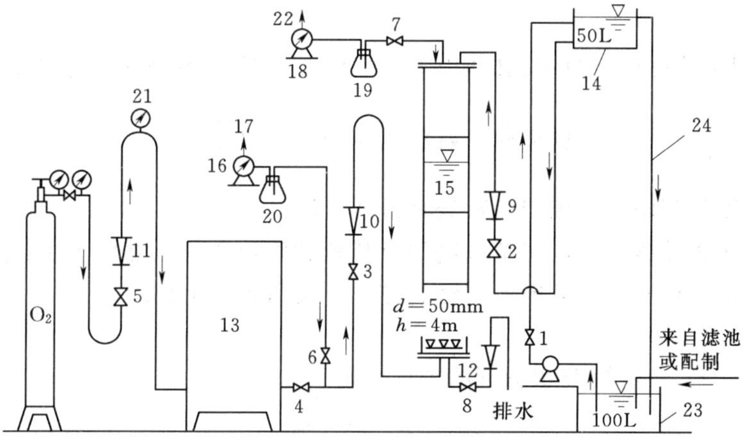

图 6.8 O_3 消毒装置流程图

1—高水箱进水阀；2—反应塔进水阀；3—反应塔进气阀；4—发生器出气阀；5—氧气瓶出气阀；6—测 O_3 浓度用阀；7—测 O_3 尾气用阀；8—排水阀；9～12—转子流量计；13—O_3 发生器；14—高水箱；15—反应塔；16、18—燃气表；17—测臭氧浓度；19、20—气体收瓶；21—压力表；22—测尾气浓度；23—低水箱；24—溢流管

（2）开阀门 2 将高水箱水徐徐不断地送入反应塔至预定高度（此时排水阀 8 应为关闭）。

（3）与此同时，打开臭氧发生器出气阀 3 及 4，使 O_3 由反应塔底部经布气板进入塔内，与水充分接触（气泡越细越好）。

（4）开反应塔排水阀门 8 放水（为已消毒的水），并通过调节阀门，将各转子流量计读数调至所需值。

（5）调阀门 3、4 改变 O_3 投量，至少三次，以便画曲线，并读设备转子流量计的读数。

（6）每次读流量值的同时测进气 O_3 及尾气 O_3 的浓度。

（7）取进水及出水水样备检，备检水样置于培养皿内培养基上，在 37℃恒温箱内培养 24h，测细菌总数。

以上各项读数及测得数值均记入表 6.18。

表 6.18　　臭氧消毒实验记录表

水样编号	停留时间/min	进水流量/(L/h)	进水细菌总数/(个/mL)	进气流量/(L/h)	进气压力/MPa	标准状态进气流量/(L/h)	臭氧浓度/(mg/L)		臭氧投量/(mg/L)	出水细菌总数/(个/mL)	出水臭氧浓度/(mg/L)	反应塔内水深/m	臭氧利用系数/%	细菌去除率/%	备注
							进气 C_1	尾气 C_2							
1	2	3	4	5	6	7	8	9	10	11	12	13	14	15	16

5. *注意事项*

(1)实验时要摸索出最佳 T、H、G、C 值。其中 T 为停留时间(min)，H 为塔内水深(m)，G 为臭氧投量(mg/h)，C 为臭氧浓度(mg/L)。方法有：①固定 T、H 变 G；②固定 G、H 变 T；③固定 G、T 变 H。一般不变 C 值，而是固定 G、H 变 T 者较多。本实验按①方法进行，也可用正交实验法进行。

(2)臭氧利用系数也称吸收率，其值以进气浓度 C_1 与尾气浓度 C_2 间的关系表示：

$$\text{臭氧利用系数(吸收率)}=\frac{C_1-C_2}{C_1} \tag{6.8}$$

(3) 臭氧浓度的测定方法见相关水处理设计手册。

(4) 实验前熟悉设备情况，了解各阀门及仪器的危险之处，要切实注意安全。

(5) 实验完毕先切断发生器电源，然后停水，关闭各有关阀门。

6. *成果整理*

(1) 按式 (6.9) 计算标准状态下的进气流量

$$Q_N=Q_M\sqrt{1+P_M} \tag{6.9}$$

式中：Q_N 为标准状态下的进气流量，L/h；Q_M 为压力状态下的进气流量，L/h，(进气流量即流量计所示流量 L/h)；P_M 为压力表读数，MPa。

(2) 按式 (6.10) 计算臭氧投量。

臭氧投量或者臭氧发生器的产量以 G (mg/h) 表示：

$$G=CQ_N \tag{6.10}$$

式中：C 为臭氧浓度，mg/L。

(3) 求臭氧利用系数及细菌去除率。

(4) 作臭氧消耗量与细菌总数去除率曲线。

6. *思考题*

(1) 如果用正交法求饮水消毒的最佳剂量，应选用哪些因素与水平？

(2) 臭氧消毒后管网内有无剩余 O_3？是否会产生二次污染？

(3) 用氧气瓶中氧气或用空气中氧气作为臭氧发生器的气源，各有何利弊？

6.2.4　给水处理动态模型实验

给水处理构筑物动态模型实验的目的是配合给水处理所讲授的相关内容，直观了解构筑物形式、内部构造、水在构筑物内的流动轨迹，加深对所学内容的理解。

6.2.4.1　脉冲澄清池实验

1. 目的

(1) 了解脉冲澄清池的构造、工作原理及运行操作方法。

(2) 观察矾花形成悬浮层的作用和特点。

2. 原理

澄清池是利用悬浮层中的矾花对原水中悬浮颗粒的接触絮凝作用来去除原水中的悬浮杂质。接触絮凝的机理包括：矾花与矾花、矾花与原水中悬浮杂质之间的碰撞作用，矾花对原水悬浮颗粒及其他杂质的吸附作用等。在完成接触絮凝作用后，矾花（即增加的矾花）从原水中分离出来进入集泥斗，使原水得到澄清。澄清池中分别完成反应和沉淀分离等过程。脉冲澄清池的构造如图6.9所示。

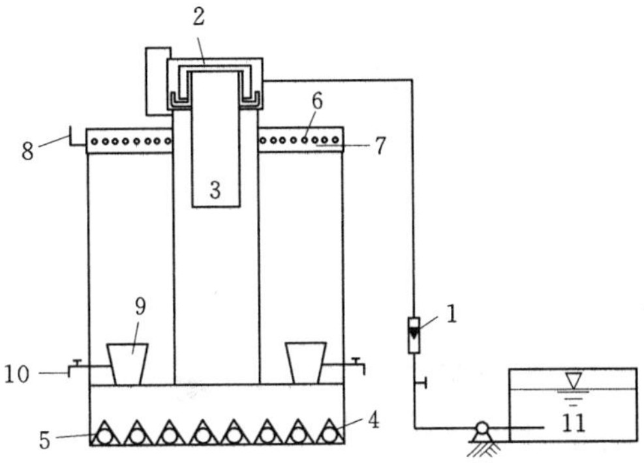

图6.9　脉冲澄清池实验装置示意

1—流量计；2—脉冲发生器；3—中央水管；4—配水管；5—稳流板；6—穿孔集水管；7—集水槽；8—出水堰；9—集泥斗；10—排泥阀；11—原水箱

原水经泵通过转子流量计流入进水室后，进水室水位上升，当上升到一定高度时，钟罩脉冲虹吸发生器产生虹吸作用，使进水室中的原水迅速大量进入中央水管并快速从配水管的孔口中喷出，经稳流板稳流后，以较慢的速度上升，进水室水位开始不断下降，当水位低于一定高度后进水虹吸被破坏，完成一次脉冲周期。澄清池中已澄清的水进入出水渠道中并排出。而过剩的矾花则从集泥斗中被定时排放掉。

3. 设备及仪器

(1) 有机玻璃脉冲澄清池1套。

(2) 水箱1个。

(3) pH值酸度计2台。

(4) 投药设备1套。

(5) 浊度仪1台。

(6) 200mL烧杯2个。

(7) 水泵1台。

(8) 温度计1支。

4. 步骤及记录

(1) 熟悉脉冲澄清池的构造及工艺流程。

(2) 启泵用清水将澄清池试运行一次（流量控制在500L/h），检查各部件是否正常，熟悉各阀门的使用方法。

(3) 参考混凝实验的最佳投药量的结果，向原水箱内投加混凝剂，搅拌均匀后再重新启泵开始运行。

(4) 当矾花悬浮层形成并能正常运行时，选几个流量运行。

(5) 分别测定出各流量下运行时的进、出水浊度，并计算出去除率。

(6) 当集泥斗中泥位升高或澄清池内泥位升高时应及时排泥。

（7）实验数据填入表6.19中。

表6.19　　脉冲澄清池实验记录

序号	原水流量/(L/h)	混凝剂	投药量/(mg/L)	浊度/NTU		去除率/%	观察现象记录
				进水	出水		
1							
2							
3							
4							
备注	原水 pH=________；水温=________℃						

5. 思考题

（1）简述脉冲澄清池的工作过程。

（2）脉冲发生器虹吸发生时间如何调整？

6.2.4.2　水力循环澄清池实验

1. 目的

（1）通过模型实验，进一步了解水力循环澄清池构造和工作原理。

（2）通过观察矾花和悬浮层的形成，进一步明确悬浮层的作用和特点。

（3）熟悉水力循环澄清池运行的操作方法。

2. 原理

澄清池是将絮凝和沉淀这两个过程于一个构筑物中完成，主要依靠活性泥渣层达到澄清目的。当脱稳杂质随水流与泥渣层接触时，便被泥渣层阻留下来，使水得到澄清。

泥渣层的形成方法是在澄清池开始运行时，在原水中加入较多的混凝剂，并适当降低负荷，逐步形成泥渣层。

水力循环澄清池属于泥渣循环型澄清池，其特点是：泥渣在一定范围内循环利用，在循环过程中，活性泥渣不断与原水中脱稳微粒进行接触絮凝作用，使杂质从水中分离出去。水力循环澄清池的构造如图6.10所示。

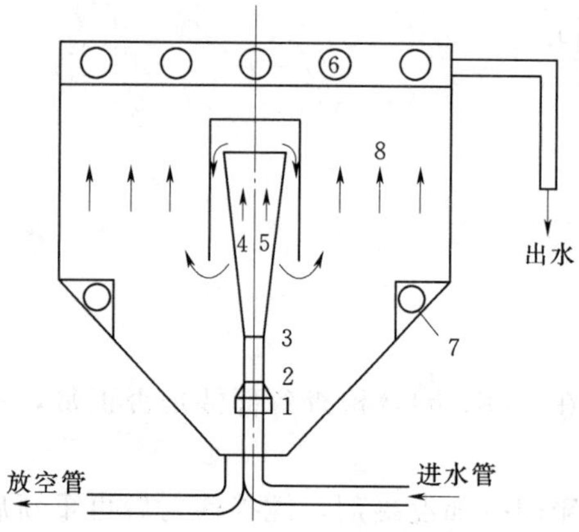

图6.10　水力循环澄清池示意

1—喷嘴；2—喇叭口；3—喉管；4—第一絮凝室；5—第二絮凝室；6—集水管；7—排泥管；8—分离室

原水从池底进入，先经喷嘴高速喷入喉管，在喉管下部喇叭口附近造成真空而吸入回流泥渣，原水与回流泥渣在喉管中剧烈混合后，被送入第一絮凝室、第二絮凝室。从第二絮凝室流出的泥水混合液，在分离室中进行泥水分离。清水向上，泥渣则一部分进入泥渣浓缩室，另一部分被吸入喉管重新循环，如此周而复始。原水流量与泥渣回流量之比，一般为1：（2～4）。喉管和喇叭口的高低可用池顶的升降阀调节。

3. 设备及仪器

（1）有机玻璃水力循环澄清池模型1套。

（2）浊度仪。

（3）pH计。

（4）投药设备。

（5）玻璃仪器。

（6）混凝剂。

4．步骤与记录

（1）在原水中加入较多的混凝剂，若原水浊度较低时，为加速泥渣层的形成，也可加入一些黏土。

（2）待泥渣层形成后，参考混凝实验的最佳投药量结果，向原水中投加混凝剂，搅拌均匀后再重新启泵开始运行。

（3）开始进水流量控制在800L/h左右。

（4）根据800L/h流量的运行情况，分别加大或减小进水流量，测定不同负荷下的进出水浊度。

（5）当悬浮泥渣层升高影响正常工作时，从泥渣浓缩室排泥。

（6）实验数据填入表6.20中。

注：也可改变混凝剂的投加量，或调节池顶的升降阀来改变原水流量与泥渣回流量的比值，来寻求最优运行工况。

表6.20　水力循环澄清池实验记录

序号	原水流量/(L/h)	混凝剂	投药量/(mg/L)	浊度/NTU		去除率/%	观察现象记录
				进水	出水		
1							
2							
3							
4							

5．成果整理

绘制清水区上升流速与去除率的关系曲线。

6．思考题

（1）简述水力循环澄清池的工作过程及特点。

（2）如何快速形成矾花悬浮层？矾花悬浮层的作用是什么？受哪些条件的影响？

6.2.4.3 重力式无阀滤池实验

1．目的

（1）通过模型试验，加深对无阀滤池工作原理及性能的理解。

（2）掌握无阀滤池的运转操作方法。

2．原理

原水由泵经过进水管送至高位水箱，经过气水分离器进入滤层自上而下的过滤，滤后水从连通渠进入清（冲洗）水箱。水箱充满后，水从出水箱溢入清水池，无阀滤池的实验装置如图6.11所示。滤池运行中，滤层不断截留悬浮物，滤层阻力逐渐增加，因而促使虹吸上升管内的水位不断升高，当水位达到虹吸辅助管管口时，水自该管中落下，并通过抽气管不

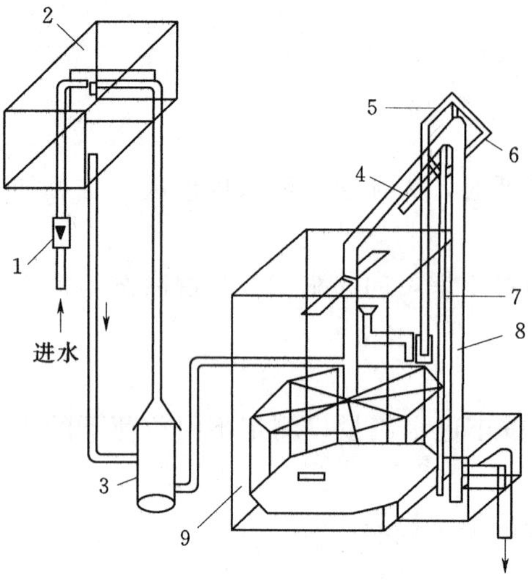

图 6.11 重力式无阀滤池的实验装置

1—流量计；2—高位进水槽；3—气水分离器；4—强制冲洗管；5—虹吸破坏管；6—抽气管；7—虹吸辅助管；8—虹吸下降管；9—清水箱

断将虹吸下降管中的空气带走，使虹吸管内形成真空，发生虹吸作用。则水箱中的水自下而上地通过滤层，对滤料进行反冲洗。此时滤池仍在进水，反冲洗开始后，进水和冲洗废水同时经虹吸上升管、虹吸下降管排至排水井排出，当冲洗水箱水面下降到虹吸破坏管管口时，空气进入虹吸管。虹吸作用破坏，滤池反冲洗结束。此后，滤池又进水开始下一周期的运行。

3. 设备及仪器

（1）有机玻璃制重力式无阀滤池的实验装置1套。

（2）浊度仪1台。

（3）酸度计1台。

（4）玻璃烧杯。

（5）钢板尺。

4. 步骤与记录

（1）熟悉模型各部件的作用及操作方法。

（2）启泵通水检查设备是否漏水、漏气。

（3）运行前测定原水浊度和pH值。

（4）启泵调整转子流量计及阀门使 Q 等于计算值（滤速按 $v=8\sim12\text{m/h}$ 计）。

（5）运行时观察并测量虹吸上升管的水位变化，连续运行30min即可停止。

（6）利用人工强制冲洗法作反冲洗实验。

（7）实验数据填入表6.21中。

表 6.21　　重力式无阀滤池实验记录

过滤面积 /m^2	滤层高度 /m	作用水头/m		冲洗水量 /m^3	冲洗历时 /min	膨胀率 e /%	备注
		开始	终点				
							进、出水浑浊度和pH值

5. 成果整理

计算冲洗强度与滤层膨胀率 e。

$$e=\frac{L-L_0}{L}\times100\% \tag{6.11}$$

式中：L 为滤层膨胀后的厚度，cm；L_0 为滤层膨胀前的厚度，cm。

6. 思考题

（1）简述无阀滤池的工作过程及特点。

(2) 进水管上气水分离器，为什么不采用 U 形管？它们的主要优缺点是什么？

(3) 调节反冲洗水箱最低水位标高对冲洗强度有何影响？

6.2.4.4　斜板沉淀池实验

1. 目的

(1) 通过实验，进一步加深对斜板沉淀池构造和工作原理的认识。

(2) 了解斜板沉淀池运行的影响因素。

(3) 掌握斜板沉淀池的运行操作方法。

2. 原理

根据浅层理论，在沉淀池有效容积一定的条件下，增加沉淀面积，可以提高沉淀效率。斜板沉淀池是把多层沉淀池底板做成一定倾斜角度（一般为 60°左右），以利排泥。沉淀池中水在斜板的流动过程中，水中颗粒则沉于斜板上，当颗粒积累到一定程度时，便自动滑下。澄清的水从池面流出。

3. 设备及仪器

(1) 有机玻璃制斜板沉淀池实验装置 1 套（图 6.12）。

(2) 浊度仪 1 台。

(3) 酸度计 1 台。

(4) 水泵 1 台。

(5) 玻璃烧杯。

(6) 投药设备与反应器 1 套。

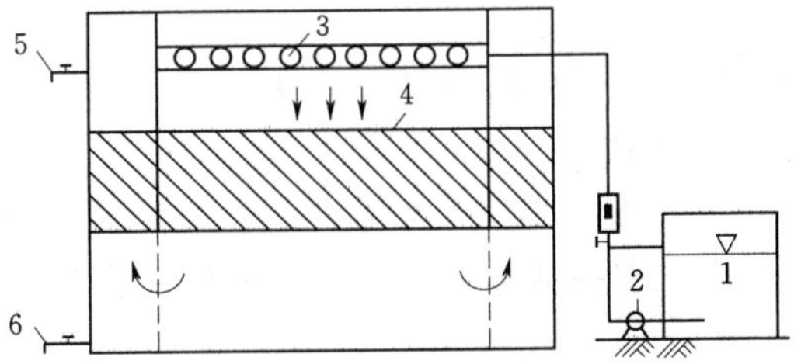

图 6.12　斜板沉淀池示意

1—水箱；2—水泵；3—配水管；4—斜板；5—出水管阀门；6—排泥管阀门

4. 步骤及记录

(1) 用清水注满沉淀池，检查设备及管配件能否正常工作。

(2) 将经过投药混凝反应后的水样用泵打入沉淀池（流量控制在 400L/h 左右）。

(3) 改变进水流量，测定不同负荷下的进出水浊度。

(4) 定期从污泥斗排泥。

(5) 实验数据记录在表 6.22 中，完成表 6.22 中内容。

表 6.22　斜板沉淀池实验数据记录表

序号	原水流量 /(L/h)	混凝剂	投药量 /(mg/L)	浊度/NTU		去除率 /%
				进水	出水	
1						
2						
3						
4						
备注	原水 pH=　　　；水温=　　　℃					

5. 思考题

(1) 简述斜板沉淀池的工作原理。

(2) 斜板沉淀池根据水流方向可分为几种类型？各自有何特点？

学习情境6.3 城镇污水处理实验

6.3.1 活性污泥活性测定实验

在活性污泥法的净化功能中，起主导作用的是活性污泥，活性污泥性能的优劣，对活性污泥系统的净化功能有决定性的作用，活性污泥是由大量微生物凝聚而成，具有很大的表面积，性能优良的活性污泥应具有很强的吸附性能和氧化分解有机污染物的能力。并具有良好的沉淀性能，因此，活性污泥的活性即指吸附性能、生物降解能力和污泥凝聚沉淀性能。

由于污泥凝聚沉淀性能可由污泥容积指数SVI值和污泥成层沉降的沉速反映，故本节只考虑活性污泥的活性吸附性能与生物降解能力的测定。

6.3.1.1 吸附性能测定实验

进行污泥吸附性能的测定，不仅可以判断污泥再生效果，不同运行条件、方式、水质等状况下污泥性能的好坏，还可以选择污水处理运行方式，确定吸附、再生段适宜比值，在科研及生产运行中具有重要的意义。

1. 目的

（1）加深理解污水生物处理及吸附再生式曝气池的特点，吸附段与污泥再生段的作用。

（2）掌握活性污泥吸附性能测定方法。

2. 原理

任何物质都有一定的吸附性能。活性污泥由于单位体积的表面积很大，特别是再生良好的活性污泥具有很强的吸附性能，故此污水与活性污泥接触初期由于吸附作用，而使污水中底物得以大量去除，即所谓初期去除；随着外酶作用，某些被吸附物质经水解后，又进入水中，使污水中底物浓度又有所上升，随后由于微生物对底物的降解作用，污水中底物浓度随时间而逐渐缓慢的降低，整个过程如图6.13所示。

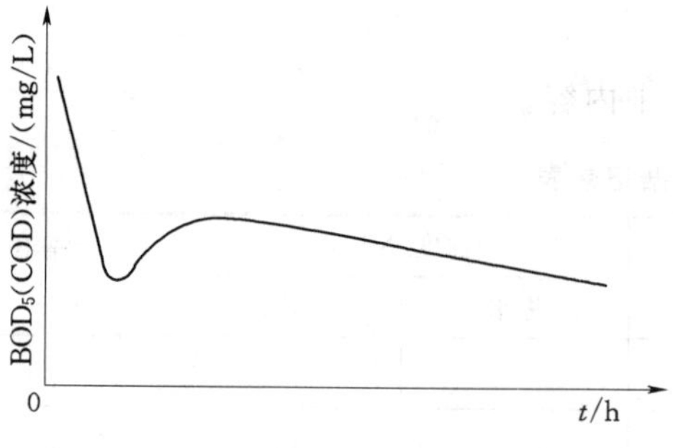

图6.13 活性污泥吸附曲线

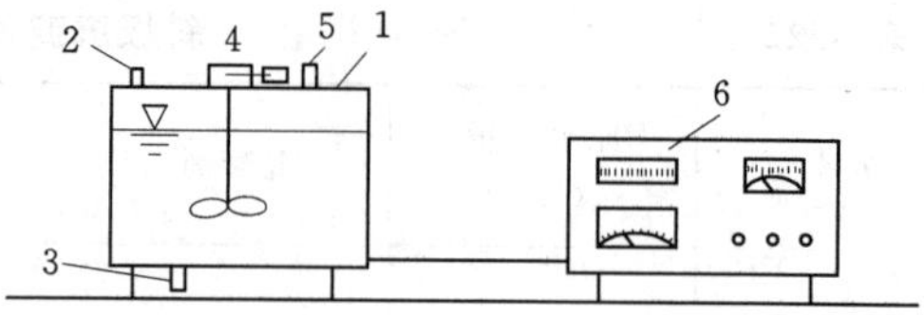

图6.14 吸附注能测定装置

1—反应罐；2—进样孔；3—取样及放空孔；4—搅拌器；5—通气管；6—控制仪表

3. 设备及用具

（1）有机玻璃反应罐2个，如图6.14所示。

（2）100mL量筒及烧杯、三角瓶、秒表、玻璃棒、漏斗等。

（3）离心机、水分快速测定仪。

（4）COD回流装置或BOD_5测定装置。

4. 步骤及记录

(1) 制取活性污泥:

1) 取运行曝气池再生段末端及回流污泥，或普通空气曝气池与氧气曝气池回流污泥，经离心机脱水，倾去上清液。

2) 称取一定重量的污泥（配制罐内混合液浓度 $MLSS=2\sim3$g/L 左右），在烧杯中用待测水搅匀，分别放大反应罐内编号，注意两罐内之浓度应保持一致。

(2) 取待测定之水。注入反应罐内，容积在15L左右，同时取原水样测定COD或BOD_5值。

(3) 打开搅拌开关，同时记录时间，在0.5min、1.0min、1.5min、2.0min、3.0min、5.0min、10min、20min、40min、70min，分别取出一个200mL左右混合液和一个100mL混合液。

(4) 将上述所取水样静沉30min或过滤，取其上清液或滤液，测定其COD或BOD_5值等，用100mL混合液测其污泥浓度。

(5) 记录见表6.23。

表6.23　COD或BOD_5吸附性能测定记录　　单位：mg/L

污泥种类	吸附时间/min									
	0.5	1.0	1.5	2.0	3.0	5.0	10	20	40	70
吸附段										
再生段										

5. 注意事项

(1) 因是平行对比实验，故应尽量保证两反应罐内污泥浓度的一致和水样的均匀一致性。

(2) 注意仪器设备的使用，实验中保持两搅拌罐运行条件，尤其是搅拌强度的一致性。

(3) 由于实验取样间隔时间短，样又多，准备工作要充分，不要弄乱。

6. 成果整理

以吸附时间为横坐标，以水样BOD_5或COD值为纵坐标绘图。

7. 思考题

(1) 活性污泥吸附性能指何而言，它对污水底物的去除有何影响？试举例说明。

(2) 影响活性污泥吸附性能的因素有哪些？

(3) 简述测定活性污泥吸附性能的意义。

(4) 试对比分析吸附段、再生段污泥吸附曲线区别（曲线低点的数值与出现时间）及其原因。

6.3.1.2 生物降解能力测定实验

污泥活性生物降解能力的测定，是活性污泥法在科研、设计中常用的一种测试方法。它不仅可用来判断污泥性能，也可用来指导选择生物处理方法，运行方式、条件，对生产厂（站）的运行管理工作也有一定的指导作用。

1. 目的

(1) 加深对活性污泥性能，特别是污泥活性的理解。

(2) 掌握不同的测定活性污泥活性的方法。

(3) 测定活性污泥对底物的降解能力，并比较不同活性污泥的活性。

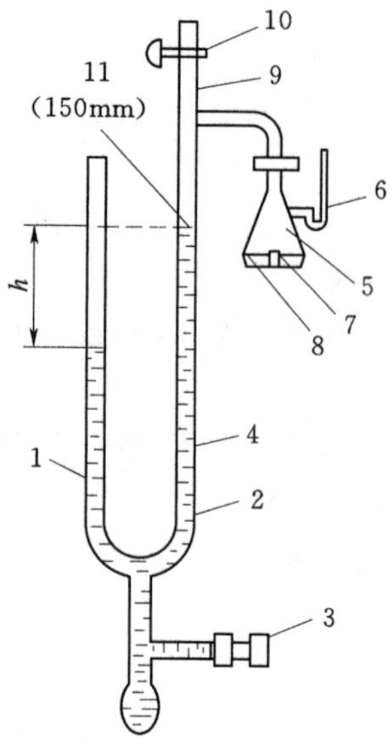

图 6.15 瓦勃氏呼吸计构造示意图

1—开管；2—闭管；3—调节螺旋；4—测压液；5—反应瓶；6—反应瓶侧臂（底物）；7—中心小杯（内装 KOH）；8—水样；9—测压管；10—三通；11—参考点

2. 污泥活性测定 1——瓦勃氏呼吸仪测定实验

（1）原理。水中微生物在降解有机物时，需要氧作为受氢体，最终产物为 CO_2 和 H_2O。生化反应越快，耗氧速率也越快，从而根据活性污泥耗氧曲线，可以评定污泥的降解能力及其活性。

利用瓦勃氏呼吸仪测定污泥在降解有机物时的耗氧量。

（2）设备及用具：

1）瓦勃式呼吸仪，主要由以下部分组成：

a. 恒温水浴，具有三种调节温度的设备，一是电热器，通常装在水槽底部，通以电流后使水温升高；二是恒温调节器，能够自动控制电流的断续，这样就使水槽温度也能自动控制；三是电动搅拌器，使水槽中水温迅速达到均匀。

b. 振荡装置。

c. 瓦勃式呼吸机，由反应瓶和测压管组成，如图 6.15 所示。

反应瓶为一带中心小杯及侧壁的特殊小瓶，容积为 25mL，用于污水处理时，宜用 125mL 的大反应瓶。测压管一端与反应瓶相连，并设三通，平时与大气不通，称闭管，另一端与大气相通，称开管，一般测压管总高约 300mm，并以 150mm 的读数为起始高度。

2）离心机。

3）康氏振荡器。

4）BOD_5、COD 分析测定装置及药品等。

（3）步骤及记录。

1）活性污泥制备：

a. 取生产运行中曝气方式不同或运行方式不同的曝气池中之活性污泥，分别编号为 1 号、2 号污泥，用纱布过滤去除较大颗粒物质，以免影响实验的准确性。

b. 将上述混合液空曝 24h 后，或将混合液在康氏振荡器上振荡 1h，而后用离心机、蒸馏水或生理盐水（用 NaCl 加到蒸馏水中配制而成）反复洗涤三次即可，这种活性污泥要当天制备当天用。配制不同性质的活性污泥，浓度应一致，*MLSS* 最好在 2g/L 左右。

2）底物用待测定之污水。

3）取清洁干燥反应瓶 10 套，温度压力对照用两套，不同活性污泥内源呼吸各用两套，不同活性污泥在同一负荷下对同一底物的降解呼吸耗氧测定各用 2 套。反应瓶内各种溶液数量见表 6.24。

4）反应瓶内 KOH、底物、污泥的投加。

5）测压管及反应瓶的连接安装。

6）实验及记录。

7）实验结束后仪器的洗涤。

表 6.24　　反应瓶内各种溶液数量

反应瓶编号/号	反应瓶内液体体积/mL			中央小杯 20% KOH 溶液	液体总容积/mL	备　注
	蒸馏水	活性污泥悬浮液	底物			
1、2	3	0	0	0.2	3.2	温度压力对照
3、4	2	1.0	0	0.2	3.2	1号污泥内源呼吸
5、6	2	1.0	0	0.2	3.2	2号污泥内源呼吸
7、8		1.0	2	0.2	3.2	1号污泥耗氧
9、10		1.0	2	0.2	3.2	2号污泥耗氧

（4）成果整理：

1）计算污泥耗氧量。

2）以时间为横坐标，耗氧量为纵坐标绘图，绘污泥耗氧曲线。

3. *污泥活性测定2——摇床生物降解实验*

（1）原理。在底物与氧气充足的条件下，由于微生物的新陈代谢作用，将不断地消耗污水中底物，使其数量逐渐减少，活性良好的、污泥降解能力强的底物降低得快。因此用单位时间、单位重量污泥，对底物降解的数量及活性污泥降解力，可以反映评价活性污泥活性，即生物降解能力。同样，本实验也可用来判断污水的可生化性。

（2）设备及用具：

1）康氏振荡器1台，或磁力搅拌器2台。

2）离心机1台，水分快速测定仪。

3）分析天平。

4）纱布、三角瓶、烧杯等有关玻璃器皿。

5）COD或BOD_5及其他指标所需的分析仪器及试剂药品。

（3）步骤及记录：

1）活性污泥的制备取不同曝气方式或不同运行方式的活性污泥系统的回流污泥，用纱布过滤，而后用离心机脱水。

2）测定脱水后污泥重量。

3）用分析天平称取干重为0.20g（可根据需要增减），经上述处理后的污泥放入250mL三角瓶中，加入一定量待处理的污水，配制成相同污泥负荷的混合液，负荷约为0.03～0.2kg/(kg·d)。

4）将三角瓶放到摇床上，振荡1～2h（或将上述混合液放到烧杯内，在磁力搅拌器上搅拌），实验时温度保持在20～30℃之间。

5）将振荡水样静沉30min，取其上清液。

6）测定实验前后水样的COD值，或其他有关指标。

（4）注意事项：

1）该实验为一条件实验，改变不同条件，结果不同，因此作为对比实验，两组实验条件负荷、水温、搅拌强度一定要严格控制一致。

2）三角瓶放在摇床上，要用泡沫塑料挤紧，以免振荡时倾倒或破碎。

（5）成果整理。计算活性污泥对底物的降解能力G [kg/(kg·h)]：

$$G=\frac{(C_1-C_2)V}{qt}\times10^{-6} \tag{6.12}$$

式中：C_1、C_2 为污水实验前后 COD 或 BOD_5 等指标的浓度，mg/L；V 为底物的体积，mL；q 为活性污泥干重，g；t 为振荡时间，h。

4. 思考题

（1）何谓活性污泥的活性？通过什么方法测定比较？

（2）你还能找出另外的方法，来定性和定量地说明鼓风曝气与表面曝气两种不同曝气方式污泥降解底物的快慢吗？

（3）影响污泥活性的因素有哪些？

（4）为何用瓦勃氏呼吸仪测定时，配制的污泥浓度应一致，且要保持在 2g/L 左右？

（5）利用瓦勃氏呼吸仪测定纯氧曝气及普通曝气的活性污泥的活性时应注意哪些问题？

（6）分析对比两种不同污泥对底物降解能力。

6.3.2 好氧生物处理实验

好氧生物处理中，在微生物降解有机物的同时，污泥也在增长，而这整个过程都是在有充足溶解氧的条件下进行的。整个过程变化规律如何，正是生化反应动力学所要解决的问题。因此，对污水生化反应进行动力学分析不仅能够掌握曝气池内生化反应的规律，还可用以指导活性污泥系统的设计和处理厂（站）的运行。

实验研究结果说明，曝气池内所进行的底物降解，污泥增长，氧的消耗，因微生物处于不同生长阶段而有着不同特点。

实践还证明，决定底物降解、污泥增长、氧的消耗的主要因素是污泥负荷 F/M 值。

因此，生化反应动力学的实质就是以曝气池内生化反应这一过程为基础，通过数学模式建立起活性污泥负荷 F/M 与底物降解速率，污泥增长速率，耗氧速率间的定量关系，从而根据这些关系来指导活性污泥系统的设计与运行。

6.3.2.1 曝气池混合液比耗氧速率测定实验

混合液比耗氧速率的测定，是推求完全混合曝气池底物降解与需氧量间关系，求其底物降解中用于产生能量的那一部分比值 a' 和内源呼吸耗氧率 b' 的重要前提，也可用以判断污水可生化性，因此该测定方法也是从事科研、设计与运行管理工程技术人员必须掌握的基本方法之一。

1. 目的

（1）加深理解活性污泥的比耗氧速率、耗氧量的概念，以及它们相互之间的关系。

（2）掌握测定污泥比耗氧速率的方法。

（3）测定某处理厂曝气池混合液的比耗氧速率。

2. 原理

污水好氧生物处理中，微生物在对有机物的降解过程中不断耗氧，在 F/M、温度、混合等条件不变的情况下，其耗氧速率不变。根据这一性质，取曝气池混合液于一密闭容器内，在搅拌情况下，测定混合液溶解氧值随时间变化关系，直线斜率即为比耗氧速率，如图 6.16 所示。

3. 设备及用具

（1）密闭搅拌罐、控制仪、微型空压机。

（2）溶解氧测定仪、记录仪、秒表。

（3）水分快速测定仪或万分之一天平、烘箱等。

（4）烧杯、三角瓶、100mL 量筒、漏斗、滤纸等。

实验装置如图 6.17 所示。

4. 步骤及记录

（1）打开放气阀门，将生产运行或实验曝气池内之混合液通过漏斗加入密闭罐内约 6～8L 左右。同时测定混合液浓度。

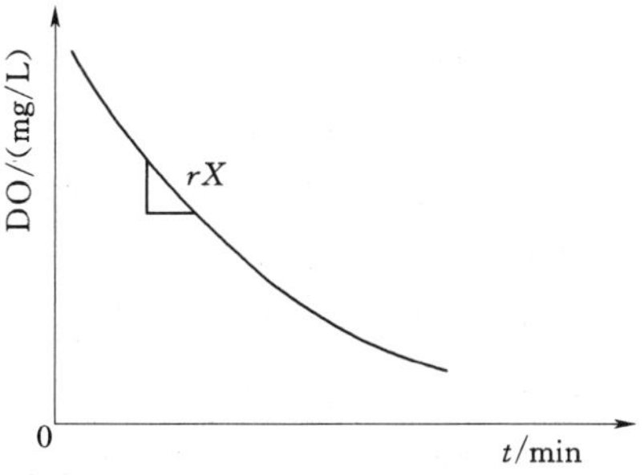

图 6.16　耗氧速率变化曲线

（2）开动空压机进行曝气，待溶解氧值达到 4～5mg/L 时关闭空压机与进气阀门。

（3）取下漏斗，堵死进口，关闭排气孔阀门，开动搅拌装置，待溶解氧测定仪读数稳定后，按表 6.25 记录时间和溶解氧值，或将溶解氧测定仪与记录仪接通自动记录。

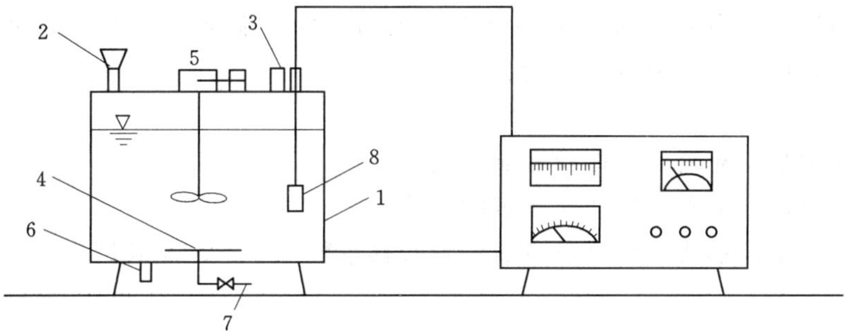

图 6.17　比耗氧速率测定装置

1—搅拌罐；2—进样孔；3—放气孔；4—布气管；4—反应器；
5—放空管；6—进气管；7—溶解氧探头；8—控制仪表

表 6.25　　**污泥比耗氧速率测定原始记录**

时间 t/min	0.0	0.5	1.0	1.5	2.0	2.5	3.0	3.5	4.0	5.0	6.5	7.0	8.0	10.0	12.0	14.0	20.0
DO/(mg/L)																	

5. 注意事项

（1）熟悉溶解氧仪的使用及维护方法，实验前应接通电源预热，并调好溶解氧仪零点及满度，具体使用详见溶解氧仪说明书。

（2）取出曝气池之混合液，当溶解氧值不足 4～5mg/L 时，宜曝气充氧，当溶解氧值 DO＝4～5mg/L 时，可直接进行测试。

（3）探头在罐内位置要适中，不要贴壁，以防水流流速过小影响溶解氧值的测定。

（4）处理厂（站）实测曝气池内耗氧速率时，完全混合曝气池内由于各点状态基本一致，可测几点取其均值。推流式曝气池则不同，由于池内各点负荷等状态不同，各点耗氧速率也不同。

6. 成果整理

（1）根据实验记录，以时间 t 为横坐标，溶解氧值为纵坐标，在普通坐标纸上绘图。

（2）根据所得直线图解，或用数理统计法求解比耗氧速率 [mg(O_2)/(L·h)]。

7. 思考题

(1) 测定污泥比耗氧速率的意义是什么?

(2) 当污泥负荷不同时，污泥比耗氧速率相同吗?应当如何变化?

(3) 当负荷一样，而混合液来自两个不同运转条件的曝气池内(如曝气方式不同或运转方式不同，水质相同)，污泥比耗氧速率一样吗?为什么?

(4) 本实验装入密闭罐内混合液的容积要记录吗?为什么?

(5) 当没有溶解氧测定仪时，如何完成上述实验?

(6) 判断推流池内，沿池各点污泥比耗氧速率如何变化?

6.3.2.2 曝气设备清水充氧性能测定实验

曝气是活性污泥系统的一个重要环节，它的作用是向池内充氧，保证微生物生化作用所需之氧，同时保持池内微生物、有机物、溶解氧，即泥、水、气三者的充分混合，为微生物降解创造有利条件。因此了解并掌握曝气设备充氧性能及其测定方法，不仅对工程设计人员，而且对污水处理厂(站)运行管理人员也至关重要。此外，二级生物处理厂(站)中，曝气充氧电耗占全厂动力消耗的60%~70%，因而高效省能型曝气设备的研制是当前污水生物处理技术领域面临的一个重要课题。

1. 目的

(1) 加深理解曝气充氧的机理及影响因素。

(2) 掌握曝气设备清水充氧性能测定的方法。

(3) 测定几种不同形式的曝气设备氧的总转移系数 $K_{La(20)}$，氧利用率 E_A，动力效率 E_P 等，并进行比较。

2. 原理

曝气是人为地通过一些设备向水中加速传递氧的过程，常用的曝气设备分为机械曝气与鼓风曝气两大类，无论哪一种曝气设备，其充氧过程均属传质过程，氧传递机理为双膜理论，如图6.18所示在氧传递过程中，阻力主要来自液膜，氧传递基本方程式为

$$dC/dt=K_{La}(C_s-C_b) \qquad (6.13)$$

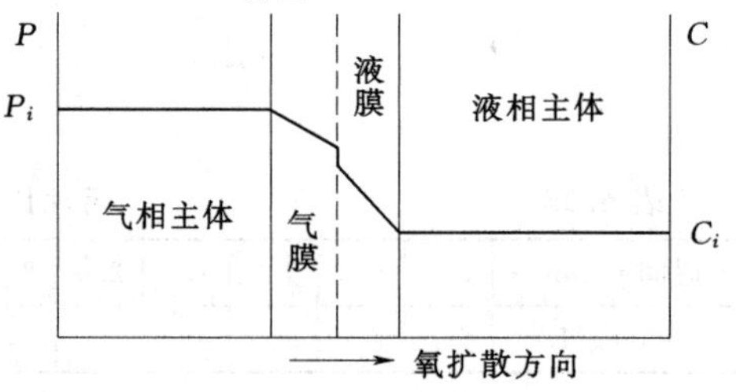

图6.18 双膜理论模式

式中：dC/dt 为液体中溶解氧浓度变化速率，$kgO_2/(m^3 \cdot h)$；C_s 为液膜处饱和溶解氧浓度，mg/L；C_b 为液相主体中溶解氧浓度，mg/L；C_s-C_b 为氧传质推动力，mg/L；$K_{La(20)}$ 为氧总转移系数，$K_{La}=\dfrac{D_L A}{X_L V}$，1/h；$D_L$ 为液膜中氧分子扩散系数，m^2/h；X_L 为液膜厚度，m；A 为气、液两相接触面积，m^2；V 为曝气液体积，m^3。

由于液膜厚度 X_L 和液体流态有关，而且实验中无法测定与计算，同样气液接触面积 A 的大小也无法测定与计算，故用氧总转移系数 K_{La} 代替。

将式(6.13)积分整理后得曝气设备氧总转移系数 K_{La} 计算式：

$$K_{La}=\frac{1}{t-t_0}\ln\frac{C_s-C_0}{C_s-C_t} \qquad (6.14)$$

式中：K_{La} 为氧总转移系数，1/min 或 1/h；t_0、t 为曝气时间，min；C_0 为曝气开始时池内溶解氧浓度（$t_0=0$ 时，$C_0=0$），mg/L；C_s 为曝气池内液体饱和溶解氧值，mg/L；C_t 为曝气某一时刻 t 时，池内液体溶解氧浓度，mg/L。

由式（6.14）可知，影响氧传递速率 K_{La} 的因素很多，除了曝气设备本身结构尺寸、运行条件之外，还与水质、水温等有关。为了进行互相比较，以及向设计、使用部门提供产品性能，故产品给出的充氧性能均为清水，标准状态下，即清水（一般多为自来水）在一个大气压 20℃下的充氧性能。常用指标有氧总转移系数 $K_{La(20)}$、充氧能力 E_L、动力效率 E_P 和氧转移效率 E_A。

曝气设备充氧性能测定实验，一种是间歇非稳态法，即实验时池水不进不出，池内溶解氧浓度随时间而变；另一种是连续稳态测定法，即实验时池内连续进出水，池内溶解氧浓度保持不变。目前国内外多用间歇非稳态测定法，即向池内注满所需水后，将待曝气之水以无水亚硫酸钠为脱氧剂，氯化钴为催化剂，脱氧至零后开始曝气，液体中溶解氧浓度逐渐提高。液体中溶解氧的浓度 C 是时间 t 的函数，曝气后每隔一定时间 t 取曝气水样，测定水中溶解氧浓度，从而利用式（6.14）计算 K_{La} 值，或是以亏氧量（C_s-C_t）为纵坐标，在半对数坐标纸上绘图，直线斜率即为 K_{La} 值。

3. 设备及用具

（1）自吸式射流曝气清水充氧设备（图 6.19）：

1）曝气池：钢制 0.8m×1.0m×4.3m。

2）射流曝气设备：喷嘴 $D=14$mm，喉管 $D=32$mm，喉管长 $L=2975$mm。

3）水循环系统：吸水池、塑料泵。

4）计量装置：转子流量计、压力表、真空表、热球式测风仪和秒表。

5）溶解氧测定仪。

6）无水亚硫酸钠、氯化钴。

（2）穿孔管鼓风曝气清水充氧设备（图 6.20）：

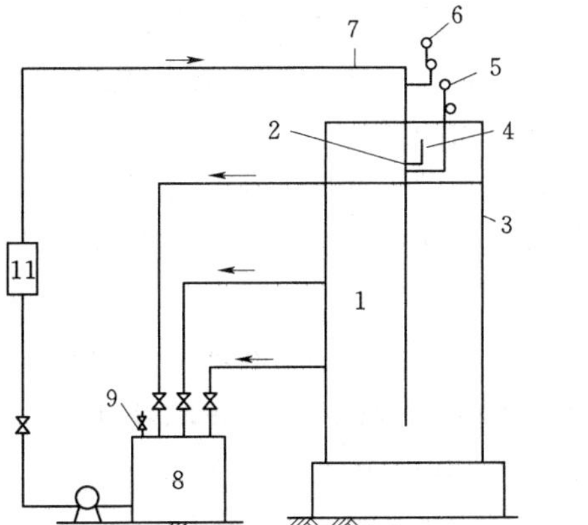

图 6.19 自吸式射流曝气清水充氧实验装置
1—曝气水池；2—射流器；3—取样孔；4—进气口；5—真空表；6—压力表；7—温度计；8—吸水池（密封）；9—放气口；10—水泵；11—水转子流量计

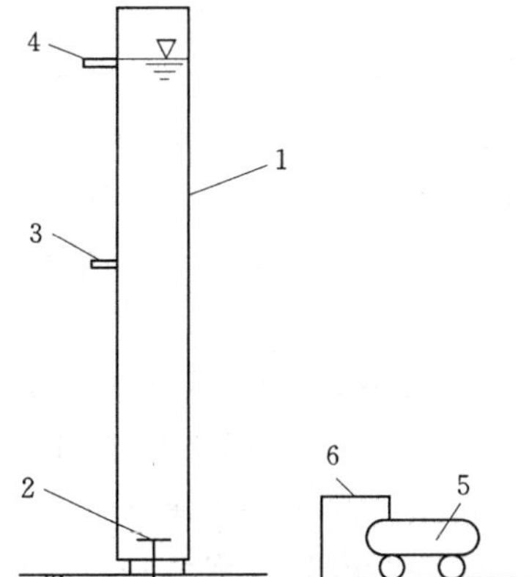

图 6.20 穿孔管鼓风曝气清水充氧实验装置
1—有机玻璃曝气柱；2—穿孔管布气；3—取样孔或探头插口；4—溢流孔；5—空压机；6—进气管

1）有机玻璃柱：DN150mm（三套）、DN200mm（一套）、$H=3.2$m。

2）穿孔管布气装置：孔眼 DN0.5mm，与垂直线成45°角，两排交错排列。

3）空气压缩机、贮气罐。

（3）平板叶轮表面曝气清水充氧实验设备（图6.21）：

1）有机玻璃平板叶轮完全混合式曝气池，电动搅拌机调速器。

2）溶解氧测定仪、记录仪。

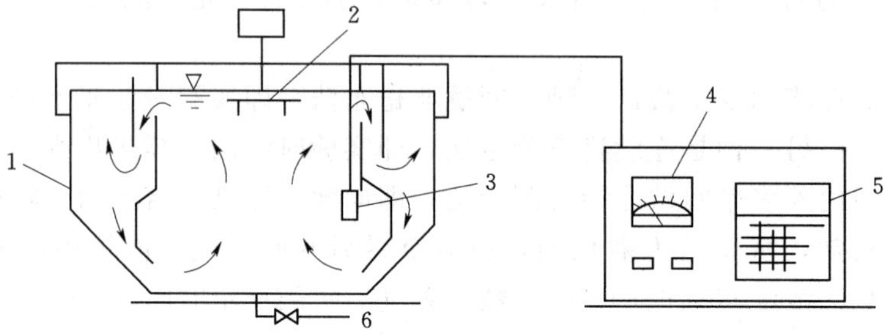

图6.21　平板叶轮表面曝气清水充氧实验装置

1—完全混合合建式曝气池；2—平板叶轮；3—探头；

4—溶解氧浓度测定仪；5—记录仪；6—放空管

4. 步骤及记录

（1）自吸式射流曝气设备清水充氧实验步骤：

1）关闭所有阀门，向曝气池内注入清水（自来水）至4.2m，取水样测定水中溶解氧值，并计算池内溶解氧含量 $G=\mathrm{DO}\cdot V$。

2）计算投药量：

a. 脱氧剂采用无水亚硫酸钠。根据

$$2Na_2SO_3+O_2 \longrightarrow 2Na_2SO_4$$

则投药量 $g=(1.1\sim1.5)\times 8G$，1.1～1.5值是为脱氧安全而取的系数。

b. 催化剂采用氯化钴，投加浓度为0.1mg/L，将称得的药剂用温水化开，由池顶倒入池内，通少量空气搅拌后，约10min，取水样、测其溶解氧。

3）当池内水脱氧至零后，打开回水阀门和放气阀门，向吸水池灌水排气。

4）关闭水泵出水阀门，启动水泵，然后，缓慢打开阀门，至池顶压力表读数为0.15MPa为止。

5）开启水泵后，由观察孔观察射流器出口处，当有气泡出现时，开始计时，同时每隔1min（前3个间隔）和0.5min（后几个间隔）开始取样，连续取15个水样左右。

6）计量水量、水压、风速（m/s）（进气管 $d=32$mm）。

7）观察曝气时喉管内现象和池内现象。

8）关闭进气管闸门后，记录真空表读数。

9）关闭水泵出水阀门，停泵。

（2）鼓风曝气清水充氧实验步骤：

1）向柱内注入清水至3.1m处时，测定水中溶解氧值，计算池内溶氧量 $G=\mathrm{DO}\cdot V$。

2）计算投药量。

3）将称得的药剂脱氧剂、催化剂用温水化开由柱顶倒入柱内，几分钟后，测定水中溶解氧值。

4）当水中溶解氧为零后，打开空压机，向贮气罐内充气。空压机停止运行后，打开供气阀门，开始曝气，并记录时间；同时每隔一定时间（1min）取一次样，测定溶解氧值，连续取样10～15个；而后，拉长间隔，直至水中溶解氧不再增长（达到饱和）为止；随后，关闭进气阀门。

5）实验中计量风量、风压、室外温度。并观察曝气时柱内现象。

（3）平板叶轮表面曝气清水充氧实验步骤：

1）向池内注满清水，按理论加药量的1.5倍加入脱氧剂及催化剂。

2）当溶解氧测定仪的读数或指针为0后，开始启动电机进行曝气，直至池内溶解氧达到稳定值为止。

（4）记录：

1）自吸式射流曝气设备清水充氧记录见表6.26。

2）化学滴定法测定水中溶解氧记录见表6.27。

3）溶解氧测定仪与记录仪配用的记录，记录纸自动记录的形式如图6.22所示。

表6.26　　自吸式射流曝气清水充氧实验记录

水温	曝气池平面尺寸 /m^2	进水流量 /m^3	进风量			气水比（体积比）
			风速	风速	风量	
进水压力 /MPa	池内水深 /m	喷嘴直径 d /mm	喉管直径 d /mm	喉管长度 L /mm	面积比 D^2/d^2	长径比 L/D

表6.27　　水中溶解氧测定记录表

瓶号	取样点	$\overline{V}$/mL	V/mL	DO/(mg/L)	瓶号	取样点	$\overline{V}$/mL	V/mL	DO/(mg/L)

$Na_2S_2O_3$(N=　　　　)

5. 注意事项

（1）每个实验所用设备、仪器较多，事前必须熟悉设备、仪器的使用方法及注意事项。

（2）加药时，将脱氧剂与催化剂用温水化开后，从柱或池顶，均匀加入。

（3）如无溶解氧测定仪，在曝气初期，取样时间间隔宜短。

（4）实测饱和溶解氧值时，一定要等到溶解氧值稳定后进行。

（5）水温、风温（送风管内空气温度）宜取开始、中间、结束时实测值的平均值。

6. 成果整理

（1）参数选用。因清水充氧实验给出的是标准状态下氧总转移系数 $K_{La(20)}$，即清水（本

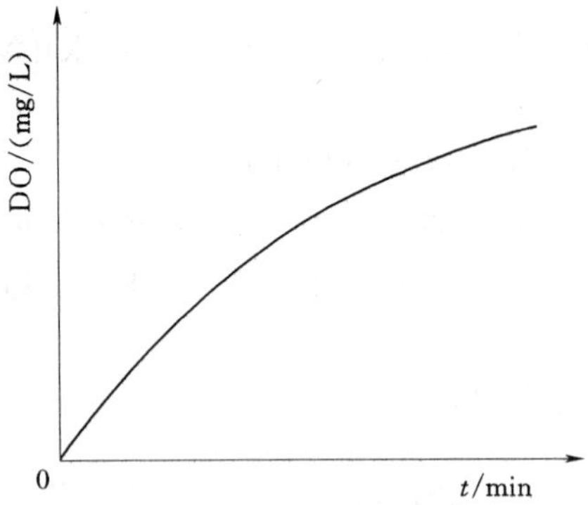

图 6.22 DO与 t 关系曲线

实验用的是自来水）在1个标准大气压（1atm）、20℃下的充氧性能，而实验过程中曝气充氧的条件并非是1atm、20℃，但这些条件都对充氧性能有影响，故引入了压力、温度修正系数。

1）温度修正系数

$$K=1.024^{20-T} \tag{6.15}$$

修正后的氧总转移速率

$$K_{La(20)}=K\cdot K_{La(T)}=1.024^{20-T}\times K_{La(T)} \tag{6.16}$$

此为经验式，它考虑了水温对水的黏滞性和饱和溶解氧值的影响，国内外大多采用此式，本实验也以此进行温度修正。

2）水中饱和溶解氧值的修正。由于水中饱和溶解氧值受其中压力和所含无机盐种类及数量的影响，所以式（6.14）中的饱和溶解氧最好用实测值，即曝气池内的溶解氧达到稳定时的数值。

另外也可以用理论公式对饱和溶解氧标准值进行修正。

用埃肯费尔德公式进行修正：

$$P=\frac{P_b}{0.206}+\frac{Q_t}{42} \tag{6.17}$$

$$P_b=P_a+\frac{H}{10\times 10} \tag{6.18}$$

$$Q_t=\frac{21(1-E_A)}{79+21(1-E_A)}\times 100\% \tag{6.19}$$

式中：P_b 为空气释放点处的绝对压力，MPa；P_a 为大气压力，0.1MPa；H 为空气释放点距水面高度，m；Q_t 为空气中氧的质量百分比；E_A 为曝气设备氧的利用率，%。

式（6.14）中饱和溶解氧值 C_s 用式（6.20）求得

$$C_{sm}=C_sP \tag{6.20}$$

式中：C_{sm} 为清水充氧实验池内经修正后的饱和溶解氧值，mg/L；C_s 为1atm、某温度下氧饱和度理论值，mg/L；P 为压力修正系数。

(2) 氧总转移系数 $K_{La(20)}$ 是指在标准状态下单位传质推动力的作用下，在单位时间、向单位曝气液体中所充入的氧量。它的倒数 $1/K_{La(20)}$ 单位是时间，表示将满池水从溶解氧为零充到饱和值时所用时间，因此 $K_{La(20)}$ 是反映氧传递速率的一个重要指标。

$K_{La(20)}$ 的计算首先是根据实验记录，或溶解氧测定记录仪的记录和式（6.14），按表6.28计算，或者是在半对数坐标纸上，以（$C_{sm}-C_t$）为纵坐标，以时间 t 为横坐标绘图求 $K_{La(T)}$ 值。

求得 $K_{La(T)}$ 值后，利用式（6.16）求得 $K_{La(20)}$ 值。

表 6.28　氧总转移系数 $K_{La(T)}$ 计算表

$t-t_0$ /min	C_t /(mg/L)	C_s-C_t /(mg/L)	$\frac{C_s}{C_s-C_t}$	$\ln\frac{C_s}{C_s-C_t}$	$\tan a=\frac{1}{t-t_0}$	$K_{La(T)}$ /min^{-1}

（3）氧转移速率 R_0。氧转移速率是反映曝气设备在单位时间内向单位液体中充入的氧量，R_0 可用式（6.21）计算：

$$R_0 = K_{La(20)} C_s \tag{6.21}$$

式中：R_0 为氧转移速率，$kgO_2/(m^3 \cdot h)$；$K_{La(20)}$ 为氧总转移系数，1/h；C_s 为 1atm 下，20℃氧饱和度理论值，一般为 9.17mg/L。

（4）动力效率 E_P。E_P 是指曝气设备每消耗一度电时转移到曝气液体的氧量。由此可见，动力效率将曝气供氧与所消耗的动力联系在一起，是一个经济评价指标，它的高低将影响到活性污泥处理厂（站）的运行费用。

$$E_P = \frac{R_0 V}{N} \tag{6.22}$$

式中：N 为理论功率，即不计管路损失，不计风机和电机的效率，只计算曝气充氧所耗有用功，kW；V 为曝气池有效体积，m^3。

$$N = \frac{\gamma Q_b H_b}{1000} \tag{6.23}$$

式中：γ 为空气重度，N/m^3；Q_b 为修正后的气体实际流量，m^3/s；H_b 为风压，m。

$$Q_b = Q_{b0}\sqrt{\frac{P_{b0} T_b}{P_b T_{b0}}} \tag{6.24}$$

式中：Q_{b0} 为仪表的刻度流量，m^3/h；P_{b0} 为标定时气体的绝对压力，0.1MPa；T_{b0} 为标定时气体的绝对温度，293K；P_b 为被测气体的实际绝对压力，MPa；T_b 为被测气体的实际绝对温度，$(273+t)$K。

（5）氧转移效率

$$E_A = \frac{R_0 V}{Q \times 0.28} \times 100\% \tag{6.25}$$

式中：Q 为标准状态下（1atm、293K 时）的气量。

$$Q = \frac{Q_b P_b T_a}{T_b P_a} \tag{6.26}$$

式中：P_a 为 1atm；T_a 为 293K。

标准状况下 $1m^3$ 空气中所含氧的重量为 $0.28kg/m^3$。

7. 思考题

（1）论述曝气在生物处理中的作用。

（2）曝气充氧原理及其影响因素是什么？

（3）温度修正、压力修正系数的意义如何？如何进行公式推导？

（4）常见曝气设备类型、动力效率及各自优缺点是什么？

（5）氧总转移系数 $K_{La(20)}$、K_{La} 的意义是什么？怎样计算？

（6）曝气设备充氧性能指标为何均是清水？标准状态下的值是多少？

（7）鼓风曝气设备与机械曝气设备充氧性能指标有何不同？

6.3.3 间歇式活性污泥法（SBR 法）实验

1. 目的

（1）了解 SBR 法系统的特点。

(2) 加深对 SBR 法工艺及运行过程的认识。

2. 原理

SBR 工艺作为活性污泥法的一种，其去除有机物的机理与传统的活性污泥法相同，即都是通过活性污泥的絮凝、吸附、沉淀等过程来实现有机污染物的去除；所不同的只是其运行方式。SBR 法具有工艺简单，运行方式也较灵活，脱氮除磷效果好，SVI 值较低污泥易于沉淀，可防止污泥膨胀，耐冲击负荷和所需费用较低，不需要二沉池和污泥回流设备等优点。

SBR 法系统包含预处理池、一个或几个反应池及污泥处理设施。反应池兼有调节池和沉淀池的功能。该工艺被称为序批间歇式，它有两个含义：①其运行操作在空间上按序排列；②每个 SBR 的运行操作在时间上也是按序进行。

SBR 工作过程通常包括 5 个阶段：进水阶段（加入基质）；反应阶段（基质降解）；沉淀阶段（泥水分离）；排放阶段（排上清液）；闲置阶段（恢复活性）。这 5 个阶段都是在曝气池内完成，从第一次进水开始到第二次进水开始称为一个工作周期。每一个工作周期中的各阶段的运行时间、运行状态可根据污水性质、排放规律和出水要求等进行调整。对各个阶段若采用一些特殊的手段，又可以达到脱氮、除磷，抑制污泥膨胀等目的。SBR 法典型的运行模式如图 6.23 所示。

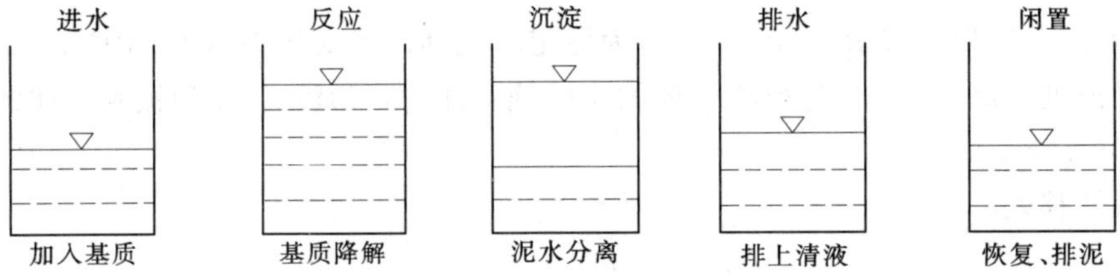

图 6.23 SBR 法典型运行模式

3. 设备及用具

(1) SBR 法实验装置及计算机控制系统 1 套，如图 6.24 所示。

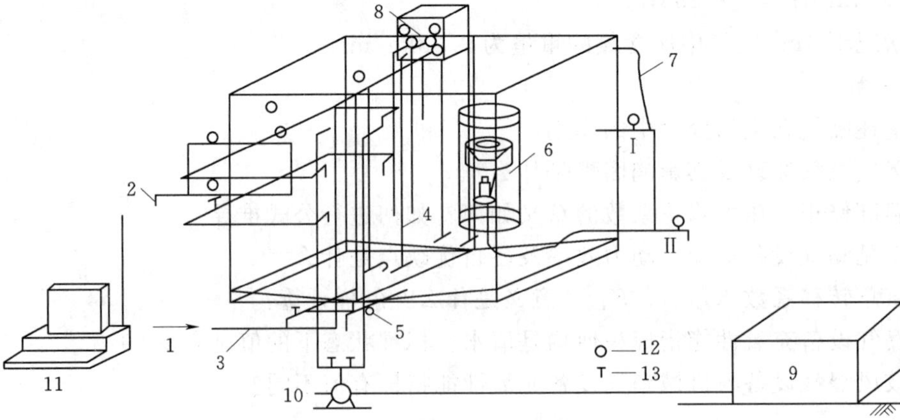

图 6.24 SBR 法实验装置示意

1—进水管；2—排水管；3—空气管；4—曝气管；5—放空管；6—滗水器；7—排气管；8—液位继电器；9—水箱；10—水泵；11—计算机；12—电磁阀；13—手动阀

(2) 水泵。

(3) 水箱。

(4) 空气压缩机。

(5) DO 仪。

(6) COD 测定仪或测定装置及相关药剂。

4. 步骤及记录

(1) 打开计算机并设置各阶段控制时间（填入表 6.29 中），启动控制程序。

(2) 水泵将原水送入反应器，达到设计水位后停泵（由水位继电器控制）。

(3) 打开气阀开始曝气，达到设定时间后停止曝气，关闭气阀。

(4) 反应器内的混合液开始静沉，达到设定静沉时间后，滗水器开始工作，排出反应器内的上清液。

(5) 滗水器停止工作，反应器处于闲置阶段。

(6) 准备开始进行下一个工作周期。

表 6.29　SBR 法实验记录

进水时间 /h	曝气时间 /h	静沉时间 /h	滗水时间 /h	闲置时间 /h	进水 COD /(mg/L)	出水 COD /(mg/L)

5. 成果整理

计算在给定条件下 SBR 法的有机物去除率

$$\eta=\frac{S_a-S_e}{S_a}\times 100\% \tag{6.27}$$

式中：S_a 为进水有机物浓度，mg/L；S_e 为出水有机物浓度，mg/L。

6. 思考题

(1) 简述 SBR 法与传统活性污泥法的区别。

(2) SBR 法工艺上的特点及滗水器的作用。

(3) 如果对脱氮除磷有要求应怎样调整各阶段的控制时间？

6.3.4 生物转盘实验

1. 目的

(1) 了解并掌握生物转盘的构造及工作原理。

(2) 加深对生物转盘净化污水机理的理解。

2. 原理

生物转盘也是生物膜法的一种形式，其净化污水机理是生物转盘盘片在转动过程中，盘片上生长的微生物与空气和污水交替接触，完成从空气中吸收氧气、从污水中吸附有机物的过程。在这过程中微生物将吸附的有机物分解自身得以增殖，污水得以净化。在转动盘片与水之间产生剪切力的作用下，老化的生物膜脱落，生物膜得到更新。

生物转盘具有如下特点：运行稳定、抗冲击负荷能力强、运行方式灵活、出水水质好、

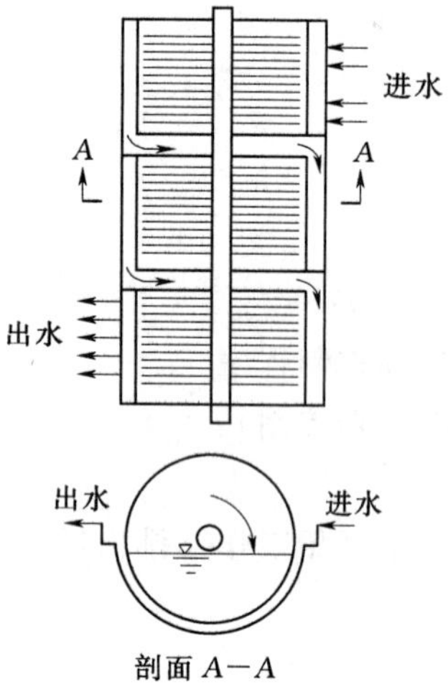

图 6.25 生物转盘实验装置示意

产泥量少、动耗低、噪声低、运行维护简单，但低温时处理效果差、不宜处理含有毒性挥发气体的污水。

生物转盘运行时的控制条件：转盘转速 0.8～3.0r/min，盘片边缘线速度在 15～18m/min 之间。转轴与槽内水面之间的距离不宜小于 150mm，盘片面积应有 40%～45%浸没在氧化槽内的污水中。

3. 设备及用具

（1）生物转盘实验装置 1 套（单轴 3 级），如图 6.25 所示。

（2）水箱 1 个。

（3）水泵 1 台。

（4）转子流量计、温度计。

（5）酸度计或 pH 试纸。

（6）COD 测定仪或测定装置及相关药剂。

4. 步骤及记录

（1）盘片挂膜。接种培养生物膜成功后即可开始实验。

（2）通电使生物转盘转动，开泵将水箱内原水经计量打入生物转盘氧化槽内。可根据污水处理程度调节进水流量。

（3）运行一段时间系统稳定后，分别测定各级的水温、pH 值、进出水 COD 值。

（4）将实验数据填入表 6.30。

5. 成果整理

计算在给定条件下生物转盘各级有机物去除率 η_i 和总的有机物去除率 η：

$$\eta_i=\frac{S_{ai}-S_{ei}}{S_{ai}}\times 100\%$$

$$\eta=\frac{S_a-S_e}{S_a}\times 100\%$$

式中：S_a 为进水有机物浓度，mg/L；S_e 为出水有机物浓度，mg/L；S_{ai} 为第 i 级进水有机物浓度，mg/L；S_{ei} 为第 i 级出水有机物浓度，mg/L。

表 6.30 生物转盘实验记录

COD/(mg/L)				备 注
第 1 级进水	第 1 级出水	第 2 级出水	第 3 级出水	
				转速： 进水水温： 进水 pH 值： 出水 pH 值：

6. 思考题

（1）简述生物转盘净化污水的机理。

（2）生物转盘构造及运行特点是什么？

（3）生物转盘的转速过大或过小有什么问题？

6.3.5 塔式生物滤池实验

1. 目的

(1) 了解塔式生物滤池的构造及工作原理。

(2) 通过实验加深对生物膜法处理污水机理和特征的认识。

2. 原理

塔式生物滤池是污水生物处理方法中生物膜法的一种形式，是生物滤池的一种变形。其特点是：塔体高、占地面积小、污水处理量大、自然通风能力强、供氧充分、运行费用低、容积负荷高、抗有机物冲击负荷和毒性物质能力强、污泥量少。但其缺点是有机物去除率低、基建投资较大。

3. 设备及用具

(1) 塔式生物滤池实验装置1套，$D=120mm$，$H=2.0m$，如图6.26所示。

(2) 贮水箱。

(3) 水泵。

(4) 转子流量计。

(5) 沉淀池。

(6) 温度计、pH计。

(7) COD测定仪或测定装置和相关药剂。

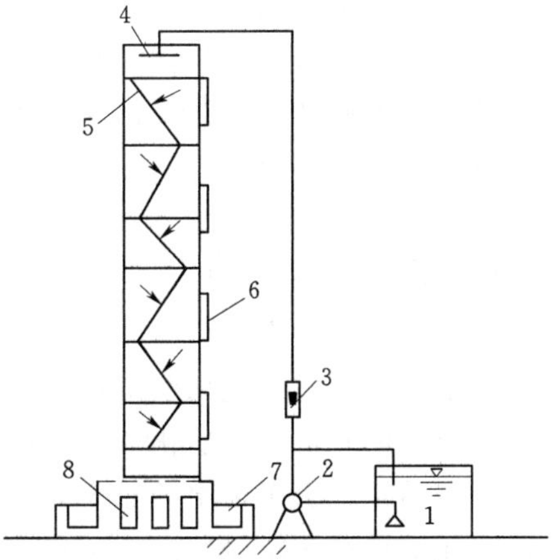

图6.26 塔式生物滤池实验装置示意

1—水池；2—水泵；3—流量计；4—布水器；5—填料；6—检查口；7—集水渠；8—通风孔

4. 步骤及记录

(1) 生物膜的培养，约需15～30d。

(2) 计算确定塔式生物滤池的容积负荷率，启动水泵将原水通过塔顶布水管喷洒到塔内填料上。

(3) 系统运行稳定后测定水温、pH值、进出水COD。

(4) 实验数据记录在表6.31中。

表6.31 塔式生物滤池实验记录

进水水温 /℃	进水pH值	进水COD /(mg/L)	塔滤出水COD /(mg/L)	沉淀池出水COD /(mg/L)

5. 成果整理

计算在给定条件下塔式生物滤池有机物去除率

$$\eta=\frac{S_a-S_e}{S_a}\times 100\%$$

式中：S_a为进水有机物浓度，mg/L；S_e为出水有机物浓度，mg/L。

6. 思考题

(1) 生物膜法与活性污泥法有哪些区别？

(2) 简述塔式生物滤池净化污水的原理及过程。

(3) 简述塔式生物滤池的构造及工艺上的特点。

6.3.6　污水和污泥厌氧消化实验

本项实验用于选择污水、污泥消化处理工艺和确定设计参数，是污水处理中的一项重要实验。采用小型厌氧发酵罐进行实验。可进行不同工艺（如污泥二级、二相、高速消化）、不同条件（如温度、投配比）的污泥厌氧消化实验。还可进行污水厌氧处理实验。

1. 目的

(1) 加深对厌氧消化机理的理解。

(2) 初步掌握使污水、污泥消化设备正常运行的能力。

(3) 掌握厌氧消化实验方法及各项指标的测定分析方法。

(4) 掌握污水厌氧消化实验数据的处理方法。

(5) 对不同消化工艺进行对比实验，确定有机物分解率、产气率与投配比关系（中温常规消化与中温两级消化）。

2. 原理

厌氧消化是在无氧条件下，借助于厌氧菌的新陈代谢使有机物被分解，整个消化过程分两个阶段、三个过程进行，即：

酸性发酵阶段：包括两个过程，水解过程，在微生物外酶作用下将不溶有机物水解成溶解的小分子的有机物；酸化过程，在产酸菌作用下将复杂的有机物分解为低级有机酸。

厌氧消化，由于甲烷的繁殖世代时间长，专一性强，对 pH 值及温度变化的适应性较弱，因此甲烷消化阶段控制着厌氧消化的整个过程。为了保持厌氧消化的正常进行，维持酸碱平衡，应当严格控制厌氧消化环境，主要有以下几点：

(1) 消化池内温度：温度影响消化时间，也影响产气量，如图 6.27 和图 6.28 所示。

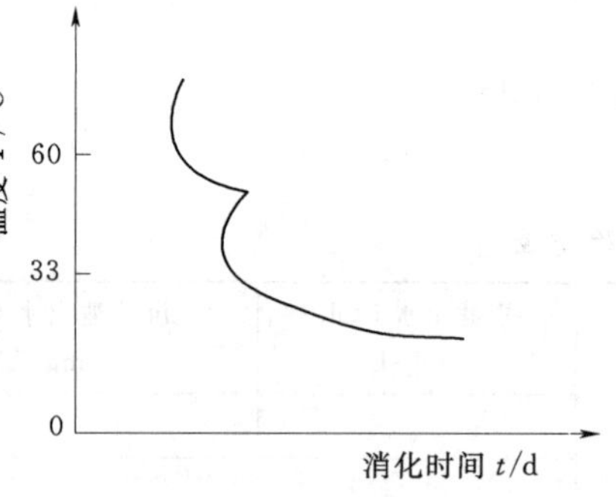

图 6.27　$T-t$ 曲线

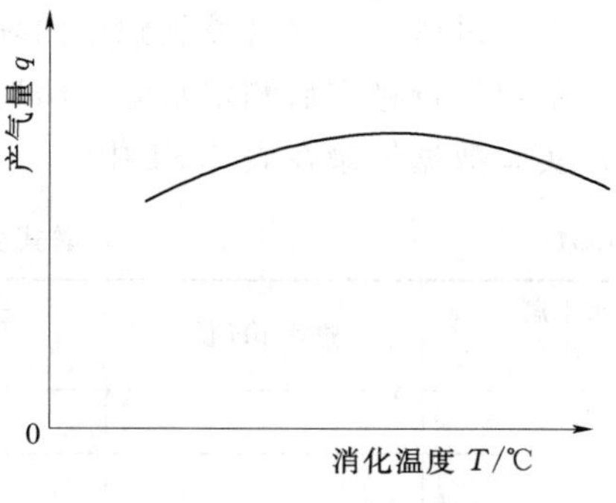

图 6.28　$T-q$ 曲线

一般中温消化池内温度控制在 33～35℃，高温消化池内温度控制在 (55±1)℃。

(2) 污泥消化时应注意生污泥的性质，其含水率应在 96%～97%，pH 值应为 6.5～8.0，不应含有害、有毒物质。

(3) 搅拌作用，既可以间歇搅拌也可以连续搅拌，这一措施对池内温度、有机物及厌氧菌的混合、均匀分布影响重大，同时还具有破碎浮渣层的作用。

(4) 营养，为了使产酸和甲烷两个阶段保持平衡关系，有机物的投加负荷应当适宜，此外还应保持 C/N 在(10～20)：1 的范围内，低于此值，不仅会影响消化作用，而且会造成铵盐的过剩积累，抑制消化的进程。

(5) 厌氧条件，甲烷菌是专性厌氧菌，因此绝对厌氧是厌氧消化正常进行的重要条件，空气的进入会抑制厌氧菌的代谢作用。

(6) pH值，池内应保持在6.6～7.6之间。要求池内有一定碱度，碱度在2000～5000mg/L为佳，当pH值偏低时，可投加碳酸氢钠或石灰加以调节。

3. 设备及用具

(1) 厌氧消化器。

(2) 厌氧消化自动控制设备。

(3) 贮气罐、肺活量仪或湿式气体流量计。

(4) 酸度计、水浴、烘箱、坩埚、马福炉。

(5) 气体分析器。

(6) 脂肪酸、COD、BOD_5、SS等分析仪器，玻璃器皿及化学药品等。

(7) 污水连续流厌氧消化实验装置，如图6.29所示。污泥二级厌氧消化实验装置，如图6.30所示。

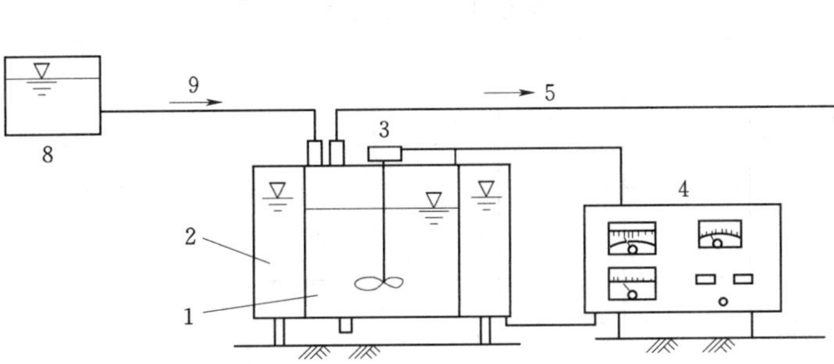

图6.29 污水连续流厌氧消化实验装置

1—厌氧消化器；2—水浴；3—搅拌装置；4—温度、搅拌控制仪；5—甲烷气；6—湿式燃气表；7—排气；8—贮水池；9—进水

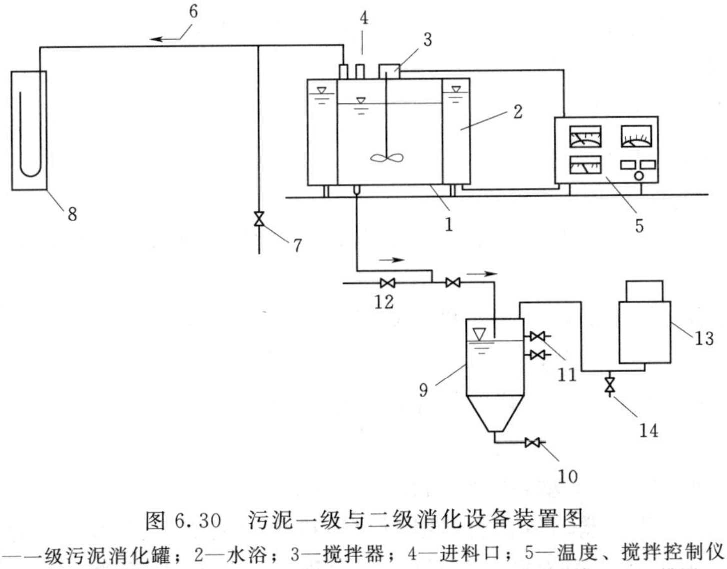

图6.30 污泥一级与二级消化设备装置图

1—一级污泥消化罐；2—水浴；3—搅拌器；4—进料口；5—温度、搅拌控制仪；6—甲烷气；7—放气口；8—U形测压管；9—二级污泥消化罐；10—排泥；11—上清液排放口；12—取样口；13—贮气罐；14—放气阀

4. 步骤及记录

（1）污水连续流厌氧消化实验。

1）人工配制实验用污水，或取自某些高浓度有机废水。

2）由运行正常的城市污水处理厂的消化池中取够熟泥作为种泥，放入消化器内，以1～2℃/h 的升温速度逐步加温到（33±1）℃。

3）反应器内温度升至 33℃后，稳定运行 12～24h，而后按实验要求进水，进水流量变化使水力停留时间 $t(t=V/Q)$ 约为 0.5d、1.0d、1.5d、2.0d、3.0d、4.0d、8.0d、12.0d、16d、20d、24d。

4）在产气后即按上述要求连续进、出水，同时连续搅拌。加料速度应控制在 30kgBOD_5/(m^3·d) 以下。

5）每一水力停留时间下，在消化反应器进入稳定运行后应连续运行 7d 以上。

每天记录、分析进出水 pH 值、COD（或 BOD_5）、产气量、CH_4 含量等。注意池内 pH 值变化，当 pH 值<6.6 时，应加碱调整 pH 值。记录项目见表 6.32。

表 6.32　某一水力停留时间下厌氧消化记录

项目内容 \ 时间 t/d	1	2	3	4	5	6	7	8
进水量/(L/d)								
进水 COD/(mg/L)								
出水 COD/(mg/L)								
池内混合液 SS/(mg/L)								
池内混合液 VSS/(mg/L)								
产气量/(L/d)								
甲烷 CH_4 含量/%								

5. 污泥厌氧消化实验

（1）由正常运行的处理厂（站）消化池取熟泥作为种泥，加入消化罐内，以 1～2℃/h 升温速度逐步加温到（33±1）℃。

（2）达到中温（33～35℃）后稳定运行 12～24h，而后按某一投配比 3%～5%投加生污泥。

（3）常规法操作运行：

1）每天早 8:00 时开动搅拌装置，搅动 15～20min。

2）在搅动 10min 后开始排出消化罐内混合液，其体积与投加的生污泥量相同，取泥样进行分析测定。

3）然后按所要求的投配比，一次投入新泥。

4）每 4h 搅拌一次，并记录温度、罐内压力、产气量等。

5）每天上午 10:30 放掉贮气罐内气体，并取样分析气体成分。

（4）二级消化法运行操作：

1）每天早 8:00 时开始搅动，一级消化池搅拌 15～20min。

2）在一级消化池开始搅动后，由二级消化池排出上清液，其体积约为排出总量的3/4，由池底排出消化污泥，其体积为排出总量的1/4（取上清液底泥及两者按比例混合后的泥样进行化验分析），而后再由一级消化池向二级消化池内排入同体积的污泥，并再排出约

200mL 混合液（作为一级消化污泥样品，用于化验分析）。

3）按要求并考虑到一级消化池取样体积，向一级消化池内一次投入生污泥。其他操作同常规法。

（5）当罐内有机物分解率达 40%左右，产气量在 $10m^3/m^3$ 泥，CH_4 含量达 50%左右且稳定时，即可进入正式实验。

（6）四套实验设备两套按常规消化运行、两套按二级消化运行，其投配比为 3%、5%、7%、10%。

（7）每天取样分析：pH 值、碱度、污泥含水率、有机物含量百分比、脂肪酸、气体成分 COD、BOD_5 和 SS 等。

（8）实验记录见表 6.33。

表 6.33　　污泥消化实验操作记录表

项目内容 \ 时间 t/d	1	2	3	4	5	6	7	8
进水量/(L/d)								
进水 COD/(mg/L)								
出水 COD/(mg/L)								
池内混合液 SS/(mg/L)								
池内混合液 VSS/(mg/L)								
产气量/(L/d)								
甲烷 CH_4 含量/%								

6. 注意事项

（1）为保证实验的可比性，生污泥应一次取足，存入冰箱在 2～4℃的条件下保存。

（2）每次配制生污泥，其含水率应相近。

（3）操作运行中要严防漏气和进气。

（4）每天应分析脂肪酸值和产气率变化曲线，当出现反常现象时，应及时分析查找原因，采取相应补救措施。

7. 成果整理

（1）污水连续流厌氧消化实验成果整理。

1）将实验数据整理分析后，填入表 6.34，并按表 6.35 进行计算分析。

表 6.34　　污水厌氧消化实验成果整理表

项　目　内　容	水力停留时间 t/d								
	0.5	1.0	2.0	3.0	4.0	8.0	12	16	20	24
进水流量/(L/d)										
进水 COD/(mg/L)										
出水 COD/(mg/L)										
池内混合液 SS/(mg/L)										
池内混合液挥发 VSS/(mg/L)										
产气量/(L/d)										
CH_4 含量/%										

表 6.35 污泥厌氧消化成果整理表

停留时间 t/d	进水 S_0（COD）/(m/L)	出水 S_e（COD）/(mg/L)	S_0-S_e /(mg/L)	X_1 /(mg/L)	$\frac{S_0-S_e}{X_V}$	$\frac{S_0-S_e}{X_Vt}$	去除 COD /(kg/d)	产气量 /(m^3/d)	产气率 /[m^3/kg (COD)d]

2）利用线性回归法或作图法求定碱性消化阶段的 K 值。

3）利用线性回归法或作图法求碱性消化阶段的 Y、K_d 值。

（2）污泥厌氧消化实验成果整理：

1）计算各投配率下每天的污泥负荷、有机物分解率、产气率：

a. 计算污泥容积负荷

$$N_s=\frac{\text{进泥中有机物含量(kg/d)}}{\text{消化池有效容积(m}^3)} \tag{6.28}$$

b. 计算有机物分解率

$$\eta=100\left(1-\frac{\alpha\beta_1}{\alpha_1\beta}\right) \tag{6.29}$$

式中：η 为污泥中有机物分解百分数，%；α、α_1 为消化与生泥中有机物含量，%；β、β_1 为消化与生泥中无机物含量，%。

c. 计算产气量

$$q=\frac{\text{产气量(mL/d)}}{\text{进泥中有机物含量(g/d)}} \tag{6.30}$$

2）以污泥负荷或投配率为横坐标，以有机物分解率、产气率、CH_4 成分含量为纵坐标绘图，并加以分析。

3）以污泥负荷或投配率为横坐标，以挥发性脂肪、碱度为纵坐标绘图，并加以分析。

4）分析比较常规污泥与二级消化污泥含水率。

5）分析比较常规污泥与二级消化工艺的优缺点。

8. *思考题*

（1）影响厌氧消化的因素有哪些？实验中如何加以控制才能保证正常进行？

（2）当所要投加的生污泥在实验现场不能每天由运行设备取得时，怎样才能保证污泥样品的一致性？为什么？控制生污泥哪几个指标才能减少对实验的影响？

（3）试分析有机物分解率、产气率、CH_4 成分随投配率变化的规律及其原因。

（4）取来熟污泥后加温时，为何要控制加温速度？

附　　录

附录1　氧在蒸馏水中的溶解度（饱和度）

水　温 T/℃	溶解度 /(mg/L)	水　温 T/℃	溶解度 /(mg/L)
0	14.62	16	9.95
1	14.23	17	9.74
2	13.84	18	9.54
3	13.48	19	9.35
4	13.13	20	9.17
5	12.80	21	8.99
6	12.48	22	8.83
7	12.17	23	8.63
8	11.87	24	8.53
9	11.59	25	8.38
10	11.33	26	8.22
11	11.08	27	8.07
12	10.83	28	7.92
13	10.60	29	7.77
14	10.37	30	7.63
15	10.15		

附录 2　空气管计算图（a）

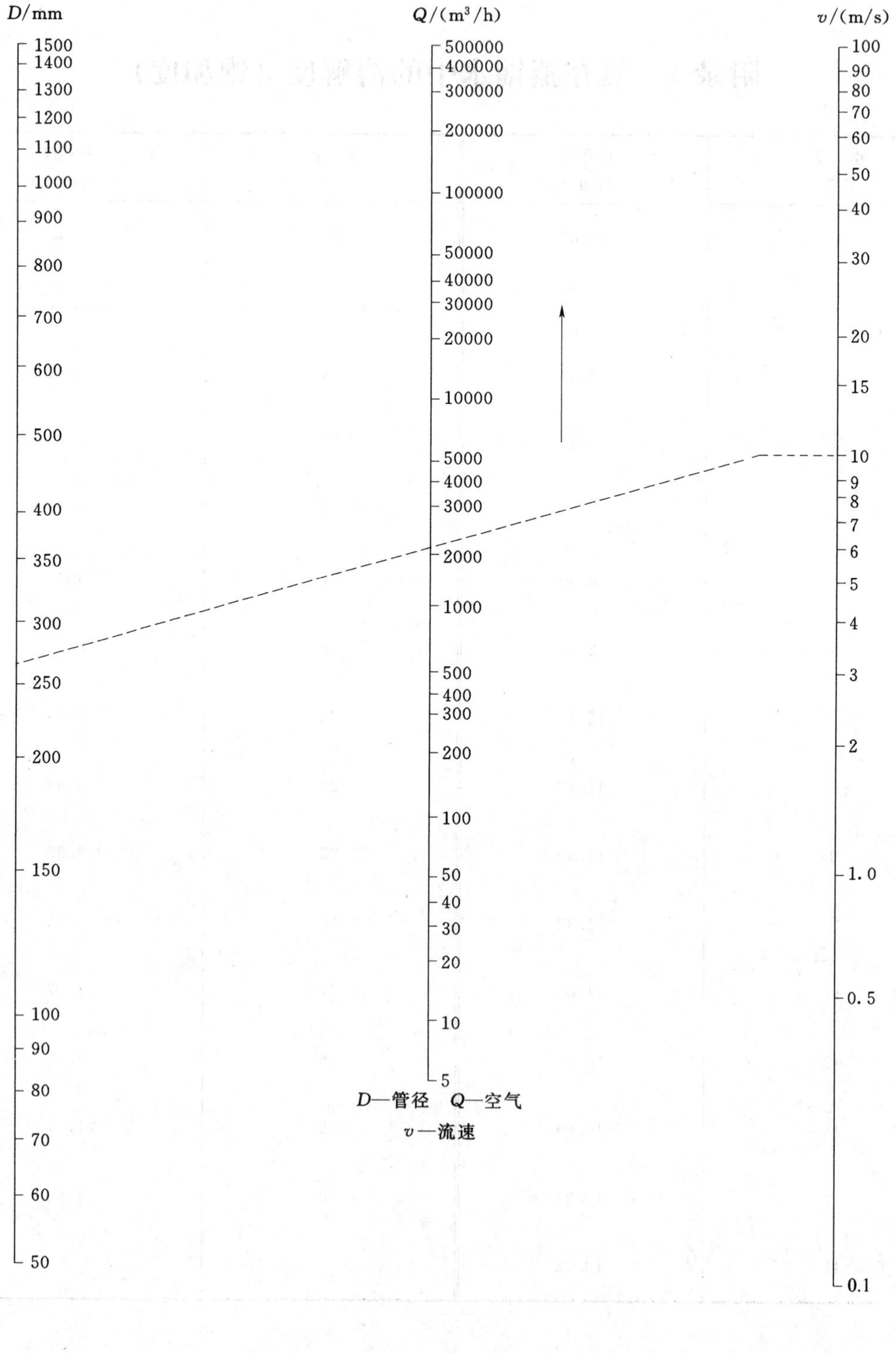

D—管径　Q—空气
v—流速

附录 3　空气管计算图（b）

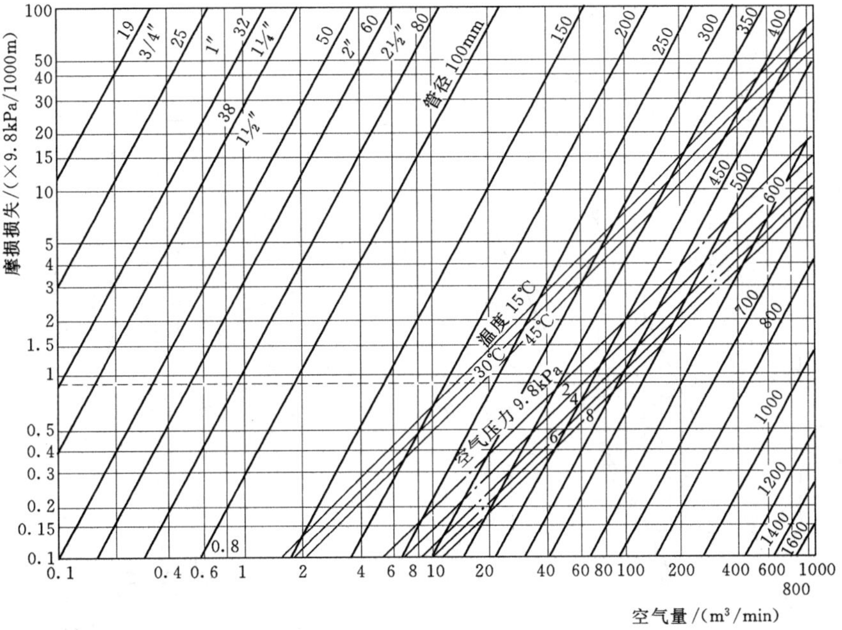

附录 4　各种管内部压力损失的换算系数

管子种类	管径		
	3/4″～2½″	80～800mm	>800mm
无缝钢管	0.80～0.95	0.84～0.93	0.82～0.92
镀锌管	1.00		
铸铁管（粗糙的）		1.18～1.10	1.16～1.10
铸铁管（沥青涂面）		1.00	1.00

附录 5　我国鼓风机产品规格

型号	风量/(m³/min)	风压/9.8Pa	电机功率/kW	型号	风量/(m³/min)	风压/9.8Pa	电机功率/kW
LG5	5	3500	4.0	LG40	40	3500	40
		5000	7.5			5000	55
LG10	10	3500	10			7000	75
		5000	13	LG60	60	3500	55
LG15	15	3500	13			5000	75
		5000	17			7000	115
LG20	20	3500	17	LG80	80	3500	75
		5000	30			5000	115
LG30	30	3500	30			7000	155
		5000	40				

附录 6　泵型曝气叶轮的技术规格

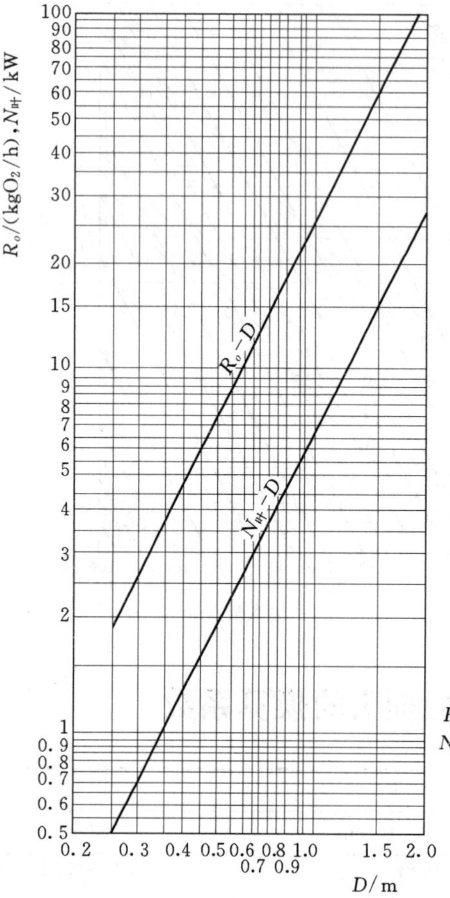

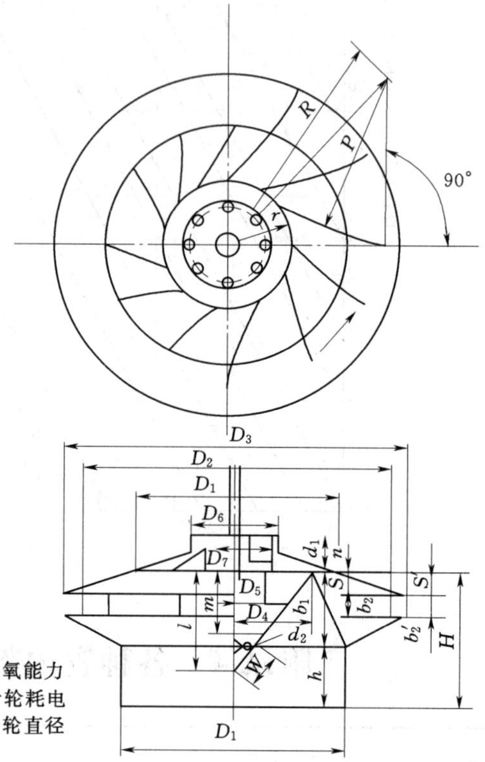

R_o—充氧能力
$N_{叶}$—叶轮耗电
D—叶轮直径

泵型（E）比例尺寸

代　号	尺　　寸	代　号	尺　　寸	代　号	尺　　寸
D_2	D_2	b_2'	$(0.0497D_2)$	d_1	$0.0005\times\left[\frac{\pi}{4}D_1^2\right]$面积
D_1	$(0.729D_2)$	S	$0.0243D_2$	d_2	$0.0004\times\left[\frac{\pi}{4}D_1^2\right]$面积
D_3	$1.110D_2$	S'	$(0.0343D_2)$		
D_4	$0.412D_2$	h	$0.219D_2$	R	$0.70955D_2$
D_5	$0.1875D_2$	H	$(0.3958D_2)$	r	$0.2085D_2$
D_6	$0.2440D_2$	l	$0.299D_2$	P	$0.503D_2$
D_7	$0.1390D_2$	m	$0.171D_2$	叶片数 Z	12 片
b_1	$0.1770D_2$	n	$0.104D_2$	进水角 B_1	71°20′
b_2	$0.0680D_2$	W	$0.139D_2$	出水角 B_2	90°

注　1. 浸没度：$0.0345D_2$(mm)；线速：4.7～5.5m/s。

2. 圆形曝气池池壁水面不可装置挡流板；以破坏旋涡，防止叶轮脱水。方形、长方形则不需装置挡流板。

附录 7　平板叶轮计算图（a）

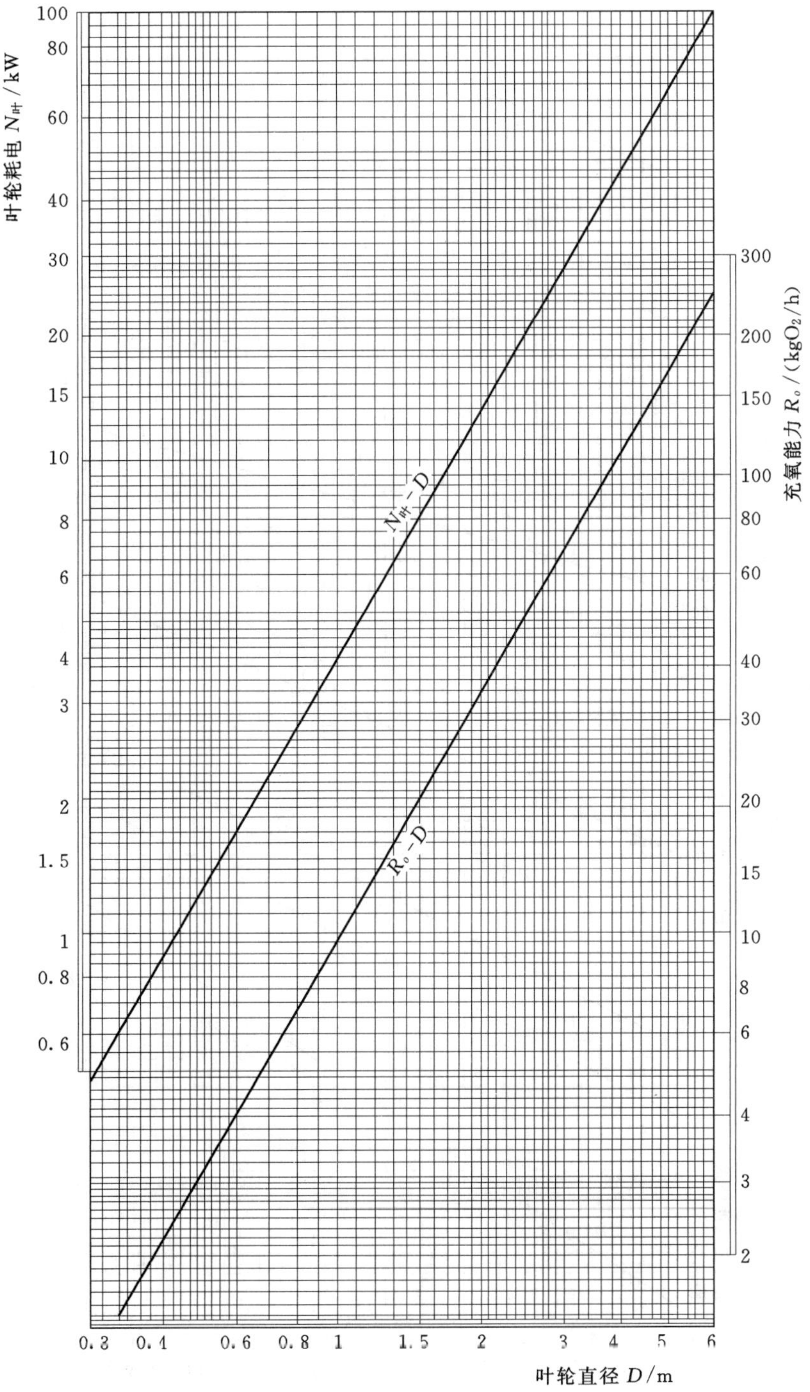

附录 8 平板叶轮计算图（b）

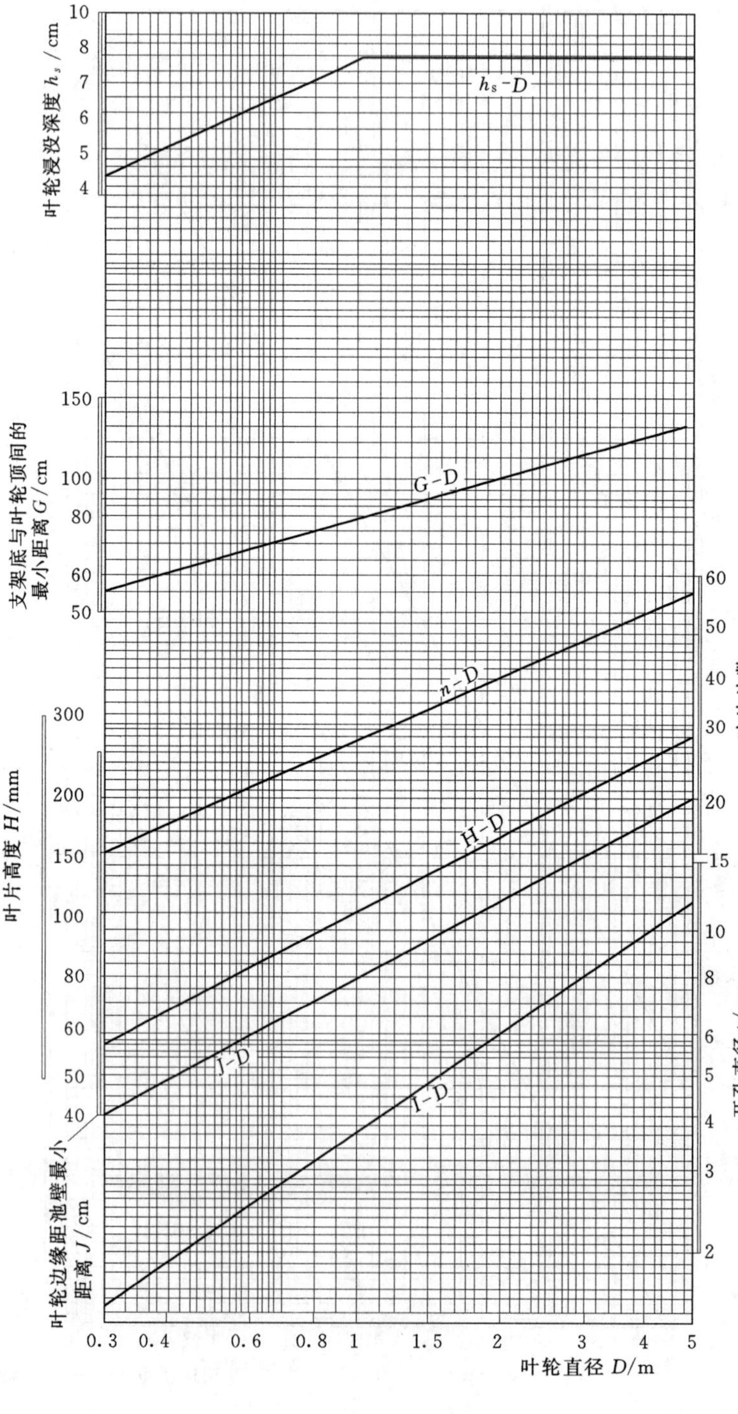

附录 9　地面水环境质量标准（GB 3838—88）

水域功能分类：

依据地面水水域使用目的和保护目标将其划分为 5 类：

Ⅰ类　主要适用于源头水、国家自然保护区。

Ⅱ类　主要适用于集中式生活饮用水水源地一级保护区、珍贵鱼类保护区、鱼虾产卵场等。

Ⅲ类　主要适用于集中式生活饮用水水源地二级保护区、一般鱼类保护区及游泳区。

Ⅳ类　主要适用于一般工业用水区及人体非直接接触的娱乐用水区。

Ⅴ类　主要适用于农业用水区及一般景观要求水域。

同一水域兼有多类功能的，依最高功能划分类别。有季节性功能的，可分季划分类别。

水域功能分类表　　单位：mg/L

序号	参数 \ 标准值 \ 分类	Ⅰ类	Ⅱ类	Ⅲ类	Ⅳ类	Ⅴ类
基本要求		所有水体不应有非自然原因所导致的下述物质： a. 凡能沉淀而形成令人厌恶的沉积物； b. 漂浮物，诸如碎片、浮渣、油类或其他的一些引起感官不快的特质； c. 产生令人厌恶的色、臭味或浑浊度的； d. 对人类、动物或植物有损害、毒性或不良反应的； e. 易滋生令人厌恶的水生生物的				
1	水温/℃	人为造成的环境水温变化应限制在： 夏季周平均最大温升<1 冬季周平均最大溢降<2				
2	pH 值	6.5～8.5				6～9
3	硫酸盐①（以 SO_3^{2-} 计）<	250 以下	250	250	250	250
4	氯化物①（以 Cl^- 计）<	250 以下	250	250	250	250
5	溶解性铁①<	0.3 以下	0.3	0.5	0.5	1.0
6	总锰①<	0.1 以下	0.1	0.1	0.5	1.0
7	总铜①<	0.01 以下	1.0（渔 0.01）	1.0（渔 0.01）	1.0	1.0
8	总锌①<	0.05	1.0（渔 0.1）	1.0（渔 0.1）	2.0	2.0
9	硝酸盐（以 N^- 计）<	10 以下	10	20	20	25
10	亚硝酸盐（以 N 计）<	0.06	0.1	0.15	1.0	1.0
11	非离子氨<	0.02	0.02	0.02	0.2	0.2
12	凯氏氮<	0.5	0.5	1	2	2
13	总磷（以 P 计）<	0.02	0.1（湖库 0.025）	0.1（湖库 0.05）	0.2	0.2
14	高锰酸盐指数<	2	4	6	8	10

续表

序号	标准值 分类 参数	Ⅰ类	Ⅱ类	Ⅲ类	Ⅳ类	Ⅴ类
15	溶解氧＞	饱和率 50％	6	5	3	2
16	化学需氧量（COD_{Cr}）＜	15 以下	15 以下	15	20	25
17	生化需氧量（BOD_5）＜	3 以下	3	4	6	10
18	氟化物（以 F^- 计）＜	1.0 以下	1.0	1.0	1.5	1.5
19	硒（四价）＜	0.01 以下	0.01	0.01	0.02	0.02
20	总砷＜	0.05	0.05	0.05	0.1	0.1
21	总汞②＜	0.00005	0.00005	0.0001	0.001	0.001
22	总镉③＜	0.001	0.005	0.005	0.005	0.01
23	铬（6 价）＜	0.01	0.05	0.05	0.05	0.1
24	总铅②＜	0.01	0.05	0.05	0.05	0.1
25	总氰化物＜	0.005	0.05（渔 0.005）	0.2（渔 0.005）	0.2	0.2
26	挥发酚②＜	0.002	0.002	0.005	0.01	0.1
27	石油类②（石油醚萃取）＜	0.05	0.05	0.05	0.5	1.0
28	阳离子表面活性剂＜	0.2 以下	0.2	0.2	0.3	0.3
29	总大肠菌群③，个/L＜			10000		
30	苯并（*a*）芘③，μg/L＜	0.0025	0.0025	0.0025		

注　国家环境保护局 1988—04—05 标准，1988—06—01 实施。

①　允许根据地方水域背景值特征做适当调整的项目。

②　规定分析检测方法的最低检出限，达不到基准要求。

③　试行标准。

附录 10　污水综合排放标准（GB 8978—1996）

表 1　　**第一类污染物最高允许排放浓度**　　单位：mg/L

序号	污染物	最高允许排放浓度	序号	污染物	最高允许排放浓度
1	总汞	0.05	8	总镍	1.0
2	烷基汞	不得检出	9	苯并（*a*）芘	0.00003
3	总镉	0.1	10	总铍	0.005
4	总铬	1.5	11	总银	0.5
5	六价格	0.5	12	总 α 放射性	1Bq/L
6	总砷	0.5	13	总 β 放射性	10Bq/L
7	总铅	1.0			

表 2 **第二类污染物最高允许排放浓度（2）**

（1997 年 12 月 31 日之前建设的单位） 单位：mg/L

序号	污染物	适用范围	一级标准	二级标准	三级标准
1	pH 值	一切排污单位	6～9	6～9	6～9
2	色度（稀释倍数）	染料工业	50	180	—
		其他排污单位	50	80	—
3	悬浮物（SS）	采矿、选矿、选煤工业	100	300	—
		脉金选矿	100	500	—
		边远地区砂金选矿	100	800	—
		城镇二级污水处理厂	20	30	—
		其他排污单位	70	200	400
4	五日生化需氧量（BOD_5）	甘蔗制糖、苎麻脱胶、湿法纤维板工业	30	100	600
		甜菜制糖、酒精、味精、皮革、化纤浆粕工业	30	150	600
		城镇二级污水处理厂	20	30	—
		其他排污单位	30	60	300
5	化学需氧量（COD）	甜菜制糖、焦化、合成脂肪酸、湿法纤维板、染料、洗毛、有机磷农药工业	100	200	1000
		味精、酒精、医药原料药、生物制药、苎麻脱胶、皮革、化纤浆粕工业	100	300	1000
		石油化工工业（包括石油炼制）	100	150	500
		城镇二级污水处理厂	60	120	—
		其他排污单位	100	150	500
6	石油类	一切排污单位	10	10	30
7	动植物油	一切排污单位	20	20	100
8	挥发酚	一切排污单位	0.5	0.5	2.0
9	总氰化合物	电影洗片（铁氰化合物）	0.5	5.0	5.0
		其他排污单位	0.5	0.5	1.0
10	硫化物	一切排污单位	1.0	1.0	2.0
11	氨氮	医药原料药、染料、石油化工工业	15	50	—
		其他排污单位	15	25	—
12	氟化物	黄磷工业	10	20	20
		低氟地区（水体含氟量<0.5mg/L）	10	20	30
		其他排污单位	10	10	20
13	磷酸盐（以 P 计）	一切排污单位	0.5	1.0	—
14	甲醛	一切排污单位	1.0	2.0	5.0
15	苯胺类	一切排污单位	1.0	2.0	5.0
16	硝基苯类	一切排污单位	2.0	3.0	5.0

续表

序号	污染物	适 用 范 围	一级标准	二级标准	三级标准
17	阴离子表面活性剂（LAS）	合成洗涤剂工业	5.0	15	20
		其他排污单位	5.0	10	20
18	总铜	一切排污单位	0.5	1.0	2.0
19	总锌	一切排污单位	2.0	5.0	5.0
20	总锰	合成脂肪酸工业	2.0	5.0	5.0
		其他排污单位	2.0	2.0	5.0
21	彩色显影剂	电影洗片	2.0	3.0	5.0
22	显影剂及氧化物总量	电影洗片	3.0	6.0	6.0
23	元素磷	一切排污单位	0.1	0.3	0.3
24	有机磷农药（以P计）	一切排污单位	不得检出	0.5	0.5
25	粪大肠菌群数	医院①、兽医院及医疗机构含病原体污水	500个/L	1000个/L	5000个/L
		传染病、结核病医院污水	100个/L	500个/L	1000个/L
26	总余氯（采用氯化消毒的医院污水）	医院①、兽医院及医疗机构含病原体污水	<0.5②	>3（接触时间≥1h）	>2（接触时间≥1h）
		传染病、结核病医院污水	<0.5②	>6.5（接触时间≥1.5h）	>5（接触时间≥1.5h）

① 指50个床位以上的医院。

② 加氯消毒后须进行脱氯处理，达到本标准。

表3　　第二类污染物最高允许排放浓度（1）

（1998年1月1日后建设的单位）

单位：mg/L

序号	污染物	适 用 范 围	一级标准	二级标准	三级标准
1	pH值	一切排污单位	6～9	6～9	6～9
2	色度（稀释倍数）	一切排污单位	50	80	—
3	悬浮物（SS）	采矿、选矿、选煤工业	70	300	—
		脉金选矿	70	400	—
		边远地区砂金选矿	70	800	—
		城镇二级污水处理厂	20	30	—
		其他排污单位	70	150	400
4	五日生化需氧量（BOD_5）	甘蔗制糖、苎麻脱胶、湿法纤维板、染料、洗毛工业	20	60	600
		甜菜制糖、酒精、味精、皮革、化纤浆粕工业	20	100	600
		城镇二级污水处理厂	20	30	—
		其他排污单位	20	30	300
5	化学需氧量（COD）	甜菜制糖、合成脂肪酸、湿法纤维板、染料、洗毛、有机磷农药工业	100	200	100
		味精、酒精、医药原料药、生物化工、苎麻脱胶、皮革、化纤浆粕工业	100	300	1000

续表

序号	污染物	适用范围	一级标准	二级标准	三级标准
5	化学需氧量（COD）	石油化工工业（包括石油炼制）	60	120	500
		城镇二级污水处理厂	60	120	—
		其他排污单位	100	150	500
6	石油类	一切排污单位	5	10	20
7	动植物油	一切排污单位	10	15	100
8	挥发酚	一切排污单位	0.5	0.5	2.0
9	总氰化合物	一切排污单位	0.5	0.5	1.0
10	硫化物	一切排污单位	1.0	1.0	1.0
11	氨氮	医药原料药、染料、石油化工工业	15	50	—
		其他排污单位	15	25	—
12	氟化物	黄磷工业	10	15	20
		低氟地区（水体含氟量＜0.5mg/L）	10	20	30
		其他排污单位	10	10	20
13	磷酸盐（以 P 计）	一切排污单位	0.5	1.0	—
14	甲醛	一切排污单位	1.0	2.0	5.0
15	苯胺类	一切排污单位	1.0	2.0	5.0
16	硝基苯类	一切排污单位	2.0	3.0	5.0
17	阴离子表面活性剂（LAS）	一切排污单位	5.0	10	20
18	总铜	一切排污单位	0.5	1.0	2.0
19	总锌	一切排污单位	2.0	5.0	5.0
20	总锰	合成脂肪酸工业	2.0	5.0	5.0
		其他排污单位	2.0	2.0	5.0
21	彩色显影剂	电影洗片	1.0	2.0	3.0
22	显影剂及氧化物总量	电影洗片	3	3	6
23	元素磷	一切排污单位	0.1	0.1	0.3
24	有机磷农药（以 P 计）	一切排污单位	不得检出	0.5	0.5
25	乐果	一切排污单位	不得检出	1.0	2.0
26	对硫磷	一切排污单位	不得检出	1.0	2.0
27	甲基对硫磷	一切排污单位	不得检出	1.0	2.0
28	马拉硫磷	一切排污单位	不得检出	5.0	10
29	五氯酚及五氯酚钠（以五氯酚计）	一切排污单位	5.0	8.0	10
30	可吸附有机卤化物（AOX）（以 Cl 计）	一切排污单位	1.0	5.0	8.0
31	三氯甲烷	一切排污单位	0.3	0.6	1.0
32	四氯化碳	一切排污单位	0.03	0.06	0.5

续表

序号	污染物	适 用 范 围	一级标准	二级标准	三级标准
33	三氯乙烯	一切排污单位	0.3	0.6	1.0
34	四氯乙烯	一切排污单位	0.1	0.2	0.5
35	苯	一切排污单位	0.1	0.2	0.5
36	甲苯	一切排污单位	0.1	0.2	0.5
37	乙苯	一切排污单位	0.4	0.6	1.0
38	邻—二甲苯	一切排污单位	0.4	0.6	1.0
39	对—二甲苯	一切排污单位	0.4	0.6	1.0
40	间—二甲苯	一切排污单位	0.4	0.6	1.0
41	氯苯	一切排污单位	0.2	0.4	1.0
42	邻二氯苯	一切排污单位	0.4	0.6	1.0
43	对二氯苯	一切排污单位	0.4	0.6	1.0
44	对硝基氯苯	一切排污单位	0.5	1.0	5.0
45	2，4—二硝基氯苯	一切排污单位	0.5	1.0	5.0
46	苯酚	一切排污单位	0.3	0.4	1.0
47	间—甲酚	一切排污单位	0.1	0.2	0.5
48	2，4—二氯酚	一切排污单位	0.6	0.8	1.0
49	2，4，6—三氯酚	一切排污单位	0.6	0.8	1.0
50	邻苯二甲酸二丁脂	一切排污单位	0.2	0.4	2.0
51	邻苯二甲酸二辛脂	一切排污单位	0.3	0.6	2.0
52	丙烯腈	一切排污单位	2.0	5.0	5.0
53	总硒	一切排污单位	0.1	0.2	0.5
54	粪大肠菌群数	医院①、兽医院及医疗机构含病原体污水	500个/L	100个/L	5000个/L
		传染病、结核病医院污水	100个/L	500个/L	1000个/L
55	总余氯（采用氯化消毒的医院污水）	医院①、兽医院及医疗机构含病原体污水	<0.5②	>3(接触时间≥1h)	>2(接触时间≥1h)
		传染病、结核病医院污水	<0.5②	>6.5（接触时间≥1.5h）	>5（接触时间≥1.5h）
56	总有机碳（TOC）	合成脂肪酸工业	20	40	—
		苎麻脱胶工业	20	60	—
		其他排污单位	20	30	—

注 其他排污单位：指除在该控制项目中所列行业以外的一切排污单位。

① 指50个床位以上的医院。

② 加氯消毒后须进行脱氯处理，达到本标准。

附录 11　农田灌溉水质标准（mg/L）（GB 5084—92）

序号	标准值 / 作物分类 项目	水作	旱作	蔬菜
1	生化需氧量（BOD_5）≤	80	150	80
2	化学需氧量（COD_{Cr}）≤	200	300	150
3	悬浮物≤	150	200	100
4	阴离子表面活性剂（LAS）≤	5.0	8.0	5.0
5	凯氏氮≤	12	30	30
6	总磷（以 P 计）≤	5.0	10	10
7	水温，℃≤	35		
8	pH 值≤	5.5～8.5		
9	全盐量≤	1000（非盐碱土地区）2000（盐碱土地区） 有条件的地区可以适当放宽		
10	氯化物≤	250		
11	硫化物≤	1.0		
12	总汞≤	0.001		
13	总镉≤	0.005		
14	总砷≤	0.05	0.1	0.05
15	铬（六价）≤	0.1		
16	总铅≤	0.1		
17	总铜≤	1.0		
18	总锌≤	2.0		
19	总硒≤	0.02		
20	氟化物≤	2.0（高氟区）3.0（一般地区）		
21	氰化物≤	0.5		
22	石油类≤	5.0	10	1.0
23	挥发酚≤	1.0		
24	苯≤	2.5		
25	三氯乙醛≤	1.0	0.5	0.5
26	丙烯醛≤	0.5		
27	硼≤	1.0（对硼敏感作物，如：马铃薯、笋瓜、韭菜、洋葱、柑橘等） 2.0（对硼耐受性较强的作物，如：小麦、玉米、青椒、小白菜、葱等） 3.0（对硼耐受性强的作物，如：水稻、萝卜、油菜、甘蓝等）		
28	粪大肠菌群数，个/L≤	10000		
29	蛔虫卵数，个/L≤	2		

附录 12 污水排入城市下水道水质标准（CJ 18—86）

序号	指 标	最高允许浓度	序号	指 标	最高允许浓度
1	pH 值	6～9	16	氟化物/(mg/L)	15
2	悬浮物/(mg/L)	400	17	汞及其无机化合物/(mg/L)	0.05
3	易沉固体/(mg/L)	10（15）	18	镉及其无机化合物/(mg/L)	0.1
4	油脂/(mg/L)	100	19	铅及其无机化合物/(mg/L)	1.0
5	矿物油/(mg/L)	20	20	铜及其无机化合物/(mg/L)	1.0
6	苯系物质/(mg/L)	2.5	21	锌及其无机化合物/(mg/L)	5.0
7	氰化物/(mg/L)	0.5	22	镍及其无机化合物/(mg/L)	2.0
8	挥发性酚/(mg/L)	1.0	23	锰及其无机化合物/(mg/L)	2.0
9	硫化物（mg/L）	1.0	24	铁及其无机化合物/(mg/L)	10.0
10	温度/℃	35	25	锑及其无机化合物/(mg/L)	1.0
11	BOD_5/(mg/L)	100（300）	26	铬(六价)及其无机化合物/(mg/L)	0.5
12	COD_{Cr}/(mg/L)	150（500）	27	铬(三价)及其无机化合物/(mg/L)	3.0
13	溶解性固体/(mg/L)	2000	28	硼及其无机化合物/(mg/L)	1.0
14	有机磷/(mg/L)	0.5	29	硒及其无机化合物/(mg/L)	2.0
15	苯胺/(mg/L)	3.0	30	砷及其无机化合物/(mg/L)	0.5

注 括号内的数据适用于拥有城市污水处理厂的城市排水系统。

附录 13 城市污水处理厂污水排放标准（CJ 3025—93）

1. 进入城市污水处理厂的水质，其值不得超过 CJ 18—86 标准的规定。
2. 城市污水处理厂，按处理工艺与处理程度的不同，分为一级处理和二级处理。
3. 经城市污水处理厂处理的水质排放标准，应符合下表的规定。

城市污水处理厂污水水质排放标准

序 号	处理分级 / 标准值 / 项 目	一 级 处 理		二级处理
		最高允许排放浓度	处理效率/%	最高允许排放浓度
1	pH 值	6.5～8.5		6.5～8.5
2	悬浮物	<120mg/L	不低于 40	<30mg/L
3	生化需氧量（5d，20℃）	<150mg/L	不低于 30	<30mg/L
4	化学需氧量（重铬酸钾法）	<250mg/L	不低于 30	<120mg/L
5	色度（稀释倍数）	—	—	<80mg/L
6	油类	—	—	<60mg/L
7	挥发酚	—	—	<1mg/L
8	氰化物	—	—	<0.5mg/L

续表

序号	处理分级 / 标准值 / 项目	一级处理		二级处理
		最高允许排放浓度	处理效率/%	最高允许排放浓度
9	硫化物	—	—	<1mg/L
10	氟化物	—	—	<15mg/L
11	苯胺	—	—	<3mg/L
12	铜	—	—	<1mg/L
13	锌	—	—	<5mg/L
14	总汞	—	—	<0.05mg/L
15	总铅	—	—	<1mg/L
16	总铬	—	—	<1.5mg/L
17	六价铬	—	—	<0.5mg/L
18	总镍	—	—	<1mg/L
19	总镉	—	—	<0.1mg/L
20	总砷	—	—	<0.5mg/L

注　1. pH 值、悬浮物、生化需氧量和化学需氧量的标准值系指 24h 定时均量混合水样的检测值；其他项目的标准值为季均值。

2. 当城市污水处理厂进水悬浮物、生化需氧量或化学需氧量处于 CJ18 中的高浓度范围，且一级处理后的出水浓度大于表中一级处理的标准值时，可只按表中一级处理的处理效率考核。

3. 现有城市二级污水处理厂，根据超负荷情况与当地环保部门协商，标准值可适当放宽。

4. 城市污水处理厂处理后和污水应排入 GB 3838 标准规定的Ⅳ、Ⅴ类地面水水域。

附录 14　景观娱乐用水水质标准（GB 12941—91）

序号	分类 / 标准值 / 项目	A　类	B　类	C　类
1	色	颜色无异常变化		不超过 25 色度单位
2	嗅	不得含有任何异嗅		无明显异嗅
3	漂浮物	不得含有漂浮的浮膜、油斑和聚集的其他物质		
4	透明度/m	≥1.2		≥0.5
5	水温/℃	不高于近十年当月平均水温 2℃[②]		不高于近十年当月平均水温 4℃
6	pH 值	6.5～8.5		
7	溶解氧(DO) /(mg/L)	≥5	≥4	≥3
8	高锰酸盐指数/(mg/L)	≤6	≤6	≤10
9	生化需氧量(BOD_5) /(mg/L)	≤4	≤4	≤8
10	氨氮[①]/(mg/L)	≤0.5	≤0.5	≤0.5
11	非离子氨/(mg/L)	≤0.02	≤0.02	≤0.02
12	亚硝酸盐氮/(mg/L)	≤0.15	≤0.15	≤0.15

续表

序号	分类 标准值 项目	A　类	B　类	C　类
13	总铁/(mg/L)	≤0.3	≤0.5	≤1.0
14	总铜/(mg/L)	≤0.01 (浴场 0.1)	≤0.01 (海水 0.1)	≤0.1
15	总锌/(mg/L)	≤0.1 (浴场 1.0)	≤0.1 (海水 1.0)	≤0.1
16	总镍/(mg/L)	≤0.05	≤0.05	≤0.1
17	总磷（以P计）/(mg/L)	≤0.02	≤0.02	≤0.05
18	挥发酚/(mg/L)	≤0.005	≤0.01	≤0.1
19	阴离子表面活性剂/(mg/L)	≤0.2	≤0.2	≤0.3
20	总大肠菌群/(个/L)	≤10000		
21	粪大肠菌群/(个/L)	≤2000		

① 氨氮和非离子氨在水中存在化学平衡关系，在水温度于20℃、pH>8时，必须用非离子氨作为控制水质的指标。

② 浴场水温各地区可根据当地的具体情况自行规定。